职业教育国家在线精品课程配套教材

江苏省高等学校重点教材立项建设项目

Agriculture Environmental Protection

农业环境保护

主　编　刘金根　朱文婷
副主编　胡冠九　马　楫

苏州大学出版社
Soochow University Press

图书在版编目(CIP)数据

农业环境保护/刘金根,朱文婷主编. —苏州:苏州大学出版社,2023.8(2025.1重印)
ISBN 978-7-5672-4485-6

Ⅰ.①农… Ⅱ.①刘…②朱… Ⅲ.①农业环境-环境保护-高等职业教育-教材 Ⅳ.①X322

中国国家版本馆 CIP 数据核字(2023)第 132172 号

书　　名:	农业环境保护 NONGYE HUANJING BAOHU
主　　编:	刘金根　朱文婷
责任编辑:	赵晓嬿　王晓磊
封面设计:	吴　钰
出版发行:	苏州大学出版社(Soochow University Press)
地　　址:	苏州市十梓街1号　邮编:215006
印　　装:	苏州市古得堡数码印刷有限公司
网　　址:	http://www.sudapress.com
邮　　箱:	sdcbs@suda.edu.cn
邮购热线:	0512-67480030
销售热线:	0512-67481020
开　　本:	787 mm×1 092 mm　1/16　印张:21.25　字数:504 千
版　　次:	2023 年 8 月第 1 版
印　　次:	2025 年 1 月第 3 次印刷
书　　号:	ISBN 978-7-5672-4485-6
定　　价:	69.00 元

凡购本社图书发现印装错误,请与本社联系调换。服务热线:0512-67481020

前 言 PREFACE

农业环境是指粮食作物、瓜果蔬菜、林木花卉、畜禽水产等农业生物赖以生存、发育和繁殖的自然环境，主要包括农用土壤、农业用水、空气、日光、温度、农田生物等因子。当前，主要由人类活动所引起的农业生态退化、环境质量恶化问题突出。其中，既有由农业之外的人类干扰活动所引起的问题，例如，来自工业和城市"三废"的无序排放；又有来自农业生产活动本身的问题，如农业生产中所施用的大量化肥、农药、农膜和种植业、养殖业的生产尾（废）水，以及盲目性或者不科学的农事活动，例如，对森林、草地及水、土等农业自然资源不合理的开发活动导致农业环境恶化、农业生态系统被破坏。大量事实也清楚地表明，农业环境恶化已经成为妨害农业生物正常生长发育、破坏农业生态系统平衡的突出问题之一，甚至已经直接影响农业的正常生产活动，增加了农产品质量安全风险，降低了城乡居民生活质量，威胁人民生命健康。因此，有效保护农业环境成为各级政府亟待解决的难题，也是广大农业科技工作者必须正视与解决的课题。

目前，"农业环境保护"课程已经成为许多高校环保类专业和农业类专业的主干课程，主要介绍农业生产中所面临的生态与环境问题的成因、危害及其治理技术或者对策，以及污染物在农业环境，特别是在水、土壤、农业生物和食物链中的迁移、变化、残留规律。系统学习该课程，有助于学生培养农业环保专业技能，掌握农业环保专业技术，提高环保意识和职业素养。学生通过本课程的理论学习及其配套实践性环节（专业基础实训、专业综合实训、毕业实习）的训练，基本可以胜任农业生态环保领域职业岗位工作。

迄今为止，国内涉及农业环境保护的教材也早有出版，在互联网上通过关键词检索也极易搜索、查询到农业环境保护方面的专著或教材。然而，由于之前在高职院校开办涉及农业环境保护类专业的学校不多，因而我们发现真正适合高职院校学生使用的农业环境保护类教材并不多。在已经出版的教材之中，大部分面向本科院校学生，教材内容理论性强，实践性技能指导内容相对少。有一部分教材由于编写年代过于久远，内容略显陈旧，几乎脱离当前生产实际情况，不能满足当前农业环境保护实践需要。另外，还有一部分教材由个人研究报告改编而来，部分教材专业面偏窄，知识覆盖不全面，以致多数从事一线专业教学的教师被迫自编讲义授课。因此，组织相关力量编写适合高职院校学生使用的农业环境保护类教材很有必要。

本教材由苏州农业职业技术学院刘金根教授和朱文婷副教授主编，江苏省环境监测中心胡冠九研究员和苏州市环保产业协会会长、江苏苏净集团有限公司副总经理马楫研究员（高级工程师）任副主编。具体分工为：苏州农业职业技术学院刘金根教授编写了第一章、第三章、第八章，江苏联合职业技术学院盐城生物工程分院徐芹老师编写了第五章，苏州农业职业技术学院朱文婷副教授编写了第二章、第四章、第九章、第十章，苏州农业职业技术学院杨伟球副教授编写了第六章，苏州农业职业技术学院张仁贵副教授编写了第七章，苏州农业职业技术学院陈英副教授、江苏省环境监测中心胡冠九研究员编写了第十一章，苏州市环保产业协会会长、江苏苏净集团有限公司副总经理马楫研究员和江苏省环境监测中心胡冠九研究员编写了第十二章。

本教材针对高职院校学生文化功底相对薄弱、实践动手能力较强的特点，在内容上增加了实践性操作；针对高职院校学生理性分析能力相对薄弱的实际情况，在知识呈现方式上尽量压缩理论性文字阐述内容，适量增配图、表，尽可能丰富教学内容及其表现形式，力求教学内容直观易懂。在介绍环境保护技术时，为了便于学生理解和掌握，本教材增设了具体案例教学方法，增加了典型环境保护案例内容。此外，本教材既介绍了相对成熟的环境修复治理技术方法，又以适当形式列举了最新环境保护技术动态，旨在增强教学内容的时效性，开阔学生的专业视野。

本教材在编写过程中获得许多专家的支持和帮助。上海市农业科学院的周文宗研究员、江苏大学的付为国研究员参与了教材的审定工作，苏州市吴江区农业农村局的正高级农艺师周建忠、苏州太仓市农业技术推广中心的张绪美研究员提供了一系列帮助，苏州大学出版社孙茂民主任为教材的出版付出了辛勤的劳动。此外，教材中还引用了前人的部分成果，在此也一并感谢！

还要特别指出的是，从知识体系角度说，"农业环境保护"课程横跨多个学科，涉及农学、微生物学、环境生态学、污染生态学、生物毒理学等多个学科的知识和技能，按照职业岗位群对职业能力的要求整合而成，因而书中内容难免在理解上出现偏差，恳请读者批评指正。

《农业环境保护》编写组

2023 年 8 月

职业教育国家在线精品课程
《农业环境保护》课程介绍

目 录 CONTENTS

第一章 绪论 /1

第一节 农业及其分类 /1
一、农业的概念 /1
二、农业的分类 /2

第二节 生态、环境与资源 /2
一、生态 /2
二、环境 /3
三、资源 /3
四、生态与环境 /4
五、环境与资源 /5

第三节 生态系统与农业生态系统 /8
一、生态系统与生态平衡 /8
二、自然生态系统与人工生态系统 /9
三、农业生态系统及其组分 /10
四、农业环境及其特征 /12
五、农业生态与生态农业 /13

第四节 农业环境问题的产生与影响 /13
一、世界主要生态环境问题 /13
二、我国的农业环境问题 /15
三、农业环境问题对农业的影响 /19
四、农业环境管理方法 /22

第五节 农业环境保护研究与课程概述 /23
一、农业环境保护的研究内容 /23
二、农业环境保护的研究方法 /24

三、本课程的概述 / 24

课后思考题 / 26

第二章 农业环境问题的来源、成因及其对农业的影响 / 27

第一节 农业环境资源 / 27
一、农业环境资源概述 / 27
二、资源与农业环境资源的特征 / 28
三、农业环境资源问题 / 29

第二节 环境破坏的成因、危害及对策 / 40
一、温室效应 / 40
二、土壤荒漠化和沙尘暴与农业生产 / 45
三、水土流失对农业生产的影响 / 48

第三节 农业环境污染现状与治理对策 / 53
一、农业环境污染现状 / 53
二、农业环境污染治理对策 / 54

第四节 自然灾害频发的成因及其对农业的影响 / 55
一、旱涝、台风、霜冻等极端气候的发生与应对 / 55
二、病虫草害的成因及其危害 / 61
三、火灾的成因及其危害 / 62
四、鼠害的成因及防治 / 62

课后思考题 / 64

第三章 农业污染物的生物循环及其对人体健康的危害 / 65

第一节 污染物的生态毒效应 / 65
一、生态效应与生态毒效应的定义 / 65
二、生态毒效应的指标 / 66
三、污染物的剂量与生态毒效应的关系 / 66

第二节 农业环境污染物的生态毒作用途径及致毒机制 / 67
一、农业环境污染物的循环及其危害 / 67
二、农业环境污染物的生态毒作用途径及致毒机制 / 68

第三节 影响农业环境污染物毒性作用的因素 / 80
一、污染物影响农业环境毒性作用的因素 / 80
二、污染物的联合毒性作用 / 81

三、影响污染物毒性作用的生物因素 /82

四、影响污染物毒性作用的环境因素 /83

第四节 农业环境生态毒理诊断方法 /84

一、化学诊断法 /85

二、植物指示法 /85

三、动物指示法 /87

四、微生物指示法 /88

五、生物标记物法 /89

六、遥感诊断法 /89

课后思考题 /90

第四章 农业面源污染生态治理技术 /91

第一节 农业面源污染及其特点 /91

一、面源污染的定义与特点 /91

二、我国农业面源污染现状 /92

三、农业面源污染的危害 /92

四、农业面源污染的防治措施 /92

第二节 农业面源污染源头治理技术 /93

一、生态施肥技术 /93

二、配方施肥技术 /94

三、水稻侧深施肥技术 /95

四、水肥一体化技术 /96

第三节 农业面源污染过程控制技术 /98

一、过程控制技术的类型 /98

二、生态拦截沟渠技术 /99

第四节 农业面源污染末端治理技术 /101

一、湿地净化技术 /101

二、稳定塘净化技术 /106

三、土地净化污水技术 /107

四、养殖尾水生态循环再生技术 /112

五、污水土地处理技术在农村环境保护中的应用潜力 /117

课后思考题 /119

第五章 农业污染土壤治理技术 / 120

第一节 污染土壤修复概述 / 120
第二节 污染土壤修复的理论基础 / 121
　　一、重金属污染土壤修复的理论基础 / 121
　　二、有机污染土壤修复的理论基础 / 122
第三节 污染土壤修复的技术体系 / 124
　　一、污染土壤的物理修复 / 124
　　二、污染土壤的化学修复 / 127
　　三、污染土壤的生物修复 / 128
第四节 污染土壤的修复进展 / 142
课后思考题 / 147

第六章 农业固体废弃物资源化利用 / 148

第一节 农作物秸秆处理与综合利用 / 149
　　一、农作物秸秆概况 / 149
　　二、农作物秸秆资源化利用 / 150
第二节 粪便污染治理与综合利用 / 158
　　一、农业畜禽粪便的特性 / 158
　　二、农业畜禽粪便处理与综合利用 / 160
第三节 农用塑料地膜环境问题与治理 / 163
　　一、塑料污染的来源 / 164
　　二、农用塑料地膜的危害 / 165
　　三、治理对策与措施 / 167
第四节 农村生活垃圾处理与综合利用 / 171
　　一、农村生活垃圾的成分及特性 / 171
　　二、农村生活垃圾处理与综合利用 / 171
课后思考题 / 172

第七章 农业水土保持 / 173

第一节 水土流失 / 173
　　一、水土流失的概念 / 173
　　二、水土流失的原因 / 173

三、水土流失的危害 /174

四、水土流失防治现状 /174

第二节 土壤侵蚀 /175

一、土壤侵蚀的概念 /175

二、土壤侵蚀的类型 /175

第三节 水土保持工程措施 /181

一、水土保持工程措施的概念 /181

二、水土保持各工程措施的作用与类型 /181

第四节 水土保持生物措施 /192

一、水土保持生物措施概述 /192

二、水土保持造林技术 /196

三、农田防护林 /205

四、水土保持与种草 /208

第五节 水土保持农业技术措施 /214

一、水土保持农业技术措施的概念 /214

二、水土保持农业技术措施的类型 /214

三、水土保持耕作措施的进展 /223

四、水土保持农业技术措施的作用 /224

课后思考题 /225

第八章 绿色农业生产技术 /226

第一节 生态农业技术概述 /226

一、替代农业的发展 /226

二、我国生态农业的产生与发展 /228

第二节 我国生态农业模式 /229

一、经典生态农业模式 /229

二、我国生态农业技术体系 /235

第三节 农业清洁生产技术 /238

一、农业清洁生产的概念和内涵 /238

二、发展农业清洁生产存在的主要问题 /239

三、实施农业清洁生产的对策措施 /239

四、农业清洁生产典型模式 /240

第四节　循环农业技术　/ 242

　　一、循环农业技术的产生　/ 242

　　二、循环农业技术的发展现状　/ 243

课后思考题　/ 246

第九章　农产品质量安全与管理技术体系　/ 247

第一节　环境污染与农产品安全　/ 247

　　一、农产品安全的内涵　/ 247

　　二、环境污染与农产品安全性　/ 248

第二节　我国农产品质量安全现状与保障　/ 252

　　一、农产品质量安全现状与问题　/ 252

　　二、我国农产品安全保障体系　/ 253

课后思考题　/ 266

第十章　农业环境规划与管理　/ 267

第一节　农业环境保护规划　/ 268

　　一、农业环境保护规划概述　/ 268

　　二、农业环境保护规划的指导思想及基本原则　/ 269

　　三、农业环境保护规划的编制程序　/ 270

　　四、农业环境保护规划的基本内容及方法　/ 270

第二节　农业环境管理基本职能与手段　/ 281

　　一、环境管理概述　/ 281

　　二、我国农业环境管理的组织机构　/ 287

第三节　农业环境保护的基本政策与制度　/ 288

　　一、农业资源法与农业环境法概述　/ 288

　　二、我国农业资源与农业环境保护的原则和政府职责　/ 289

　　三、农业可持续发展的政策与法规　/ 289

　　四、农业环境保护的政策与法规　/ 291

课后思考题　/ 293

第十一章　农业环境监测与评价　/ 295

第一节　农业环境检测　/ 295

　　一、农业环境检测概述　/ 295

二、农业环境检测的方法　/ 296
　　三、农业环境污染检测技术　/ 298
第二节　农业环境质量评价　/ 309
　　一、农业环境质量评价概述　/ 309
　　二、农业环境质量现状评价　/ 310
课后思考题　/ 315

第十二章　农业环境保护产业　/ 316

第一节　农业环境保护产业概念与分类　/ 316
　　一、农业环保产业概念　/ 316
　　二、农业环保产业的分类　/ 317
第二节　我国农业环境保护产业现状与问题分析　/ 318
　　一、农业环保产业现状与主要技术　/ 318
　　二、农业环保产业存在的一般问题　/ 320
　　三、保护农业环境的一般措施　/ 321
第三节　农业环保产业发展前景与展望　/ 322
课后思考题　/ 324

参考文献　/ 325

第一章 绪 论

> **本章简述**
>
> 本章从农业、生态、环境、资源等与农业环境保护密切相关的基本专业术语入手，详细介绍并揭示了这些专业术语的内在逻辑关系；系统阐述了农业生态系统和农业环境的内涵、基本特征；介绍了国内外农业环境问题产生的历史根源及其发展历程，阐述了当前全球性的环境问题可能对农业生产活动带来的负面影响，同时也对本教材的知识体系及教材特点进行了说明。

第一节 农业及其分类

一、农业的概念

农业是指国民经济中一个重要产业部门，是利用动物、植物、微生物等生物的生长发育规律，通过人工培育来获得产品的各类生产活动。其中包括：① 生产食品，如粮食、蔬菜、肉品、蜂蜜、动物饲料等；② 生产生活用品，如棉花、丝绸等；③ 生产工业原料，如酿酒原料、甘蔗、橡胶等；④ 生产医药用品，如人参、板蓝根等植物类药材，鹿茸、水蛭等动物类药材，灵芝、冬虫夏草等微生物类药材；⑤ 生产嗜好品，如烟草、咖啡等；⑥ 生产肥料，如紫云英、苕子、紫花苜蓿、三叶草、田菁等常见豆科绿肥植物。在日常生活中，人们通常也将农业称为第一产业。农业是以土地、水、气候和生物资源为基础的产业部门，这些资源的数量和质量变化，直接影响着农业的生态环境和农业的发展。

进入20世纪以后，随着世界人口的急剧增长，自然资源快速消耗，出现了气候变暖、土地荒漠化与石漠化、水资源短缺与污染、生物多样性减少等重大资源环境问题，不同程度地限制着各国农业的发展和人民生活的改善，甚至影响到政局的稳定。面对经济全球化趋势和国际农产品一体化的进程，世界各国正在积极制定保护和改善农业环境质量、防治农产品污染的政策和措施，并发展相关技术，加紧推进农业环境保护工作进程。因此，农业环境保护是21世纪人类必须面对的社会重大问题之一。

二、农业的分类

1. 根据内涵定义分类

根据内涵定义分类，可将农业分为广义农业和狭义农业。广义农业是指农业、林业、牧业、副业、渔业。而狭义农业一般仅指种植业和养殖业。

2. 根据生产力的性质和状况分类

根据生产力的性质和状况分类，可将农业划分为原始农业、古代农业、近代农业、现代农业。

3. 根据生产方式分类

根据生产方式分类，可将农业分为立体农业、露地农业、设施农业等。

4. 根据农业生产是否遵循规范进行分类

根据农业生产是否遵循规范进行分类，即对生产原料、生产过程、形成产品是否有标准要求，可将农业划分为绿色农业、有机农业等。

5. 根据农业提供功能分类

根据农业提供功能分类，可将农业划分为传统农业、旅游农业、观光农业、创意农业、功能农业等。也就是说，新时期农业不仅具有生产功能，其固有功能也获得明显的拓展与延伸，即当前强调的"三产"融合发展问题。

此外，近年来随着农业工业化、农业信息化的趋势越发明显，诸如精准农业、信息农业、数字农业、智慧农业、互联网+农业、光伏+农业等诸多符合时代特征的新颖称呼也层出不穷，但是由于不同人的专业背景、侧重角度存在差异，也难免伴随着争议。

第二节 生态、环境与资源

一、生态

生态学（Ecology）产生于生物个体研究。1869年，德国生物学家 E. 海克尔（Ernst Haeckel）最早提出生态学的概念，认为它是研究生物及其环境之间、生物之间的关系及其对生态系统影响的一门学科。实际上，曾有人计划将环境之间的相互影响关系也纳入其研究范畴。例如，大气中 CO_2 浓度波动，可能会引起温度等环境因子的变化。

生态就是指一切生物的生存状态，以及生物之间和生物与环境（包含非生物环境和生物环境）之间相互作用（包括正面作用和负面作用）的关系。但是，现实社会中生态学已经渗透到生产、生活的各个领域，"生态"一词涉及的范畴也越来越广泛，人们常常用"生态"来定义许多美好的事物。例如，健康的、美的、和谐的事物均可用"生态"一词修饰。当然，不同文化背景的人对生态的内涵理解不一样，因而对其定义也会有所不同。多元的世界需要多元的文化，正如自然界的生态所追求的物种多样性一样，以此可以维持生态系统的平衡发展。

二、环境

环境是指与体系有关的周围客观事物的总和，体系是指被研究的对象，即指中心事物。也就是说，环境总是相对于某中心事物而言的，它因中心事物不同而改变，随着中心事物的变化而变化。中心事物与环境既相互对立，又相互依存、相互作用和相互转化，它们之间存在着对立统一的关系。我们通常所称的环境是指人类的环境。环境学的中心事物是人类，环境是以人类为主体、与人类密切相关的外部世界，即人类生存、繁衍所必需的、相适应的环境。人类环境分为自然环境和社会环境。

当然，不同学科对环境的定义与理解也不尽相同。一般意义上的环境概念是相对某一中心事物而言的，这个中心事物可以为人，也可以为物。人们将这个中心事物称为主体，将围绕中心的周围世界称为环境。但是，从生物学角度来说，环境是指某一特定生物或者生物群体以外的空间及直接或间接影响该生物体或者生物群体生存的一切事物的总和，包含自然环境和人工环境；从环境科学角度来说，环境是指围绕人的全部空间及可以影响人的生存与发展的各种天然的与人工改造过的自然要素总和，一般不含社会环境；从经济学角度来说，环境是指为人类提供服务的载体，是与物质资本、人力资本及社会资本并列的四大资本之一；资源与环境经济学认为，环境是以人类为主体的、人类赖以生存和发展的外部世界，它是由天然和人工改造后的各种物质或者能量构成的整体，具有空间和时间性、利与害的差别性、公益与转移性。

环境作为非常复杂的体系，目前尚未形成一个公认的分类方法。按照环境的主体划分，以人类作为主体，其他的生命物质和非生命物质都被视为环境要素，即环境就是人类的生存环境。按照环境的范围大小，环境可分为特定的不同的空间环境、车间环境、生活区环境、城市环境等；也可分为不同层次的环境，例如，区域环境、全球环境和宇宙环境。按照环境要素的属性可分成自然环境和社会环境两大类。在自然环境中，按其主要的环境组成要素，可再分为大气环境、水环境、土壤环境、生物环境、地质环境等。社会环境按人类对环境的利用或者环境的功能再进行分类，例如，聚落环境、生产环境、交通环境、文化环境等。社会环境的发展和演替，受自然规律、经济规律及社会规律的共同支配和制约，其质量是人类物质文明建设和精神文明建设的标志之一。

三、资源

不同学科对资源的理解存在一定差异。一般意义上的资源是指自然界及人类社会中一切能为人类形成资本的要素。经典著作中对资源的阐述认为：劳动和土地构成社会生产不可缺少的两个条件；现代经济学对资源的理解认为：资源与环境经济学中的资源一般指我们通常讲的自然资源。资源的基本特征包括：具有用途，并产生价值的物质；一个动态的概念、信息；物质的原始性或自然性。

综合上述观点，我们认为：资源是指在一定社会经济技术条件下，人们所发现的有用且稀缺的物质、能量及其功能过程的总和，它们往往以原始（自然）状态进入生产过程或直接进入消费过程以提高人类当前或未来的福利。它具有：有用性、稀缺性（最本质属性）、动态性、天然性。而且除了上述物质性资源，还应包括功能性资源（例如，青山绿水等生态环境也是生产力）、环境资源（例如，优质的景观环境）。

根据资源存在的形态、可更新特征、对资源的控制方式，资源有三种分类方式。按照资源存在的形态，资源可分为土地资源、气候资源、水资源、矿产资源、生物资源、环境资源；按照可更新特征，将资源分为非再生资源和可再生资源；根据对资源的控制方式，可将资源分为专有资源（亦称可控资源）和共享资源（例如，公海、空气、太湖等）。不同的资源分类有着不同的标准和意义，在理论研究和政策实践中可根据不同的目的和要求，对资源进行不同的分类，以实现资源的合理、有效配置。

四、生态与环境

1. 生态与环境的关系

生态与环境虽然是两个相对独立的概念，但两者又紧密联系。从定义上讲，生态就是指一切生物的生存状态，以及它们之间和它们与环境之间环环相扣的关系。这表明生态就是指生物与生物之间或者生物与环境之间的关系，两者是平等的，无主次之分；而环境则不同，提到环境一定是针对某一主体事物而言的，即先要确定一个中心事物，然后才能指明环境，因而"环境"一词具有相对性。我们通常所指的环境就是默认人类为主体。因此，"生态"与"环境"都是描述两个事物之间的关系状况，但侧重点不同。

生态环境是指生物及其生存繁衍的各种自然因素、条件的总和，是一个大系统，由生态系统和环境系统中的各个元素共同组成。生态环境与自然环境在含义上十分相近，有时人们将其混用，但严格来说，生态环境并不等同于自然环境。自然环境的外延比较广，各种天然因素的总体都可以说是自然环境，但只有具有一定生态关系构成的系统整体才能称为生态环境。仅有非生物因素组成的整体，虽然可以称为自然环境，但并不能叫作生态环境。

2. 生态工程与环境工程

所谓生态工程，就是利用生态系统运转的原理，比如物种之间的相互关系，以及物质循环再生的过程，设计并执行保护和改善生态的工程。例如，利用多层结构的森林生态系统增大吸收光能的面积，利用植物吸附和富集某些微量重金属元素，以及利用余热繁殖水生生物，等等。而环境工程则是环境科学的一个分支，是研究和从事防治环境污染和提高环境质量的科学技术。主要研究如何保护和合理利用自然资源，利用科学的手段解决日益严重的环境问题、改善环境质量、促进环境保护与社会发展。环境工程同生物学中的生态学、医学中的环境卫生学和环境医学，以及环境物理学和环境化学有关。当前环境工程仍处在初创阶段，学科的领域还在快速发展之中，但其核心是环境污染源的治理。

3. 生态恢复、生态修复与环境修复

目前，在学术上与生态、环境搭配使用较为频繁的有"生态恢复""生态修复""环境修复"等专业术语。其中，生态恢复的称谓主要在欧美国家应用，在我国也有应用。而生态修复的叫法主要在日本和我国应用。

生态恢复是针对受损生态系统而言的，"受损"可以理解为由于人为或者自然因素的影响，生态系统的结构发生了变化，系统内各组分间的关系受到破坏，造成系统资源短缺和某些生态学过程或生态链的断裂，系统功能退化或丧失。因此，生态恢复就是通过一定的生物、物理、化学、生态或工程技术方法，人为地改变和切断生态系统退化的主导因子或过程，调整、配置和优化系统内部及其与外界的物质、能量和信息的流动过程及时空秩序，使生态系统恢复到有合理的结构、高效的功能和协调的关系的状态。目前，"恢复"已被用作一个概括性的术语，它包括重建、改建、改造、再植等含义，一般泛指改良和重建退化的生态系统，使其重新有益于利用，并恢复其生物学潜力。

生态修复则是在生态学原理指导下，以生物修复为基础，结合各种物理修复、化学修复及工程技术措施，通过优化组合，使之达到最佳效果和最低耗费的一种综合的修复污染环境的方法。生态修复的顺利施行，需要生态学、物理学、化学、植物学、微生物学、分子生物学、栽培学和环境工程等多学科的协同参与。对于受损生态系统的修复与维护还涉及生态稳定性、生态可塑性及稳态转化等多种生态学理论。

环境修复是指对被污染的环境采取物理、化学及生物学技术措施，使存在于环境中的各类污染物浓度或者毒性降低，抑或无害化，使得环境能够部分或全部恢复到无污染的初始状态。环境修复与环境污染治理的概念既有联系又有区别，后者侧重于某特定环境某一受损功能恢复，例如，制药废水中色度和化学耗氧量控制、电镀厂排放废水中重金属离子等；环境修复则结合了各种环境污染治理技术，恢复或者重建生态系统各种功能并达到系统自我维持状态，它是立体的和多方面的。

五、环境与资源

1. 环境与资源的区别与联系

环境与资源是不可分割的整体，只是在研究对象上各有侧重。没有人脱离环境来谈资源，也没有人能脱离资源来谈环境。两者的区别主要表现在：环境是指外界为人类经济提供的可能性和限制性，而资源则是强调在相关经济领域中可以利用的自然因素和社会因素，如大气、土壤、水分、动植物、劳动力、技术等。两者的联系表现在：① 资源是环境中可用和有利的部分，即环境包括资源，后者是前者的主要组成成分；② 资源的边界会随着科技发展而不断扩大，如"废弃物是放错了地方的资源"。因此，自然资源与环境是同一事物的两个侧面，当环境中的物质作为资产来源时，它便是自然资源；当环境作为废弃物的容纳场所或净化器时，它便是指环境场所。而且，资源与环境在一定条件下可以相互转化。

2. 环境资源与资源环境的概念

环境资源是指作为资源总和的环境整体。各种自然资源包括水、空气、土地、动植

物、矿产等和它们组合的各种状态，是人类赖以生存与发展的物质基础。环境蕴含着资源，有资源就有价值；环境是资源，是资源就有价值。环境作为一种资源，它包含两层含义：一是指环境的单个要素（如土地、水、空气、动植物、矿产等），以及它们的组合方式（环境状态），可称其为自然资源属性；二是指与环境污染相对应的环境纳污能力，即"环境自净能力"，可称其为环境资源属性。环境资源作为人类赖以生存和发展的物质基础，它除了具有区域分异性、整体性、稀缺性、多用途性等特点，还具有价值性、无阶级性和非排他、非竞争的公共商品性。资源环境的产生则是人们从自然资源到环境资源对认识的一种深化，几乎所有的自然资源都构成人类生存的环境因子。自然资源是指在一定的时空范围内，可供人类利用的各种相互独立的静态物质和能量。而环境资源则是静与动的统一体。

3. 资源与环境的基本特征

就资源和环境整体而言，它们具有一些共同的特性或规律。一般来说，资源和环境的基本特性主要表现在整体性、地域性、多功能性、数量上的有限性和发展潜力的无限性四个方面。

（1）整体性。

各种资源之间相互联系、相互制约，构成了一个资源统一体。其中一个要素变化，必然引起其他要素发生相应变化，即"牵一发而动全身"。诸要素又相互作用，并反馈至前一个要素，如此往复不已，互为因果，并交织在一起。例如，在一定水热条件下，形成一定土壤、植被及其相应的动物、微生物群体。如果植被遭到破坏，就会造成水土流失，土壤肥力下降，结果会进一步促使植被退化，甚至荒漠化、石漠化。相反，如果在沙漠化地区通过植树造林慢慢恢复植被，水土将得以保持，动物、微生物群体就会集聚繁衍，土壤肥力逐步提高，从而促进生态系统良性发展。环境的整体性又称环境的系统性，各环境要素或环境各组成部分之间，因有其相互确定的数量与空间位置，并以特定的相互作用而构成具有特定结构和功能的系统。环境的整体性明显地体现在环境系统的结构和功能上。环境系统的功能并不是各组成要素功能的简单相加，而是由各要素通过一定的联系方式所形成的结构及所呈现出的状态决定的。例如，水、气、土、生物和阳光是构成环境的五个主要部分。作为独立的环境要素，它们对人类社会的生存发展各有其独特的功能，这些功能不会因时空的差异而不同。但是，由这五个部分构成的某个具体环境，则会因五个部分间的结构方式、组织程度、物质能量流的途径与规模的不同而呈现出不同的功能特性。例如，森林环境与沙漠环境、城市环境与乡村环境等，各自都会表现出不同的功能特性。整体性是环境的最基本特征。正是由于环境具有整体性，才会表现出其他特性。另外，两种或两种以上的环境要素同时产生作用，其结果不一定等于各要素单独作用之和，因为各要素之间可能存在相加或拮抗作用。各环境要素间存在着紧密的相互联系、相互制约的关系。局部地区和区域的污染可带来全球的危害。例如，河流上游的污染会威胁下游居民的用水安全。

(2) 地域性。

由于地球与太阳的相对位置及其运动变化的特点，以及地球表面海陆分布及地形、地貌、地质条件的差异，资源的性质、数量、质量及其组合特征具有明显的区域差异性。例如，地球被划分成五个地带，各地带之间的资源状况有着巨大的差异。热带水热资源丰富，植物生长极为繁茂，动物种类极多；温带次之，寒带最差。不同的资源分布及组合特征有不同的承载能力，它直接影响人类对它的开发利用。在所有的资源中，矿产资源分布的地域差异性极其明显。因为不同的矿产有其特有的形成规律，不同条件下必然分布着不同的矿产。就世界范围来说，全世界煤炭总量的87%分布在美国、中国和俄罗斯等国家。而在中国，全国煤炭资源探明储量的27%集中在山西省。其他资源分布也具有明显的地域性。地域性在环境方面表现为环境特性的区域差异，即环境因地理位置的不同或空间范围的差异而呈现出不同的特性。例如，滨海环境与内陆环境、局地环境与区域环境等明显地表现出环境特性的差异。环境的差异性不仅体现了环境在地理位置上的差异，还反映了区域社会、经济、文化、历史等多样性。

(3) 多功能性。

资源一般都具有多种用途。例如，土地资源既可用于农业，又可用于工业、交通等其他行业；水资源既可用于农业生产，又可直接用于人类生活。正是存在资源用途上的多面性，才产生了如何将有限资源在不同用途上进行最优分配的问题。环境对于人类及人类社会的发展极具重要性，即环境承载着重要的功能，以及具有不可估量的价值。环境向人类提供了空气、生物、淡水、土地等资源，这是环境功能和价值的物质性体现。此外，环境提供的美好景观、广阔空间，虽然其不能直接进入生产过程，却是另外一类可以满足人类精神需求及延长生产过程的资源。

(4) 数量上的有限性和发展潜力的无限性。

在特定时间、地点条件下，任何资源的数量都是有限的，不仅可利用量有限，储量也是有限的。例如，地球上的土地面积、水的数量、到达地面的太阳辐射量、矿藏量等都有数量的限制。环境的容量也是有限的，环境能够承受外界污染物和提供环境价值都是有限的。同时，一定社会经济条件下受人类科学技术水平的限制，开发利用资源和环境的能力、范围、种类也是有限的，因而有限性或稀缺性成为资源和环境最基本的特性。然而，从发展的观点来看，资源和环境的开发利用的潜力又是无限的。一方面，资源和环境的可更新性、再生性和循环性是相对无限的，只要保护得当，可以生生不息，永续利用。另一方面，随着科技水平的不断提高，资源的种类、品种及资源和环境开发利用的广度和深度会不断发展。资源和环境开发潜力的无限性正是人类社会经济可持续发展的物质和环境基础。

4. 资源、环境和经济发展的关系

资源和环境是生产力发展的物质和生存的基础，其开发利用在经济发展中具有十分重要的地位。实质上，经济发展是资源和环境开发与利用的过程。

(1) 资源与环境为经济发展提供物质基础。

资源与环境以不同的存在方式和用途为生产系统提供原料基础和环境基础。原料基础的优劣、数量的丰歉、品种的多寡，在影响生产力总体的同时，也标志着生产力水平的高低。即使是科学技术更先进，劳动对象仍然大多来源于资源。

(2) 资源与环境及其开发在一定程度上决定了经济发展的空间格局。

由于资源和环境数量、质量分布及组合特征具有明显的地域性，资源与环境的开发利用方式和过程也会具有区域性，相应地决定了不同地区的产业结构和经济发展水平具有明显的差异性。因此，当某种资源对经济发展具有重要意义时，拥有该种资源的国家或地区的经济就会围绕这一资源开发、利用和发展，从而打破旧的经济发展的空间格局，创造一种新的空间格局。

(3) 资源开发与环境保护本身就是社会生产的基础产业部门。

实质上，资源开发和环境保护过程既是相关产业部门建立和发展的过程，也是创造财富和促进经济发展的过程。对各种农业资源的开发利用形成了农业部门，例如，种植业、养殖业等。对生物资源的开发利用，结合人文、社会资源就可以形成旅游开发等重要的生产部门。通过资源开发，不仅可以更新产业结构，扩大经济发展规模，而且还需要其他产业的支持和服务，往往就会围绕某一项资源开发形成庞大的区域产业群，创造更多的就业机会，带动区域经济发展。因此，资源开发和环境利用作为一个经济过程，将会通过产业之间的关联带动整个社会的经济发展。当然，资源开发带动经济发展要建立在对资源合理开发与利用的基础上。

第三节　生态系统与农业生态系统

一、生态系统与生态平衡

系统的定义应该包含一切系统所共有的特性。英文中"系统（system）"一词来源于古代希腊文（systεmα），意为部分组成的整体。一般系统论创始人贝塔朗菲（Bertalanffy）这样定义："系统是相互联系、相互作用的诸元素的综合体。"该定义强调元素间的相互作用，以及系统对元素的整合作用，指出了系统的三个特性：一是多元性。系统是多样性的统一，差异性的统一。二是相关性。系统不存在孤立元素组分，所有元素或组分间相互依存、相互作用、相互制约。三是整体性。系统是所有元素构成的复合统一整体。该定义说明了一般系统的基本特征，但对于定义复杂系统有着局限性。

1935年英国的坦斯利（Tansley）提出了生态系统的概念之后，美国的年轻学者林德曼（Lindeman）在对曼多塔（Mondota）湖生态系统详细考察之后提出了生态金字塔能量转换的"十分之一定律"。生态系统简称ECO，是ecosystem的缩写，指在自然界的一定的空间内,生物与环境构成的统一整体。在这个统一整体中,生物与环境之间相互影响、相互制约,并在一定时期内处于相对稳定的动态平衡状态。生态系统的范围可大可小,相互交错。太阳系就是一个生态系统。太阳就像一台发动机,源源不断给太阳系提供能量。地球上最大的生态系统是生物圈,最为复杂的生态系统是热带雨林生态系统,人类主要生活在以城市和农村为主的人工生态系统中。生态系统是开放系统,为了维系自身的稳定,生态系统需要不断输入能量,否则就有崩溃的危险。许多基础物质在生态系统中不断循环往复,其中碳循环与全球温室效应密切相关。生态系统是生态学领域的一个主要结构和功能单位,属于生态学研究的最高层次。

生态平衡(ecological balance, ecological equilibrium)是指在一定时间内生态系统中的生物和环境之间、生物的各个种群之间,通过能量流动、物质循环和信息传递,使它们相互之间达到高度适应、协调和统一的状态。也就是说,当生态系统处于平衡状态时,系统内各组成成分之间会保持一定的比例关系,能量、物质的输入与输出在较长时间内将趋于相等,结构和功能处于相对稳定状态。若受到外来干扰,生态系统可通过自我调节恢复到初始的稳定状态。在生态系统内部,生产者、消费者、分解者和非生物环境之间,在一定时间内保持能量与物质输入、输出动态的相对稳定状态。

二、自然生态系统与人工生态系统

自然生态系统是指在一定时间和空间范围内,依靠自然调节能力维持的相对稳定的生态系统,如原始森林、海洋等。自然生态系统不但为人类提供食物、木材、燃料、纤维及药物等社会经济发展的重要组成成分,而且还维持着人类赖以生存的生命支持系统,包括空气和水体的净化、洪涝和干旱的缓解、土壤的产生及其肥力的维持、废物的分解、生物多样性的产生和维持、气候的调节等。

人工生态系统是指经过人类干预和改造后形成的生态系统。它决定于人类活动、自然生态和社会经济条件的良性循环。人类对于自然生态的作用,主要表现在人类对自然的开发、改造上。农业生产不仅改变了动植物的品种和习性,也引起了气候、地貌等的变化。自然生态对人类的影响是多方面的,衣、食、住、行无所不包。不同的社会制度、生产关系和生产力水平,制约着人的活动能力和对自然资源的利用方式,从而也深刻影响着人类活动与自然条件。人工生态系统多种多样,如城市生态系统、农业生态系统、人工林生态系统、果园生态系统等。人工生态系统的特点包括:① 社会性。易受人类社会的强烈干预和影响。② 易变性,或称不稳定性。易受各种环境因素的影响,并随人类活动而发生变化,自我调节能力差。③ 开放性。系统本身不能自给自足,依赖于外部系统,并受外部的调控。④ 目的性。系统运行的目的不是维持自身的平衡,而是满足人类的需要。因此,人工生态系统是由自然环境(包括生物和非生物因素)、社会环境(包括政治、经济、法律等)和人类(包括生活和生产活动)三部分组成的网络结构。人类在系统中既是消费者,也是主宰者。人类的生产、生活等活动必须遵循生态规律和经济规律,才能维持系统的稳定和发展。

人工生态系统与自然生态系统的区别主要表现在以下四方面：① 含义不同。人工生态系统是指经过人类干预和改造后形成的生态系统，而自然生态系统则是指在一定时间和空间范围内，依靠自然调节能力维持的相对稳定的生态系统，如原始森林、海洋等。② 表现不同。在人工生态系统中，人类对于自然生态的作用主要表现在人类对自然的开发、改造上。例如，农业生产不仅改变了动植物的品种和习性，也引起了气候、地貌等的变化。而自然生态系统对人类的影响是多方面的，维持着人类赖以生存的生命支持系统。例如，空气和水体的净化，降低洪涝和干旱的影响，土壤的再生及其肥力的维持，生物多样性的产生和维持，气候调节，等等。③ 分类不同。人工生态系统如城市生态系统、农业生态系统、人工林生态系统、果园生态系统等；自然生态系统可以分为水生生态系统和陆生生态系统。④ 特点不同。自然生态系统为"供方"，提供的是社会系统所需要的物质，同时也消纳其排放的废物；而人工生态系统是"需方"，向自然生态系统索取各种物质，并向其排放废物。前者的供给称为"生态容量"或"生态承载力"，后者的需求称为"生态足迹"。

三、农业生态系统及其组分

农业生态系统是以人类为中心，在一定社会和自然条件下，以农作物、家畜、鱼类、林木、土壤为物质基础所构成的一个非闭合的物质循环和能量转化体系，它是在人类、社会、经济体系作用下的以农业植物群落和人类农业经济活动为中心而建立的生态系统。

农业生态系统是由自然生态系统演变而来，并在人类的活动影响下形成的，它是被人类驯化了的自然生态系统。然而，农业生态系统是以农业生物为主要组成、受人类调控、以农业生产为主要目标的生态系统，具有一定的特殊性：① 系统的生物构成不同。② 系统净生产力高。③ 系统开放程度大。④ 系统稳定性差。⑤ 系统服从的规律不同。⑥ 系统的"目的性"不同。（自然生态系统的"目的"是使生物现存量最大，并维持系统结构和功能的平衡与稳定；农业生态系统的"目的"则完全服从人类在社会、经济和生态环境方面的需求）。

与自然生态系统一样，农业生态系统在结构上包括两大组分：生物组分和环境组分。生物组分可分为生产者、消费者和分解者三大功能类群。环境组分又可分为辐射（温、光）、气体、水体、土体等。

1. 农业生态系统中的生物组分

生物组分中也包括各种植物、动物及微生物。与自然生态系统的生物一样，农业生态系统生物组分作为农业生态系统的核心组分，同样可以分为以绿色植物为主的初级生产者（如各种农作物、林木果树等），以动物为主的次级生产者（消费者，如各种畜禽和鱼类等）和以微生物为主的腐生生产者（分解者，如土壤微生物）。除人工种养的生物外，还包括野生生物（包括各种有害的和无害的）。此外，还增加了一种重要的大型消费者——人，不过人还起着生态系统中"分解者"的作用。生物组分多采用食物链、生产特性标准划分。

（1）根据食物链角色，可将生物组分划分为生产者、消费者和分解者。

生产者包括水生植物：淡水植物（莲、菱、茭白等）和海水植物（海带、紫菜等）；陆生植物：粮食作物（水稻、小麦、高粱、玉米等）、经济作物（甘蔗、棉花、花生、麻等）、饲料作物（象草、紫花苜蓿、苏丹草等）、园艺作物（果树、蔬菜、花卉等）和林业植物（经济林、用材林、薪材林等）。

消费者包括水生动物：淡水养殖动物（草鱼、鲢鱼、鲤鱼、甲鱼等）、海水养殖动物（石斑鱼、龙虾等）、滩涂养殖动物（对虾、蟹、贝类等）；陆生动物：家禽（鸡、鸭、鹅等）、家畜（猪、牛、羊、马等）、珍稀动物（东北虎、丹顶鹤、金丝猴等）。

分解者：真菌，如蘑菇、草菇等；各种细菌，如甲烷菌、杀螟杆菌等。

（2）根据生产特性，可将生物组分划分为农田生物、林果业生物、牧业生物、渔业生物、虫菌生物等。

农田生物：多种农作物，稻田中人工放养的鱼、蛙、红萍，以及农田杂草、自然界昆虫、病原菌、土壤微生物等共同组成农田生物，它既包括有益生物，又可能包括有害生物。

林果业生物：人工林果树和部分自然森林。它由林木群落、林下植物、食叶昆虫、鸟类、哺乳动物、节肢动物和腐食性动物等组成。

牧业生物：家畜、家禽及其伴生的有害病原菌和害虫等。

渔业生物：人工放养的鱼类、虾、贝、蟹和水体浮游生物（浮游动物和浮游植物）、水生维管植物、底栖动物等。

虫菌生物：腐生动物（蚯蚓、鼠妇等）、昆虫类（蜜蜂、蚕和寄生蜂等）及农用微生物（食用菌、甲烷菌）等，种类繁多。

2. 农业生态系统中的环境组分

环境由各种环境因素（生物的和非生物的因子）构成。它是影响和制约生物活动的一切外界自然条件的总和。农业生态系统的环境组分包括自然环境组分和人工环境组分。

自然环境是指全球的圈层——大气圈、水圈、岩石圈、土壤圈和生物圈等在该地区的部分所构成的环境，又称原生环境。自然环境组分分为：气候因素［温度、光、水、气（空气、风）］；土壤因素（理化性质）；地形地貌因素；生物因素（自然界中除被人们种养殖之外的一切生物所构成的农业生态系统的生物环境）。

人工环境是指由于人为因素的作用使自然环境发生了某些变化的环境，又称次生环境。狭义的人工环境是指人为创造的环境，如地膜覆盖地、温室大棚等；广义的人工环境是指人为因素使环境发生了某些变化，例如，兴修水利后的农田环境、人工造林种草后的林地或草地环境，以及防护林带间的农地环境等。人工环境组分是指人类根据生产的需要，通过采用各种调控技术措施所改善的自然环境组分和人工建立的农业设施。人工调控技术包括施肥、排灌、耕作、病虫草害防治、作物布局、饲料配方等技术，通过这些调控技术，大大改善动植物的生长发育环境条件，有利于动植物的健康生长、发育。农业设施包括塑料大棚、温室、灌溉设施、网箱、无土栽培设施、水库、畜禽舍。农业设施的建立为农业生物的生长发育创造了有利的条件,扩大了农业生产的分布范围,延伸了生长时期,从而大大提高了农产品产出。

四、农业环境及其特征

1. 农业环境的内涵

农业环境是指农业生物(包括栽培作物、林木植物、牲畜、家禽和鱼类等)正常生长繁育所需的各种环境要素的综合整体,主要包括水、土壤、空气、光照、温度等环境要素(表1-1)。农业生物的生存、活动、繁殖需要一定的空间、物质与能量。生物在长期进化过程中,逐渐形成对周围环境某些物理条件和化学成分,如空气、光照、水分、热量和无机盐类等的特殊需要。各种生物所需要的物质、能量及它们所适应的理化条件是不同的,这种特性称为物种的生态特性。

表1-1 农业环境要素

类别	具体要素
气候要素	太阳辐射、气温、空气、湿度、风等
土壤要素	地温、土壤水分、通气性、酸碱度、无机物、有机物等
水要素	池塘、河流、湖泊、水库、海洋、地下水、灌溉水等
生物要素	植物、动物、微生物等
人为因素	人对生物的作用,包括环境污染、生态破坏等

农业生物和农业环境相互作用和影响形成了一个统一的农业生态系统。农业生态系统是在人类生产活动干预下经过长期发展和适应而形成的一种人工生态系统,是保持着一定的动态平衡关系的整体。但是,农业生态系统的环境与生物组分均有其明显特点:① 农业环境兼具生产环境和生活环境的双重功能,农业生物为人类提供衣(棉花、蚕丝、麻)、食(粮食、肉类)、住(房屋)、行(船及马、驴、骡等牲畜交通工具)、医(中药材)、乐(烟草、咖啡、花卉等)等功能。② 农业生态系统的特殊性还在于,生物组分以人工驯化和选育的农业生物为主,生物组分中人是系统中最重要的调控力量。环境组分中,除了自然环境组分,还有人工环境组分,如排灌渠、地膜、温室、禽舍、道路等。同时,农业生态系统中的大气、土壤和水也受到了人类活动的深刻影响。③ 除系统组分之外,系统输入、系统输出、系统功能、系统调控等方面具有一定特色。

2. 农业环境的基本特征

(1)范围的广阔性。

农业生产的范围非常广阔,但各地由于自然条件不同,形成了各种各样的地区农业环境。

(2)系统的不稳定性。

由于农业系统是一个物质、能量流进流出的开放系统,其缺少对抗环境变化的"缓冲力"和自我调节能力。

(3)质量恶化的不易觉察和不易恢复性。

农业环境质量恶化是积累性的，一般不会在宏观上立马出现明显变化，但是在表现出明显的质变后（如大江大湖的污染问题、农田土壤退化问题），要恢复和改善它的生产能力又是不容易的。因此，农业环境保护应以预防为主。

五、农业生态与生态农业

"农业生态学"（Agricultural Ecology，Agroecology）一词是1865年由勒特（Reiter）合并两个希腊字"logs"（研究）和"oikos"（房屋、住所）构成的，1866年德国动物学家艾伦斯特·赫克尔（Ernst Haeckel）初次把农业生态学定义为"研究动物与其有机及无机环境之间相互关系的科学"，特别是动物与其他生物之间的有益与有害关系，从此便揭开了农业生态学发展的序幕。所以，农业生态学主要是运用生态学和系统论的原理和方法，分析研究农业领域中的生态问题，探讨协调农业生态系统组分结构及其功能。促进农业的持续高效发展，是农业生态学的根本任务。农业生态学不仅要进行基础性的理论研究，还要为发展农业生产提出切实可行的技术途径，要求理论与实践紧密结合。农业生态学是生态学在农业领域的应用，属于应用生态学的分支之一。学习农业生态学，一方面要了解有关生态学的一般知识及理论与方法，另一方面要运用农业生态学的原理和方法回答与分析农业生态系统的资源生态问题与系统优化途径。

生态农业（Eco-agriculture）是按照生态学原理和生态经济规律，因地制宜地设计、组装、调整和管理农业生产和农村经济的系统工程体系。生态农业是世界农业发展史上的一次重大变革，它是相对于石油农业提出的概念，是一个原则性的模式，而不是严格的标准。

第四节 农业环境问题的产生与影响

农业生产是一个既依赖于自然又受人工控制的特殊生产过程，与资源、环境密切相关。如果说农业是国民经济的基础，资源、环境则是这个基础的基础。若处理好两者的关系，可以在满足农产品需求的同时，实现与自然和谐发展。但是若对自然资源索取无度，不仅会破坏农业赖以存续发展的环境条件，甚至还会反过来影响农业生产自身的发展。农业这种与自然生态系统的密切联系，决定了其在人类生态文明建设中的独特性。

一、世界主要生态环境问题

时下，引起全球普遍关注的生态环境问题很多，主要有全球气候变化、酸雨污染、臭氧层破坏、有毒有害化学品和废物越境转移与扩散、生物多样性锐减、海洋污染等。另外，发展中国家普遍存在生态环境问题，如水污染和水资源短缺、土地荒漠化、沙漠化与荒漠化加速、水土流失、森林资源减少等。目前，公认的全球十大环境问题可以概括为：全球气候变暖、臭氧层破坏、生物多样性锐减、酸雨污染、森林资源锐减、土地荒漠化、

大气污染、海洋污染、水体污染、固体废物污染。

1. 全球气候变暖

全球气候变暖是一种和自然有关的现象,是由于温室效应不断积累,导致地气系统吸收与发射的能量不平衡,能量不断在地气系统累积,从而导致温度上升,造成全球气候变暖。由于人们焚烧化石燃料,如石油、煤炭等,或砍伐森林并将其焚烧时会产生大量的二氧化碳,产生温室气体,这些温室气体对来自太阳辐射的可见光具有高度透过性,而对地球发射出来的长波辐射具有高度吸收性,能强烈吸收地面辐射中的红外线,导致地球温度上升,产生温室效应。全球变暖会使全球降水量重新分配、冰川和冻土消融、海平面上升等,不仅危害自然生态系统的平衡,还威胁人类的生存。

2. 臭氧层破坏

臭氧层破坏是指高空 25 km 附近臭氧密集层中臭氧被损耗、破坏而变稀薄的现象。臭氧浓度较高的大气层在 10～50 km 范围内,在 25 km 处浓度最大,形成了平均厚度为 3 mm 的臭氧层,它能吸收太阳紫外辐射,给地球提供了防护紫外线的屏障,并将能量贮存在上层大气,起到调节气候的作用。臭氧层的破坏会使过量的紫外辐射到达地面,对人类健康造成危害;同时,使平流层温度发生变化,导致地球气候异常,影响植物生长、生态平衡。

3. 生物多样性锐减

生物多样性(biodiversity)是一个描述自然界多样性程度的概念。对于生物多样性,国内外不同的学者所下的定义是不同的。综合起来,可以认为生物多样性是指生物及其环境形成的生态复合体和与此相关的各种生态过程的综合,包括动物、植物、微生物和它们所拥有的基因及它们与其生存环境形成的复杂的生态系统。生物多样性是人类赖以生存的条件,是经济社会可持续发展的基础,也是生态安全和粮食安全的保障。其实,生物多样性最早仅指地球上所有植物、动物、真菌及其他微生物种类的多少。此后,这一定义被扩充至所有生态系统中活生物体的多样性或变异性,不仅具有"有多少种生物"的含义,也涵盖"同一物种的所有个体在遗传信息上的差别",以及"生物所赖以生存的生态系统的多样化"的含义。因此,目前的生物多样性体现在多个层次上,通常由三个层次组成:遗传多样性、物种多样性和生态系统多样性。也有人将景观多样性作为生物多样性的第四个层次。

4. 酸雨污染

酸雨是指 pH 小于 5.6 的雨雪或其他形式的降水,主要是人为地向大气中排放大量酸性物质所造成的。酸性沉降可分为"湿沉降"与"干沉降"两大类。前者指的是所有气状污染物或粒状污染物,随着雨、雪、雾或冰雹等降水形态而落到地面;后者则是指在不下雨的日子,从空中降下来的落尘所带的酸性物质。酸雨为酸性沉降中的湿沉降。酸雨又分为硝酸型酸雨和硫酸型酸雨。

5. 森林资源锐减

森林是陆地生态系统的主体,对维持陆地生态平衡起着决定性的作用。但是,近 100 多年来,人类对森林的破坏达到了十分惊人的程度。人类文明初期,地球陆地的 2/3 被森林所覆盖,约为 76 亿公顷;19 世纪中期减少到 56 亿公顷;20 世纪末期锐减到 34.4 亿公顷，森林覆盖率下降到27%。

6. 土地荒漠化

土地荒漠化是指土地退化，也叫"沙漠化"。1992年，联合国环境与发展大会对荒漠化的概念做了这样的定义："荒漠化是由于气候变化和人类不合理的经济活动等因素，使干旱、半干旱和具有干旱灾害的半湿润地区的土地发生了退化。"

7. 大气污染

大气污染是指大气中一些物质的含量达到有害的程度以致破坏生态系统和人类正常生存和发展的条件，对人或物造成危害的现象。大气污染物由人为源或天然源污染物进入大气（输入），参与大气的循环过程，经过一定的滞留时间之后，又通过大气中的化学反应、生物活动和物理沉降从大气中去除（输出）。如果输出的速率小于输入的速率，大气污染物就会在大气中相对集聚，造成大气中某种物质的浓度升高。当浓度升高到一定程度时，该物质就会直接或间接地对人、生物或材料等造成急性、慢性危害，大气就被污染了。

8. 海洋污染

海洋污染通常是指人类改变了海洋原来的状态，使海洋生态系统遭到破坏。有害物质进入海洋环境而造成的污染会损害生物资源，危害人类健康，妨碍捕鱼和人类在海上的其他活动，损坏海水质量和环境质量，等等。由于海洋面积辽阔，储水量巨大，因而长期以来是地球上最稳定的生态系统之一。由陆地流入海洋的各种物质被海洋接纳，而海洋本身没有发生显著的变化。然而近几十年，随着世界工业的发展，海洋的污染也日趋严重，使局部海域环境发生了很大变化，并有继续扩展的趋势。

9. 水体污染

当进入水体的污染物质超过了水体的环境容量或水体的自净能力，使水质变坏，从而破坏水体的原有价值和作用的现象，称为水体污染。水体污染的原因有两类：一是自然造成的，二是人为的。特殊的地质条件使某种化学元素大量富集、天然植物在腐烂时产生某些有害物质、雨水降到地面后挟带各种物质流入水体等造成的水体污染，这些都属于自然污染。

10. 固体废物污染

固体废物按来源大致可分为生活垃圾、一般工业固体废物和危险废物三种。此外，还有农业固体废物、建筑废料及弃土。固体废物如不加妥善收集、利用和处理、处置，将会污染大气、水体和土壤，危害人体健康。

二、我国的农业环境问题

农业是我国国民经济的支柱，为我国经济的发展与建设提供了基础保障。农业生产活动中使用化肥、农药等制品保障了农业收成，但也造成了不同程度的环境污染，影响范围波及水资源（灌溉水和养殖水污染、旱涝频发）、土壤（退化、污染等）、大气（污染、沉降、酸雨等）、生物多样性（品种单一、物种入侵等）、农业资源（过度捕捞、滥伐森林、乱垦草原、围湖造田、围栏养殖）、气候（灾害频发）等。

由于我国人口在不断增多，人与自然资源之间的矛盾逐渐被激发，致使生态环境遭到污染与破坏。生态破坏和环境污染是当前中国农业环境的两个突出问题。农业环境污染主要表现在：① 工业、城市和乡镇企业污染。② 农用化学物质污染。中国化肥流失量约占使用量的40%，引起硝酸盐积累和水体富营养化；农药在大气中扩散和流失及部分农畜产品中残留也较严重。③ 畜禽粪便污染。目前，畜禽粪便已成为城郊农业环境的主要有机污染物。

农业环境被破坏造成的恶果主要表现在：① 水土流失、沙漠化、土壤次生盐渍化问题严重。全国水土流失面积达29.1亿亩，占国土总面积的20.29%；土地沙漠化继续加剧，面积已达19.5亿亩；盐碱地1亿多亩。② 农业资源有所衰退。中国人均耕地不足1.6亩，并逐年减少，现有耕地中有近一半的耕地条件较差或存在某些障碍因素。③ 草原继续退化。中国有可利用草地面积3.12亿公顷，草地累计退化面积已达6 670万公顷，并且沙化、碱化、退化的状况有加剧趋势。

近年来，随着我国现代化的稳步推进，经济建设快速发展，人类生产活动更加频繁和广泛，而人为因素的影响主要是资源的不合理开发，造成了环境恶化。根据农业环境特点，我们将农业环境问题归纳为四种类型，即农业资源锐减、土壤破坏、农业环境污染加剧、自然灾害频发。

1. 农业资源减少

资源是经济发展的基础条件，有效地保护和合理地利用农业资源是农业可持续发展的基础。随着工业化和城镇化的不断推进，我国农业资源供需矛盾日趋尖锐。数据显示，现在农业用水量占全国用水的比重，从1980年的88%下降到60%左右（《中国水资源公报》2021年），且仍有下降趋势，农业用水供需矛盾日益突出。水资源的利用率低，浪费严重，约有一半的水被浪费掉了。一方面农业缺水，另一方面农业用水浪费现象又普遍存在。若广泛采用先进的节水灌溉技术措施，将水的利用率提高到60%，那么灌溉面积可达现在的1.3～1.5倍。

农业资源主要包含水资源、土地资源、气候资源和生物资源。我国农业资源问题主要表现为：农业用地减少、林地与草地面积减少、湿地面积减少、淡水资源减少和生物品种资源减少等。可以说，资源约束已经是影响我国农业和农村经济，乃至整个经济和社会可持续发展的重要因素。如何在建立资源节约型社会的大前提下，做好资源的可持续开发和利用，保护我国社会经济的可持续发展，是摆在国家面前的一项重大的课题。有效提高农业资源利用率的技术和方法也必须相应从水资源、土地资源、光热气候资源和生物资源的有效保护与开发利用四个领域展开。

第一，对于水资源，改进水利与农业设施，提高水的利用率，包括水的农业利用效率。节水农业的核心是节水灌溉。提高水资源农业利用率的具体措施包括：① 土壤水分管理。② 水资源评价与管理。③ 污水处理及其农业利用。④ 广泛应用喷灌、滴灌、膜下灌等高效灌溉技术和地下沟、渠、坑灌，充分利用山区中小水库、塘坝、小水窖等集雨工程收集雨水灌溉农田。

第二，对于土地资源，可采取的措施主要有：①"集约"，即集约经营土地，体现出技术、劳力、物质、资金利用的综合效益。②"高效",即充分挖掘土地、光能、水源、热量等自然资源的潜力,同时提高人工辅助能的利用率和利用效率。③"持续",即减少有害物质的残留,提高农业环境和生态环境的质量,增强农业后劲,不断提高土地(水体)生产力。④"安全",即产品和环境安全,体现在利用多物种组合来同时完成污染土壤的修复和农业发展,建立经济与环境融合观。

第三,对光热气候资源,可以通过挖掘光能、热量等自然资源的潜力,充分利用空间和时间,通过间作、套作、混作等立体种养、混养等生态模式,较大幅度提高单位面积的物质产量。

第四,对于农业生物资源,当前正面临以下问题:① 物种加速灭绝。人类和其他生物居住并赖以生存的地球,形成至今约有46亿年了。在过去的2亿年中,自然界每27年有一种植物从地球上消失,每个世纪约有90多种脊椎动物灭绝。随着人类活动的不断加剧,物种灭绝的速度也不断加快,目前物种灭绝的速度是自然灭绝速度的1 000倍左右。物种灭绝导致人类的食物、产品供应减少。② 生境地环境恶化。生境地受到污染、生境地生态遭受破坏。③ 人为滥捕、滥伐。违法捕猎野生动物、违法盗伐植物等。④ 近年来,随着一股"宠物热""引种热"的兴起,被媒体曝光频率比较高的外来入侵物种有食人鱼、鳄龟、雀鳝、加拿大一枝黄花等。不科学的引种与放生行为同样也会造成生态环境的破坏。⑤ 转基因生物技术。其中,转基因农产品引起较多关注,例如,转基因抗虫棉、转基因玉米、转基因大豆,作为主要粮食的转基因水稻、小麦尤为引人关注。为了延缓害虫对转基因作物抗性的产生,科学界也在尝试采用庇护所策略来解决生物多样性问题,即在转基因作物附近种植20%的非转基因作物作为害虫的庇护所,以提供足够敏感性害虫对抗性基因进行有效稀释,从而延缓抗性的产生和发展。

2. 土壤破坏

据调查,中国现有耕地中,中低产田占耕地总面积的70%。粗放的耕作方式,特别是化肥过量施用造成耕地质量的退化,目前我国耕地退化面积占耕地总面积的40%以上。南方土壤酸化,华北平原耕层变浅,西北地区耕地盐渍化、沙化问题也很突出;全国耕地土壤点位污染超标率达到19.4%,南方地表水富营养化和北方地下水硝酸盐污染,西北等地农用塑料膜残留较多。农业农村部耕地质量建设与管理专家指导组指出,这些年来,我国农业生产一直坚持高投入、高产出模式,耕地长期高强度、超负荷利用,耕地质量呈现出"三大""三低"态势。"三大"指的是中低产田比例大、耕地质量退化面积大、污染耕地面积大;"三低"指的是有机质含量低、补充耕地等级低、基础地力低。特别是随着设施农业规模的扩大,设施农业土壤退化现象非常普遍。超量使用化肥的后果是土壤酸化、次生盐渍化加重。近年来,山东省土壤酸化速度加快,胶东地区尤为突出,pH 小于5.5的酸化土壤面积已达980多万亩。全省1 300万亩设施菜地中,有260万亩发生次生盐渍化。若采用灌水压盐或者淋水洗盐等传统盐碱地改良技术措施,可能会导致该区域地下水受污染。土壤酸化造成土壤养分比例失调,作物发病率升高,农产品品质下降。pH 低于4.5的地块,一般可造成作物减产30%以上。设施菜地种植4年后,土壤盐渍化现象逐年加重，严重影响作物产量和质量。

3. 农业环境污染加重

目前，我国化肥使用量约占世界的三分之一，化肥利用率仅为33%，农药利用率为35%左右，年使用农用塑料膜约130万吨，而回收率不足60%，年产畜禽粪污约38亿吨，有效处理率仅为42%；农业年均缺水约300亿立方米，农业灌溉用水有效利用系数仅为0.52，低于发达国家约20个百分点。农业环境污染主要体现在以下两个方面：农业水环境污染（含地下水污染）、农业大气环境污染（工业、汽车尾气排放）、农田土壤污染（农用化学品污染）、农业固体废弃物的污染（畜禽排泄物、农林植物秸秆、农用塑料膜）、农产品污染（农药残留、蔬菜中硝酸盐或亚硝酸盐含量高）。

农业环境污染造成的后果可能有：① 呼吸道等疾病发生。② 环境污染加剧，即大气、水体、土壤、生物等质量下降，且污染物会在不同介质之间迁移。③ 气候变化异常。温室效应、热岛效应等加剧。④ 影响物种生存。如工业化发达城市中，污染物（SO_2、NO_x等）不能及时扩散，极易引发酸雨、雾霾等环境问题。⑤ 食物质量安全性下降。如重金属、人工合成有机物超标等，全世界有名的公害病——水俣病和痛痛病，就是分别由汞、镉污染引起的。⑥ 工农业生产受阻。长期施用农用化学品（农药、化肥、塑料膜），特别是设施农业生产中，棚内土壤亚硝酸盐累积问题突出。⑦ 矿山开发后尾矿污染。⑧ 工程边坡地水土流失严重，边坡的土壤流失。⑨ 垃圾填埋场周边环境恶劣（含垃圾随意堆放）。⑩ 水生态环境问题，可细分为水生态环境污染和水生态环境破坏两方面。不过，在一定条件下两者可以相互转化。具体表现形式有：水体富营养化，水体生态系统崩溃，死湖、死河的出现，水体中动、植物难以生存；农业面源污染，农用化学品污染；畜禽排泄物、水产（禽）养殖废水污染；生活污水污染，即城乡居民生活污水无序排放。

4. 自然灾害频发

当前，在生态环境领域与"温度"密切相关的热门话题主要包括两个方面：其一，温室效应（全球温室气体效应），由过度排放的温室气体（CO_2、CH_4、NO_x、CFC、O_3等）造成，这类气体具有吸热和隔热的功能，它们在大气中增多的结果是形成一种无形的"玻璃罩"，使太阳辐射到地球上的热量无法向外层空间发散，其结果是地球表面变热，因其作用类似于栽培植物的温室，故被称为"温室效应"。其二，热岛效应。它是指一个地区温度高于周边地区温度的现象。其中，最为人们熟知的城市热岛效应就是城市温度高于周边郊区的现象。常见的自然灾害主要包括旱涝、霜冻、台风等极端气候，以及干热风、病虫草害、火灾、鼠害。

综上所述，农业环境保护不仅对发展农业生产至关重要，而且在整个环境保护工作中也占据极为重要的地位。加强农业环境保护，促进我国农业资源的可持续发展，对提高我国的生态质量具有重要意义。有效提高农业资源利用率的技术和方法有以下几种。

(1) 要推动农业发展方式的转变。

一要推动农业走上科技含量高、经济效益好、资源消耗低、环境污染少、人力资源充分利用的发展道路。促进农业生产方式向资源节约型、环境友好型转变。致力于转变粗放的农业发展方式，坚决执行最严格的耕地保护制度和集约节约用地制度，以节地、节水、节肥、节药、节种、节能和资源综合循环利用为重点，推广一系列农业节本增效技术，促进资源永续利用，促进农业生产增长向依靠物质技术装备水平提升转变。

二要坚定不移地用现代物质条件装备农业，用现代科学技术改造农业，大力发展设施农业，加快推进农业机械化，加强农业防灾减灾体系建设，形成稳定有保障的农业综合生产能力。

三是促进农业劳动者向新型农民转变。当前农业劳动力供求结构进入总量过剩与结构性、区域性短缺并存的新阶段，关键农时缺人手、现代农业缺人才、新农村建设缺人力问题日益突出，农户兼业化、村庄空心化、人口老龄化日趋明显，今后"谁来种地、谁来养猪"成为一个重大而紧迫的课题。农业部门坚持把培养新型职业农民作为关系长远、关系根本的大事来抓，积极开展农民培训，切实加强农村实用型人才开发，确保农业发展"后继有人"。

（2）建设现代农业。

发展现代农业的一个重要目标就是要高效合理地利用农业资源，不断地提高资源利用率，促进国民经济和社会发展。目前我国农业正处在由传统农业向现代农业转变的关键时期，必须全面贯彻落实科学发展观，着力转变农业增长方式，优化布局和结构，集约经营自然资源和生产要素，实现农业的可持续发展。我国农业的发展面临着资源短缺的矛盾越来越突出的问题，加快现代农业建设，必须进一步提高资源的利用率，大力发展循环农业和农村的循环经济，提高农业发展的质量和效益。

（3）发展循环农业。

农业走可持续发展道路就必须大力发展循环经济。循环经济是按照生态规律利用自然资源和环境容量，实现经济活动的生态化转向的一种经济模式。循环农业遵循减量化、再利用、再循环的三大原则，实现"低开采、高利用、低排放、再利用"，最大限度地利用进入生产和消费系统的物质和能量，提高经济运行的质量和效益，达到经济发展和资源、环境保护相协调，符合可持续发展战略的目标。

三、农业环境问题对农业的影响

在农业生产实践过程中，很多农户为了追求产量，获取更多的经济效益，使用了大量化肥及农药，导致地下水污染、土壤板结硬化等不良后果，且农产品的品质也受到了影响，阻碍了农业的可持续发展。为了更好地应对农业环境问题，需要对农业生产对生态环境的影响进行深入分析。农业环境的恶化会制约农村经济社会的发展，农业资源的浪费与流失会加剧农业用地的减少与人口增多之间的矛盾，进而影响种植业的产量与质量，阻碍农业经济的健康可持续发展，而且农业环境质量也会受到潜在威胁。受传统耕作方式、思维观念等因素的影响，农业环境污染问题发生率增加，难以满足现代农业长效发展的要求，也会拉大城乡之间的差距，影响农民的生活质量，农业经济发展水平也会有所下降。当农业环境受到不利影响、恶化程度加深后，会加大自然灾害发生的概率，影响土地资源利用效率，使得农业经济发展受阻，也会制约国民经济和社会发展，不能真正实现农业可持续发展目标。

农业环境恶化危害人体健康，危害农业生产，导致农业减产、绝产和农产品质量下降。农业环境破坏还会降低农业环境的生产力及抵御自然灾害的能力，而且会对气候产生不利的影响，导致旱涝灾害频繁发生，进而危害农业生产和人民生命财产安全。概括起来主要有三个方面影响，即对农产品的产量、对农产品的质量、对农产品安全性的影响。

(一) 生态环境破坏导致农业减产

与其他任何行业相比，农业是对生态环境破坏最为敏感和受影响较大的领域。因此，亟须在农作物和农业技术领域开展一次"绿色地球革命"，有助于减少污染气体的排放、降低损失，并增强我们对变化的适应能力。20世纪人类最伟大的成就之一就是成功地扩大了粮食生产规模，使其满足了因人口增长和收入水平提高而不断增长的粮食需求。联合国粮食与农业组织估计，随着这两个因素继续推动粮食需求的增长，2030年全世界的粮食需求将比1998年增加50%。而气候变化将成为决定这一需求是否能得到满足的一个重要因素。据政府间气候变化问题小组的最新评估预计，全球平均地表温度在1990—2100年会升高1.4~5.8 ℃，而同时期海平面会上升9~88 cm。整个20世纪全球气温已经上升了0.6 ℃，而这种气候变暖现象主要是由人类活动造成的。气温的上升会对农作物产量造成以下影响：转移农作物的最佳种植地带、改变降雨的类型（雨量及变化性）及可能产生的土壤水分蒸发蒸腾损失总量、减少冬季以降雪及冰川形式对水的储存、转移农作物病虫害的发生地、通过二氧化碳和气温的作用影响农作物产量、因海平面上升及脆弱的抵御洪水能力而减少耕地面积。这些作用的整体影响会因海拔高度、土壤类型、农作物和其他地方性因素的不同而变化。

总体来说，许多温带地区的农业也许会从中受益，表现为农作物生长期延长，家畜过冬成本降低，农作物产量可能增加，森林的生长速度也许变快。但对于许多热带地区来说，整体的情况则是负面的：降雨量的变化也许会变大，极端天气现象发生的概率会增加，而农作物可能会减产。农作物、耕作技术及土地和水管理的改善也许可以起到补偿作用，但要增加这些热带地区的粮食产量则会变得异常困难。转移种植地带随着气温的上升，因某些特定气候条件而使某种农作物生长良好的地带可能会向两极和海拔更高的地方转移，这将会导致粮食产量和某些热带国家出口收入的减少。例如，对于非洲和中美洲大部分发展中的国家来说，咖啡占据着他们国家农产品出口的第一、第二或第三位。然而，咖啡对年平均气温的变化非常敏感。在乌干达，气温只需上升2 ℃就会导致适合种植咖啡的土地面积大量减少。在北纬地区，全球变暖也许会将潜在的农作物种植地区向北扩展，加拿大和俄罗斯将因此获得最大面积的种植地带。然而，新气候带的土壤类型并不一定都适合目前在这些主要的农业生产国开展的高密度农业作业。全世界许多地区的降雨类型都有可能因全球变暖而发生变化。根据政府间气候变化问题小组的预计，全球年均降雨量在21世纪会有所增加，尽管某些地区的降雨量会有一定减少。在降雨量预计增加的地区，有可能每年的降雨量都会有很大变化。在开花、授粉和灌浆阶段的水分短缺会造成玉米、水稻、小麦和高粱的减产。降雨量的变化和土壤水分蒸发蒸腾损失总量的增加会进一步导致世界部分区域水资源的短缺，并影响其水质。获取水资源是确保粮食安全的主要因素。农业用水几乎占全球用水量的70%，而这一比例在东亚和西亚部分地区则高达95%。因此，水资源的紧张会严重影响农业。降雨量的变化还会影响土壤的水分。据对全球15个气候模型的分析表明，所有气候模型都给出了一些相同的预测结果。美国的西南部、墨西哥、中美洲、地中海、澳大利亚和南部非洲一年四季都会因全球变暖而导致土壤水分蒸发增加，土壤变干。亚马孙河流域和西非的许多地区会在6月、7月和8月出现土壤变干的现象，而亚洲季风地区出现土壤变干的时间是在12月、1月和2月。但预测土壤变湿的情景时，这15个模型分析只有在北半球中纬度和高纬度地区的非种植季节，才得到很一致的结论。这项研究总结认为，全球变暖可能会造成土壤缺乏水分，从而导致全球粮食生产潜力整体减少。降雨量的变化还会对河流的水量及灌溉用水产生影响。在那些依靠融雪进行农业灌溉的区域，例如，在南亚的许多地区，冰川和降雪量的减少可能会对夏季供水带来严重的后果。降雨量变化造成的气候变化将进一步加剧中亚、北部和南部非洲、中东、地中海地区和澳大利亚发生干旱的频率和强度。极端天气现象（包括干旱、暴风雨和洪水）发生的频率及强度的增加都会导致对农作物的破坏及土地退化。干旱和洪水已经成为引发发展中国家粮食严重短缺的最常见的原因之一。

气候变暖的趋势会增加许多主要农作物害虫的数量、生长速度和地理分布的范围。同时，根据降雨类型的变化，气候变暖也有可能对微生物病原体产生刺激作用。气候变化对农作物害虫的影响在某些地区已经有所表现。例如，在新西兰北部，霜冻发生概率的降低导致热带草地毛虫数量的增多，从而对牧场的草地造成了严重破坏。柑橘溃疡病是一种高度传染性细菌疾病，其病原菌喜好酷热及大雨。这种病害通过飓风被传播到了美国的佛罗里达州，使该州所有的柑橘作物都感染致病。豆叶甲是一种通过传播豆荚斑驳病毒危害大豆的害虫，这种害虫已经从美国的南部扩散到了中部和中西部的北部地区。

气温变化的影响日益显现。农作物的产量会因气温的不同而产生很大变化，即便是非常轻微的气温变暖也会造成水稻产量的下降，这是因为水稻适于生长在接近最大昼夜温差的气候条件下。在菲律宾进行的一项关于全球变暖对水稻产量产生影响的研究表明，在生长季节内，日均最低气温（夜间）每上升1℃，水稻产量就会减少10%。

二氧化碳的影响比较复杂。大气中二氧化碳浓度的升高可以提高许多农作物的净生产力，这是因为碳的"肥力"能够增加光合作用。这种影响的大小随不同的农作物而不同。一方面，二氧化碳对某些农作物，也就是我们说的C_3农作物，有积极的施肥作用。这些农作物包括欧洲和亚洲的主要谷类作物，即小麦和水稻；另一方面，像玉米、高粱、甘蔗和小米这样的C_4农作物对二氧化碳就没有那么敏感。由于C_3杂草对这种变化的反应也可能很好，结果就有可能抑制C_4农作物的产量。而C_4农作物是热带非洲和拉丁美洲国家农业的主要粮食来源。最近进行的对生长在中国、日本和美国真实环境中的玉米、小麦、大豆和水稻试验农作物的研究表明，由于受到地面高臭氧浓度等其他环境因素的限制，农田中二氧化碳浓度上升而导致的土壤肥力提升也许只有其理论效果的一半。

海平面上升造成土地减少。全球某些人口最密集地区的肥沃土地面积可能会有一定减少，尤其在那些地势较低的三角洲地区，如尼罗河、湄公河和恒河—布拉马普特拉河流域。举例来说，海平面上升 1 m 就会造成尼罗河三角洲较低地区减少 5 800 km² 土地，直接影响了埃及 15% 的可居住土地。在孟加拉国，海平面上升 1 m 就会淹没几乎 30 000 km² 的土地，对该国超过 13% 的居民产生影响；而如果这种情况出现在越南，则 40 000 km² 的土地就会消失，该国 23% 的居民会受到影响。即使在那些未被海水淹没的地区，由于土壤和地下水被盐化及潮汐涌浪风险的增加，土壤的质量也会下降。

（二）农业环境恶化影响农产品质量安全

合理施用化肥可以提高农产品质量和品质，提高农产品的风味和耐储性，但化肥使用过多或不合理使用将产生两个方面的负面影响。一是养分失调，造成农产品质量下降，其主要问题是过量施用氮肥，造成土壤氮素过剩，不仅导致硝酸盐污染地下水，而且会造成植物吸收硝酸盐、亚硝酸盐过量，导致农产品中硝酸盐、亚硝酸盐含量超标。二是若肥料中的一些污染物含量过高，会造成土壤与农产品中重金属含量超标。

农产品产地环境中的污染物对农产品质量安全产生危害。工业"三废"和城市生活垃圾不合理地排入江河湖海，污染了农田、水源和大气。由于农产品产地环境污染没有得到有效的控制，致使农业环境恶化，重金属及有害物质在水、土、气中超标，进而在食物中残留、聚积，影响农产品质量，最终影响人体健康。生产、加工过程中农业投入品使用不合理，对农产品质量安全产生危害。食品加工中滥加化学添加剂，为了争取瓜果、蔬菜早上市，不恰当地使用激素，滥施化学药剂，不但造成农产品口感不好，而且可能夹杂有毒有害成分。此外，自然界中各类生物因子对农产品质量安全产生危害，如致病性细菌、病毒、毒素污染及收获、屠宰、捕捞后的加工、贮存、销售过程中的病原生物污染。

四、农业环境管理方法

运用经济、行政、法律、技术等手段，对损害农业环境质量的行为实施有效的影响，使经济发展与农业环境相协调，达到既发展农业经济又改善农业环境的目的的工作，称为"农业环境管理"。农业环境管理应该注意以下几点：① 农业环境管理涉及国民经济的许多部门，与许多行业的生产密切相关。加强农业环境管理要综合协调农业内部各个产业和其他相关部门的经济发展与环境保护的关系。② 各地农业环境的背景值、自然条件和经济发展水平各不相同，因此开展农业环境管理工作，必须结合当地的具体情况，因地制宜地确定管理工作的目标和措施。③ 农业环境具有特殊性，一旦遭到污染或破坏，往往很难恢复和治理，甚至造成不可挽回的后果。因此，农业环境管理必须贯彻"预防为主"的原则，采取积极预防的措施，防患于未然。农业环境管理的内容，按其管理的范围可划分为农田环境管理、草地和牧业环境管理、渔业环境管理、乡镇企业环境管理、农村居住环境管理；按管理的性质可划分为农业环境计划管理、农业环境质量管理、农业环境技术管理。概括起来，可将农业环境保护措施归纳为宣传教育、政策引导（税收、金融、产业结构调整）、行政管理、法治化建设和技术治理。

第五节 农业环境保护研究与课程概述

从农业环境问题的产生与发展来看，农业环境保护研究的领域相当广泛。除了要了解主要农业环境问题的来源、分类、形成原因及其对农业生产的危害，还必须理解水、土壤、大气等农业环境中污染物参与生物循环的途径、影响因素及其对人类健康产生危害的毒理机制，以及掌握常规控制或有效治理农业用水与排放废（尾）水、污染土壤和固体废弃物（作物秸秆、畜禽排泄物）等问题的技术措施与方法；要熟悉各种农业环境问题的管理措施，即事前环评、规划、行政措施、立法和政策引导等非技术手段。但要进一步完善和发展这一学科，还必须弄清楚其研究对象、研究内容和研究方法，确立相对独立、明确的研究体系。

一、农业环境保护的研究内容

当前由人类活动所引起的农业环境质量恶化，已成为妨害农业生物正常生长发育、破坏农业生态平衡的突出问题之一。其中既有由农业外的人类活动引起的，又有由农业生产本身引起的。农业本身污染主要包括农药污染、化肥污染、盲目性的农事活动等。农业外的污染主要包括对农区大气、农业用水和农田土壤的污染等。

对于农药污染，一些长效性农药如滴滴涕（DDT）、六六六等，由于化学结构较稳定，不易被酸、磷、氧和紫外线等的作用所分解，且脂溶性强、水溶性小，喷施时除一部分为作物所吸收、造成作物内的残留之外，降落到地面的农药，有的残留于土壤中，被土壤动物如蚯蚓等所摄取而在其体内积累与浓缩，并通过家禽的捕食等辗转为害；有的则随灌溉水或雨水流入江河湖海，通过水生动物食物链的传递而在鱼体内浓缩数千、数万，甚至数百万倍，造成危害。另外，农药的长期使用，还会因害虫的天敌被消灭和害虫、致病微生物产生抗药性而加剧病虫危害。

对于化肥污染，长期过量施用化肥或施用不当可造成明显的环境污染或潜在性污染。除由于长期单一施用化肥，有机质得不到及时补充而造成的土质恶化和土壤生产力减退之外，化肥中的氮、磷元素还会造成水体富营养化，使藻类等水生生物大量滋生，导致水体缺氧，使鱼类失去生存条件。同时，氮肥的分解不仅污染大气，所产生的氮氧化物上升至平流层时，还会对臭氧层起破坏作用。此外，含氮量高的农业废物如畜禽粪尿、农田果园残留物和农产品加工废弃物等，也会造成水体富营养化，危害鱼类和多种水生生物。

对于盲目性的农事活动，如对森林、草原以及水、土等农业自然资源不合理的开发和利用等，也是农业环境恶化、农业生态平衡被破坏的重要原因。

目前，我国的农业环境污染问题仍在加剧，农业生态破坏得不到有效控制，农业环境保护的发展速度远远落后于经济发展的要求，缺乏一整套行之有效、经济合理的防治污染措施，农业环境中的保护对象、内容及研究方法还在不断探索中。今后要进一步加强农业环境保护工作，从我国的实际情况出发，重点研究防治农业环境污染和生态破坏或退化的治理技术和管理措施。具体任务可列举如下：农业环境质量调查、监测和评价的研究；环境污染对农业生产的影响、对农业生态系统的影响，以及污染物在农业生态系统中的迁移、转化、积累、代谢规律的研究；农业生产与全球气候变化的关系研究；农业环境质量标准和污染控制标准的制定；农业环境污染的综合防治技术和生态工程措施的研究；生态农业研究；农业环境监测技术和污染物分析测试方法的研究；农业环境管理学的研究。此外，还要关注农业环境管理相关问题。例如，农业环境质量评价、农业环境保护法规制度、农业环境保护产业政策、农业环境标准、污染防治对策的经济效益分析等。

二、农业环境保护的研究方法

通常，农业环境保护战略目标研究是为了解决农业环境问题和保护农业环境质量而进行的。但是，由于农业环境保护战略目标研究的区域、对象、目标、任务、内容的不同，故存在着多种不同类型的研究方法。农业环境保护战略目标研究通常采取的方法主要包括以下两个方面。

（1）农业环境现状分析和评价。

科学地分析和评价农业环境污染现状、农业环境现状，以及相关的社会经济现状，明确存在的主要农业环境问题，准确分析社会经济发展与农业环境的关系。

（2）农业环境预测。

在农业环境质量现状及历史资料分析和评价的基础上，根据我国社会经济发展目标，预测社会经济发展对农业环境的影响及其变化趋势，如果缺少部分经济社会发展指标，同样采用预测的方法填补。同时还要对自然因素对农业环境的影响进行预测分析。为此要建立各种经济、社会、环境预测模型。

由于农业环境保护战略目标是一个多目标、多层次、多个子系统的大系统决策研究工作，其中包括农业环境评价、农业环境预测、农业环境规划、费用—效益分析和农业环境战略决策等，这些都需要运用数学模型方法进行研究。因此，如何筛选和运用各种数学模型是关键。

三、本课程的概述

本课程是为以高中为起点的三年制高职学生而开设的，学生在学习本课程前应具备一定的生物学、环境化学、生物化学、农学、生态学、环境科学等方面的专业基础知识。因此，其前导课程应为"农学概论""环境生态学""基础化学""环境监测""环境微生物"等专业基础课程。本课程的后续课程为"环境影响评价""环境规划与管理""水污染控制技术""湿地植物生态工程""农用化学品污染治理""固体废弃物处理与利用"等专业课程，学生还应通过后续专业课程学习及真实工作过程中的实习（践）锻炼，进一步强化与本课程相关的职业能力培养。

本教材编写组参照前人成果，结合平时收集、整理的最新专业信息资料，精心设计与编制了适合高职院校的《农业环境保护》教材，在农业类和环境保护类专业教学中历经多轮教学实践检验，效果良好。特别是主动顺应环境保护形势快速发展的特点，与时俱进，不断丰富和完善授课讲义内容，增强了教学内容的时效性、实用性。

本课程是为适应高职院校环保类专业教学改革的需要而设置的一门综合性课程。它打破了学科系统的限制，将原来分属于农学、微生物学、环境生态学、污染生态学、生物毒理学等学科的知识和技能，按照职业岗位群对职业能力的要求进行整合，信息量大，微观性强，分析能力要求高。因此，在本课程教学过程中应遵循以下原则。

（1）能力本位原则。

应认真研究职业岗位群对知识、技能和态度（情感）等方面的要求，按照"理论知识必须、够用，实用技术先进、适用"的标准，精心组织教学内容，并应特别注意选择反映当前科技和生产力发展水平及地方特色的最新技术成果（如引进行业、企业专家参与专业教学）。

（2）产教结合原则。

应注重采用产学研相结合的教学模式进行课程教学活动，尽量在真实（仿真）的职业环境中培养学生的技术应用能力（情景教学法）。

（3）教书育人原则。

要认真研究本课程中的育人因素，在传授知识、培养能力的同时，创设和利用各种机会和途径，着力培养学生的职业意识、职业情感、职业道德及创新意识和创业能力（探究式、讨论式、参与式等教学法）。

（4）提高"双效"（效果和效益）原则。

要注意收集有关污染水体、污染土壤的治理和农业固体废弃物处置的新技术、新方法，并以此为素材，制作成多媒体课件为教学服务，提高教学的直观性和生动性（案例教学法）；同时，要制作和利用教学录像、课程网站等（网络教学平台），并使其服务于课程教学，以提高课程教学的效率。

（5）"三课"结合原则。

由于课程内容涉及专业广，加上技能实训时间跨度大，因此除校内课堂教学外，外出参观、考察（现场教学法），以及充分利用网络教学资源（网络教学平台）必不可少。

由于本课程涉及的领域较多，专业跨度较大，学生学习的难度相对较大，建议学生在学习过程中除了要遵循上述原则，还应充分利用课余时间进行复习、训练，并注意深化所学知识，拓展知识领域。同时，任课教师应积极创造条件，结合教学内容组织和开展第二课堂活动，以激发学生的学习和科研兴趣，促进学生个性发展和形成特长。

课后思考题

1. 什么叫农业？农业分为广义农业和狭义农业，它们分别包含哪些内容？
2. 什么叫生态？什么叫农业生态系统？农业生态系统的特点是什么？
3. 什么叫环境？环境与资源的区别与联系是什么？
4. 农业环境包括哪些内容？
5. "生态工程"与"环境工程"的区别与联系是什么？
6. "农业生态"与"生态农业"的区别与联系是什么？
7. "土地"与"土壤"的区别与联系是什么？

第二章 农业环境问题的来源、成因及其对农业的影响

本章简述

农业环境的影响因素包括人为因素和自然因素,农业环境问题大致归纳为农业资源锐减、生态严重破坏、环境污染加剧和自然灾害频发。本章分别对这四种类型农业环境问题的产生进行了诱因分析,阐述了不同类型生态环境问题对农业生产带来的不良后果与危害,并提出了相应的防治对策或者预防措施。

第一节 农业环境资源

一、农业环境资源概述

农业环境资源包括影响农业生产的各种资源约束和环境条件。根据资源的内涵可将农业环境资源分为自然资源和社会经济资源(图2-1)。

```
              ┌ 自然资源 ┌ 可再生资源→生物资源(森林、草地等)、非生物资源(水、土等)
              │         │ 非再生资源→石油、煤炭等化石能
              │         └ 非耗竭性资源→太阳能、潮汐能、风能、大气、水、自然风光等
农业环境资源 ┤
              │         ┌ 劳动力、人口、科技、智力、体力、劳动成果、信息等
              └ 社会经济资源 ┤ 区位资源→主要指周边自然资源和社会经济资源对特定区域产生的
                              └           特殊吸引力优势等
```

图 2-1 农业环境资源的类型

自然资源是指在一定技术经济条件下,能够为人类农业生产所利用的一切自然物质和自然能量的总和。社会经济资源是指从事农业生产所需要的人力(包含人口、智力、体力

等)和劳动成果的总和。同时,自然资源赋存与社会经济发展的区域性,会给特定区域经济发展带来明显的区位优势。因此,区位优势也可以作为一种特殊属性的环境资源。农业环境资源按照具体的内容,也可划分成土地资源、水资源、大气资源、生物资源等。

农业自然资源与一般的自然资源一样,按其产生的渊源和可利用性通常被划分为原生性自然资源(或称"非耗竭性资源")和后生性自然资源(或称"耗竭性资源")。原生性自然资源是随地球的产生及其运动而形成的,如太阳能、空气、风、降水等,基本上是持续稳定的。它又可分为恒定性资源,如太阳、风、潮汐等,一直存在;易受污染或被误用的资源,如大气、水体、自然风光等,如果利用不当,容易遭受破坏或变质。后生性自然资源是在地球的自然历史演化过程中的某一阶段形成的一类资源,其数量十分有限。它又可以分成再生性资源(或称"可更新资源")和非再生性资源(或称"不可更新资源")。再生性资源包括土地资源、水资源、生物资源等。它们可以在较短的时间内再生或循环再现,但更新速度是有限的,如果利用速度超过了再生速度,则资源也会趋于耗竭。非再生性资源如各种矿物、煤、石油、天然气等,需要经过漫长的地质年代才能形成,在现阶段生产水平下,它们是不能再生更新的。因此,非再生性资源越用越少,趋于枯竭,必须节约利用。

二、资源与农业环境资源的特征

资源是一个历史范畴的概念,随着人类认识水平的提高,其内容也不断发生变化,所以,物质资源化和资源潜力的发挥是无限的。世界上没有废弃物,只有放错地方的资源。一般自然资源有一些共同特征。

(1)可用性。资源必须是可以被人类利用的物质和能量。

(2)有限性。资源的数量在一定条件下是有限的,人类对其利用的程度更是有限的。

(3)多宜性。资源一般都有多种用途,如土地可用于农业、林业、牧业,也可用于工业、交通业、建筑业等。这也是引起行业资源竞争的主要原因之一,但也是产业结构调整的基础。

(4)整体性。资源的存在不是孤立的,而是相互联系、相互影响和相互依赖的复杂整体。一种资源的利用会影响其他资源的利用性能,也受其他资源利用状态的影响。例如,土地是一个较为广泛的概念,它可以包括特定的区域空间的土壤、水、空气、辐射等多种资源。水资源质量的变化,也会影响土地资源质量的变化。同样,水资源的缺乏会引起土地生产力的下降等。所以,各种资源要素是相互联系的整体,而不是绝对孤立的。

(5)区域性。资源存在空间分布的不均匀性和严格的区域性。例如,由于接受太阳辐射的不同,分布于地球不同部位的土地所分配的水热资源也不同,因而生态系统类型及资源赋存条件也存在明显不同。所以,资源利用也受到区域特征的影响。

(6)可塑性。自然资源在受到外界有利的影响时会逐渐得到改善,而不利的干扰会导致资源质量的下降或破坏。这就为资源的定向利用和保护提供了依据。

农业环境资源具有资源的一般特性,即具有可用性、有限性、多宜性、整体性、区域性和可塑性等。尤其是具有更强烈的整体性，其质量的优劣更多地取决于各种资源要素的匹配情况。社会经济资源对农业自然资源的影响很显著，农业劳动力的综合素质、管理水平等因素对自然资源的利用效率也有非常显著的影响。因此，在社会经济发展中，必须正确地处理好自然资源利用与保护的关系。对自然资源的过度利用，势必影响资源整体的平衡，使其整体结构和功能及在自然环境中的生态效能遭到破坏甚至丧失，从而导致自然整体的破坏。因此，开发任意一项自然资源，都必须注意保护人类赖以生存、生活、生产的自然资源。

三、农业环境资源问题

（一）资源与环境的关系

资源与环境是物质条件的两种属性、两个侧面，两者关系密切，不可分割，是可以相互转化、相互影响的。人类对资源的利用方式和开发强度必然会影响环境的变化，然而环境质量的变迁反过来也必然会影响资源的质量。因此，环境资源问题主要是指由于人类自身的行为引起其生存环境恶化、资源短缺或资源质量下降的现象，而问题的实质就是人类在环境资源利用过程中，由于方式、方法等失当引起生态环境质量退化的现象，其根源就是人类对自然认识的渐进性和对环境资源认识的不全面性。

农业环境资源问题就是由于人类在处理环境与资源属性时，缺乏整体、全面的考虑，从而造成农业环境质量下降和资源利用率降低的现象。随着科技发展和社会进步，人类对资源和环境的认识必将日趋全面和深入，因而环境资源问题将会逐渐得到妥善解决。

1. **资源与环境的区别**

环境是指外界为人类经济提供的可能性和限制性。资源则是强调在相关经济领域中可以利用的自然因素和社会因素，因而资源一定是有利用价值的。

2. **资源与环境的联系**

资源与环境是不可分割的整体，只是在研究对象上各有侧重。资源是环境中可用和有利的部分，即环境包括资源，资源的边界会随着科技发展而不断扩展。

（二）农业环境资源的特点

有效地保护和合理地利用农业资源是农业可持续发展的基础。农业环境资源主要可分为土地资源、水资源、气候资源、生物资源等。其特点主要包括：① 易受农业生产本身经营模式、经营理念的影响。② 易受到其他领域经济、社会发展的影响，如城镇化、工业化的发展在特定历史时期对农业生产产生了巨大的负面影响，不仅与农村、农业争夺土地、清洁水源等自然资源，而且还排放大量污染物，导致农业环境资源质量下降，使农业环境资源具有很大的不稳定性，易受多种因素干扰和威胁。③ 农业环境资源除了地域性差异非常明显，由于用于农、林、牧、副、渔业等生产活动的类型不同而带来的经济、环境效益相差也很大。④ 农业生态系统本身的高投入（包括大量的化肥、农药和机械能等）也会使土壤生态系统性能退化，例如，长期大量使用化肥、农药会造成农田土壤板结、肥力下降、病虫害加剧等系统不稳定现象。⑤农业环境质量的恶化常常是很缓慢的，不易觉察，但只要出现明显恶化现象，往往很难在短期内得到恢复。因此，对农业环境资源利用的特点和主要问题应有比较全面的认识，解决问题的主要途径也就是合理利用农业资源、发展循环农业、走农业可持续发展道路。

（三）农业环境资源的主要问题

由于农业化学物质的大量使用，工业化、城市化过程中污染物的过度排放，农村生态环境受到严重污染，每年因明显污染事故而造成直接经济损失的粮食损失就达千万吨，而对生产力危害不明显的污染情况就更为严重，农产品重金属和农药等的残留超标十分惊人，加上养殖用激素、抗生素等潜在风险，致使农产品的质量安全问题表现得非常突出。由于资源的多用性，其他行业对资源的争夺导致农业环境资源在数量和质量上受到很大影响。特别是随着工业化和城镇化的不断推进，我国农业资源供需矛盾日趋尖锐。例如，城乡建设、道路建设、工业发展等对土地资源的占用，导致农用土地资源数量下降。虽然国家制定了土地补偿机制，然而占用的良田常常采用荒地、滩涂或整理后的土地来补偿。所以，即使数量不变，但土地资源的质量实际上已经发生很大变化。此外，农业环境资源的其他要素，如灌溉用水、空气质量、气候条件都不同程度受到人类各种活动的影响。因此，我国对资源的利用率普遍较低，这也是农业环境资源的主要问题。

1. 农业土地资源

土地是农业的基础，广义上涵盖气候、地形、植被、土壤和其他自然资源，其组成部分之间的相互作用对于决定农业生态系统的生产力和可持续性至关重要。根据特定的生物物理和社会经济条件选择正确的土地用途对于最大限度地减少土地退化、恢复退化的土地、确保土地资源的可持续利用和最大限度地提高抵御力至关重要。

土地不仅是重要的农业生产资料和劳动对象，同时也是人类赖以生存的活动领域。随着人类社会生产的发展和人口的迅速增加，土地资源与人类社会发展的矛盾逐渐成为全球性的重大问题。人口的畸形增长对地球形成不断增长的巨大压力和沉重负担，而由于自然因素的不良影响和对土地的不合理利用，石漠化、沙漠化、盐渍化、水土流失、土壤污染和生物多样性减少等土地退化趋势逐渐加剧。所以，土地的数量和质量问题严重地摆在社会面前，成为人类生存与发展的重大威胁，农业生产必须将人类对生物圈和土地的破坏力量转变为建设力量，否则将造成更大的灾难。

（1）土地资源的基本属性。

土地是具有当地地理空间（经纬度、高程），以土壤为基础，与气候、地形地貌、水文地质条件、表生地球化学因素、自然生物群落之间相互作用所构成的自然综合体。土地资源是指在一定技术条件和时间内可以为人类利用的土地。人类在利用土地资源的过程中也包括了改造活动，所以土地资源既包括了资源的自然属性，又包含了人类利用、改造的经济属性，故称其为"历史的自然经济综合体"。在某些情况下，可以将土地与土地资源同等看待，但是土地资源更多地考虑经济活动和人类生存发展的范畴。

土地是自然环境存在的基础，又是自然资源的重要组成，是人类从事一切社会实践的基地，除拥有自然资源的基本属性之外，它还具有一系列特有的自然、经济属性。

① 土地的自然属性。

a. 数量的有限性。在不考虑地质运动过程的情况下，土地数量基本不变。

b. 土地位置的固定性。

c. 不可替代性。

d. 土地利用的永续性。土地的这一属性展现了实现社会、经济可持续发展的可能性。

② 土地的经济特性。

a. 土地供给的稀缺性。

b. 土地用途的多样性。这一属性要求在利用土地时本着效益最大化原则，力求土地用途、利用规模和利用方法等均为最佳。

c. 土地用途变更的困难性。在大多数情况下，变更土地用途十分困难。

d. 土地的资产性。土地可作为资产保存，但可以买卖或转让。

（2）土地的分类。

根据土地的不同属性和利用目的，土地可以分成不同的类别。

① 按地貌特征划分，可分为山地、高原、平原、盆地、丘陵等。

② 按土地质地划分，可分为黏土地、壤土地、沙土地。

③ 按土地所有权划分，可分为私有、国有和集体所有。

④ 按土地的经济用途（最常用）划分，可分为耕地、林地、草地、水域（水面）、未利用土地、建设用地、工矿用地、交通用地。

（3）我国土地资源。

我国土地总面积为 $960 \times 10^4 \text{ km}^2$，居世界第三位。其中，耕地占14%，园地占1%，林地占24%，牧草地占27%，水域占4%，交通用地占1%，居民点及工矿用地占2%，未利用土地占27%。我国土地资源主要有以下特点。

① 土地资源绝对数量多，但人均占有量少。

我国人均土地面积只有 0.777 hm^2（11.65亩，1亩约为 666.67 m^2），只相当于世界平均值的1/3。人均耕地面积 0.106 hm^2（1.59亩），不足世界人均数的45%。

② 土地资源分布不平衡，且生产力的地域差异很大。

③ 土地资源质量较差。

④ 土地资源生产力集中在耕地上。

⑤ 后备耕地资源不足。

（4）我国土地资源开发利用中存在的主要问题。

① 盲目扩大耕地面积致使土地资源退化。

a. 坡地开垦导致水土流失。

b. 围湖造田加速湖泊沼泽化进程。

c. 草地滥垦、滥挖导致草场沙化。

② 非农业用地迅速扩大。

我国 1957—1985 年每年净减耕地 800 万亩,仅 1985 年就净减 1 500 亩。按此速度发展下去,我国的耕地将在 200 年之内全部被占完。中华人民共和国成立后 30 多年城市扩张占用的土地面积为城市原来面积的 4~6 倍。1978—1998 年,我国城市数量由原来不足 200 个增加到 600 多个。我国现有非农业建设用地约 3.8 亿亩,按最低标准计算,到 2050 年将达到 7.2 亿亩,其中增加的 3.4 亿亩非农用地估计要占用 1.9 亿亩耕地。

③ 土壤污染问题突出。

随着工业化和城市化的发展,大量的"三废"物质通过大气、水和固体废弃物形式进入土壤。同时,农业生产中大量施用化肥、农药和污水灌溉等,使土壤污染日趋严重,依赖于土地生产的农业产品面临前所未有的质量安全问题,也给农用土地资源的质量保证和恢复提出了非常紧迫的新课题。

(5) 土地资源减少问题的对策。

我国土地资源问题的焦点在土地资源有限与人口增长无限的矛盾上,因此合理利用土地和保护土地,以及严格控制人口增长成为我国解决土地资源问题的基本国策。

① 加强土地管理,保护耕地,严格控制非农业用地。

② 严格控制人口。

③ 提高单位土地农产品生产力。

一是"集约",即集约经营土地,以体现技术、劳力、物质、资金整体综合效益;二是"高效",即充分挖掘光能、水源、热量等自然资源的潜力,同时提高人工辅助能的利用率和利用效率。特别是开发立体农业,发挥其独特作用,缓解人地矛盾,缓解粮食与经济作物、蔬菜、果树、饲料等相互争地的矛盾。提高资源利用率,可以充分利用空间和时间,通过间作、套作、混作等立体种养、混养等立体模式,较大幅度提高单位面积的物质产量,从而缓解食物供需矛盾。

④ 增加农业投入,改造中低产田和加强农业、林业、牧业生产基地建设。

加强耕地质量保护与提升,稳步推进高标准农田基地建设。中低产田改造是提高土地承载力的主要途径,而任何一种中低产田如土壤侵蚀、土壤盐渍化、土壤沙化、土壤次生潜育化(指土壤长期滞水,严重缺氧,产生较多还原物质,使高价铁、锰化合物转化为低价状态,使土体变为蓝灰色或青灰色的现象)的改造都需要农田水利工程的投入。加强商品粮基地、优质棉基地、饲养基地和山区林果基地建设。

⑤ 加强我国土地资源的宏观建设。

根据已经掌握的资料和技术条件,拟定国土资源开发规划,通过如"三北"防护林等项目的建设,改善宏观生态环境,有效防治土壤沙化。通过跨流域的调水工程,提升我国水土资源的利用率和缺水地区的土地生产力。

⑥ 加大土壤污染防治力度。

从控制和治理污染源入手,加强土壤污染治理,合理利用污水灌溉。同时,提高化肥、农药等人工辅助能的利用率,缓解残留化肥、农药等对土壤环境、水环境的压力,坚持环境与发展"双赢",树立经济与环境融合观。加强土壤环境监测和评价,及时预报土壤的环境质量变化和潜在风险,并及时采取相应的对策措施。重视持续性利用,即减少有害物质的残留,提高农业环境和生态环境的质量,增强农业后劲,不断提高土地(水体)生产力。还须关注安全性,即产品和环境安全,加强对污染土壤修复和生态恢复的研究,利用多物种组合来同时完成污染土壤的修复和农业发展,特别是大地区复垦、复绿工程的制度化建设。

2. 农业水资源

水是地球上一切生命存在和发展的最重要的物质基础。它除了可用于人类生活,还可用于工农业生产、发电、航运,建造优美环境和娱乐休息场所及形成良好的生态环境等。

(1) 我国水资源的贮量。

我国水资源十分丰富。据分析计算,我国地表水和地下水量分别为 $27\,115 \times 10^8\,m^3$、$8\,288 \times 10^8\,m^3$,扣除两者间的重复量 $7\,279 \times 10^8\,m^3$ 后,我国水资源总量为 $28\,124 \times 10^8\,m^3$。

(2) 我国水资源主要问题。

① 我国水资源人均和亩均水量少。

我国水资源总量 $28\,124 \times 10^8\,m^3$,其中河川径流量为 $27\,115 \times 10^8\,m^3$,居于世界第六位。但我国人均水资源量只有 $2\,710\,m^3$,约为世界人均水资源的 1/4,居于世界第 88 位。亩均水资源量也只有 $1\,770\,m^3$,相当于世界平均数的 2/3。因此,虽然我国水资源总量不少,但人均和亩均水量并不丰富。

② 水资源在地区分布上很不均匀,水土资源组合不平衡。

我国水资源的地区(空间)分布很不均匀,与耕地、人口的地区分布也不相适应。我国南方四区(长江中下游区、黄淮海区、西南区、华南区)水资源总量占全国总量的 81%,人口数占全国的 54.7%,而耕地面积只占全国的 35.9%;而北方四区(东北区、内蒙古及长城沿线区、黄土高原区、甘新区)水资源总量只占全国总量的 14.4%,耕地面积却占全国的 58.3%。

③ 水量年内及年际变化大,水旱灾害频繁。

我国地处东亚季风区,降水和径流的年内分配很不均匀,年际变化大,少水年和多水年持续出现,平均约每三年发生一次较严重的水旱灾害。

④ 水土流失严重,许多河流含沙量大。

由于自然条件的限制和长期人类活动的影响,中国森林覆盖率只有 12%,居世界第 120 位。水土流失严重,全国水土流失面积约 $150 \times 10^4\,km^2$,占国土面积的 1/6 左右。结果造成许多河流含沙量大,例如,黄河年平均含沙量为 $37.7\,kg/m^3$,年输沙总量 $1.6 \times 10^9\,t$,居世界大河之首。

⑤ 我国水资源开发利用各地很不平衡。

在我国的南方,水的利用率较低,如长江只有 16%,珠江为 15%,浙闽地区河流不到 4%,西南地区河流不到 1%。但在北方少水地区,地表水开发利用程度比较高,如海

河流域利用率达到67%，辽河流域达到68%，淮河达到73%，黄河为39%，内陆河的开发利用达32%。地下水的开发利用程度也是北方高于南方，目前海河平原浅层地下水利用率达83%，黄河流域为49%。

⑥ 由于水体污染，水质型缺水非常普遍。

在浙江、江苏等降水较多的地区，仍存在严重的水资源短缺问题，其主要原因是水体污染，使水资源失去了原来的使用功能。

（3）水资源的利用和保护。

随着人口的增长，城市化、工业化进程和农业灌溉对水需求的日益增加，缺水将成为21世纪日益严重的问题。因此，必须积极采取措施进行水资源的保护。一般采取以下措施。

① 实行科学灌溉，减少农业用水浪费。

全世界用水的70%为农业灌溉用，但其利用率很低，水资源浪费严重。据估计，全世界约有37%的灌溉水用于作物生长，其余63%被浪费。因此，改革灌溉方法是提高用水效率的措施之一，加快发展节水农业，采用防渗渠道、暗管输水、改进灌溉方式（喷、滴灌技术）。

② 采用水利措施调节水源流量，增加可靠供水。

水资源紧张的第一原因是自然条件的影响，如气候不佳、地理位置偏僻、淡水分布不均匀等问题。人们试图通过调节水源流量、开发新水源的方式加以解决。

a. 建造水库。

在建造水库时，必须研究对流域和水库周围生态系统的影响，否则会引起不良后果。

b. 跨流域调水，南水北调工程。

c. 地下蓄水。目前，已有20多个国家在积极筹划人工补充地下水。

d. 恢复河、湖水质。

采用综合防治水污染的方法恢复河湖水质，即采用系统分析的方法，研究水体自净、污水处理规模、污水处理效率与水质目标及其费用之间的相互关系，应用水质模拟预测及评价技术，寻求优化治理方案，制订水污染控制规划。

e. 合理利用地下水。

地下水是极为重要的水资源之一，其储量仅次于极地冰川，比河水、湖水和大气水分的总和还多。但由于其补给速度慢，过量开采将引起许多问题。在开采地下水源时应采取以下保护措施：

- 加强地下水源勘查工作，掌握水文地质资料，以便对资源做出正确的评价和合理的计划，避免过量开采和滥用水源；
- 全面规划，合理布局，统一考虑地表水和地下水的综合利用；
- 采取人工补给的方法，但必须注意防止地下水的污染；
- 设立监测网，随时了解地下水的动态和水质变化情况，以便及时采取防治措施。

③ 采取措施提高农业用水的利用率。

提高农业用水有效性的核心是节水灌溉。据统计，现在农业用水量占全国用水的比重，从1980年的88%下降到60%左右，且仍有下降趋势，农业用水供需矛盾日益突出。水资源的利用率低，浪费严重，约有一半的水被浪费掉了。一方面农业缺水，另一方面农业用水浪费现象又普遍存在。提高农业用水效率的具体措施有：

- 加强土壤水分管理；
- 开展水资源评价与管理；
- 污水处理及其农业利用；
- 广泛应用喷灌、滴灌、膜下灌等高效灌溉技术和地下沟、渠、坑灌。充分利用山区中小水库、塘坝、小水窖等集雨工程收集雨水灌溉农田。

④ 加强水资源管理。

首先，加强水资源管理，制定和完善合理利用水资源和防治污染的法规，改革用水经济政策。因此，要调整用水补贴政策，逐步以成本定价。其次，尽量对水资源进行循环利用，一方面节约水资源，另一方面减少污水排放，减少污染风险。最后，应积极发展多样化的污水处理系统，不一定都要像城市一样建污水处理厂，而是积极寻求提高水资源利用效率的途径，开发适合不同情况、不同规模的污水处理设施。

3. 农业气候资源

（1）农业气候资源概述。

① 气候与气候资源。

气候作为一种人类和生物生存的环境条件早已是世人的共识。而且，从现代科学技术的观点来看，气候是一种极其宝贵的自然资源，它是指气候因子的总和，包括太阳辐射、日照、热量、降水、空气及其运动性（风）。

② 农业气候资源的特点。

气候作为一种重要的农业自然资源，具有与其他自然资源不同的特点，具体如下。

a. 常年的有限性和长远的潜在性。

例如，多年平均值相对稳定（有限性），可以年复一年地、周而复始地加以循环利用，永不枯竭。特别是通过培育对光照、热量资源高效利用的新品种，达到增产目的，发展潜力巨大（长远的潜在性）。

b. 适度性和非线性。

每种农业生物对光温、水气等主要气候要素都有最低、最适、最高的三基点，只有处在农业生物的可利用范围内才能成为资源，否则会为农业生产带来负面影响，甚至造成自然灾害。

c. 节律性和波动性。

地球上大部分地区的气候（光、热、降水量等）具有明显的随季节而变化的周期性节律。

d. 气候要素之间相互影响、相互制约和共同作用。

在光、热、水等诸因子中，任何一个因子的变化都会引起其他因子的改变。例如，降水多，空气湿度大，则云量增多，太阳辐射减少，从而导致温度下降，热量不足。此外，气候、土壤和生物资源形成一个整体，若没有优良的品种、肥沃的土壤或者它们与气候条件不能很好地匹配，也就发挥不出气候资源的优越性，产量也难以提高。单项资源如与其他资源组合不当，也不能转化为现实的资源优势。

e. 相对性。

不同种类的农业生物对环境的要求和适应能力有很大差别，有利与不利、气候资源与灾害在一定条件下可以相互转化。对此种生物不利的气候环境，对另一种生物却有可能是有利的，可以成为气候资源。

f. 可塑性。

农业气候资源可以通过人类活动在某种程度上和一定范围内调节、改善。如农田防护林网、地膜覆盖、合理耕作、农田基本建设和温室等人工设施。

g. 非商品性。

大气物质的密度低，流动性大，无边界，通常是有值无价，不能直接形成商品。农业气候资源也可转化为现实的资源，例如，选择适宜的作物品种是提高光能利用率的重要途径，光能利用率提高的技术有所突破，将对生产力产生革命性的推动。

（2）我国气候资源的特点。

我国气候表现出明显的季风性和大陆性特点，也主要表现在气温和降水两个方面。从总体上看，我国农业气候的有利条件是气候类型多样、雨热同季，大部分地区光热资源充足，不利条件是主要资源要素，特别是降水时空分布不均，灾害频繁。

（3）气候资源的应对策略。

① 加大力度改善全球气候环境，减少灾害发生频率。

② 科学合理或因地制宜利用气候资源（农业布局）。

由于地形、社会经济和技术条件的影响，不同地区的实际生产水平和气候资源的优劣不完全一致。例如，气候资源丰富的华南和江南的一些丘陵作物单产低于全国平均水平，需要解决水土流失和土壤退化等问题。西北的农业气候资源因降水稀少综合评价较差，但光温生产潜力巨大，如采取集雨截流和节水灌溉，可在局部地区形成有利的资源组合，大幅度提高作物单产。

4. 农业生物资源

（1）农业生物资源及其特征。

生物资源是指地球上对人类具有现实或潜在价值的基因、物种和生态系统的总称。植物、动物、微生物等各种具有生命的有机体都是生物资源。农业生物资源主要指可用于农业、林业、牧业、副业、渔业等大农业生产的各种生物。农业生物资源的特点是：

① 基因型纯合，种群结构单一。

② 净生产力高。

③ 抗逆性差。

(2) 生物多样性的资源价值。

① 直接利用价值，如用于人类的衣、食、住、行等。

② 生态价值（使生态系统更稳定）。

③ 科学价值（科研、探究）。

④ 美学价值。

(3) 中国生物资源的特征。

① 资源总量大，但质量普遍较低。

② 资源结构不完全协调。

③ 生物生产力年际变化大，季节性明显。

④ 区域分布不平衡。

⑤ 物种及遗传多样性受到威胁。

例如，自然更替、物种入侵、转基因潜在风险、生态退化和环境污染等诱因。表2-1是农业农村部会同自然资源部、生态环境部、住房和城乡建设部、海关总署和国家林草局根据《中华人民共和国生物安全法》组织制定的《重点管理外来入侵物种名录》（自2023年1月1日起施行）。

表2-1　农业农村部等六部门发布的《重点管理外来入侵物种名录》

	序号	中文名称	英文名称
植物	1	紫茎泽兰	*Ageratina adenophora* (Spreng.) R. M. King & H. Rob. (syn. *Eupatorium adenophora* Spreng.)
	2	藿香蓟	*Ageratum conyzoides* L.
	3	空心莲子草	*Alternanthera Philoxerodes* (Mart.) Griseb.
	4	长芒苋	*Amaranthus palmeri* S. Watson
	5	刺苋	*Amaranthus spinosus* L.
	6	豚草	*Ambrosia artemisiifolia* L.
	7	三裂叶豚草	*Ambrosia trifida* L.
	8	落葵薯	*Anredera cordifolia* (Ten.) Steenis
	9	野燕麦	*Avena fatua* L.
	10	三叶鬼针草	*Bidens pilosa* L.
	11	水盾草	*Cabomba caroliniana* Gray
	12	长刺蒺藜草	*Cenchrus longispinus* (Hack.) Fernald
	13	飞机草	*Chromolaena odorata* (L.) R. M. King & H. Rob.
	14	凤眼蓝	*Eichhornia crassipes* (Mart.) Solms
	15	小蓬草	*Erigeron canadensis* L. [*Conyza canadensis* (L.) Cronquist]
	16	苏门白酒草	*Erigeron sumatrensis* Retz.
	17	黄顶菊	*Flaveria bidentis* (L.) Kuntze

续表

	序号	中文名称	英文名称
植物	18	五爪金龙	*Ipomoea cairica*（L.）Sweet
	19	假苍耳	*Cyclachaena xanthiifolia* Nultt.
	20	马缨丹	*Lantana Camara* L.
	21	毒莴苣	*Lactuca serriola* L.
	22	薇甘菊	*Mikania micrantha* Kunth
	23	光荚含羞草	*Mimosa bimucronata*（DC.）Kuntze
	24	银胶菊	*Parthenium hysterophorus* L.
	25	垂序商陆	*Phytolacca americana* L.
	26	大薸	*Pistia stratiotes* L.
	27	假臭草	*Praxelis clematidea* R. M. King & H. Rob.
	28	刺果瓜	*Sicyos angulatus* L.
	29	黄花刺茄	*Solanum rostratum* Dunal
	30	加拿大一枝黄花	*Solidago canadensis* L.
	31	假高粱	*Sorghum Halepense*（L.）Pers.
	32	互花米草	*Spartina alterniflora* Loisel.
	33	刺苍耳	*Xanthium spinosum* L.
昆虫	34	苹果蠹蛾	*Cydia pomonella* L.
	35	红脂大小蠹	*Dendroctonus valens* LeConte
	36	美国白蛾	*Hyphantria cunea*（Drury）
	37	马铃薯甲虫	*Leptinotarsa decemlineata*（Say）
	38	美洲斑潜蝇	*Liriomza sativae* Blanchard
	39	稻水象甲	*Lissorhoptrus oryzophilus* Kuschel
	40	日本松干蚧	*Matsucoccus matsumurae*（Kuwana）
	41	湿地松粉蚧	*Oracella acuta*（Lobdell）
	42	扶桑绵粉蚧	*Phenacoccus solenopsis* Tinsley
	43	锈色棕榈象	*Rhynchophorus ferrugineus*（Olivier）
	44	红火蚁	*Solenopsis invicta* Buren
	45	草地贪夜蛾	*Spodoptera frugiperda*（Smith）
	46	番茄潜叶蛾	*Tuta absoluta*（Meyrick）
植物病原微生物	47	梨火疫病菌	*Erwinia amylovora*（Burrill）Winslow et al.
	48	亚洲梨火疫病菌	*Erwinia pyrifoliae* Kim, Gardan, Rhim et Geider
	49	落叶松枯梢病菌	*Botryosphaeria larticina*（Sawada）Y. Z. Shang
	50	香蕉枯萎病菌4号小种	*Fusarium oxysporum* Schlecht f. sp. *cubense*（E. F. Sm.）Snyd. et Hans（Rece 4）

续表

	序号	中文名称	英文名称
植物病原线虫	51	松材线虫	*Bursaphelenchus xylophilus* (Steiner et Buhrer) Nickle
软体动物	52	非洲大蜗牛	*Achatina fulica* Bowdich
	53	福寿螺	*Pomacea canaliculata* (Lamarck)
鱼类	54	鳄雀鳝	*Atractosteus spatula* (Lacépède)
	55	豹纹翼甲鲇	*Pterygoplichthys pardalis* (Castelnau)
	56	齐氏罗非鱼	*Coptodon zillii* (Gervais)
两栖动物	57	美洲牛蛙	*Rana catesbeiana* Shaw
爬行动物	58	大鳄龟	*Macroclemys temminckii* Troost
	59	红耳彩龟	*Trachemys scripta elegans* (Wied)

注：1. 本名录将外来入侵物种分为 8 个类群。
2. 依照有关规定，在特定区域内合法养殖的水产物种不在名录管理范围内。
3. 农业农村部会同有关部门在风险研判和入侵趋势分析基础上对名录实行动态调整。
4. 本名录所列外来入侵物种的监测与防控按照相关部门职责分工开展。

（4）我国生物资源利用中的主要问题。

① 森林资源利用中的问题。

a. 可开采森林资源日益减少。如过量采伐、重采轻育、盗伐森林现象严重。

b. 林分质量不断下降。如用材林面积减少，成熟林比重下降，中幼林比重增加；针叶林比重下降；疏林地面积增加。

c. 森林资源利用率低。如经营结构单一；木材综合利用率低；对采伐和加工剩余物的工业利用率只有 15%，而发达国家可达 50%。

② 我国草地资源开发利用的主要问题。

a. 草畜不平衡，如过度放牧导致草地退化。

b. 草地牧畜良种化程度和家畜个体生产水平低，例如，有赖于引种或品种改良。

c. 草地基础畜牧业设施简陋，草地经营粗放，经济效益不高。

d. 草地退化严重，例如，目前全国约有 1/3 草场退化，北方尤为严重。

③ 渔业资源利用存在的问题。

a. 水域污染，渔业生产环境日益恶化，例如，近 20 年来，我国内陆水域和近海水污染严重；内陆水域面积缩小；不合理水利工程影响鱼类洄游通道；农渔争水矛盾突出。

b. 过度捕捞，鱼类质量下降，渔业资源特别是大中型湖泊、水库、河流和近海渔业资源因过去盲目增船、增网式的掠夺捕捞或因水体污染严重，质量下降。

④ 种植业生态系统的主要问题。

a. 大量依赖化肥、农药，造成土壤质量下降，生态系统稳定性变差。

b. 有些地区不合理的耕作方式引起水土流失，生态破坏严重。

c. 种植业的许多副产品如秸秆等土地归还率很低，产生大量废弃物或因焚烧引起对大气的污染。据报道，韩国农业80%左右采用过腹还田的模式，即秸秆饲料化，发展牛、羊等反刍动物养殖业，其余20%用于直接还田。

d. 长期使用化肥导致土壤养分失调，土壤微生物多样性减少，特别是病虫草害的抗药性增强。

e. 农药残留对人类健康的影响加重。

f. 城市化、工业化占用大量农田，并且城市污水、固废、大气沉降对农业生态系统的危害加深。

（5）我国生物资源可持续利用对策。

① 摸清家底，科学合理规划。

a. 开展生物资源调查、评价和研究工作。

b. 制订生物资源开发利用规划。强化农业生物资源保护，加强水生野生动植物栖息地和水产种质资源保护区的规划与建设。

② 综合高效利用。

a. 树立综合利用生物资源的理念。

b. 提高生物资源综合利用技术和能力。

c. 提高生物资源产品的科技含量。

e. 加快生物资源基地建设，走产业化、规模化、一体化经营之路。

③ 加强资源保护的法治建设与宣传。

④ 加强生物资源的技术保护：就地保护和迁地保护；建立生物基因资源库；生物资源管理信息系统建设，加大跟踪监测力度，尤其是珍稀和濒危野生动植物。

第二节　环境破坏的成因、危害及对策

目前，环境破坏包括温室效应、水土流失、土地沙化和荒漠化、土地石漠化、土壤盐渍化、地下水位下降、生物多样性锐减、物种入侵和转基因潜在风险增加等若干现象。其中，温室效应、土地沙化和荒漠化、水土流失三种问题较为普遍和突出。

一、温室效应

有人认为，目前的气候变暖不一定全部是大气中温室气体增加所致，但温室气体剧增一定会导致气候变暖。农业生产是一种大规模的人类活动，引起全球气候变暖的气体如甲烷（CH_4）、氧化亚氮（N_2O）、二氧化碳（CO_2）等产生与农业生产本身有着密切的关系，而温室气体反过来又会影响农业生产的各个方面。

（一）温室气体的影响

1. 海平面上升

有人估计，由于温室效应造成全球气候变暖，可能在2100年使海平面上升50 m。

2. 海洋污染危及海洋生物生存

海水温差加大，使其内部混合作用减弱，海水中氧气含量下降，危及海洋生物生存，特别是本来含氧就低的海域，如东太平洋热带海域和印度洋北部。

3. 恶化作物的生长环境，影响农业、林业、牧业生产

尽管可能会有有利作用，但一些地区的农业和生态系统无法适应气温和降水等的变化而造成农业、林业、牧业及森林、草地遭到破坏。

4. 气候灾害加剧

可破坏海洋环流、引发新的冰河期、给高纬度地区造成可怕的气候灾难。

5. 危害人类身体健康

气候变暖有可能加大疾病危险和死亡率，发生传染病，尤其是在高纬度地区。

（二）温室效应对农业生产的影响

全球气候变暖可能会对农业产生较大影响，但是具体程度目前还不能确定。联合国政府间气候变化专门委员会（Intergovernmental Panel on Climate Change，IPCC）估计，2100年全球将平均增温3 ℃，引起海平面上升。同时，气候带向极地方向移动。温室效应可能引起中国温度和降水格局的重大变化和华北地区暖干趋势，继而造成气候带和农业气候界线的北移，影响农业生产。

（1）对作物生产的影响。温度升高对有些作物有利，对有些作物却不利；降水区域改变；气候变暖，植物病虫害有加重趋势。

（2）对农业生产布局的影响。气候变化导致水热条件改变，部分粮食作物适应性化，如小麦等主产区域改变，即适宜种植区北移。

（3）对区域性农业的影响。气候变暖，但降水量不确定性变大，因此应根据气候变化的趋势进行科学评估。

（三）农业中温室气体的排放

1. 甲烷

甲烷（CH_4）是大气中重要的温室气体及化学活性气体。就全球而言，水稻田是大气甲烷的主要排放源（产甲烷菌）。中国是世界水稻生产大国，2004年播种面积4.3亿亩，占世界总播种面积的22%，居于世界第二位。因此，中国农业特别是水稻生产可能是中国主要的甲烷排放源。此外，牛、羊等反刍动物的养殖也是农业中甲烷温室气体的另一个排放源。

（1）影响稻田甲烷排放的因素。

土壤对稻田甲烷排放存在影响，通常壤质土大于黏质土。土壤常年淹水有利于甲烷产生，在适宜的30~40 ℃范围内与温度呈正相关，迄今已知甲烷氧化菌生长的最适宜pH为

6.6~6.8。另外，施肥对稻田甲烷排放同样有影响。总的结论是，施肥特别是有机肥是增加甲烷排放的主要原因。当然，水稻植株体对稻田甲烷排放的影响与水稻生育期密切相关。据相关研究报道，甲烷最大释放率是在水稻的旺盛生长时期。此外，气候因素对稻田甲烷的排放也有一定影响，主要是温度因子。由于产甲烷细菌最适宜生长温度在30~40℃，而水稻生长期间一般温度均低于此温度，因而该细菌随温度升高会导致甲烷排放量增加。

（2）控制稻田甲烷排放的措施。

① 间歇落干晒田（或称烤田、搁田）。

② 施用腐熟度高的沼渣。

③ 优先选择硫铵、硝铵作为氮肥，其比尿素好。

④ 施用包被复合肥（缓释、少碳源、抑制甲烷菌几个方面作用）。

⑤ 施用弱氧化剂"氧化硅粉"抑制甲烷排放。

⑥ 不施或轻施有机肥，但是这种措施与防止农田土壤退化存在一定矛盾。

2. 氧化亚氮

氧化亚氮（N_2O）是大气温室效应气体之一，对环境有着多方面的影响。N_2O在大气对流层中可以吸收来自陆地的热辐射，减少地表向外层空间的热辐射，从而产生温室效应。N_2O还可以破坏同温层中的臭氧。据研究，大气中N_2O浓度增加一倍，臭氧层中的臭氧将减少10%，而到达地面的紫外线辐射强度会增加20%，导致人类皮肤癌和其他疾病的发病率迅速上升，并带来其他健康问题。因此，人们越来越关注N_2O浓度升高对全球气候变暖和臭氧层的影响。在过去100年间，N_2O对温室效应的贡献为5%~10%。大气中N_2O浓度的增长虽不及CO_2，但一分子N_2O的潜在增温效应约为一分子CO_2的300多倍。

近年来有研究表明，土壤特别是农田土壤和热带地区的土壤是全球最主要的N_2O排放源，贡献率高达70%。N_2O释放通量主要受气候、农业活动和土壤性状等环境条件的影响。农田土壤中N_2O的产生主要是在微生物参与下，通过硝化和反硝化作用完成。参照相关资料可以得出以下结论。

硝化作用：$NH_4 \rightarrow H_2NOH \rightarrow NOH \rightarrow NO_2^- \rightarrow NO_3^-$

反硝化作用：$NO_3^- \rightarrow NO_2 \rightarrow NO \rightarrow N_2O \rightarrow N_2 \uparrow$

在有氧条件下，硝化作用是产生NO和N_2O的主要来源。据估计，目前全球N_2O的年均排放量为16.2×10^6 tN（6.4×10^6 ~ 34.4×10^6 tN），其中农业生态系统的排放量达3.3×10^6 tN，占总排放量的20%。

（1）影响N_2O排放的因素。

① 土壤对N_2O排放的影响。

通过控制硝化、反硝化进程与土壤温室气体的扩散而影响N_2O的排放。其中，土壤通气状况、土壤质地、土壤温度、土壤水分和土壤pH均对土壤N_2O的排放产生影响。

② 施肥对N_2O排放的影响。

反硝化过程是酶促反应，故反应速率与底物浓度含量呈正相关，氮肥的施用会导致

N_2O 在短期内增加。含氮量相同的有机肥要比无机肥对反硝化的促进作用更为明显,但有机碳的加入使供氧不足,最终导致自养微生物参与硝化作用减弱。一般施肥时既要保证作物产量,又要控制 N_2O 排放,可在某些化肥中添加硝化抑制剂。

③ 耕作制度对 N_2O 排放的影响。

不同作物系统对 N_2O 排放通量存在差异。例如,油菜与冬小麦对农田 N_2O 排放通量影响很小。另外,植物的多样性也会影响氮的分解。

④ 灌溉管理对 N_2O 排放的影响。

旱田灌溉不应采用漫灌的方式。旱地土壤的间歇灌溉能促进反硝化过程的进行,因而增加了 N_2O 的排放。在淹水条件下,大田的短期落干促进硝化反应的进行,同样增加 N_2O 的排放。

(2)减少农田 N_2O 释放的措施。

选择添加硝化抑制剂的肥料,通过合理施肥(例如,深施、覆土、灌溉等措施)以提高氮肥的利用率,减少土壤 N_2O 排放损失;少耕、免耕以减少 N_2O 从土壤向大气中扩散;采用套作以减少裸露农田的 N_2O 的排放。

① 提高氮肥利用率、避免过量施肥。

这是一种减少农业生态系统中 N_2O 排放量的重要措施。在我国,水稻、小麦的氮肥利用率仅为28%~41%。提高氮肥利用率应使氮肥供应与作物生长需求相吻合,且采用合适的氮肥品种和正确的施肥方法,为此需要采取以下措施:

a. 按需施氮(测土施肥)。

b. 缩短土地空闲时间,减少氮素在土壤中的积累量。

c. 根据生育期的需肥特点,分次施肥。

d. 选用合适的氮肥品种。据报道,硝态氮肥转化率为0.03%、铵态氮为0.12%、尿素为0.4%、液氮为1.63%。

e. 选用缓释肥。

f. 尽可能深施或混施,以减少径流、氨挥发和反硝化损失。

g. 使用硝化抑制剂,抑制硝化速率,减缓铵态氮向硝态氮转化,从而减少氮素的反硝化损失和 N_2O 产生。

h. 通过水肥综合管理,提高氮肥利用率。

② 大力植树种草,减少滥砍乱伐。增加绿色植物对各种温室气体的吸收固定作用。

③ 减少生物质燃烧。

推广秸秆直接还田和覆盖技术,既能保肥又能保水,而且秸秆还田产生的纤维物质能抑制 N_2O 释放。

④ 其他措施。

改善能源结构(例如,采用清洁能源),提高能源利用率和减少废气排放量;改善工农业生产技术,减少生产过程中的各种温室气体排放量。

3. 二氧化碳

二氧化碳(CO_2)是大气中最重要的温室气体。近年来,全世界 CO_2 的排放量呈现增长趋势（图2-2），其排放量及对全球气候变暖的贡献远超过其他温室气体。

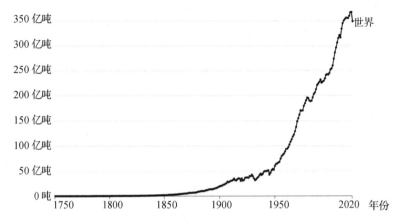

图2-2 1750—2020年全球二氧化碳（CO_2）排放趋势

（1）农田土壤中CO_2的产生过程。

土壤中CO_2的产生过程通常又称"土壤呼吸"，其强度主要取决于土壤中有机质的数量及矿化速率、土壤微生物种群的数量及活性、土壤动植物的呼吸作用等。CO_2排放实质上是土壤中生物代谢和生物化学过程等所有因素的综合产物，通常可使土壤空气中CO_2浓度升高到3 000 μL/L，是大气中的10~50倍。

（2）影响农田土壤CO_2排放的因素。

① 温度的影响。CO_2排放速率的日均值与气温、地表温度呈显著的相关关系。

② 土壤水分。

土壤水分不仅影响生物体的有效水分含量，也影响土壤通气状况、可溶物质的数量和pH等，在一定的水分含量范围内，CO_2释放量与水分含量呈显著相关关系。

③ 农业生产与管理方式。

农业生产中的水肥管理及耕作方式直接影响土壤CO_2释放量。一般培肥土壤和调节农田小气候的措施，都有增加土壤CO_2释放的作用。

（3）农田土壤CO_2排放的控制措施。

就CO_2而言，农作物既是源，也是汇。研究发现，农业生态系统是一个弱的碳汇，而不是源，但总的趋势是这个弱碳汇仍在进一步减弱，而在向碳源转化。一般来说，减少农业生产中CO_2排放的对策主要从强化汇、减弱源方面入手，主要措施有以下几点。

① 土地利用变化。例如，减少烧荒垦荒，应将空闲农田转化为森林、草地和沼泽系统。

② 加强农田管理，减少农业系统的碳分离，尽量多施用有机肥和秸秆还田。种植多年生植物；冬季覆盖作物或林木；减少耕作次数；缩短农田空闲时间，改荒地为农田、林地或草地；实行农业免耕法既能减少碳排放，又能保墒增收，提高单位面积的作物光合生产能力。

③ 生物燃料的生产。在土地潜力大的地区，尽量用空闲地种植林木和生物燃料。

（四）应对温室效应影响的农业生产对策

（1）加强气候变化的监测、分析和预报工作，增强应对气候变化的科学性。

（2）调整农业布局，合理规划耕地与种植制度。

（3）实施"大农业"战略，改善农业环境。提倡大农业（农林牧副渔）全面发展，不断调整能源消费结构，开发新型绿色能源，控制温室气体排放。同时要重视植树造林和绿色生态系统建设，促进绿色植物对大气 CO_2 的吸收。

（4）开展抗逆植物品种的选育。为适应与抗御气候变化，需要在分子水平、个体、群体水平上加强对作物水热逆境生理和生态生理的研究，及早选育具有抗旱、抗寒、抗盐、抗热等抗性的品种来应对气候变化。另外，要高度重视农业气候敏感区的综合防御措施。

二、土壤荒漠化和沙尘暴与农业生产

森林砍伐、气候变化、人口增长及过度放牧造成了全球每年有 150×10^4 km^2 的土地变成荒漠。根据联合国统计资料，目前荒漠化已影响到全世界人口的 1/5 和全球 1/3 的陆地，成为引发贫困和阻碍发展中国家经济与社会可持续发展的重要原因。世界土地总面积的 40% 已受到荒漠化影响，给世界每年造成 40 多亿美元的损失，受其影响的人口总数超过 10 亿。荒漠化问题已成为全球关注的环境问题。

1994 年 6 月 17 日，《联合国防治荒漠化公约》正式通过，要求国际社会加强合作防治荒漠化，并将 6 月 17 日定为"世界防治荒漠化和干旱日"。目前，土地荒漠化问题已位于全球十大生态问题之首，已对人类的生存构成了前所未有的挑战。对于中国来说，荒漠化的态势更加咄咄逼人。对于中国来说，荒漠化可能破 18 亿亩耕地"红线"。在全世界 110 个受荒漠化危害的国家和地区中，中国是现存荒漠化面积最大、受危害人口最多、危害程度最严重的国家之一。目前，荒漠化土地在中国的 18 个省、市、区的 498 个县、旗均有分布，尤其是西北、华北和东北地区的 13 个省、市、区。据有关资料，我国荒漠化潜在区域范围，即干旱、半干旱和半湿润地区范围总面积约 331.7×10^4 km^2，占国土面积的 34.6%，其中荒漠化土地面积 262×10^4 km^2，占这一区域面积的 79%，占国土面积的 27.3%，相当于 14 个广东省面积，为全国耕地总面积的 2 倍多（其中，全国沙化土地面积约达 174 万 km^2），并以每年 2 460 多平方千米的速度扩大，生活在荒漠地区和受荒漠化影响的人口近 4 亿。

据有关方面粗略估算，因荒漠化危害造成的直接经济损失每年高达 540 多亿，间接经济损失难以估计。据历史资料记载，近百年来我国沙尘暴共发生 70 次，平均 30 年 1 次。20 世纪 60 至 70 年代每 2 年 1 次，90 年代每年都有。2000 年发生 12 次，2000 年 12 月 31 日在新疆、内蒙古西部地区沙尘暴形成，跨过世纪之交，在 2001 年 1 月 1 日影响到我国北方大部分地区，北京也出现扬沙天气。2001 年春季，我国北方地区共出现 18 次沙尘天气，其中强沙尘暴过程 41 天。另据统计，2000—2006 年间发生的沙尘暴的次数比 20 世纪后 50 年间沙尘暴的总次数还多约 50%。最令人担忧的是，目前，荒漠化在国内仍呈快速发展之势，全国每年荒漠化净扩展面积已超过 1 000 万亩，仅沙化土地每年就净增 369 万亩。

1. **荒漠化和沙尘暴形成原因**

20世纪以来，异常天气状况频繁出现与全球气候变化有关，从总体上看沙尘暴灾害愈演愈烈的原因是与土地荒漠化日益加剧有关。强沙尘天气频发的地区和重灾区主要位于中纬度地区的干旱、半干旱区，即受荒漠化严重影响和危害的地区，这个地区对全球气候变化最为敏感。在全球气候变化的影响下，我国北方地区干旱和暖冬现象日益加剧，加之不合理的人为干扰，特别是乱砍滥伐和过度放牧等，造成大面积的植被破坏，水土流失，从而加剧沙化。土地次生盐渍化和土地物理性能的恶化，使荒漠化不断蔓延和扩展，从而使沙尘暴不断发生。因此，荒漠化的扩展是强沙尘暴频繁发生的直接原因，而导致荒漠化的蔓延又以人类向自然掠夺式开发和野蛮式经营活动为主要原因。

2. **荒漠化和沙尘暴的危害**

沙尘暴的危害一是大风，二是沙尘。其影响主要表现在以下几个方面。

（1）人畜死亡、建筑物倒塌。

（2）风蚀土壤，破坏植被，掩埋农田，农业减产。

（3）污染空气。国家环保总局（现生态环境部）的监测网显示，2004年3月20日强沙尘暴当天，北京每平方米的落尘量达到了20 g，总悬浮颗粒物达到了每平方米11 000 μg，超过了国家标准的十几倍，超过了正常值的100倍。

（4）影响交通。一是降低能见度，二是沙尘掩埋路基阻碍交通。

（5）影响精密仪器使用和生产。

（6）危害人体健康（对人体器官造成损害，以及导致皮肤过敏）。

（7）引起天气和气候变化。

沙尘暴影响的范围不仅涉及我国13个省份，而且还影响到韩国和日本。例如，1998年9月起源于哈萨克斯坦的一次沙尘暴，经过我国北部广大地区，并将大量沙尘通过高空输送到北美洲；2001年4月起源于西北地区的强沙尘暴掠过太平洋和美国大陆，最终消散在大西洋上空。如此大范围的沙尘，在高空形成悬浮颗粒，足以影响天气和气候。因为悬浮颗粒能够反射太阳辐射从而降低大气温度。随着悬浮颗粒大幅度削减太阳辐射（约10%），地球水循环的速度可能会变慢，降水量减少；悬浮颗粒还可以抑制云的形成，使云的降水率降低，减少地球的水资源，有可能会使干旱加剧。

3. **荒漠化和沙尘暴对农业生产的危害。**

（1）荒漠化过程及沙尘暴天气对种植业生产的危害。

① 荒漠化过程及沙尘暴天气将使世界可耕地面积大量减少，使种植业生产丧失了最基本的物质基础。

② 荒漠化过程及沙尘暴天气使大面积土地受到土壤侵蚀，肥力下降，生产力降低。

③ 荒漠化过程及沙尘暴天气导致作物受害。另外，从长远来说，荒漠化可能导致气候干旱化及降雨明显减少，不利于农业生产。

（2）荒漠化过程及沙尘暴天气对养殖业生产的危害。

荒漠化对牧业生产的危害先是草场面积减少，然后是由于风蚀和干旱造成草场植被退化，生产力下降，产量明显降低。在产量降低的同时，草相也发生改变，杂草类、不食草、毒害草比例上升，牧草品质变劣。另外，沙尘对牧畜危害加重，造成牲畜患病或死亡。

目前，全国荒漠化地区的退化草地已达 $105 \times 10^4 \ km^2$，占草地总面积的 56.6%。据测算，因为草地退化造成的损失相当于每年少养绵羊 5 000 万只。

（3）荒漠化过程及沙尘暴天气对林业生产的影响。

荒漠化对森林的逐步侵袭，使森林生态系统的组成、群落结构发生变化，使一些耐旱性差、生命力较弱的植被减少，物种数量变得愈加稀少，自我调节能力大大降低，大量林木枯死，新老更替困难，形成恶性循环。森林退化更为重要的是破坏了农业的屏障，降低了农业对灾害的抵抗能力。

更为关键的是，荒漠化带来的恶性循环后果，即人与地之间的矛盾。荒漠化造成了可利用土地面积的急剧减少，土壤有机质和细粒物质的流失，以及环境的恶化。中国治理荒漠化基金会的最新统计表明，中国荒漠化地区是目前贫困人口最集中的地区。

4. 荒漠化和沙尘暴的防治对策

科学家们曾做过测算，在一块草地上，刮走 18 cm 厚的表土，约需 2 000 多年；若在玉米耕地上，刮走同样数量的表土需 49 年；而在裸露地上，则仅需要 18 年。因此，加强对现有植被的保护，杜绝过度放牧、毁林毁草开垦、过度樵采、乱采滥伐等人为因素破坏，防止产生新的沙化土地。同时，必须坚持科学治沙，宜乔则乔、宜灌则灌、宜草则草，因地制宜，封育结合。此外，必须大力发展沙产业，在保护好生态的情况下，科学合理开发利用好沙区资源，增加农牧民收入，提高防治工作的整体成效。具体有以下措施。

（1）严禁滥伐、滥垦，积极保护原有天然林。

（2）严禁滥牧，保护和恢复原有草地生态系统。

（3）治理与开发并重的策略，建立荒漠农业体系以脱贫致富。不同于西方经济发达国家，中国人多地少的国情决定了我们进行生态环境建设时原则上要考虑经济效益，突显"保护中开发、开发中保护"这层含义。

（4）实施"引入移民开发西部计划"。

5. 荒漠化治理中存在的问题

我国是一个沙漠化比较严重的国家。多年来，国家每年为治理荒漠化花费几十亿元的资金，并实施了一系列政策措施。例如，1992—1995 年，国家累计安排治沙贴息贷款计划6 亿元，各地治沙单位实际贷出治沙贴息贷款 5.8 亿元，占同期贷款计划的 97%。再如，1998—2002 年，仅国家安排的国债投资就达到 274.5 亿元，用于退耕还林工程、天然林防护工程、防护林工程等。但是，部分荒漠化治理专家认为，效果并不能令人满意，仍然是"局部治理，整体恶化""绿化不如沙化快"。归纳起来，我国治理荒漠化主要存在三大误区。

（1）重建设、轻保护。

对于第一个误区，部分专家、研究者认为，"沙化土地扩展，5% 是干旱等气候原因，

95%是人为因素"。长期以来,人们过度关注经济增长,对环境保护重视不够,投入不足,环境保护欠账过多,环境治理明显滞后。一些地方还以牺牲森林、草原、环境为代价,不遗余力地追求GDP,乱砍滥伐,一时的经济效益造成了资源环境的永久性破坏,从而导致环境退化和土地沙漠化。"仅仅为了出口一次性筷子,就以每年毁灭上千公顷森林为代价,换取那么一点蝇头小利。"研究表明,我国沙漠化土地中,人类活动导致的现代沙漠化土地就有37万km^2。不仅如此,这些年来,经济发展是转型期中国的主要动力与目标,而东部地区的发展很大程度是靠西部地区提供廉价的能源和其他土特产资源,然而没有足够的回报去保护西部脆弱的生态系统,使西部地区沙漠化问题越来越严重。但现在在治理荒漠化的过程中,上述问题仍然没有得到足够的重视。

(2) 在干旱区与草原地区大面积造林,想用树木阻挡沙漠扩大和沙尘暴。

第二个误区则导致我国荒漠化治理效果并不明显。从植树造林来看,中国现已投资近2 000亿元,造林65.7万km^2,但成活率只有25%,保存率只有13%,还多是"小老树",很难起到生态屏障作用。对此,专业人士认为:"树木只能涵养水分,但其本身要消耗水分。因此,在干旱地区种树,非但种不活,还浪费了水,有时种越多越破坏环境。"另有专家认为,"这是利益驱动在作怪"。现行政策强调退耕还林,还林有钱,还草没钱或者钱很少,政府投资也与此相关。

(3) 忽视了自然界的自我修复能力。

第三个误区带来的代价也相当严重。一些地方盲目向沙漠、荒原进军搞开发。例如,建立高山滑冰场、沙漠公园;在草原上建立高尔夫球场、跑马场等。因此,治理荒漠化需要建立新机制,必须改变以往政府资金"撒胡椒面",以及治理过程和成果缺少监管的做法,需要探索建立合理的利益分配和约束与激励机制,充分调动起荒漠化地区治理和监管的积极性和主动性,保护好治理成果。有业内专家认为,过去只侧重于恢复植被,控制土壤风蚀,而没有直接从荒漠的根本成因入手,即减轻或消除造成荒漠化的人口压力,这是荒漠化治理成效不显著的症结所在。近年来,中国治理荒漠化基金会提出的产业化治理荒漠化的新思路,引起了国务院的高度重视。该模式的核心是:通过产业带动达到生态恢复的目的。例如,在甘肃民勤县,基金会规划实施沙生植物种植,发展沙产业,种植饲用沙桑、肉苁蓉、甘草等中草药,建设塑料大棚,生产蔬菜、反季节瓜果等;在天津及山东周边盐碱地上种植10万亩转基因抗盐碱玫瑰,在美化环境、治理盐碱地的同时,还可以加工高附加值的玫瑰精油;在四川自贡市种植大叶麻竹,加工优质竹笋,这个项目使当地受益农民达40万人以上。不仅如此,可能还需要转变观念,尝试将公益性治理的运作机制转变为利益性治理,鼓励多种性质的投资主体积极参与,并且给予投资主体一定的回报。目前,我国尚未建立以生态需要为目标的创新机制,因而出现了"没有保障体系,没有激励机制,无法形成谁投资谁受益的原则"的不良后果。

三、水土流失对农业生产的影响

1. 水土流失概况

我国是个多山的国家,山地、丘陵和比较崎岖的高原总面积约占国土面积的三分之二，森林覆盖率只有13.92%。同时，我国又是地质灾害频发的国家。由于特殊的自然地理条件，加之长期以来对水土资源的过度利用，当前我国水土流失面积仍然大、分布广、流失严重，防治任务艰巨。其实，平原地区的水土流失也十分严重，主要以水蚀为主。目前，我国正处在城市化、工业化、现代化进程中，人口、资源、环境矛盾突出，新的水土流失不断产生，这给水土保持提出严峻挑战。目前，仍有很多开发建设单位和个人，为了降低工程建设的成本，在建设过程中不重视水土保持或者没有采取相应的水土保持措施，随意弃土弃渣、破坏地貌植被。量大面广的民众采石、挖砂、取土等活动，也造成大面积的植被破坏和水土流失。

相关资料显示，"十五"期间，我国开发建设项目扰动面积达到553万hm^2，弃土弃渣量为92亿t。另据科学考察发现，在所有开发建设活动中，农林开发、公路铁路、城镇建设、露天煤矿、水利水电等造成的水土流失最为严重。为此，要积极应对新的人为水土流失问题，重点是加强对山区农林开发、农村公路建设、经济开发区和新村镇建设等开发热点的监督管理，研究制定新的管理办法，落实有效的应对措施，遏制新的人为水土流失加剧和蔓延。

山地的农业开发，各种工程（公路、铁路、水利、矿山及工业民用建筑）的大规模建设造成一系列的环境问题，其中最突出的是破坏了当地原有植被，形成大面积不同程度裸露的边坡（或坡地），这些边坡的存在进一步加剧水土流失、滑坡、泥石流的发生强度，也造成局部小气候的恶化及生物链的破坏等生态灾害。基础建设的快速发展与生态环境保护滞后，导致了对人类赖以生存环境的生态破坏，也影响与制约了社会经济的可持续发展，对人类的生存和社会发展构成了威胁。因此，兼顾项目开发与环境保护成为当前经济可持续发展的重大课题。在工程建设中合理利用资源、保护环境、美化环境，是必须正视和认真对待的问题。公路、铁路、水利等工程建设与自然环境密切相关，其工程规模大、项目多、涉及面广，土石填挖工程形成的大量土石裸露边坡，破坏了既有植被，对当地生态环境影响较大，以往通常采用单纯的工程防护技术措施，如浆（干）砌片石、喷锚防护等，这些工程措施导致原有植被受到破坏、生态景观效果差等一系列生态环境问题，同时工程建造和后期维护成本高的问题比较突出。

生态建设和环境保护是21世纪人类共同关注的热门话题，也是世界各国政府和人民不懈努力解决的焦点问题。当前，我国经济发展已进入快速发展轨道，基础设施建设规模非常庞大，经济发展与环境保护之间的矛盾非常突出，国家已经十分重视工程建设中的生态建设和环境保护，早在2000年《国务院关于进一步推进绿色通道建设的通知》（国发〔2000〕31号）正式下达，工程建设中的生态建设、环境保护已提上议事日程，这对整个工程建设的可持续发展战略的实施起到了推动作用。

2. 预防和解决水土流失的技术措施

国内外由于森林植被遭到破坏，加剧了水土流失，破坏了生态平衡，给人类带来危害的事例不胜枚举。据国外报道，新建项目造成的水土流失是一般常规水土流失的20倍。随着经济的高速发展和基础建设规模的增加，开矿、筑路、水利、工民建等工程逐年增加，全国每年因此而新增的水土流失面积达 $1\times 10^4\ km^2$，其中大部分是边坡水土流失。经济高速发展，基础建设形成大量的工程边坡，由于我国土地资源紧张，工程边坡多采用高陡边坡，植被自然恢复比较困难，因此在雨季水土流失非常严重，不仅影响了基础设施的安全，也损坏了周围的景观，使生物难以栖息。过去，治理这些问题大多采用工程"硬质"措施，尽管也可以起到水土保持的效果，但随着人们生活水平的提高和环保意识的增强，采用植被护坡的方式已成为必然的趋势，尤其对公路和铁路线型等工程来说，使自然生境破碎化，阻隔了生物（动物、植物、微生物）流动和联系的通道。植被护坡的"软质方式"一方面可代替"硬质"工程措施的水土保持作用，增强景观效果，同时可为生物提供栖息场所，生态敏感地段常常以桥代路。纵观边坡治理的历史发展过程，可以发现一条发展轨迹，即从只注重边坡防护，排除植物，修筑与植物不兼容的防护构筑物，到利用植物，与防护构筑物配合，既绿化边坡，又防护边坡（图2-3至图2-10），再到采取工程护坡的同时，最终恢复原有生态系统。可以说，边坡防护绿化技术是随着人们的环保意识的增强，随着恢复生态学的发展而进步的。

图2-3 植物等高篱保护梯田茶园

图2-4 植物防护半风化岩石公路挖方边坡

图2-5 植物篱防护水利设施堤岸边坡

图2-6 植物篱防护高沙土铁路边坡

第二章 农业环境问题的来源、成因及其对农业的影响

图 2-7 植物篱在尾矿恢复中的应用

图 2-8 暴雨冲蚀后的边坡场景

图 2-9 植物篱春季返青生长

图 2-10 雨季来临前植物篱已稳定控制边坡

根据不同的边坡土质条件，采用不同的施工方法和施工工艺可将边坡植物防护技术分为以下 8 种。

① 人工种草护坡。
② 平铺草皮护坡。
③ 液压喷播植草护坡。
④ 土工网植草护坡。
⑤ OH 液植草护坡。
⑥ 等高行栽植香根草护坡。
⑦ 蜂巢式网格植草护坡。
⑧ 客土植生植物护坡。
⑨ 喷混植生植物护坡等。

3. 植被护坡面临的问题

随着边坡植物防护技术的推广应用，各类边坡植物防护技术已发展成为公路、铁路绿色通道建设中的重要组成部分，但由于工程公司及从业人员层次参差不齐，实践中也存在不少问题，如不顾客观实际条件盲目模仿，导致失败的案例也不少，同时也存在一些难题。

（1）边坡植草的退化。

在公路、铁路等工程建设中，其边坡绿化防护上投入的资金比例较低，在低投入、低

养护或无养护情况下，边坡草坪处于自生自养状态，极易退化、死亡。因为人工种植草种生长较弱、品种单一，随着时间的增长，在养分水分供应较差的边坡上都会呈现不同程度的草坡退化现象，这是一个十分突出和严重的问题，若草被退化得不到解决，不仅造成重复建设、资金浪费，而且起不到边坡绿化防护效果，最终可能会引起水土流失、坡面坍塌等许多不良后果。

（2）结构和功能不一致，引种洋化和高档化，维护成本过高。

在公路、铁路设计与建设中，人们常将设计重点和大量资金放在它的工程功能及安全功能上，而生态功能的设计与投资力度不足，生态防护工程往往采取低价中标的方式，这种低投入、低质量的恶性循环，使边坡生态环境发展不够好，抗灾能力不强，等等。由于人们思想观念的认识模糊，混淆植被护坡与边坡绿化概念，甚至有些地区不顾当地的经济条件盲目追求采用高档次品种或引进品种，忽视乡土物种的利用价值，导致种植成本和后期维护成本过高。因此，在设计上要深入细化，根据不同气候条件、不同环境、不同区域结合具体情况单独设计，注重落实边坡的生态环境保护方案。

（3）干旱对土体很薄的坡面植物构成威胁。

对植物的生理生态特性缺乏起码的了解，品种搭配不合理导致项目失败。开挖后的岩石边坡，岩石层厚，整体性好，坡体高陡，对边坡进行植物绿化后，随着时间的增长，秋冬季干旱、夏伏季炎热，土体养分逐渐流失，土壤肥力降低，如何解决边坡呈现的无土、缺水、缺肥的状态及边坡植被面临的干、热威胁，这将直接影响到边坡最终的绿化效果和生态效益。

（4）喷播时的植物种子配比与最终植物状态关系难以预测（注：抽彩式理论）。

在较短的时间内把开挖的边坡恢复到自然状态，施工者将面临以下困难。

① 植物种子的配比如何确定。

② 如何考虑当地自生优势群落的结构特点进行种子配比。

③ 如何确定喷播时的植物配比与最终形成的植物群落之间的动态关系。由于受工期的限制，验收合格的工程边坡植被防护体系几年后的状况却并不令人满意，对边坡植被状况缺少长期的观察和系统的研究，验收时的情况与几年后的结果相差很大。只有对这些问题做详尽的调查研究分析，才能正确指导施工，否则边坡的植物生长将无法实现人工强制绿化向原始植物群落的顺利演替。

（5）工程边坡生态系统可持续发展问题及其质量评价方法。

可持续发展是指在人类与自然和谐的前提下，不断提高人类的生活质量和环境承载能力，满足当代人的需求又不损害对子孙后代的需求，满足一个区域或一个国家的需求而又不损害其他区域或国家的需求。根据可持续发展内涵的要求，工程边坡绿化工程中应着眼于与自然环境（生态系统）的协调性和环保生态功能。一个生态系统的稳定性在于它能否可持续发展，因此评价边坡地恢复的效果必须从长计议。

第三节　农业环境污染现状与治理对策

自然环境是生物赖以生存和发展的物质基础。自 20 世纪 50 年代以来，不仅现代工业的飞跃发展使"三废"大量排放，农业生产的现代化更是使大量农药和化肥进入环境，农业环境不容乐观，农业生物体遭受不同程度的污染，进而影响到人类及各种生物的生存和持续健康的发展。

一、农业环境污染现状

农业是我国国民经济的支柱，也为我国经济的发展与建设提供了基础保障。农业生产是一个依赖于自然又受人工控制的特殊生产过程。我国农业生产活动中大量使用的化肥、农药等制品严重污染了环境。由于我国人口在不断增多，人与自然资源之间的矛盾逐渐被激发，致使生态环境遭到污染与破坏。生态破坏和环境污染是当前中国农业环境的两个突出问题。农业环境保护不仅对发展农业生产至关重要，而且在整个环境保护工作中也占有极为重要的地位。加强农业环境保护，促进我国农业资源的可持续发展，对提高我国的生态质量具有重要意义。

（一）农业环境污染物来源

（1）农业生产造成的面源污染及土壤污染（农业生产）。

我国人多地少，土地资源开发已接近极限，化肥、农药等措施成为提高土地产出的重要途径，而这种"现代化"的农业生产是面源污染最为重要的来源之一。

（2）小城镇和农村聚居点生活污染（农民生活）。

随着我国城市化进程加快，小城镇和乡村聚居点人口数量迅速增加，城市化倾向日益明显。但与城市相对规范的规划、较完善的基础设施相比，小城镇和农村聚居点明显落后，脏乱差问题突出。

（3）农村工业化迅速发展加剧农业环境恶化（农村工业）。

农村工业化是中国改革开放 30 年来经济增长的主要推动力，但由于忽视环境规划和管理，致使局部地区污染严重。

（4）城市污染向农村转嫁是加速农业环境污染的重要原因（城市污染）。

城市污水未经任何处理直接排入水体，造成河流及灌溉水源环境恶化。城市垃圾在郊外农村堆放或填埋，工业固废和城市垃圾不仅占用土地资源，而且污染周围的水质、土壤和大气。

（二）农业环境污染表现形式

（1）大气沉降（酸雨及其他污染物沉降）。

(2) 农业水环境污染 [灌溉水源（地表水、地下水）、水产养殖业水体]。

(3) 土壤污染（氮和磷肥料、农药残留、重金属等）。

(4) 固废无序堆放（畜禽排泄物、农林业秸秆、农村居民生活垃圾等）。

（三）环境污染的主要表现

近年来，化学投入品越来越多。一是化肥的投入量逐年增加；二是农药的投入每年均有上升趋势；三是地膜残留造成一定污染。过量的农药流失到环境中，污染大气及水环境，造成土壤板结，增强了病菌和害虫对农药的抗药性，还会杀伤有益生物，等等。大量使用或不合理使用化肥特别是氮肥，可使部分化肥随地表径流、灌溉、雨水流入江、河、湖等水体，造成水体富营养化，污染了水体；同时造成土壤板结地力下降，导致作物产量下降；还可造成大气污染，使农产品硝酸盐及重金属含量超标。

农村生活污染物随意排放。农村生活垃圾和生活污水的无序排放造成环境污染。部分农村或将垃圾倾倒在路边和荒地上，或将垃圾倾倒在河坡上，甚至有人直接将垃圾焚烧，再加上生活污水的随意排放，对乡村土地、河流和空气造成了一定程度的污染。此外，规模化畜禽养殖废弃物产生量突增。规模化养殖的快速发展造成畜禽养殖废弃物产生量突增。由于废弃物处理技术落后，使养殖场粪尿污水等污染物即使经过处理也达不到排放标准。畜禽粪便被过度还田后，会使有害物质渗入地下水，严重威胁人类健康。例如，农业水环境污染（含地下水污染）、农业大气环境污染（工业、汽车尾气排放）、农田土壤污染（化学品、地膜）、固体废物的污染（畜禽排泄物、农林植物秸秆）、农产品污染（农残、蔬菜中硝酸盐或亚硝酸盐含量高）等。

二、农业环境污染治理对策

（一）加强农业基础设施建设

加大农村公共服务设施建设，做到垃圾、污水有序排放和处理；实施村庄和集镇亮化、净化、绿化工程，切实改变乡村整体面貌；结合生态家园建设、新农村建设，重点加强农村道路、水利等基础设施建设；做好水土保持工作，保护饮用水源，积极发展节水型农业。

（二）开展畜禽场畜粪治理工作

结合市场需求，以自然资源为优势依托，通过多种途径将废弃物变成资源。畜禽养殖场建立雨污分流设施，实现干湿分离。养殖场配套建立一定规模的沼气气池，把污染物转变为可再利用的生活能源和植物有机肥。将养殖粪污先进行堆放及腐熟制作成有机肥，应用于农作物生产中，综合利用畜禽粪便，有效地促进了粪便的循环利用。应深入研发有关畜禽粪污处理的装备及技术，加大资金投入力度，探寻切合国情的畜禽粪污处理技术及治理装备。

（三）减少农药与化肥投入量

严格贯彻落实农业部（现农业农村部）和省政府有关规定，禁止销售和使用高毒高残留农药。深入实施以测土配方为主的"沃土工程",大力普及和推广测土配方施肥技术,减少化肥使用量。

（四）改善农村生态环境

应加强人们关于自然生态保护意识方面的教育,树立生态保护的意识。实施乡村之间的环境清理工作,更多地将这些生物制品、饲料等进行合理化再利用。

（五）发展循环农业

农业要走可持续发展道路就必须大力发展循环经济。循环农业遵循减量化、再利用、再循环的三大原则,实现"低开采、高利用、低排放、再利用",提高经济运行的质量和效益。

总之,我国是农业生产大国,加强环境损害鉴定评估和发展生态农业意义重大。在当前对生态脆弱环境恶劣、资源破坏严重的地区,要搞好产业结构调整,进行资源重组、生态恢复和重建工作,应综合规划全面发展走生态农业之路。生态农业以生态与环境建设为基础,注重农业生产经营与生态状况的协调、互补。发展生态农业的根本意义是为了解决人类发展与自然破坏的矛盾,且可以使生态环境得到可持续的发展。

第四节 自然灾害频发的成因及其对农业的影响

近年来,全球范围内的自然灾害频发,对各国人民的生命和财产安全构成了不小的威胁,严重地牵涉到社会大局的稳定。自然灾害已经成为备受世界各国严重关切的突出问题。作为世界上自然灾害种类繁多、发生频率较高且灾害损失严重的少数国家之一,据权威部门统计,我国自 2000 年以来,每年因遭受自然灾害而造成的直接经济损失均超过 2 000 亿元。值得关注的是,近年来随着全球性的工业化进程提速,人类社会因排放过多的温室气体而引发温室效应,导致全球气候变暖,在一定程度上使得台风、海啸、地震等极端灾害现象频发。从这个角度来看,我国社会经济的平稳发展面临着恶劣自然灾害的严峻考验。2008 年 2 月,我国南方多个省份发生百年不遇的冰冻雨雪灾害,再次提醒人们,自然灾害的破坏力不容小觑。迄今,从整体上看,对农业生产影响较大的自然灾害主要有：旱涝、霜冻、台风等极端气候,以及干热风、病虫草害、火灾、鼠害等。

一、旱涝、台风、霜冻等极端气候的发生与应对

（一）干旱与洪涝

从历史上看,我国是一个自然灾害频发的国家。据资料记载,我国在 1950—1980 年的 30 年间,每年都出现旱涝和台风等多种气象灾害,平均每年出现旱灾 7.5 次,水灾 5.8 次,登陆的台风为 6.9 个。而且同一种灾害常连年连季出现,例如,1951—1980 年,我国华北地区出现春夏连旱和伏旱连旱的年份有 14 个。多种自然灾害并发的概率也很高。

1972年4月15—22日从辽宁到广东共16个省、自治区先后出现冰雹、大风、雷雨。次生灾害造成的损失也非常大。据统计，每年在我国登陆的台风平均为8个，台风深入内陆可造成华北等地的暴雨，暴雨、山洪还会引发山体崩塌滑坡、泥石流等灾害，每年造成经济损失高达几十亿元，铁道部门每年用于整治险阻工程费用多达10亿元。

洪涝灾害包括洪水灾害和雨涝灾害两类。其中，由强降雨、冰雪融化、冰凌、堤坝溃决、风暴潮等引起江河湖泊及沿海地区水量增加、水位上涨而泛滥及山洪暴发所造成的灾害称为洪水灾害；因大雨、暴雨或长期降雨量过于集中而产生大量的积水和径流，排水不及时，致使土地、房屋等渍水、受淹而造成的灾害称为雨涝灾害。由于洪水灾害和雨涝灾害往往同时或连续发生在同一地区，有时难以准确界定，往往统称为洪涝灾害。其中，洪水灾害按照成因，可以分为暴雨洪水、融雪洪水、冰凌洪水、风暴潮洪水等。根据雨涝发生季节和危害特点，可以将雨涝灾害分为春涝、夏涝、夏秋涝、秋涝等。

我国是洪水灾害频繁的国家。据史书记载，从公元前206年至1949年中华人民共和国成立期间，大水灾就发生了1 029次，几乎每两年就有一次。作为中华民族母亲河的黄河，比之长江，在水害的程度上有过之而无不及。它在历史上曾决口泛滥1 500多次，大的改道26次，平均每3年有一次决口，每100年有一次大改道。公元1117年（宋徽宗政和七年），黄河决口，淹死100多万人。公元1642年（明崇祯十五年），黄河泛滥，开封城内37万人被淹死34万人。1933年，黄河决口62处。

在洪灾中，大城市亦不能免。1931年，中国发生特大水灾，有16个省受灾，其中最严重的是安徽、江西、江苏、湖北、湖南5省，山东、河北和浙江次之。8省受灾面积达14 170万亩，占8省耕地面积的1/4。据统计，半数房屋被冲毁，近半数的人流离失所。这次大水灾还伴有其他自然灾害，受灾人口达1亿人。

中华人民共和国成立后全国性的大水灾主要有两次，1954年大水灾和1991年大水灾。1954年那次全国受灾面积达2.4亿亩，成灾面积1.7亿亩。洪水淹没耕地4 700余万亩，死亡3.3万人，京广铁路行车受阻100天。当时，国家对自然灾害的救济费为3.2亿元。其他重大水灾有：1958年郑州花园口出现特大洪水，郑州黄河铁桥被冲毁。海河流域1963年出现历史上罕见的洪水，受灾面积达6 145万亩，减产粮食60多亿斤。长江最长的支流汉江1982年遭特大洪水，安康老城被淹，损失惨重。1998年，一场世纪末的大洪灾几乎席卷了大半个中国，长江、嫩江、松花江等水位陡涨。800万军民与洪水进行着殊死搏斗。据统计，当年全国共有29个省、区遭受了不同程度的洪涝灾害，直接经济损失高达1 666亿元。目前，我国平均每年受洪涝面积约1亿亩，成灾6 000万亩，因灾害造成粮食减产上百亿公斤。

1. 成因与危害

（1）形成。

洪涝：连续降雨或短时暴雨。

干旱：长时间无雨或异常少雨。

（2）多发季节。

洪涝：夏秋为主，主要影响东部平原。

干旱：春旱—北方、华南、西南（华北地区最严重）；初夏干旱—北方；伏旱—秦岭—淮河以南（长江中下游地区）；秋旱—湘、鄂、赣、皖等省；冬旱—华南地区。

（3）危害（图2-11至图2-13）。

洪涝：冲毁农田和公共设施。

干旱：粮食减产，人畜缺水。

图2-11　农田干旱导致庄稼颗粒无收

图2-12　洪涝导致农田被淹

图2-13　洪涝导致房屋被毁

2. 防旱抗涝措施

与涝灾防治措施类似，除水利工程之外，一般应从宏观气候改善着手，同时辅以改善农田小气候环境。自然界的干旱是否造成灾害，受多种因素影响，对农业生产的危害程度则取决于人为措施。世界范围各国防止干旱的主要措施如下。

① 兴修水利，发展农田灌溉事业。如发挥三峡大坝的蓄调水功能；治淮工程；等等。

② 改进耕作制度，改变作物构成，选育耐旱品种，充分利用有限的降雨。

③ 植树造林，改善区域气候，减少蒸发，降低干旱、热风的危害。

④ 研究应用现代技术和节水措施，如人工降雨、喷滴灌、地膜覆盖、保墒，以及暂时利用质量较差的水源，包括劣质地下水甚至海水等。

1949年以来，中国兴修了大量水利工程，发展排灌事业，提高了抗旱能力。至1987

年底，排灌机械保有量593.5万台、6 242.2万kW，配套机电井243万眼，全国有效灌溉面积达7.2亿亩。1978年虽遭特大干旱，由于各类水利工程发挥作用，通过引、提、蓄等多种措施，挖掘水源，扩大灌溉面积，仍保证了当年农业生产。劳动人民长期积累起来的蓄水保墒、抗旱耕作措施，在战胜干旱中起了一定的作用。但是，全国不少地区抗旱灾的能力还较低，旱灾威胁依然存在，抗旱任务仍很艰巨。

（二）台风

台风是指形成于热带或副热带26 ℃以上广阔海面上的热带气旋。世界气象组织定义：中心持续风速在12级至13级（每秒32.7 m至41.4 m）的热带气旋为台风（Typhoon）。北太平洋西部（赤道以北，国际日期变更线以西，东经100°以东）地区通常称其为台风，而北大西洋及东太平洋地区则普遍称之为飓风。每年的夏秋季节，我国毗邻的西北太平洋上会生成不少名为台风的猛烈风暴，有的消散于海上，有的则登上陆地，带来狂风暴雨，是自然灾害的一种。

台风发源于热带海面，那里温度高，大量的海水被蒸发到了空中，形成一个低气压中心。随着气压的变化和地球自身的运动，流入的空气也旋转起来，形成一个逆时针旋转的空气漩涡，这就是热带气旋。只要气温不下降，这个热带气旋就会越来越强大，最后形成台风。

台风的危害：台风给广大的地区带来了充足的雨水，成为与人类生活和生产关系密切的降雨系统。但是，台风也总是带来各种破坏，它具有突发性强、破坏力大的特点，是世界上最严重的自然灾害之一（图2-14至图2-15）。

图2-14　台风掀起巨浪

图2-15　台风刮断树木

（三）霜冻

霜冻在秋、冬、春三季都会出现。霜冻是指空气温度突然下降，地表温度骤降到0 ℃以下，使农作物受到损害，甚至死亡（图2-16、图2-17）。霜冻与霜不同，霜是近地面空气中的水汽达到饱和，并且地面温度低于0 ℃，在物体上直接凝华而成的白色冰晶，有霜冻时并不一定是霜。每年秋季第一次出现的霜冻被称为初霜冻，翌年春季最后一次出现的霜冻被称为终霜冻，初、终霜冻对农作物的影响都较大。

通常农作物内部都是由许许多多的细胞组成的，农作物内部细胞与细胞之间的水分当温度降到0 ℃以下时就开始结冰，从物理学中得知，物体结冰时，体积要膨胀。因此，当细胞之间的冰粒增大时，细胞就会受到压缩，细胞内部的水分被迫向外渗透出来，细胞失掉过多的水分，它内部原来的胶状物就逐渐凝固起来，特别是在严寒霜冻以后，气温又突然回升，则农作物渗出来的水分很快变成水汽散失掉，细胞失去的水分没法复原，农作物便会死去。

图 2-16　农作物遭受霜冻危害

图 2-17　蔬菜遭受霜冻危害

（四）干热风

干热风亦称"干旱风""热干风"，俗称"火南风"或"火风"。干热风是一种高温、低湿并伴有一定风力的农业灾害性气象之一，是出现在温暖季节导致小麦乳熟期受害秕粒的一种干而热的风。干热风出现时，温度显著升高，湿度显著下降，并伴有一定风力，蒸腾加剧，根系吸水不及，往往导致小麦灌浆不足，瘪粒严重，甚至枯萎死亡。我国的华北、西北和黄淮地区春末夏初期间都有出现。一般分为高温低湿和雨后热枯两种类型，均以高温危害为主。

（五）其他气候性自然灾害

1. 梅雨

梅雨（黄梅天），指中国长江中下游地区、日本中南部、韩国南部等地，每年6月中下旬至7月上半月之间持续阴天有雨的气候现象，此时段正是江南梅子的成熟期，故称其为"梅雨"。梅雨天气持续，使人感到明显不适，产生恶劣情绪，甚至为一点小事就火气突升，大动干戈。

一般每年大约5月下旬至6月上旬，来自北方的冷空气与从南方北上的暖空气汇合于华南地区，形成华南准静止锋。大约到了6月下旬，暖空气势力增强，准静止锋北移至江淮地区，成江淮准静止锋（又称"梅雨锋"）。由于来自南方的暖空气夹带大量水汽，当遇上较冷的气团时，便会产生大量对流活动。由于这段时间冷暖空气势力相当，以至于锋面停留在江淮地区。值得注意的是，在梅雨期，有时有瓢泼大雨，倾盆而下，即暴雨。虽然在一般情况下，梅雨期暴雨的强度比台风等其他系统的暴雨强度要小一些，但由于这个时期冷暖空气交汇频繁，使暴雨出现的机会较多，历时较长，所以降水总量仍然相当大，亦会带来一定的危害，所以需要高度警惕。1991年的典型异常梅雨使安徽、江苏两省大范围地区遭受洪涝灾害，灾情之重为近百年来罕见。这次梅雨天气的特点是出现早，持续时间近2个月，总降水量达500 mm以上，有些地区达700～1 200 mm，比常年同期偏多1～

3倍。这次异常梅雨造成的洪涝灾害还波及湖北、河南、湖南、上海和浙江的部分地区。持久阴雨使得地下水位长期过高，影响作物根部正常发育，光照长期不足，植物光合作用减弱，损害了农作物的营养生长和生殖生长。暴雨的频繁出现，又会引起山洪暴发，江河泛滥，水利设施受到破坏，桥梁铁路被冲断，洪水还直接危及人民生命财产的安全。此外，无孔不入的霉菌给生产和生活都带来危害。由于梅雨时节空气湿度很大，粮食如果没有晒干或贮存不当，就很容易霉变。衣服如果没有洗涤干净和彻底晒干，草率地收进衣箱，不管是纯棉的、羊毛的，或者是混纺的都会长霉。木材、家具等生霉司空见惯，而胶底鞋、轮胎、橡胶管、塑料制品也会生霉，造成木料霉烂、橡胶老化、塑料脆裂和失去光泽。霉菌还能在油漆涂层上生长，使油漆"黯然失色"；霉菌能使电线漏电，有可能引起火灾；霉菌在玻璃上也可繁殖，照相机、摄像机、显微镜如果保存不当，霉菌就会在镜头上结成网状菌丝，使镜头的透光度大为降低，甚至报废。

防止生霉的措施有通风、日晒、干燥和涂撒防霉剂。晴天时，居室、仓库要通风，不让喜欢阴暗潮湿环境的霉菌滋生。衣服、被褥要在出太阳时及时晾晒；照相机、摄像机、显微镜等精密器械可在梅雨季到来之前擦干净，密封保存，并在密封器内放干燥剂；皮鞋及家具可涂防霉油与涂料；放橡胶、木材的仓库可喷洒福尔马林防霉。

2. 寒潮

寒潮是冬季的一种灾害性天气，群众习惯把寒潮称为寒流。所谓寒潮，就是北方的冷空气大规模地向南侵袭，造成我国大范围急剧降温和偏北大风的天气过程。寒潮一般多发生在秋末、冬季、初春时节。我国气象部门规定：某一地区冷空气过境后，气温24 h内下降8 ℃以上，且最低气温下降到4 ℃以下；或48 h内气温下降10 ℃以上，且最低气温下降到4 ℃以下，即为寒潮。

寒潮是一种大型天气过程，会造成大范围剧烈降温、大风和风雪天气。由寒潮引发的大风、霜冻、雪灾、雨凇等灾害天气对农业、交通、电力、航海，以及人们的健康都产生很大的影响。寒潮和强冷空气通常带来的大风、降温天气，是中国冬半年主要的灾害性天气。寒潮大风对沿海地区威胁很大。寒潮带来的雨雪和冰冻天气对交通运输危害不小。例如，1987年11月下旬的一次寒潮过程，使哈尔滨、沈阳、北京、乌鲁木齐等铁路局所管辖的不少车站道岔冻结，铁轨被雪埋，通信信号失灵，列车运行受阻。雨雪过后，道路结冰打滑，交通事故明显上升。寒潮天气的一个明显特点是剧烈降温，低温能导致农作物霜冻害、河港封冻、交通中断等，常会给工农业带来经济损失。寒潮冻害特指冬季严寒对越冬农作物的冻害。当气温下降到0 ℃（冰点）以下或较长时间持续在0 ℃以下，就会引发越冬农作物的植株体结冰而丧失生理活动，造成部分植株枯萎或死亡，严重的低温也能引起牲畜患病或冻死，造成严重的农牧业气象灾害，即寒潮冻害。寒潮冻害主要是0 ℃（冰点）以下的低温造成植物组织冰冻而受害。很多研究成果表明，低温使细胞组织结冰是植物死亡的原因。

3. 倒春寒

倒春寒（Late spring coldness）是指初春（一般指3月）气温回升较快，而在春季后期

（一般指 4 月或 5 月）气温较正常年份偏低的天气现象。长期阴雨天气或频繁的冷空气侵袭，抑或持续冷高压控制下晴朗夜晚的强辐射冷却易造成倒春寒。初春气候多变，如果冷空气较强，可使气温猛降至 10 ℃以下，甚至发生雨雪天气。此时，经常是白天阳光和煦，让人有一种"暖风熏得游人醉"的感觉，晚上却寒气袭人，让人倍觉"春寒料峭"。这种使人难以适应的"善变"天气，就是通常所说的倒春寒，对农业生产和居民生活极易造成不利影响。

倒春寒是南方早稻播种育秧期的主要灾害性天气，是造成早稻烂种烂秧的主要原因。对于以上的这些气象灾害，过去由于人类生产力水平低下，大多处于无能为力状态。但随着人类科技水平的增强，控制这些气象灾害的手段有所发展。例如，对于干旱洪涝，人们可以通过兴修水利来调节水资源，长期干旱时，人们可以采取人工增雨技术；对于台风，随着人类天气预报能力的提高，可以提前采取措施减少损失；另外还可以植树造林，改善局部天气以减轻台风、干热风等灾害的危害。

二、病虫草害的成因及其危害

病虫害是病害和虫害的并称（图 2-18、图 2-19），常对农、林、牧业等造成不良影响。植物在栽培过程中，受到有害生物的侵染或不良环境条件的影响，正常新陈代谢受到干扰，从生理机能到组织结构上发生一系列的变化和破坏，以致在外部形态上呈现出反常的病变现象，如枯萎、腐烂、斑点、霉粉、花叶等，统称病害。危害植物的动物种类很多，其中主要是昆虫，另外有螨类、蜗牛、鼠类等。昆虫中虽有很多属于害虫，但也有益虫，对益虫应加以保护、繁殖和利用。因此，认识昆虫，研究昆虫，掌握害虫发生和消长规律，对于防治害虫，保护有用植物获得优质高产，具有重要意义。

图 2-18　植物病害

图 2-19　植物虫害

而草害就是由于杂草太多，和作物争阳光、水分、营养，妨碍作物生长。主要危害如下。

（1）与作物争夺肥、光、水分、空间。

杂草有发达的根系，匍匐地面的茎节也能生根，吸收能力强，幼苗生长阶段生长速度快，光合效率高，具有干扰作物的特殊性能，夺取水分、养分和日光的能力比作物大。

（2）降低作物产量和品质。

毒麦混入小麦后，磨成的面粉对人有毒害作用，人吃了后会引起头晕、昏迷、恶心、呕吐、腹泻、痉挛，严重时可引起死亡。家畜食用了含有一定量的毒麦饲料时，同样会引起中毒或死亡。稻谷中含有稗草会降低米质，果园内杂草丛生也会影响果实着色和品质。

（3）妨碍农事操作。

若麦田内杂草较多时，作物容易倒伏，影响千粒重，降低产量。稻麦倒伏后，收割机无法收割。如果收割时混有大量杂草，则不易晒干，容易发生霉烂，造成损失。

（4）滋生病虫害。

一些杂草由昆虫传毒而感染病毒后，再由昆虫把杂草上的病毒传到农作物上，因而成为病毒病发生的重要病源之一。棉蚜在荠菜等杂草上越冬，稗草是稻飞虱、叶蝉的中间寄主。

（5）影响水利设施和河道航行，使河渠水流速度减缓、泥沙淤积并且为鼠筑巢栖息提供了条件，使堤坝受损。

三、火灾的成因及其危害

火灾是指在时间或空间上失去控制的燃烧所造成的灾害。农业上的火灾主要指森林、草地及农田火灾（图2-20、图2-21）。森林火灾是指失去人为控制，在林地内自由蔓延和扩展，对森林、森林生态系统和人类带来一定危害和损失的林火行为。森林火灾是一种突发性强、破坏性大、处置救助较为困难的自然灾害。发生森林火灾必须具备三个条件：① 可燃物（包括树木、草灌等植物）是发生森林火灾的物质基础。② 火险天气是发生火灾的重要条件。③ 火源是发生森林火灾的主导因素。上述三个条件缺少一个，森林火灾便不会发生。大量的事实说明森林火灾是可以预防的，可燃物和火源可以进行人为控制，而火险天气也可以进行预测预报来进行防范。草地火包括自然火和人为火，在自然界生态系统的物质循环中起一定作用。

图2-20　森林火灾

图2-21　草地火灾

四、鼠害的成因及防治

鼠害指鼠类对农业生产造成的危害（图2-22）。鼠类属哺乳纲（Mammalia）啮齿目（Rodentia）动物，共有1 600多种。鼠类孕期短，产仔率高，性成熟快，数量能在短期内急剧增加。它们的适应性很强，除南极大陆之外，在世界各地的地面、地下、树上、水中都能生存，不论平原、高山、森林、草原甚至沙漠地区都有其踪迹，常对农业生产造成巨大灾害。

图 2-22 鼠类危害草地

（一）鼠害

1. 农业危害

鼠类为杂食性动物，农作物从种到收全过程中和农产品贮存过程中都可能遭受其害。鼠多在晨昏活动，有的专吃种子和青苗，如大家鼠（*Rattus norvegicus*）、社鼠（*R. niviventer*）、黄毛鼠（*R. rattoides*）、小家鼠（*Mus musculus*）、黑线仓鼠（*Cricetulus barabensis*）和大仓鼠（*Cricetus triton*）等；有的以植物的根、茎为食，如鼢鼠（*Myospalax spp.*）和鼹形田鼠（*Ellobius talpinus pallas*）等；有些鼠类喜食粮油作物种子，如小家鼠、黑线姬鼠（*Apodemus agrarius*）和黄胸鼠（*Rattus flavipectus*）等。世界各地的农业鼠害造成的损失，其价值相当于世界谷物的20%左右。

2. 林业危害

林业危害主要是食害树种，啃咬成树、幼树苗，伤害苗木的根系，从而影响固沙植树、森林更新和绿化环境。林业上的主要害鼠有红背鼠（*Clethrionomys rutilus*）、棕背鼠（*C. rufocanus*）、花鼠（*Eutamias sibiricus*）、松鼠（*Sciurus vulgaris*）和林姬鼠（*Apodemus sylvaticus*）等。

3. 牧业危害

牧业上的害鼠主要有黄兔尾鼠（*Lagurus luteus*）、达乌尔黄鼠（*Citellus dauricus*）、旱獭（*Marmota spp.*）、黑唇鼠兔（*Ochotona curzoniae*）、布氏田鼠（*Microtus brandti*）和鼹形田鼠（*Ellobius talpinus Pallas*）等。这些害鼠主要是大量啃食牧草，造成草场退化、载畜量下降、草场面积缩小。沙质土壤地区还常因地表植被被鼠类破坏造成土壤沙化；鼠类的挖掘活动还会加速土壤风蚀，严重影响牧业的发展和草原建设的进行。此外，鼠类还是流行性传染病的潜在宿主，直接威胁着牲畜的安全。鼠类有终生生长的门齿，具有很强的咬切力，它们也能对农业建筑物和一些农田水利设施造成很大危害。

另外，害鼠还可以传播多种病毒性和细菌性疾病，包括鼠疫和出血性肾综合征，在鼠害严重的季节和局部地区，老鼠还会咬人，直接造成人的身体健康危害。

（二）防治

1. 生物防治

主要是保护和利用天敌，也可利用对人畜无害而仅对鼠类有致命危险的微生物病原体。应加以保护的鼠类天敌在哺乳类中有黄鼬（黄鼠狼）、艾虎（艾鼬）、香鼬（香鼠）、狐狸、兔狲、猞猁、野狸和家猫等，鸟类中有长耳鸮、短耳鸮、纵纹腹小鸮等猫头鹰类，爬行类动物中主要是各种蛇类等。为此须注意保护和利用天敌。

2. 化学防治

主要是使有毒物质进入害鼠体内，破坏鼠体的正常生理机制而使其中毒死亡。效果快、使用简便、广泛用于大面积灭鼠时能暂时降低鼠的密度和把危害控制在最小程度。缺点：一些剧毒农药能引起两次，甚至三次中毒，导致鼠类天敌日益减少，生态平衡遭到破坏；在使用不当时还会污染环境，危及家畜、家禽和人的健康。常用药物中的肠道毒物有磷化锌、杀鼠灵。

3. 物理防治

主要利用器械灭鼠。多用于仓库、畜舍、野外动物调查等方面，常用的方法有鼠夹、鼠笼、绳套、压板、水淹、刺杀等。电流击鼠效果较慢，常用作辅助工具。

4. 生态防治

主要是破坏和改变鼠类的适宜生活条件和环境，使之不利于鼠类的栖息和繁殖，并提高其死亡率。常用的田间措施有合理规划耕地、精耕细作、快速收获、减少田埂和铲除杂草、冬灌和定期翻动草垛等。室内措施包括设置防鼠设施以保管食品，断绝鼠粮，经常打扫和变动一些物品的位置，发现鼠窝立即捣毁和堵塞，等等。此外，不孕剂和动物外激素及超声波驱鼠等灭鼠方法也已开始试用。现在还用鼠类外激素如尿液等作为性引诱剂，与毒饵或其他捕鼠工具相配合进行灭鼠。

课后思考题

1. 如何正确理解资源与环境之间的关系？
2. 什么是生物多样性？为什么要保护生物多样性？如何保护生物多样？
3. 什么是温室效应？温室效应的危害有哪些？农业生产中主要产生哪几种温室气体？
4. 在"双碳"目标背景下农业碳减排的潜力在哪儿？请举例说明。
5. 荒漠化和沙尘暴的诱因是什么？在荒漠化治理方面国内外有哪些成功经验？
6. 什么是物种入侵？引入物种一定会导致"入侵"吗？请举例说明。
7. 什么是转基因技术？转基因生物对生态系统有无影响？转基因食品对人体健康有危害吗？
8. 什么是硝化与反硝化作用？硝化与反硝化作用对于农业生产有何影响？
9. 什么是水土流失？水土流失的危害有哪些？防止水土流失有哪些技术措施？
10. 生物放大效应是否具有普遍性？生物放大与生物富集（浓缩）有何区别？
11. 什么是生态增毒效应？它有哪些表现形式？
12. 干旱、洪涝对农业生产的影响有哪些？
13. 病虫草害对农业生产的影响有哪些？请举例说明有哪些好的生态防治方法。

第三章 农业污染物的生物循环及其对人体健康的危害

> **本章简述**
>
> 本章明确了环境污染物生态毒效应的基本含义，介绍了评价与衡量生态毒效应的方法；揭示了农业环境污染物的生态毒作用途径及其致毒机制，并举例说明不同环境污染物带来的危害；阐述了影响农业环境毒作用的因素，归纳总结了不同污染物的联合毒作用表现形式，并介绍了主要的农业环境生态毒性诊断方法。

第一节 污染物的生态毒效应

一、生态效应与生态毒效应的定义

生态效应是人为活动造成的环境污染和生态破坏，从而影响生物体生存和发展，并引起生态系统结构和功能变化的现象。生态效应在传统意义上包括两方面的含义：一方面是指有利于生物体的生存和发展，以及生态系统的结构与功能，即良性的生态效应；另一方面是指不利于生物体的生存和发展，以及生态系统的结构与功能，即不良的生态效应。但是，生态效应一般指负面影响。

生态毒效应是指人为活动产生的污染物引起生态系统结构与功能的不良改变；污染物除直接的毒性作用之外，还可以通过改变种间关系来影响生态系统的结构；污染物进入生态环境后，会改变相应的生物地球化学循环以及在生物体内富集、迁移、转化等，对生态系统产生明显的影响。因此，可以通过研究污染物的生态毒效应，发现污染物的致毒机制，同时可寻找这些污染物的防治对策。

污染物对生态系统的作用最明显的是对生物体的影响，而对生物体的作用首先是从生物大分子开始，包括对遗传分子的损伤、抑制蛋白质的合成、改变酶活性等。由于污染物影响了生物大分子的合成和分解、结构与功能，必然将逐步在细胞、器官、个体、种群、群落、生态系统等各个水平上反映出来。目前，利用分子生物学技术可以快速检测生态环境是否受到污染。

二、生态毒效应的指标

在毒理学研究中，可按毒效应指标分为两类：一类是计量指标，另一类则是计数指标。

计量指标：也称"量效应"，其效应强度可以定量表示，如有机磷农药抑制胆碱酯酶的程度，用胆碱酯酶活性表示，肼引起的脂肪肝用肝甘油三酯测定值表示。其他，如蛋白质浓度、体重改变等，都可以定量表示。且所得计量指标的测定值是连续性的，随化合物剂量的变化，可在一个个体上观察到计量指标的测定值呈现连续性变化状况。

计数指标：也称"质效应"，其效应强度无法用数量表示，只能用"是"或"否"、"有"或"无"、"死亡"或"健康"表示，没有性质和强度差别，所得计数指标的测定值是非连续性的，因此常常以一个群体中某个效应的出现率表示。

三、污染物的剂量与生态毒效应的关系

污染物的剂量与生态毒效应的关系是整个生态毒理学研究的核心。根据毒效应的两类指标，通常采用剂量—效应、剂量—反应的关系表征。

剂量—效应关系是指环境污染物剂量与在个体中引起的某种效应（计量指标）的强度改变间的关系。

剂量—反应关系是指环境污染物剂量发生变化，能引起某生物群体中呈现某种观测效应（计数指标或转变为计数指标的计量指标）的个体在群体中所占比例也相应发生变化的关系。目前，关于安全性评价或最高容许浓度的测定，往往建立在剂量—反应关系的基础上。

剂量—效应和剂量—反应关系都可以用曲线表示。图3-1是剂量—效应关系曲线，环境污染物以一定的低剂量作用于生物体时，由于生物体具有生理调节功能，能够保持相对稳定，以适应环境变化，未出现任何明显的效应，这时生物体处于生理调节状态。当剂量进一步提高，超过了生物体的承受能力，机体结构和功能可能发生某些变化，但并未出现病理性损伤，这时生物体处于代偿状态。当剂量继续升高，作用强度超出了生物体的代偿能

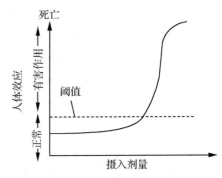

图3-1 非必需元素的剂量—效应关系

力，代谢功能发生障碍，引起病理损伤，出现某些疾病特有的症状和体征，这时候生物体处于代偿失调状态。如果剂量继续升高，则会导致生物体死亡。这种环境污染物的不同剂

量相应地引起生物体产生不同效应强度的关系，若用曲线表示，则构成剂量—效应关系曲线。

对于剂量—反应关系曲线，一共有三种类型（图3-2）。

（1）直线关系，剂量改变与效应强度或反应率成正比，这种类型在生物效应中较少见。

（2）对数关系，是一条先锐后钝的曲线。

（3）"S"形曲线。当群体中的全部个体，对一化合物的敏感性变异，呈对称正态频数分布时，剂量与反应率成"S"形曲线，这种类型在生物效应中仍属少见，常见的为长尾不对称状"S"形曲线关系，表明随剂量加大，效应强度或反应率改变，呈偏态分

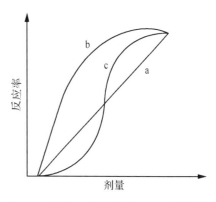

图3-2 剂量—反应关系曲线的三种类型

布。剂量愈大，生物的改变愈复杂，干扰因素愈多，体内自稳机制对效应的调整机制愈趋明显。且由于群体中存在一些具有耐受性个体，反应率在后半阶段的升高，愈来愈需大幅度提高剂量。如果将剂量转换成剂量的对数，那么不对称的"S"形曲线将可以转换成对称的"S"形曲线。

图3-2表示了这种相关关系的基本形式，但应该注意的是该剂量—反应关系需要有以下假设。

① 毒反应与作用部位的毒物或其代谢物浓度有关系。

② 作用部位的浓度与剂量相关。

③ 毒反应是由所给化合物引起的，即二者是因果关系。

从图3-3还可明显发现，越接近对称的"S"形曲线的两端，曲线的斜率越小，即死亡率对剂量变化的反应较迟钝；相反，在曲线的中段，即死亡率近50%的范围，

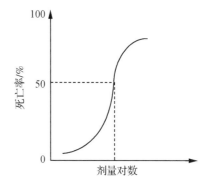

图3-3 剂量—反应关系

曲线近似于一条直线，且斜率较大，剂量的微小改变，会引起死亡率的明显变化。

第二节　农业环境污染物的生态毒作用途径及致毒机制

一、农业环境污染物的循环及其危害

农业生态系统中的农业和农村工业生产活动不断地产生废弃物和污染物。例如，化肥、农药的高投入和不合理使用会使营养物质在土壤和水体

农田土壤微塑料污染

中残留和积累，未经处理的畜禽粪便、城市垃圾、污泥等的超量使用会使大量的污染物质（重金属、病菌）进入土壤、水体和大气环境，在农业生态系统中形成一种特殊的"物流"。当这些污染物在农业生态系统中循环不畅、物质流动速度异常、与时空分布不均时，污染物的残留超过农业环境自身的自我净化能力时，便会导致农业环境质量下降。

此外，有毒污染物浓度会沿着食物链随营养级不断升高的现象，称为生物放大（Biomagnification）（图3-4）。一般情况下，有毒污染物进入环境，常常被空气和水稀释到无害的程度，以致无法用仪器检测。即使是这样，对食物链上有机体的毒害依然存在。因为小剂量毒物在生物体内经过长期的积累和浓缩，也可达到中毒致死的水平。同时，有毒物质在循环中经过空气流动及水的搬运及食物链上的流动，常常使有毒物质的毒性增强，进而造成中毒过程的复杂化。因此，应尽量避免有毒物质进入农业生态系统。

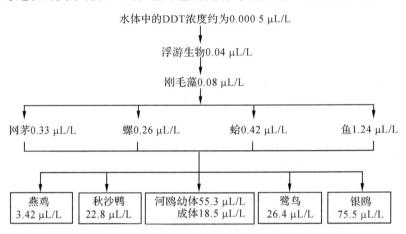

图3-4　DDT在食物链中的生物放大

二、农业环境污染物的生态毒作用途径及致毒机制

污染物的毒作用强度往往是生物体、化学物及环境条件三者相互作用的结果。不同种类的生物对同一种环境污染物的反应往往极不相同，不同环境污染物对同一种生物的毒性作用更是千差万别。而农业生态系统中，由于生物食物链及生物浓缩等因素的介入，污染物的生态毒作用机制更为复杂。不仅有单纯的生物毒害作用，也包括食物链污染、生物浓缩和生物放大、生物增毒等生态毒作用的过程。

（一）污染物的植物和动物的吸收、摄取与生物致毒

污染物能否对农业环境生物体产生危害及危害程度的大小，主要取决于污染物进入生物体的剂量。植物和动物对农业环境污染物的吸收、摄取途径有显著不同。

1. 植物吸收

植物在生长过程中不断通过根系吸收、光合作用和呼吸作用等生命代谢过程为其提供物质和能量。植物对污染物的吸收也正是伴随着这些过程的发生而发生，污染物可以从土壤及土壤水沿根系吸收过程进入植物体，其动力为植物蒸腾拉力；也有人认为是分配作用原理，即污染物根据极性相似相溶原理在农业生态系统中不同分室（如土壤、水、植物

体）之间的分配。植物还可以通过呼吸作用经由植物叶片、茎、果实等吸收大气中的污染物。

植物根系吸收是化学污染物进入植物体最重要的途径之一。由于植物根系的选择性吸收作用，污染物进入根系后，除一部分停留、积累于根系之外，其他会流向分配于其他器官。在此过程中，一部分被降解、吸收，部分经生物转化后毒性反应加强，多数在植物体内与有机分子结合后对植物造成某些损害作用。

污染物通过叶片进入植物体一般有以下三种途径。

① 直接喷放过程如农药。

② 随大气颗粒沉降于叶表面。

③ 通过气孔直接进入植物组织。

一般来说，污染物从土壤、水域经根部进入植物体内积累量大小顺序为根、茎、叶、穗、壳、种子，但对经叶部进入植物体的污染物，则往往叶、茎部积累量大，如稻草铬含量占地上部铬含量的 90% 左右，谷壳占 5%，糙米占 3%，而气态氟化物多积累在叶片上。

2. 动物摄取—吸收过程

污染物进入动物体内具有表皮吸收、呼吸作用及摄食作用等途径，伴随着机体吸收氧和营养的过程发生，在大多数动物类群中三种途径通常同时存在，至于哪种作用占主导地位则主要取决于污染物的性质、动物种群及生态系统特性等多方面因素。

（1）皮肤吸收。

动物皮肤通常对污染物的通透性较差，但不同动物皮肤的屏障作用差异较大，腔肠动物、节肢动物、两栖动物等低级种类的表皮细胞防止外源污染物侵袭的能力较低，污染物渗透体表后可以直接进入体液或组织细胞。

对于高等动物来说，污染物进入体内必须通过角质层、真皮层。污染物进入角质层主要通过简单扩散的方式，扩散速率取决于角质层厚度、外源物质化学性质与浓度等因素。

（2）呼吸吸收过程。

呼吸吸收主要针对一些高等动物而言，对于采用皮肤呼吸的低等动物，并没有污染物皮肤吸收和呼吸吸收的差别。呼吸吸收主要以肺为主。肺泡上皮细胞层极薄且表面积大，大气中存在的挥发性气体、气溶胶及大气浮尘上吸附的污染物可以直接透过肺泡上皮进入毛细血管，这一过程主要机制是肺泡和血浆中污染物浓度差引起的扩散作用，扩散速率依赖于污染物状态、脂溶性等因素。

（3）摄食吸收。

摄食吸收是污染物进入动物体内最主要途径之一，许多污染物随消化作用被动物吸收。其主要机制是由消化道壁内的体液和消化道内容物之间浓度差值引起的简单扩散作用。也有部分污染物通过动物吸收营养素的专用转运系统进行主动吸收，如铊和铅分别通过铁和钙的转运系统被消化道吸收。污染物的摄食吸收途径受多种因素制约。

① 吸收速率与胃肠蠕动速率成反比。

② 胃酸等消化液会引起污染物降解或产生其他变化，这些降解产物与其母体化合物

的吸收速率会有所不同。

③ 肠道中存在大量微生物对污染物的降解作用也会导致污染物的结构和性质发生变化进而影响污染物及其衍生物的吸收速率。

④ 污染物与食物中的其他成分在消化道的特殊条件下会发生特殊的化学反应，其结果有可能使污染物更易吸收，也可能因此生成分子量更大的产物而不易吸收。

（二）污染物的生物致毒机制

污染物对农业环境中不同生物体的致毒表现有较大差异，但总的来说，从毒作用的分子机制看，无论动物还是植物，其毒作用也无外乎有三类：第一，由污染物与靶分子的不可逆作用而引起的毒作用；第二，由污染物与靶分子的可逆作用引起的毒作用；第三，由污染物在生物系统中物理性蓄积引起的毒作用。

1. 不可逆毒作用

由污染物与靶分子的不可逆相互作用引起的毒作用，是最主要的毒作用方式之一。污染物与靶分子不可逆作用造成化学性损伤的后果及潜伏期，主要取决于靶分子（生物大分子）的生物学作用，再生和更新的速率及修复作用（如 DNA 修复）。不可逆毒作用主要有以下几种类型。

① 与生物大分子共价结合。

② 脂质过氧化作用。

③ 致死性合成及致死性渗入。

④ 酶的不可逆抑制。

⑤ 涉及体内携带系统的化学性损伤，如亚硝酸盐、芳香氨基和硝基化合物，可使血红蛋白氧化生成高铁血红蛋白，使之失去携氧的功能。

⑥ 引起过敏性变态反应物质的毒作用。

⑦ 其他如局部刺激作用、腐蚀作用等。

2. 可逆性毒作用

污染物与相应靶分子的作用部位（如神经递质和激素受体，酶的催化活性中心等）之间发生可逆性相互作用。这种作用的特点是：导致靶分子功能性可逆性变化，这种功能变化随着靶器官中污染物的消失而恢复，不致发生持久性化学损伤。靶分子（如酶或受体）与污染物相互作用虽可发生结构上的改变，但污染物可以毫无化学变化地脱离靶分子，在靶分子上不留下任何化学损伤。很多药物的药理作用就是基于此种酶或受体的可逆性作用。此外，干扰主动运输过程的药物，也是以可逆性抑制作用为基础的。

3. 物理性蓄积引起的毒作用

一些污染物（如乙醚、氟烷等）具有麻醉作用，可能是由于这些亲脂性物质蓄积于细胞膜，当达到一定浓度时就产生某些抑制作用，如抑制葡萄糖和氧的运输。因此，中枢神经系统对于这些麻醉剂非常敏感。有人认为，DDT 和多氯联苯的毒作用也可能与此物理性蓄积引起的毒作用有关。

（三）污染物的食物链传递

农业环境中生物体内污染物的富集浓度达到一定限度，将直接导致农业生物毒害、减产等直接生物效应。除此之外，农业环境污染物还可以通过食物链的转移，对人畜健康产生间接危害。蚕桑生态系统中氟中毒及农产品食品安全问题就是其中最典型的食物链毒害问题。

在自然界中，各种动物为维持其生命活动，必须以其他动物或植物为食，这种因食物关系而形成的锁链式相互制约形式称为食物链。图 3-5 为食物链模式示意图。

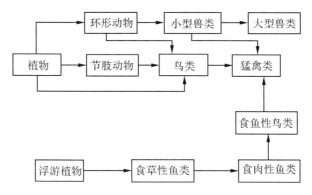

图 3-5　食物链传递模式

农业环境污染后，污染物可通过食物链进入动植物体内，但一部分有可能发生代谢降解，只有小部分可能与生物体内的有机成分结合后积累下来。当污染物积累量处于一定范围时，将观察不到农业生物毒害、减产等直接生物效应。但当人类或动物以动植物的一定部位为食，由于动植物体受污染，因而有可能引起捕食动物中毒，造成重大经济损失、生态破坏等问题。生物体因食物链途径致毒的常见两种模式如下（模式1、模式2）所示：

$$环境污染 \rightarrow 植物饵料污染 \rightarrow 敏感性捕食生物致毒 \qquad (模式1)$$
$$环境污染 \rightarrow 农产品污染 \rightarrow 人体健康受损 \qquad (模式2)$$

例如，浙江省杭嘉湖地区 1982 年曾发生春蚕减产数千吨的污染事故。经原浙江农业大学环境保护系数年研究，发现家蚕中毒多在春蚕期，一般从 5 月中旬开始，表现从 3 龄期后明显发育不齐，主要症状是"五不"，即不吃、不动、不长、不眠、不齐，轻者饲养期延长，节间隆起呈"高节蚕"。至 5 龄期在迎光观察时，呈"空头蚕"，有的不能上蔟结茧，重则逐渐死亡。致毒的原因主要是桑叶氟累积，其中，3 龄期桑叶的含氟量与发病情况有直接联系，春蚕用叶的氟浓度与其相应的蚕产量，在饲养条件基本相同下有如下关系：

$$Y = 141.089 - 1.754X$$

上式中，Y 为每张蚕种相对产值（以 1981 年当年单产值为基础），X 为 3 龄期用叶含氟量（mg/kg）。即蚕桑生态系统污染模式为：环境氟污染→桑叶氟积累→家蚕中毒。

1999 年，比利时、荷兰、法国、德国相继发生由二噁英污染导致畜禽类产品及乳制品含高浓度二噁英的事件。据介绍，二噁英是一种有毒的含氯化合物，是目前世界上已知的有毒化合物中毒性最强的，它的致癌性极强，还可引起严重的皮肤病和伤及胎儿。人体 90% 以上的二噁英接触来源于食品。

日本曾对 216 种食品进行了调查，发现 84 种食品有 DDT 残留，最高值为 0.8 mg/kg；37 种有六六六残留，最高值为 0.2 mg/kg；45 种有狄氏剂残留。1998 年，我国曾专门对湖南、江西、江苏、广西、广东、福建、浙江、海南、湖北、安徽的大多数市县进行农田有机氯农药残留调查，结果表明，尽管自 20 世纪 80 年代中后期已基本禁用有机氯农药，但这些农药仍存有相当残留量。另外，在我国许多地区所种植的谷类、苹果、茶叶、人参、中草药等粮食作物和经济作物中，以及某些城市妇女的母乳中都检测出有机氯农药成分。2003 年，国土资源部（现自然资源部）对农产品食品安全进行调查也发现，长江三角洲经济发达区某些省份稻米、蔬菜、水果中铬、铅超标非常严重，其中稻米铅超标率达 90% 以上，铬、铅、砷等重金属及氯代有机农药早已被证明具有致癌、致突变作用。

需要指出的是，对于必需微量元素的非致癌毒性评价时，如果选用的不确定性系数过大（人群中的个体差异，一般取 10），结果会限制必需微量元素的摄入量，不能满足机体生理功能的需求而造成微量元素缺乏。因此，必需微量元素的健康危险度评价必须综合考虑摄入过量和摄入不足可能带来的危害。人体或动物除从每日食物中摄取污染物之外，还可能从呼吸道吸入，从水中摄入该污染物，因此农产品安全标准的制定除考虑污染物的允许日摄入量之外，还要考虑污染物在不同介质中的含量（例如，考虑污染物在不同土壤中的生物活性，这也是植物修复实践中经常利用的地方）及进入人体的其他可能性。例如，学龄前儿童通过手—口方式摄入污染的土壤。据估计，一个 7 岁以下的儿童平均每天的土壤摄入量为 0.1 g。也就是说，在制定食品安全标准时，要充分考虑到污染途径的多源性，保障人类的健康和生命安全，减少污染事故的发生。

"镉米"与日本"痛痛病"

大米中的镉的卫生标准值：0.2 mg/kg，大米中镉含量 > 1.0 mg/kg 时被称为"镉米"。研究认为，污染区居民每日摄入重金属镉的量可达 557μg，较非污染区居民摄入量（17.6 μg）高出 31.7 倍，其中 93% 来自主食。镉被人体摄入后，可引发公害疾病。早在 20 世纪 50 年代中期在日本便因重金属镉引起慢性中毒，出现震惊世界的"痛痛病"。

"痛痛病"发生于 1955—1972 年日本富山县神通川流域，因锌、铅冶炼厂等排放的含镉废水污染了神通川，河水灌溉使镉进入稻田而被水稻吸收，居民长期食用含镉稻米导致中毒，造成"痛痛病"流行。据报道，1972 年患病者达 258 人，死亡 128 人。患者几乎全部是妇女，以 47～54 岁绝经期前后和妊娠期妇女居多。该病首先是肾脏受损、脱钙，继而出现骨软化、骨萎缩，甚至出现骨弯曲变形、骨折。重病患者的身体比健康时缩短 10～30 cm，患者痛苦万分，最后死亡。（来源：《环境导报》，2003 年第 16 期，有删改）

案例二

包头市氟污染地区粮食及饲料中含氟量的调查研究

氟的主要生理功能是预防龋齿和骨质疏松症。摄入过高首先引起氟斑牙，过低也会影响人和动物的健康发育，如动物生长缓慢，体重减轻；而长期摄入过量氟，人体则有各种不同程度的骨骼损害，重者为氟骨症。包头地区是一个以冶金、机械为主的重工业城市，排氟企业较多，大气污染严重。有资料报道，工业污染较严重地区，玉米和小麦果实及叶氟含量明显高于相对低氟区（表3-1）。包头地区居民以小麦为主要食物，若每人每天摄入0.5 kg小麦，则每天由小麦摄入体内的氟为1.59 mg（按吸收率50%计算）；若每人每天饮用3 L水，水的氟浓度为0.5 mg/L，则每天饮水摄入体内的氟为1.5 mg（按吸收率100%计算）。因此，本地区居民每天由食物、饮水摄入体内的氟为3.45 mg，接近于引起慢性氟中毒的下限水平（4~5 mg/d）。

表3-1　包头氟污染区与非污染区主要粮食氟含量 ($\bar{x} \pm s$)

样品名称	n	污染组/(mg/kg)	对照组/(mg/kg)
玉米	12	2.57±0.18[①]	0.19±0.06
小麦	12	7.82±0.35[①]	0.61±0.14

注：① 表示 t 检验 $p < 0.01$。

该地区居民多用饼粕、秸秆等作为动物饲料，而这些饲料中氟含量又比较高，若用这些饲料饲养家畜，家畜每天摄入1 kg饲料，则摄入体内的氟量为4.54~23.0 mg。若按吸收率50%计算，再加上本地区饮用水中氟含量也比较高，总的摄入量可能会导致家畜慢性氟中毒。（来源：《中国卫生检验杂志》，2003年第4期，有删改）

（四）污染物的生物富集和生物放大及其危害

某些环境污染物被动物、植物吸收之后，存在着一个不断积累和逐渐放大的过程，生态系统中这种生物富集、食物链生物放大是导致生态危害加剧的重要原因，也是农业环境非常典型的一种污染生态过程。

1. 生物富集

生物富集是指生物个体或处于同一营养级的许多生物种群从周围环境吸收并积累某种元素或难分解的化合物，导致生物体内该物质的浓度超过环境中浓度的现象，是生物个体在生长发育的不同阶段生物富集系数不断增加的现象。污染物在生物体内积累的量，取决于生物体内能与污染物相结合的生物活性物质数量的多寡和活性的强弱。那些凡是能与污染物在体内形成稳定结合物的物质，都能增加污染物在生物体内的积累。污染物在生物体内的积累是吸收、转化及排除过程的综合结果。

生物积累污染物根源在于生物体内存在大量结合污染物的生物大分子。在生物体内，有以下几类物质能与污染物结合。

（1）糖类物质。糖类物质在生物体内占相当大比重，是生物体的基本结构组成部分。由于这些碳水化合物的分子结构都有醛基（如葡萄糖等）、半缩醛羟基（如二糖中的麦芽糖和乳糖及多糖中的纤维素等）。在还原环境中，能使重金属离子还原并结合形成不溶性化合物而沉积于体内。

（2）蛋白质和氨基酸。蛋白质和氨基酸是生物体内污染物结合的主要物质。因为这些含氮物质往往具有大量的羧基、氨基及一些巯基等基团，这些基团是重金属和某些农药相结合的位点。一般情况下，蛋白质所含酸性氨基酸比碱性氨基酸多，等电点pH接近于5。在中性环境中，蛋白质往往呈阴离子状态，易和重金属阳离子结合。

（3）脂类。脂类含有极性酯键，这类酯键能与金属离子结合而形成络合物或螯合物，从而把重金属贮存在脂肪内。因此，脂肪的含量在很大程度上影响了生物对污染物的积累。例如，相对于那些低脂（13%）的个体来说，像脂肪含量为21%的虹鳟鱼在体内可积累更多的五氯苯酚，同时又具有较低的排出率。

（4）核酸和有机酸。核酸也是极性化合物，含有磷酸基团和碱性基团，属于两性电解质。在一定的pH条件下能解离而带电荷，所以能和金属离子结合。例如，嘌呤碱基中的鸟嘌呤与腺嘌呤因含—N、—OH、—NH_2等基团，很容易与金属离子结合。因此，尽管生物体内核酸含量不高，但仍是生物积累的重要因素之一。

2. 生物放大

"大鱼吃小鱼，小鱼吃虾米，虾米吃烂泥"的儿歌已广为人知，同样环境污染物也可以顺着食物链不断传递：水底淤泥中的污染物经过虾米的积累传给小鱼，再经过小鱼的积累传递给大鱼，再经过大鱼的积累传递给水鸟。到了水鸟体内，污染物浓度已经是水中浓度的几十万倍乃至几百万倍。这个过程称为污染的"生物放大"。生物放大作用（Biomagnification）是指生物体内某种元素或难分解化合物的浓度随生态系统中食物链营养级的提高而逐步增大的现象。

应该注意的是，生物放大作用的渠道是生态系统中的食物链，如果离开生态系统的食物链关系也就不存在生物放大。20世纪60—70年代初期，在阐述农药或重金属的浓度在食物链各营养级上逐渐增加的事例时，不少人都将此现象称为生物浓缩或生物积累。直到1973年，才有人开始应用"生物放大"一词，将其同"生物积累"或"生物浓缩"的概念区分开来。目前，对生物放大的研究仍有许多未解之谜。例如，物质化学结构与生物放大的关系、被浓缩后的物质降解的方法及途径。可以肯定的是，对于大多数元素来说，生物放大并不是一种普遍现象。至于有机卤化物是否在所有的水生食物链上发生生物放大作用，尚存许多疑问。

案例三

有机污染物的生物放大及危害

有机污染物浓度经食物链放大的一个典型案例发生在1949年，为了防治蝇蚊，人们在美国加利福尼亚的清湖喷洒双对氯苯基二氯乙烷（DDD）杀虫剂。在获得初次成功后，该杀虫剂得以长期应用。直至1954年，人们在大量水鸟体内的脂肪中检测出高浓度DDD，其浓缩系数，即水鸟体内的DDD浓度与水体中DDD浓度的比值高达80 000。

对英国雀鹰的研究结果表明，由于杀虫剂DDT的大量使用，20世纪60年代，雀鹰的生存受到严重威胁，一部分原因是母鸟所产生的卵壳太薄，这些鸟卵在孵出之前易破碎，而且在食物链中营养级越高，生物放大作用往往越强。处于生态金字塔顶端的人类很容易成为生物放大作用的最终受害者。

学者对白洋淀地区端村水域生态系统水生生物体、底泥及水生生物体内六六六、DDT的含量进行分析，结果表明：白洋淀水域生态系统中水生生物对六六六、DDT的富集沿食物链生物营养等级而递增的规律较强（当年生鲫鱼除外）。水体、底泥、水生维管束植物、浮游动物、底栖动物、当年生鲫鱼及2龄乌鳢体内六六六残留量分别为：0.3 $\mu g/L$、0.7 $\mu g/kg$、19.0 $\mu g/kg$、30.0 $\mu g/kg$、60.9 $\mu g/kg$、17.2 $\mu g/kg$、110.7 $\mu g/kg$。DDT残留量分别为：0.1 $\mu g/L$、0.7 $\mu g/kg$、6.3 $\mu g/kg$、21.0 $\mu g/kg$、37.9 $\mu g/kg$、19.4 $\mu g/kg$、124.4 $\mu g/kg$。

再以放牧草地为例，如果喷洒六六六杀虫剂，虽然草地土壤中的残毒浓度仅为0.05 $\mu g/kg$，但通过牧草及奶牛的浓缩，在长期饮用牛奶的牧工体内检测到的杀虫剂浓度高达171 $\mu g/kg$，而一旦六六六的浓度超过20 $\mu g/kg$，就会损害肝脏及其他器官，对胎儿及儿童的毒害作用尤为明显。

PCBs是一类能够在脂肪内大量富集而且极难分解的人工合成物质，能够导致腹泻、血泪甚至死亡。由于PCBs造成的污染十分普遍，甚至连人迹罕至的北极也已经发现其存在。最近发现，生活在北极和加拿大因纽特人体内的PCBs的浓度为正常人的70倍。鉴于越来越多的证据表明，包括PCBs和多数杀虫剂在内的有机化合物在化学结构及生理功能上与动物及人类性激素极为相似（这些非动物自身合成的性激素被称为环境激素）。而这些性激素（环境激素）具致癌、致畸作用，可导致动物及人类生殖系统障碍及个体行为改变，降低出生率及成活率，使雄性个体雌性化，有的甚至能够干扰内分泌系统，改变动物的性别及生活史。因此，痕量环境激素的生物放大作用应引起高度重视。（来源：《中国环境管理》，2001年第3期，有删改）

案例四

重金属的生物放大作用及危害

重金属元素有：汞、镉、铬、铜、锰、锌、钡。研究表明，历史上陆生鸟类和哺乳动物中汞的自然含量是很低的，主要是因为它们以低汞含量的陆上野生植物为食，驼鹿肝脏中汞含量只有 $0.003 \sim 0.014$ ng/g。由于汞污染的全球化，随着土壤及其陆生植物中汞含量的积累和上升，陆生鸟类和哺乳动物体内的汞含量也逐渐放大。一些研究表明，生长在德国的驼鹿，目前肝脏中的汞含量已高于 0.014 μg/g，并仍呈增加的趋势。在一些捕食类动物的肝脏中，汞的含量更高，甚至达到 $0.1 \sim 0.4$ μg/g，这是累积放大的结果。研究还表明，当陆生鸟类和哺乳动物中汞积累、放大到一定程度后，会发生慢性毒害，对其肝脏和肾具有损伤作用，并导致死亡。

研究表明，当肾脏中汞含量累积到 10 μg/g 以上时，会发生肾脏组织的损伤；当白尾鹰肝脏中汞含量达到 20 μg/g 时，会导致该动物死亡。人体中的积累和放大作用以有机汞最为明显，尤其是甲基汞致病最为严重。

3. 污染物的生态增毒与危害

环境污染物在生物体内经过一系列生物化学变化并形成衍生物的过程称为生物转化或代谢转化，所形成的衍生物又称代谢物。一般情况下，污染物经生物转化后极性及水溶性增加而易排出，毒性降低甚至消失。因此，过去常将生物转化过程称为生物降毒（Biodetoxication）或生物失活（Bioinactivation）过程。但并非所有的污染物都是如此，有些污染物的代谢产物的毒性反而增大，或水溶性降低，即生物转化具有两重性。化学物的毒性不仅与其本身的理化性质有关，也与其在体内的生物转化甚至生物合成有关。从目前的研究成果来看，农业环境中污染物的增毒现象主要有两种情况：一是毒性污染物的生物转化毒性增强；二是非毒性污染物导致毒性生物繁殖，生态系统呈毒性化趋势。

（1）毒性污染物的生物增毒。

污染物的生物增毒现象在生态系统中比较常见，无论无机污染物还是有机污染物都有此现象发生。汞的生物甲基化是无机污染物生物代谢增毒的典型表现，对硫磷、乐果等生物转化形成对氧磷和氧乐果；磺胺类化合物在生物转化过程中与乙酰基结合，属于有机污染物生物代谢增强的表现。

① 无机污染物汞的甲基化。

早在 1968 年，杰森（Jensen）和吉尔·洛夫（Jernlov）就指出淡水湖泊底泥中的厌氧微生物能将无机汞转化为甲基汞，并提出下列两种反应式：

$$Hg^{2+} + R\text{—}CH_3 \rightarrow (CH_3)_2Hg \rightarrow CH_3Hg^+$$

$$Hg^{2+} + R\text{—}CH_3 \rightarrow CH_3Hg^+ \xrightarrow{R\text{—}CH_3} (CH_3)_2Hg$$

同年，伍德（Wood）等利用甲烷细菌的细胞提取液试验研究证实了上述观点，并研究了甲基钴氨素使无机汞转化为甲基汞的机制。甲基钴氨素是一些厌氧和好氧细菌中甲基钴氨素蛋氨酸合成酶的辅酶，在汞的甲基化过程中，它把负离子 CH_3^- 转给 Hg^{2+} 离子，形成 CH_3Hg^+ 或 $(CH_3)_2Hg$，并变为水合钴氨素。

一般认为，汞在水和底泥中的浓度是很低的，进入水体中无机汞化合物包括汞的硫化物、氯化物、氧化物及其他汞盐，但是只有离子态的汞才能被动物吸收（通过肠道和肾）。汞的离子进入血液后迅速遍布全身，随之转运聚积于肝脏和肾脏，并经肾由尿排出体外。且二价汞离子不易通过血脑屏障进入大脑，对脑的危害性较小。

因此，一般水体中的汞含量不足以直接对人体造成危害。但当某些含有甲基钴氨素的微生物将甲基转移给无机汞而形成甲基汞后，毒性就会大大增强。因为水生生物可以直接从水体吸收和富集甲基汞化合物，同时还可以通过食物链转移和富集，从而大大提高了汞对健康的危害。

研究认为，每人每天即使摄入甲基汞仅有 0.005 mg/kg，但经过几年、十几年的蓄积也能引起慢性中毒。甲基汞化合物主要蓄积于大脑后叶，侵犯中枢神经系统，其慢性中毒的主要症状有：感觉异常（如口唇和手足末端麻木、刺痛及感觉障碍等）、语言障碍（如说话不清楚、缓慢、不连贯等）、运动失调（如手的动作缓慢、步态不稳、协调运动障碍及意向性震颤等）、向心性视野缩小，重者可呈管状视野、听力障碍（如中枢性听觉障碍，听不见或听不清）等。上述中毒症状出现的顺序为：感觉障碍→运动失调→视野缩小→听力障碍。

最后应该值得注意的是，除汞元素之外，许多金属及类金属也能进行甲基化，例如砷、硒、锡、铅等均能在微生物和一些动物机体中形成甲基化合物。但是甲基化合物的毒性并不一定较无机化合物的毒性更强。比如砷，有机砷化合物被吸收后，一般以原形被排出体外，如果摄入无机砷化合物，一般要在体内经生物甲基化以后再排出。摄入的海产动物有机砷在人体内不再经过生物转化，而迅速以原形随尿排出。

② 有机污染物代谢增毒。

污染物的生物转化过程主要包括 4 种类型的反应：氧化、还原、水解、结合。尽管大多数情况我们观察到污染物在生态系统中受生物代谢的作用使毒性降低或消失，但有些情况下则相反，生物或者生态系统增毒的现象时有发生。下面以几个典型的反应说明这一情况。

环氧化反应（Epoxidation）。外源化学物的两个碳原子之间与氧原子形成桥式结构，即形成环氧化物，多环芳烃类化合物形成的环氧化物可与生物大分子发生共价结合，诱发突变或癌变。

N-脱烷基反应（N-dealkylation）。胺类化合物氨基 N 上的烷基被氧化脱去一个烷基，生成醛类或酮类。致癌物偶氮色素奶油黄和二甲基亚硝胺（Dimethyl Nitrosamine）均可发生此种反应。二甲基亚硝胺在 N 脱烷基后可形成自由基 CH_3^+，使细胞核核酸分子上的鸟嘌呤甲基化（即烷基化），诱发突变或癌变。

N-羟化反应。致癌物 2-乙酰氨基芴（2-acetamidofluorene，AAF）可发生 N-羟化反应生成近致癌物 N-羟基苯 2-乙酰氨基芴，再转化成终致癌物。

脱硫反应（Desulfurization）。对硫磷（parathion）可转为对氧磷（paraoxon），毒性增大。

环氧化物的水化反应（hydration of epoxides）。苯并［α］芘在微粒体细胞色素 P-450 单加氧酶的催化下形成苯并［α］芘-7,8 环氧化物，经水化反应形成近致癌物苯并［α］芘二氢二醇，再继续代谢转化形成终致癌物苯并［α］芘-7,8 二氢二醇厚 9,10-环氧化物。不过值得注意的是，苯并［α］芘环氧化物有多种异构体，除 7,8-环氧化物之外，还有 2,3-环氧化物、4,5-环氧化物和 9,10-环氧化物，它们进一步形成的二氢二醇类和酚类化合物并不具有致癌性。

(2) 非毒性污染物的生态系统毒性化现象。

生态系统毒性化最典型的表现就是水体富营养化使水体有毒藻类繁殖，水体呈毒性化趋势。众所周知，当水体中氮、磷等植物营养物质含量过多时，水体中的植物区系会发生根本的变化，表现出种类减少，而个体数量不断增加的特征。尤其是自养型生物的生产能力提高，生物量增加，表现为藻类大量繁殖，占据的空间越来越大，甚至会占据整个水域。这种现象出现在湖泊中称为水华。其中铜绿微囊藻水华是世界各国湖泊、池塘中分布广、规模大、持续时间长的一种产毒型藻类水华。这种藻类产生的毒素被称为微囊藻毒素（Microcystin，MC），产生该毒素的水华是淡水水体中危害最严重的一类。MC 与人类健康的关系问题已成为生命科学界、医学界和社会公众广泛关注的热点之一。

蓝藻毒素可能经食物链而发生生物富集，从而对自然生态系统和公众健康造成不利影响。尽管目前该领域的报道较少，但已有研究结果表明，MC 可以在浮游动物、淡水贻贝、蚌和鱼体内富集，提示毒素存在食物链传递的可能性。脆弱象鼻蚤、短尾秀体蚤和近邻剑水蚤等浮游动物体内，可蓄积相对较高浓度的 MC-LR、MC-RR 和 MC-YR，含量可达 75～1 387 μg/g（干质量）。蓄积量最高的脆弱象鼻蚤可能是传递至较高营养级生物的途径。贻贝 MC 含量在 70～280 μg/g，其中肝脏中 MC 浓度最高，占总量的 40%，肠道、生殖腺、肾和连接组织亦有少量检出。在湖泊中，浮游植物与蚌毒素含量呈正相关，而且在浮游植物未检出毒素时在蚌中却仍可检测出，推测滤食性动物能够富集 MC，并将其传递给更高营养级生物。

此外，根据实验和环境样品分析提示，人类还可能通过植物及其产品摄入蓝藻毒素，例如，采用蓝藻水华及其毒素的水灌溉农作物，毒素可以进入作物体内。有研究表明，用含 3 种 MC 异构体的蓝藻水华水喷洒莴苣叶面，植物的各个部分都能检测到一定浓度的毒素。

总之，水体富营养化导致产毒微囊藻的生长，将增加人和动物接触毒素的风险。多种生物和鸟类（包括家禽和水禽）、宠物和牲畜等接触微囊藻后都表现出中毒症状，其中毒症状主要有昏迷、肌肉痉挛、呼吸急促、腹泻，甚至导致人在数小时至数天内死亡。

案例五

水 俣 病

水俣病是甲基汞中毒引起的以脑损害为主要特征的疾病,因发现于日本水俣病湾地区而得名。该病的致病因子是甲基汞。水体遭受含无机汞的废水污染,无机汞被水体中的微生物转化而形成甲基汞,再被鱼、贝类吸收和富集于体内。若人类食用含甲基汞的鱼、贝类后,甲基汞经吸收而聚积于脑组织,经长期积累到一定水平后,产生实质损害。该病以神经系统的症状为主,表现为小脑性运动(肌肉运动)失调、视野缩小及发音困难等。此外,肢体感觉神经损害症状及听力减退亦常见。

案例六

硝酸盐污染

蔬菜是一种易于积累硝酸盐的植物,它又是人们每日不可缺少的食品。据对上海、南京等大城市的调查,由于氮肥的不合理使用,导致常年食用的蔬菜中硝酸盐含量多数属于三级和四级,达到或超过临界水平。据最新调研,全国每年生产硝酸盐、亚硝酸盐超标的污染蔬菜已达 60×10^4 t 左右。

另据国外估算,人类摄入硝酸盐的主要来源有80%来自蔬菜。蔬菜中的硝酸盐可以还原成亚硝酸盐。蔬菜富集硝酸盐,尽管无害于植物本身,却危害取食的人、畜。研究认为亚硝酸盐可造成人、畜血液失去携氧功能而出现中毒症状。此外,亚硝酸盐可与自然界中和人体胃肠中的胺类物质合成致癌物——亚硝胺,可导致胃癌和食管癌。在美国、德国、智利、伊朗和中国均有此类报道。日本人每天摄入的硝酸盐平均达到 385 mg(范围在 279~490 mg),而美国人平均日摄入量为 99.2 mg,前者相当于后者的 3~4 倍。因此,日本出现的胃癌死亡率较美国高 6~8 倍。

案例七

滇池蓝藻水华

据报道,由于外源氮、磷污染物大量入湖,云南滇池水面上飘浮着一层绿油油的蓝藻水华,这种蓝藻为微囊藻,是含毒的藻类。滇池蓝藻的爆发量亦为世界罕见,平均每毫升水中微囊藻细胞的含量高达 10 亿~20 亿个。环保工作者曾对滇池水华污染水体中微囊毒素的含量进行了全年监测,结果表明水样中微囊藻毒素含量的变化范围为 0.17~0.82 μg/L,不过比水体中蓝藻生物量的藻毒素含量低了至少一个数量级。有研究指出,光降解是滇池水体中微囊藻毒浓度降低的主要途径,同时微生物降解、生物积累和颗粒物吸附也是水体中微囊藻毒素浓度降低的因素。

（3）污染物的其他生态效应。

农业生态系统是非常复杂的，除上述生态毒作用途径，农业生态系统污染物还可能影响到生态系统的物质循环和能量流动，使生态系统逐步走向衰退。具体表现在以下两个方面。

① 遗传多样性的丧失。主要包括基因数目和数量的减少及染色体组合类型的减少。

② 物种多样性的丧失和生态系统多样性的丧失，自我调控能力下降。例如，在 12.5～50.0 mg/L 的高浓度单甲脒农药作用下，藻类和水生植物严重受损或死亡，光合作用十分微弱甚至完全停止，导致产氧量急剧下降，生态系统的功能明显衰退，呼吸量大于产氧量，pH 和溶解氧量也明显降低，引起一系列反应，使鱼类等消费者死亡率增加，生态系统受到严重损害。

第三节　影响农业环境污染物毒性作用的因素

一、污染物影响农业环境毒性作用的因素

农业环境污染的毒作用是非常复杂的，其危害性质和程度不仅受污染物类型与特性的影响，同时还受共存污染物、农业环境生物特性、环境因素等的影响。有研究认为，在浓缩系数相同的情况下，农药在环境中含量越高，在生物体内的含量也越高。通常持久性农药在环境中的含量较高，它们在生物体内的含量也越高；容易分解的农药，尽管有积累浓缩，但积累量不高，如有机磷农药就是这样。因此，生物浓缩造成中毒的主要是持久性农药，如有机氯农药 DDT、六六六等。比如重金属的甲基化问题，砷、硒的甲基化产物毒性降低，但汞的甲基化产物则有剧毒。显然污染物本身的性质在致毒过程中起关键性作用。农业环境中污染物较多，考察农业环境生态毒性情况，首要任务是摸清污染物的种类及性质。

此外，污染物的浓度或剂量也是影响农业环境生态毒性的关键因素。生物体吸收污染物后，随污染物在体内浓度的升高，单位时间内代谢酶对污染物催化代谢所形成的产物量也是增大的。但当污染物浓度达到一定值时，其代谢过程中所需要的基质可能被耗尽，或者参与代谢的酶的催化能力不能满足其需要，这样单位时间内的代谢产物量就不再随污染物浓度升高而增大，这种代谢过程达到饱和的现象称为代谢饱和（metabolic saturation）。在这种情况下，正常的代谢途径也可能发生改变。例如，氯乙烯在低剂量时主要在醇脱氢酶的作用下先水解为氯乙醇，再形成氯乙醛或氯乙酸。如果氯乙烯浓度过高，超过上述代谢途径所能承受的负荷，则可通过另一条代谢途径在微粒体混合功能氧化酶的催化下形成环氧氯乙烯，进一步形成氯乙醛，这两种产物均具诱变和致癌性。

二、污染物的联合毒性作用

农业环境中的污染物常常不是单一的,多种污染物同时进入机体所产生的生物学作用,与各污染物单独进入机体所产生的生物学作用并不是完全相同的。两种污染物对生物体产生某种联合毒作用,按剂量—反应关系的变化,主要有以下类型:相加作用、协同作用、拮抗作用和独立作用。

（一）相加作用

多种污染物联合作用所产生的毒性为各单个污染物产生毒性的总和（$M = M_1 + M_2$）。产生联合作用的各种污染的化学结构比较接近,或者属于同系物质,它们作用于机体的同一部位或组织的毒性作用近似,作用机制也类似,如按一定比例,用一种污染物代替另一种污染物,其混合物的毒性无改变。如丙烯腈与乙腈、稻瘟净与乐果等。

（二）协同作用

多种污染物联合作用的毒性大于各单个污染物毒性的总和（$M > M_1 + M_2$）。如稻瘟净与马拉硫磷、臭氧与硫酸气溶胶等。

（三）拮抗作用

两种或两种以上的污染物同时作用于生物体,其结果使每一种污染物对生物体作用的毒性反而减弱,其联合作用的毒性小于单个污染物毒性的总和（$M < M_1 + M_2$）。这种拮抗作用在农业生产施肥中也有体现,例如,过量施用磷肥会影响农作物对锌元素的吸收。

凡是能使一种污染物质毒性减弱的化学物质,称该物质为拮抗物。例如,硒为汞的拮抗物,硒与镉、锌与镉、锌与铜等均有拮抗作用,正是这种拮抗作用的存在,使得某些严重的汞污染地区因为有硒元素的存在而未能造成汞对人体健康的严重影响。同样的道理,在某些严重的氟污染区内,没有发现生物体有严重的氟中毒现象,其原因可能是铅、硼等元素在该地区的存在。

（四）独立作用

各单一污染物质对机体作用的途径、方式、部位及其机制均不相同,联合作用于某机体时,在机体内的作用互不影响。但常出现一种污染物质的作用后使机体的抵抗力下降,而使另一种污染物质再作用时毒性明显增强 [$M = M_1 + M_2(1 - M_1)$ 或者 $M = 1 - (1 - M_1) \times (1 - M_2)$],即独立作用的毒性低于相加作用,但高于其中单项的毒性。假设观察的毒性指标是死亡率,则联合作用的毒性就是由某一种污染物作用后存活的动物再受另一种污染物的毒性作用的结果。比如苯巴比妥与二甲苯。表3-2列举了农业环境中部分污染物的联合作用的表现。

表 3-2 农业环境污染物的联合作用

农业环境污染物	动物种属	联合作用
四氯化碳 + 乙醇	大鼠	肝毒性，协同作用
过氯乙烯 + 甲苯	大鼠	LD_{50}，协同作用
过氯乙烯 + 苯	大鼠	LD_{50}，拮抗作用
苯巴比妥 + 二甲苯	大鼠	独立作用
苯巴比妥 + 氯乙烯	大鼠	协同作用
乙醇 + 甲醇	大鼠	拮抗作用
氯烃类杀虫剂（艾氏剂、氯丹、杀螨、DDT、狄氏剂、甲氧DDT、毒杀芬）	大鼠	相加作用
艾氏剂 + 氯丹	小鼠	协同作用
异狄氏剂 + 氯丹	小鼠	协同作用
有机磷类杀虫剂（敌杀磷、二嗪农、马拉硫磷、对硫磷、除线磷、三硫磷）	大鼠 小鼠	相加作用
氯丹 + 对硫磷 + 马拉硫磷	小鼠	协同作用
马拉硫磷 + DDT	大鼠	拮抗作用
艾氏剂 + 对硫磷	小鼠	拮抗作用
硒 + 镉	大鼠	拮抗作用
砷 + 铅	大鼠	相加作用
锌 + 铅	人	拮抗作用
四氯化碳 + 锰	大鼠	肝毒性，拮抗作用

三、影响污染物毒性作用的生物因素

生物的生物学特性是指生物的遗传本性，反映生物对环境条件的要求或反应。研究不同生物对农业环境中污染物的生物毒作用的反应，可以了解农业环境中污染物的特性及危害程度，从而可以有效地采取生物措施减轻或消除农业环境中污染物对生物的生态毒作用。例如，用生物修复受污染环境。农业环境生物特性多表现在以下几个方面。

（一）个体大小、性别及不同生育期差异

生物体个体大小的差异一般会影响其对污染物的抵抗能力，比如对摄入人体内的污染物的稀释程度不同。生物体处于不同生育期对农业环境中的污染物的毒作用的反应不同。例如，植物幼苗期对污染物的耐受性较弱。

（二）物种及品种间选择性、耐受性、超积累特性差异

不同植物污染元素的吸收效应存在一定差异。利用不同作物对重金属元素的特殊耐性和富集能力，针对土壤污染重金属程度的不同，有区别、有选择地种植作物，有利于降低土壤重金属对农产品的污染，使受污染的农田得到合理的开发和利用。李博文等的研究表

明，胡萝卜、茄子、芥菜、丝瓜、番茄、辣椒属低度累积型；白萝卜、菜花、莴苣、大葱、小白菜、韭菜为中度累积型；芹菜、茴香、香菜、圆白菜、蓬蒿属于重度累积型；白菜、油菜可归为极度累积型。进行种植结构调整，改种棉花和花木等作物，在修复土壤的同时还可切断有毒物质进入家畜和人体食物链，避免重金属污染物直接对人类产生毒害作用。

（三）代谢、排泄差异

有些动物在食物链中处于较高的营养级，但是体内的农药含量不高，这是它们的代谢和排泄能力较强的缘故。正由于这种原因，灭幼脲在蚊幼虫体内浓缩比值大，而在鱼体内反而低。

（四）动物食量、食性及取食方式差异

取食多，摄入的污染物也必然多。食性同样也有影响，若取食含农药残留量高的食物，体内含有的农药就多。在鸟类中，植食性的鸟类体内有机氯含量低，兼食性鸟类体内含量稍高，吃昆虫及软体动物的鸟类有机氯含量更高，而吃昆虫和鱼类的鸟类有机氯含量最高。由于取食方式的差异，在水中不断用鳃筛取食的蚌、蛤比起相似的软体动物螺类，其体内 DDT 含量高出几十倍。

四、影响污染物毒性作用的环境因素

许多环境因素可影响污染物的毒性作用，如温度、介质吸附、pH 等。

（一）温度

温度主要改变生物的生理过程，对生物的代谢活动和生物积累有一定的影响。有研究表明，气温升高可使机体毛细血管扩张，血液循环加快，呼吸加速，经皮肤和经呼吸道吸收的环境化学物吸收速度加快。有人比较了不同温度下 58 种化学物对大鼠的 LD_{50}，结果发现：有 55 种在 36 ℃的高温环境中毒性最大，26 ℃时毒性最小。

（二）介质吸附

污染物的生物可利用性对污染物生态毒性和环境风险有重要影响。有研究表明，土壤重金属污染地区，作物受害程度和体内重金属含量并不与土壤中该元素总浓度相关，而与该元素在土壤中某种形态的含量有关。两种理化性质差异较大的土壤中某种重金属浓度相近时，栽培同种作物时受害程度和金属在体内富集量也可能有显著差别，即污染土壤中作物受害程度的大小，与其说取决于土壤中污染元素总浓度的高低，不如说与该元素的生物可利用性的关系更为密切。农业生态系统中，影响污染物生物可利用性的因素很多，污染物的介质吸附就是其中之一。

介质吸附是土壤污染物水相浓度降低的主要途径。介质吸附程度与污染物的结构和性质有关。土壤的吸附剂包括无机矿物和土壤有机质。疏水性有机物的吸附程度主要取决于土壤有机质质量分数和类型。当土壤有机质质量分数大于 0.2% 时，无机矿物吸附可以忽略。土壤有机质包括非腐殖质和腐殖质，大多数土壤和腐殖质的质量分数占土壤有机质总

质量分数的 70%～80%，对疏水性有机物的吸附起主要作用。另外，溶解态有机质和由人类活动影响而进入土壤的各种有机溶剂、油类和煤焦油液体物质等也会影响介质吸附。亲水性的重金属吸附程度则与无机矿物和土壤有机质均极显著相关。但应当注意的是，不同的矿物如高岭石、伊利石、蒙脱石及铁、铝、锰水合氧化物吸附性质相差较大，无机矿物与土壤有机质形成的复合体也会改变其吸附性质。

（三）pH

pH 是影响污染物生物利用性的另一个重要因素，也是影响污染物生理毒性的主要因子。例如，2，4-D 在 pH 为 3～4 的条件下离解成有机离子，而被带负电荷的土壤胶体所吸附；在 pH 为 6～7 的条件下则离解为有机离子，被带正电荷的土壤胶体吸附。重金属阳离子在碱性土壤中往往以固相沉积的形式存在，生物可利用性较低；在酸性土壤中往往以水溶态、弱结合态存在，使生物可利用性增加。水生生态系统中，pH 的影响更为显著。有研究表明，pH 在 5.5 以下时鱼类生长受阻，产量下降；pH 在 5 以下时鱼类生殖功能失调，繁殖停止。重金属在酸性低钙条件下可对鱼的毒害作用产生协同效应。

第四节 农业环境生态毒理诊断方法

生物机体与环境之间存在着对立统一的关系，环境中并不是任何污染物质或因素的存在都对生物机体产生危害，所谓"有害"与"无害"的概念是相对的（个体或物种存在差异），在一定条件下可以相互转化。

农业环境中的元素成分是非常复杂的，污染物之间有相加、协同作用，也有独立、拮抗作用，因此相对于纯粹的污染物的化学分析结果诊断农业环境的健康状况，以农业环境中不同生态位中生命有机体的敏感代表者作为对污染物实际毒性诊断的指标（农业环境生态毒性诊断），可能具有更重要的作用。

首先，农业环境污染生态毒理诊断可以对化学方法难以检测到或鉴定的物质的毒性效应及复合污染效应进行诊断。其次，可以对不同暴露途径（如孔隙水、土壤空气、食物的吸收、不可提取性残渣或键合到某些物质中）污染物毒性进行识别。再次，生态毒理诊断可以对含量少但毒性大的优先有机污染物毒性进行有效判断。最后，生态毒理诊断可以对污染物的代谢毒性进行追踪。也就是说，通过与化学方法结合，生态毒理诊断可以对农业环境污染的程度进行较为全面、精确的诊断。

鉴于农业环境污染生态毒理学诊断的重要性，20 世纪 90 年代美国将它纳入超基金计划进行系统研究。此后，加拿大相关科研机构、瑞典皇家科学院、瑞士和荷兰政府研究机构先后开展了这方面的研究。德国也在联邦科技部的资助下，开始了一项"土壤环境生态毒理学诊断系列研究"的国家级项目，旨在此研究基础上，建立欧洲统一的土壤环境生态毒理学诊断指标体系。显然，农业环境污染生态毒理学诊断研究得到了国际上广泛的重视。现将有关的研究整理如下。

生态毒性主要诊断方法有化学诊断法、植物指示法、动物指示法、微生物指示法、生物标记物法、遥感诊断法等。

一、化学诊断法

用化学分析方法诊断生态系统的污染情况，称为化学诊断。化学分析方法是以物质的化学性质和化学反应为基础的分析方法。国际学术联合会环境问题科学委员会提出生态系统应测定下列污染物质：第一类污染物，包括汞、铅、镉、DDT 及其代谢产物与分解产物、多氯联苯（PCBs）；第二类污染物，包括石油产品、DDT 以外的长效性有机氯、四氯化碳醋酸衍生物、氯化脂肪族、砷、锌、硒、铬、钒、锰、镍，有机磷化合物及其他活性物质（抗生素、激素、致癌性物质、致畸性物质和诱变物质）等。我国常规监测项目中，金属化合物有镉、铬、铜、汞、铅、锌等；非金属无机化合物有砷、氰化物、氟化物、硫化物等；有机化合物有苯并[α]芘、三氯乙醛、油类、挥发酚、DDT、六六六等。

二、植物指示法

当农业环境受到污染后，利用植物对污染反应的生理和生化反应"信号"，可以诊断生态系统被污染的状况。下面介绍一些利用植物诊断农业生态系统污染的指标、诊断和评价其毒性的方法，供应用时参考。

1. 症状法

植物受到污染影响后，常常会在植物形态上，尤其是叶片上出现肉眼可见的伤害症状，即可见症状。不同污染物质和浓度所产生的症状及程度各不相同。根据敏感植物在不同环境下叶片的受害症状、程度、颜色变化和受害面积等指标，来指示农业生态系统的污染程度，以诊断主要污染物的种类和范围。

但需要注意的是，人们通过植物受害症状确定农业生态系统的污染物种类必须考虑各种污染物引起的共性症状。

2. 生长量法

利用植物在污染生态区和清洁区生长量的差异来诊断和评价农业生态系统生态毒性。一般影响指数越大，说明农业生态系统污染越严重，生态毒性越大。

$$IA = W_0 / W_m$$

上式中，IA 为影响指数，W_0 为清洁区（对照区）植物生长量；W_m 为诊断区（污染区）植物生长量。

3. 清洁度指标法

清洁度指标法是指利用敏感植物种类、数量、分布的变化，来指示大气环境的污染状况。通常指数越大，说明空气质量越好。以地衣生态调查为例，可用下式求得监测点大气清洁度指数。

$$IAP = \sum_{i=1}^{n} \frac{Qf}{10}$$

上式中，IAP 为大气清洁度；n 为地衣种类数；Q 为种的生态指数（增均数）；f 为种的优势度（目测盖度及频度的综合）。

4. 种子发芽、根伸长及植物幼苗早期生长毒性试验

该方法可用于测定受试物对陆生植物种子萌发、根部伸长及植物幼苗早期生长的抑制作用，以诊断受试物对陆生植物胚胎发育的影响。高等植物毒性试验是土壤诊断的重要方法之一。其主要过程如下：种子在含一定浓度受试物的基质中发芽，当对照组种子发芽率在65%以上，根长达2 cm 时，试验结束，测定不同处理浓度种子的发芽率和根伸长抑制率。另一种方法是植物幼苗生长在污染土壤中，时间以14 d 为宜，试验结束，调查测定各处理植物的生长参数，以生长参数下降程度评价土壤的毒性。

5. 生活力指标法

该方法可用于农业环境大气污染所造成的生态毒性评价。通常先确定调查点，再确定调查树种，然后确定植物（以乔木为例）生活力指标调查项目并分级定出诊断标准（表3-3）。实地调查是在每个调查点上选定几株样树，然后对每株样树进行评定，将各项目的评价值加起来除以调查项目，就可以得到影响。指数越大，生态系统污染越严重。

表3-3　植物（以乔木为例）生活力评价分级标准

调查项目	评价分级标准			
	1	2	3	4
树势	旺盛	衰弱	严重衰弱	死亡
枝条生长量	正常	偏少	少	极少
树梢枯损	未见	少量	明显	严重
树叶密度	正常	部分稀疏	明显稀疏	严重稀疏
叶形	正常	稍变形	中度变形	明显变形
叶的大小	正常	稍小	较小	极小
叶色	正常	稍变色	中度变色	严重变色
枯斑	未见	轻度	中度	严重
不正常落叶	未见	少量落叶	大量落叶	严重落叶
开花情况	良好	稀少	少量开花	不开花

6. 微核试验

紫露草微核试验和蚕豆根尖微核试验也常用于农业环境生态毒理诊断。1978年，紫露草微核技术成为农业生态毒理诊断新的试验方法。紫露草微核试验存在两个明显的问题：一是结果不稳定，二是方法不敏感。

龚瑞忠等人的研究表明，甲基对硫磷浓度与紫露草微核率的相关性仅表现在一定浓度范围内，而非水溶性污染物，不宜进行紫露草微核试验，这说明紫露草微核试验方法存在局限性。但紫露草微核技术能为理化测定结果做必要的辅助。但若对土壤污染的生物危害性进行评价，则需要多种生态毒理诊断方法综合检验。

蚕豆根尖微核试验是由德格拉西（Degrassi）和瑞萨尼（Zizzoni）于1982年建立，其优点是较为稳定、简便、可看。通过土壤微核率与土壤污染的相关分析可揭示污染的生态毒性效应。蚕豆根尖微核率（MCNF）和染色体畸变率（CAF）与农药、抗生素、生物碱、辐射的毒性具有较好的相关性，但与土壤重金属毒性的相关性较差。

三、动物指示法

1. 蚯蚓毒性试验

蚯蚓是生态系统中的一个重要组成部分。蚯蚓急性毒性试验方法被列入经济合作与发展组织（OECD）指南，蚯蚓的急性、亚急性和再生试验方法分别被列入国际标准组织（ISO）的方法草案中，作为土壤污染毒理诊断的一个重要指标。赤子爱胜蚓（Eiseniaoetida）已被公认为是进行生态毒理试验的模式物种，以其他蚯蚓作为实验动物进行土壤污染毒性效应的研究也有报道。

主要操作方法：取600 g干土，加水150 mL左右和准备10条蚯蚓。这些蚯蚓在试验前已经在干净土壤中饲养24 h，并在置入标本瓶之前冲洗干净，用纱布或塑料薄膜扎好瓶口。将培养瓶置于20±2 ℃下，在湿度80%的条件下培养，并提供连续光照，以保证试验期间蚯蚓生活在污染土壤中。整个试验时间为14 d，每一处理和对照组应有4个平行样。试验第7天，将培养瓶内的试验介质轻轻倒入一玻璃皿，取出蚯蚓，检验蚯蚓前尾部对机械刺激的反应。检验结束后，将污染土样和蚯蚓重新置于培养瓶中。试验结束时计算活蚯蚓数和蚯蚓死亡率。

2. 陆生无脊椎动物试验

以陆生无脊椎动物试验评价土壤状况，是将对土壤污染有敏感指示作用的物种暴露于土壤中进行污染诊断。目前常用的有环节动物（Enchytraeus crypicus）和弹尾类动物（Folsomia candida）。因为这两个物种的世代都是14 d，试验毒性终点为1~7 d后的致死率及暴露28 d后的繁殖状况。到目前为止，研究者使用了多种污染土壤（矿物油类、多环芳烃类、TNT及重金属污染土壤）进行上述两类试验，动物繁殖试验对土壤毒性的响应优于急性毒性试验。

3. 原生动物毒性试验

这是土壤污染毒理诊断的又一方法。原生动物栖息在土壤颗粒上的水膜中，是与细菌连接的重要链条，原生动物有以下三个基本特征。

① 个体小，为单细胞结构，没有保护性细胞壁。

② 具有与高等动物相同的复杂的生理特征和真核生物细胞结构。

③ 世代时间仅几小时，多代监测可以记录污染物的短期慢性毒性效应，纤毛虫是土壤原生动物中的主要代表。

4. 鱼类回避试验

行为毒理学是研究环境中不良因素（包括物理的、化学的因素）对实验动物及人类行为方面影响的科学，是毒理学的一个分支。行为测试目前已较广泛用于有机溶剂、重金属

（尤其是铅、汞）、工业废气、农药等神经毒理学研究。许多研究表明，行为确实是一种早期和敏感的毒理学指标，人或动物接触相对低剂量（或浓度）的环境毒物后，常是在出现临床症状或生理生化指标改变之前，表现出行为功能障碍。

回避反应是鱼类行为方式之一，污染引起的生物回避，可使水环境中的水生生物种类、区系分布随之改变，从而打破生态系统的平衡。利用鱼类回避试验可以对农业水环境中污染物的生态毒性进行衡量。由于在自然条件下，观察回避反应难度较大，所以该实验目前多在实验室中进行。试验装置有两类：第一类是缓梯度装置。将废水和清水在试验槽中做不同程度的混合，形成不同浓度区域，观察鱼在槽中的位置，判断是否回避。其优点是模拟江河水环境，但结果难以重复，且不易确定反应阈值。第二类是陡梯度装置。可做成长筒形、长方形、平行水槽、"Y"形、圆形等不同形式的试验设备，废水和清水在槽中截然分开而不混合。缺点是天然条件下除两股水混合处或排污口之外，陡梯度是不多见的。测量回避行为的参数有两个：一个是受试动物进入清水区和废水区的次数（尾数）；二是滞留时间。一般肉眼观察时，可 30 min 记录一次，也可采用自动观测装置。

具体方法：打开试验水池和清洁水池进入混合池的隔板，同时使供试验水和供清洁水的两瓶开始以每分钟 200 mL 的流量分别向试验水池和清洁水池供水，记录 1 h 内实验鱼自混合水池分别游入试验水池和清洁水池的尾数。将三池的水全部放掉，并用清洁水洗试验水池 2~3 次，把实验鱼驱入装满有清洁水的混合水池。将原来两池交换供水瓶，使原来的试验水池变成清洁水池，而原来的清洁水池成为试验水池。重复实验 4 次。由试验结果可以计算出鱼类回避率，其计算公式如下：

$$回避率(\%) = (E - A) \times 100 / E$$

式中，E 代表进入清水池中的鱼数（总计 4 次）；A 为进入试验水池的鱼数（总计 4 次）。

通常以实验动物进入废水和清水区次数或时间各占 50%，表示中性反应；进入清水次数或时间超过 50%，表示有某种程度的回避，但要注意生物之间差异和室内外结果的综合分析。

四、微生物指示法

1. 发光细菌诊断法

利用发光杆菌作为指示生物的方法，是一种快速、简便、灵敏、廉价的诊断方法，并与其他水生生物测定的毒性数据有一定的相关性，因此该方法对于农业环境有毒化学品的筛选、诊断和评价具有重要意义，也可作为农业环境生物毒性的一个指标。

明亮发光杆菌（*Photobacterium phosphoreum*）在正常生活状态下，体内荧光素（FMN）在有氧参与时，经荧光酶的作用会产生荧光，光的峰值在 490 min 左右。当细菌活性高时，细胞内 ATP 含量高，发光强；当细胞处于休眠时，细胞内 ATP 含量明显降低，发光弱；当细胞死亡时，ATP 立即消失，发光即停止。处于活性期的发光菌，当受到外界毒性物质（如重金属离子、氯代芳烃等有机毒物、农药、染料等化学物质）的影响，菌体就会受抑制甚至死亡，体内 ATP 含量也随之降低甚至消失，发光减弱甚至停止，并呈线性相关。

具体方法如下：各取 2 mL 不同污染浓度的待测化合物加入具塞磨口比色管（Φ1.2 cm，

h 5 cm），以 2 mL 3% NaCl 做空白对照，各三个平行，将培养好的菌液 1 mL 用 200 mL 3% NaCl 溶液稀释混匀，迅速取 0.5 mL 于各比色管中，加塞上下振摇 10 次，去塞，于 15 min 或 30 min 用生物毒性测试仪测定发光强度（或直接将冻干粉 5 mg 加 1 mL 2% NaCl 混匀，在 3 ℃下复苏 3 min，然后用 3% NaCl 稀释 10 倍，0.1 mL 菌液与 0.9 mL 试样液混合 10 min，测定发光强度）。

计算相对发光强度：相对发光强度 =（样品管发光强度/对照管发光强度）×100%

将浓度对数和相对发光率进行回归分析，用直线内插法求出相对发光率为 50% 时所对应的化合物浓度，即 EC_{50}。

2. 其他

土壤污染可以对土壤微生物产生不同影响，如抑制反硝化细菌的活动，减少土壤氮素的损失，影响土壤微生物的正常活动，甚至危及固氮菌、根瘤菌等有益微生物的生存，从而影响土壤正常的功能。常见的土壤微生物方法有土壤呼吸强度测定，土壤氨化作用和硝化作用，土壤中各种单一酶活性测定，等等。除此之外，还有一些专门用来检测土壤毒性或特殊毒性的微生物试验方法，如土壤细菌致突变物质阳性传媒试验等。

五、生物标记物法

生物标记物法是通过测量体液、组织或整个生物体，解释污染物毒性的分子反应机制，一般分为三类：第一类是暴露性生物标记物；第二类是效应生物标记物，即在一定的环境暴露物作用下，机体产生相应可测的生化、生理变化或其他病理改变；第三类是易感性生物标记物，它指机体暴露特定的外源化合物时，由于先天遗传性或后天缺陷而反映出其反应能力的异类生物标记物。

生物标记物法主要具有以下优点：一是了解污染物的生物有效性在时间与空间的积累效应；二是确定污染物与暴露风险的对应关系，从机制上了解生物体的危害；三是可用于不同生境或不同营养级的生物物种，揭示不同的污染途径；四是部分避免实验室数据外推引起的毒性波动与变化；五是能同时指示母体污染物与代谢产物的暴露与毒性效应；六是表现混合污染的毒性相互作用关系；七是将不同层次生物（个体、种群、群落）的系列测定综合，通过生物标记物的短期变化可预测污染物的长期生态效应。例如，细胞色素 P450（CYP）酶系，作为有机污染物的生物标记物可对环境污染提供早期预报。当然，生物标记物法也存在一些缺陷，其主要表现为：测定困难和费用较高；有些生物标记物的特性不明显；在指示实际环境条件下的暴露效应时，部分生物标记物灵敏度不高。

六、遥感诊断法

遥感技术是指从遥远的地方，对所要研究的对象进行探测的技术，即从一定距离外对地壳或地下一定深度的目标进行探测。这种技术不需要与目标物接触即可获得来自目标的某些信息。遥感技术作为一种从宇宙空间探测地球的空间技术，虽有近百年的历史，但真正用于环境监测是从 20 世纪 60 年代才开始的，我国从 20 世纪 80 年代开始起步。

遥感诊断法是一种基于植物伤害的污染诊断技术。日本众多的科学家自20世纪70年代以来,就开始了此方向的研究工作。1973年,日本千叶大学工学部江森研究室曾使用野外用光谱辐射仪对健康小豆和病害小豆400~1 100 nm波段范围的光谱反射率变化进行了测定,发现健康小豆与受害小豆的光谱反射率有明显差异。1984年,日本国立公害研究所利用光谱特性对大气复合污染物的植物伤害进行了深入细致的研究,指出用多光谱影像仪器系统可自动估价由大气 SO_2 和 NO_2 污染引起的植物枯斑和萎蔫可见伤害程度。

美国自20世纪70年代中期成功地研制出高分辨率的航空光谱辐射计以来,曾采用微风光谱分析技术,鉴别抽穗期小麦、高粱及其他农作物密度。穆尔莎(Murtha)(1978)还指出,随着污染物对植物伤害的发展,植物光谱反射特性的变化是渐进的。在有害气体暴露6.5 h,红外光区反射率就显示出变化;持续慢性伤害最终引起叶绿体破坏,外部形象为叶子发黄,光谱可见光区反射率增高;最后,受伤害的叶子变成红褐色,使红光反射率增加。

我国利用遥感研究了生态系统污染与植物光谱反射特性的关系。研究的对象涉及针叶树、阔叶树、棉花、玉米、水稻、高粱、大豆等作物。污染物有铜、SO_2 等。研究结果表明,植物无论是受铜、镉等重金属的毒害还是受大气中 SO_2 的污染,其光谱特性均会发生规律性的变化,在可见光区反射率普遍增加,但近红外区反射率会不同程度地降低。污染越严重,变化越明显。各种污染物对植物光谱反射特性的影响虽有差异,但是,总的来说是类似的。如 SO_2 急性伤害引起的棉花叶片可见光区反射率普遍增加,以及700~850 nm波段近红外反射率显著降低;土壤中的铜可引起水稻可见光部分的550~680 nm波段的反射普遍增加及700~850 nm波段反射率的下降。镉对土壤长期处理可引起550~680 nm波段反射率显著增加,而在700~850 nm近红外波段反射率变化不大。

目前,遥感诊断法已成为一门综合性探测技术并被广泛用于污染生态诊断及生产管理等领域。

课后思考题

1. 什么是污染物的生态效应?通常情况下,如何反映污染物的生态毒效应?
2. 什么是生物放大效应?它与生物富集有何区别?
3. 环境污染物进入动物、植物体内的途径分别有哪些?
4. 从毒作用的分子机制看,环境污染物对农业环境中不同生物体的致毒表现主要有哪几种类型?
5. 什么是生态毒性?
6. 什么是污染物的生物降毒?什么是污染物的生物增毒?请举例说明这两种现象的内在机制。
7. 影响农业环境毒作用的因素主要有哪些?请举例说明这些因素的影响机制。
8. 环境污染物的联合毒作用表现为哪几种方式?
9. 农业环境生态毒性诊断方法主要有哪些?

第四章 农业面源污染生态治理技术

> **本章简述**
>
> 本章阐明了农业面源污染的含义及其特点，分析了我国农业面源污染问题的现状与危害，并从源头控制、过程阻断和末端治理三个途径详细介绍了农业面源污染的防治方法与对策。

第一节 农业面源污染及其特点

农业面源污染现状

一、面源污染的定义与特点

面源污染也称非点源污染。广义上的面源污染是指进入自然环境（如大气、水、土壤等）中的没有固定源的污染现象。狭义上的面源污染是指污染物从非特定的地点，在降水或者融雪的作用下，通过弃流、淋溶、侧渗等方式进入受纳水体而引起的污染。相对于点源污染而言，面源污染有以下特点。

（1）分散性。面源污染来源分散、多样，没有明确的排污口，监测难度大。

（2）不确定性。面源污染的发生和迁移受自然地理条件、水文气候特征影响，呈现时间上的随机性和空间上的不确定性。

（3）滞后性。受到生物地球化学转化和水文传输过程的共同影响，面源污染对受纳水体环境质量的影响存在滞后性。面源污染主要包括农业面源污染、城镇地表径流面源污染和其他面源污染。

农业面源污染主要是指在农业生产和农村生活区域的氮、磷等污染物受水力驱动以随机、分散、无组织方式进入受纳水体而引起的水质恶化现象。其特点是污染范围最大、程度最深、分布最广。农业面源污染也可以进一步细分为农村生活面源污染、种植业面源污染、一定规模下畜禽养殖面源污染等。

二、我国农业面源污染现状

目前，总磷已经成为长江流域的首要管控污染物，而面源污染是长江流域总磷污染的重要来源，其总磷排放量大概占长江流域排放量的60%左右。其中，种植业、养殖业和城市初期雨水等形成的面源污染成为部分地区污染的主要矛盾，城乡面源污染防治整体形势比较严峻。农业面源污染对长江流域水质污染的影响范围较广，对水体危害较严重。长江流域上、下游由面源污染造成的磷污染存在明显的地域差异。下游磷污染来源主要为种植业，上游地区磷污染主要为畜禽养殖业。

三、农业面源污染的危害

（1）污染土壤，降低农产品品质。过量的氮、磷物质造成土壤养分结构改变，土壤酸化，肥力下降，导致农民加大施肥量，形成土壤污染的恶性循环。有害物质通过食物链传递进入人体，危害人体健康。

农田土壤污染的来源

（2）污染水体。农业源污染对氮、磷类污染物的贡献超过50%，造成水体富营养化，引发湖泊和水库藻化，威胁鱼类和沉水植物，破坏水生生态系统。城镇地表径流面源污染主要指在降雨过程中雨水及其形成的径流流经城镇地面、建筑物等，冲刷、聚集一系列污染物质（如氮、磷、重金属、有机物等）并通过排水系统直接排入水体造成水体污染。其他面源污染主要包括水土流失面源污染、大气沉降等。城镇地表径流面源污染也是造成水体恶化的一个重要原因，特别是初期雨水污染负荷高，直接引起水质恶化。

（3）污染大气。农药施洒会造成70%以上的农药损失并在大气中积累，通过地表洒施等方式使用的氮肥，会挥发到大气中，造成大气污染。

四、农业面源污染的防治措施

1. 管理措施或对策

（1）法律法规。制定有针对性的面源污染防治条例，如农田施肥和农药控制管理条例，有机废弃物排放控制与循环利用条例，城市及农村环境监督及处罚条例等。严格执行城市大气污染烟尘控制相关规定。

（2）政策扶持。加大生态农业建设力度和农业经济激励措施，促进产业化和规模化的可持续农业发展；对区域进行总量控制和非点源污染物的排污权交易来削减城市非点源污染；等等。

（3）宣传教育。加大对城乡居民的宣传力度，建立健全城乡面源污染检测体系，研发推广面源污染防治技术，加强公益性环保宣传和科学普及工作，增强全社会环保意识。

2. 技术措施

（1）对于种植业，主要是控源头，促循环。一是要科学施肥。推广测土配方施肥、平衡施肥、精准施肥、缓释控肥技术；推广有机肥替代，减少化肥使用量。二是要减少化肥农药使用量。强化化肥农药减量增效,开展全程绿色防控试点。大力推广生物农药,使用高效、低毒、易降解的农药,联合生态控制、生物防治、物理防治手段,减少农药的环境与农作物的污染。三是要循环利用废弃物。发展循环农业,推进秸秆综合利用,农膜回收利用等。

(2)对于养殖业,主要是促循环、防污染。一是要加强畜禽粪污资源化利用。加强畜禽粪污源头减量、有效储存、高效输送和合理施用,实现养分循环。二是要加强养殖污水处理。推广绿色生态养殖、循环水养殖技术,规范尾水达标排放。

(3)对于城镇地表径流面源污染,重在源减量、汇控制。一是要从源头上减控。针对大气沉降控制,最大限度地减少面源污染物排放。二是要进行汇控制。采用低影响开发(LID)措施,例如,铺设透水砖或透水地面,增加绿地面积和植被覆盖,加强城市雨污分流,对初期雨水进行处理,对雨水进行综合利用,等等。

第二节 农业面源污染源头治理技术

进行流失源头治理是控制面源污染的重要手段。污染负荷主要集中于颗粒态的沉积相中是农田氮磷流失的特点,实现固液分离是氮磷流失治理的前提条件。采用较多的固液分离方法有:沉淀法、过滤法、离心分离法和化学絮凝法(化学絮凝剂有硫酸铝、硫酸亚铁、三氯化铁和聚合氯化铝等)。特别是聚合物聚丙烯酰胺(PAM)作为土壤改良剂很早就被人发现,目前应用于水土保持领域也逐渐成为一个热点。但受价格及环境危害(PAM中少量的丙烯酸氮体 AMD 是一种神经毒素)等方面原因的影响,还没有大面积推广应用。

目前,污染源头控制主要集中于施肥技术的改进,例如,配方施肥技术、侧深施肥技术、肥水管理技术等,具体如下。

(1)针对特定作物采取配方施肥的原理,开发环保型的新型肥料,以取代易流失的传统肥料,从肥料投入源头实现农田氮磷流失最小化。

(2)以适地养分管理为突破口,同时革新田间水浆管理,提倡生态施肥技术及其配套管理措施,在农田范围内实现氮磷迁移最小化。

(3)遵循氮磷及水土流失的发生机制与规律,改变下垫面的理化性质,如种植草木、采用截留技术、河边林草缓冲带、过滤条带、人工湿地等生态工程措施,减少氮、磷、有机质的流失,对迁出农田的氮、磷在进入水体前进行最大限度的末端截留。

一、生态施肥技术

由于我国水稻生产氮肥用量大,氮肥利用率低,大量氮素从稻田流失进入环境,对生态环境构成威胁。适地养分管理新技术主要包含下列五个步骤。

(1)定目标产量。

（2）估算作物养分需要量。

（3）测定土壤固有养分供应能力。

（4）计算施肥量。

（5）动态调整氮肥施用期。

二、配方施肥技术

配方施肥是综合运用现代农业科技成果，根据作物需肥规律，土壤供肥性能与肥料效应，在以有机肥为基础的条件下，提出氮、磷、钾和微量元素适当用量，以及相应的施肥技术。方法主要有：地力分级配比法；养分平衡定量法；地力差减法；养分丰缺指标法；田间试验比例法；以土定产，以产定氮，因缺补肥法。一般在实施前，要有大量的关于作物需肥特性、土壤供肥能力、肥料效应等方面的信息数据；实施时要密切结合灌水、耕作、土壤改良及水土保持等高产优质的栽培技术措施。

1. 测土配方施肥意义

（1）可以提高作物产量，通过测土配方施肥措施使作物单产水平在原有基础上有所提高，在当前生产条件下，能最大限度地发挥作物的生产潜能。

（2）可以提高作物品质，通过测土配方施肥均衡作物营养，使作物在品质上得到改善。

（3）可以增加效益，通过测土配方施肥技术可以做到合理施肥、养分配比平衡、分配科学，提高肥料利用率，降低生产成本，增加施肥效益。

（4）可以改善农业环境。通过测土配方施肥，可以减少肥料的挥发、流失等浪费，减轻对地下水硝酸盐的积累和面源污染，从而保护农业环境。

（5）可以改土培肥。通过有机肥和化肥的配合施用，实现耕地养分的投入产出平衡，在逐年提高单产的同时，使土壤肥力得到不断提高，培肥土壤，提高耕地综合生产能力。

2. 基本原理

配方施肥科学合理，就是因为它能够充分发挥其增产、增质、培肥地力的作用。如果施肥配方不合理，不仅经济效益低下，还会为土壤带来不良影响。因此，配方施肥必须有理论指导，如果没有理论指导，必然在某种程序上存在经验性和盲目性。某些学说正确地反映了社会实践中客观存在的规律，至今仍然是指导配方施肥的基本原理。

（1）养分归还学说。

养分归还学说是19世纪德国化学家李比希提出的，也叫养分补偿学说。主要论点是：作物从土壤中吸收带走养分，使土壤中的养分越来越少。因此，要恢复地力，就必须向土壤施加养分。而且他还提出了"矿质养分"原理，首先确定了氮、磷、钾三种元素是作物普遍需要而土壤不足的养分。李比希是第一个试图用化学测试手段探索土壤养分的科学家。从那时候至今，测土施肥科学已经取得了长足的进展。目前，世界各经济发达国家测土施肥已成为一个常规的农业技术措施。

（2）最小养分律。

最小养分律是李比希在试验的基础上最早提出的。他是这样说的，"某种元素的完全缺少或者含量不足可能阻碍其他养分的功效，甚至减少其他养分的作用"。最小养分律是指作物产量的高低受作物养分需求最敏感的养分的制约，在一定程度上产量随这种养分的增减而变化。它的中心意思是：植物生长发育吸收各种养分，但是决定植物产量的则是土壤中那个相对含量最少的养分。为了更好地理解最小养分律的含义，人们常以木制水桶加以图解，贮水桶是由多个木板组成，每一个木板代表着作物生长发育所需的一种养分，当有一个木板（养分）比较低时，那么其贮水量（产量）也只能贮存至最低木板的刻度。

（3）报酬递减律。

报酬递减律最早是作为经济法则提出来的。其内涵是：在其他技术条件（如灌溉、品种、耕作等）相对稳定的前提下，随着施肥量的逐渐增加，作物产量也随着增加。当施肥量超过一定限度后，再增加施肥量，反而会造成农作物减产。可以根据这些变化，选择适宜的化肥用量。

① 增施肥料的增产量×产品单价＞增施肥料×肥料单价。此时施肥既经济又有利，既增产又增收。

② 增施肥料的增产量×产品单价＝增施肥料单价。此时，施肥的总收益最高，称为最佳施肥量，但产量不是最高。

③ 如果达到最佳施肥量后，再增施肥料可能会使作物略有增产，甚至达到最高产量，此时再增施肥料可能会造成减产，成了赔本的买卖。

据上述二者的变化关系，选择最佳施肥量，多采用建立回归方程，求出的边际效益等于零时的施肥量，这时的施肥量为最佳施肥量。

（4）因子综合作用律。

据统计，作物不同增产措施的贡献率分别为：施肥占32%，品种占17%，灌溉占2%，机械化占13%，其他占10%，因此配方施肥应与其他高产栽培措施紧密结合，才能发挥出应有的增产效益。在肥料养分之间，也应该相互配合施用，这样才能产生养分之间的综合促进作用。

三、水稻侧深施肥技术

侧深施肥（亦称侧条施肥或机插深施肥）技术是水稻插秧机配带深施肥器，在水稻插秧的同时将基肥或基蘖肥或基蘖穗肥同步施在水稻根系侧位土壤中的施肥方法，通常离侧根 3~5 cm，深度 4~5 cm。

1. 侧深施肥技术的优势

侧深施肥技术（图4-1）的主要优点是可促进水稻前期生育；肥料利用率高，施肥量可减少20%左右；有利于防御低温冷害，省工、省成本；也可减轻对河川、湖沼水质的污染。

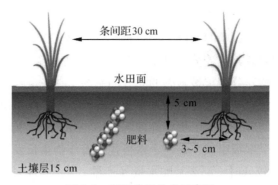

图 4-1　侧深施肥技术示意图

与传统施肥方式相比，它具有以下优势：第一，肥料由人工撒施转变为机械深施，改变人工撒施不均匀的施肥方式，能更精准、均匀施用。第二，肥料选用颗粒状的缓释肥，养分释放缓慢，水稻生长期可以不追肥或穗肥看苗追肥，能节省大量的人工成本。第三，肥料改深施在稻种或稻根旁边，不容易流失，方便水稻通过根系吸收养分，显著提高肥料的利用率。第四，侧深施肥相比传统施肥，因肥料直接送到水稻根系附近，肥料不会大量溶解在水中而随雨水流入河流，对河川、湖沼水质带来污染少。但是，采用水稻侧深施肥技术要购置播种机或插秧机及侧深施肥装置，虽然购置农机有补贴，但投入的机械成本仍不低。而且农机的使用存在周期性，一台机器一年作业时间也就两三个月，仅供自己使用很难收回成本。因此，水稻侧深施肥技术更适合种植面积大的种植大户、合作社或农业企业采用。

2. 侧深施肥的主要技术要点

（1）稻田耕作、整地深度至少为 12 cm，耕层浅时，中期以后易脱肥。水整地精细平整，泥浆沉降时间以 3~5 d 为宜，软硬适度，用手划沟分开，然后就能合拢为标准。泥浆过软易推苗，过硬则行走阻力大。

（2）侧深施肥要与追肥相结合，侧深施肥虽可代替基肥和分蘖肥，但中后期追肥量不能减少。侧深施肥部位一般为侧 3~5 cm，深 5 cm。

（3）调整好排肥量，保证各条间排肥量均匀一致，否则以后无法补正。在田间作业时，施肥器、肥料种类、转数、速度、泥浆深度、天气等都可影响排肥量。为此，要及时检查调整。

（4）不同类型的肥料（颗粒、粉状）混合施用时，应现混现施，防止排肥不均，影响侧深施肥效果。

施肥量要根据当地的施肥水平及各生育期的施肥量，将基、蘖肥的总量下调 20%，后期施肥量不减。

四、水肥一体化技术

水肥一体化技术是灌溉与施肥融为一体的农业新技术。根据不同作物的需肥特点，土壤环境和养分含量状况，作物不同生长期在需水、需肥规律情况下进行不同生育期的需求设计，把水分、养分定时定量，按比例直接提供给作物。通常情况下，水肥一体化是借助压力系统（或地形自然落差），将可溶性固体或液体肥料，按土壤养分含量和作物种类的需肥规律和特点，实现水肥同步管理和高效利用。广泛应用于设施栽培、大田生产及粮食、蔬菜、花卉、果树等作物。

我国仅有全球9%的耕地资源和6%的淡水资源，从这个角度来讲缺水比缺地更可怕，尤其在北方干旱和半干旱地区。与传统灌溉技术相比，水肥一体化技术可减少肥料的挥发和流失，肥料的利用率可提高30%~50%，水资源利用率可提高40%~60%。由于应用设备进行肥水一体化管理，可以节约大量的劳动力。近年来，通过大面积实践示范表明，粮食作物应用膜下灌溉技术单产可提高20%~50%，最高可以提高1倍。因此，水肥一体化技术是现代农业发展的必然选择。

（一）水肥一体化技术的实施模式

（1）滴灌水肥一体化模式。

滴灌水肥一体化技术是指按照需水需肥要求，通过低压管道系统与安装在毛管上的滴头，将溶液以水滴的形式均匀而缓慢地滴入作物根区土壤，延长了灌溉时间，可以较好地控制水量。以滴灌技术施肥不会破坏土壤结构，土壤内部水肥气热适宜作物生长，渗漏损失小。

滴灌水肥一体化技术应用广泛，不受地形限制，即使在有一定坡度的坡地上使用也不会产生径流影响，不论是密植作物还是宽行作物都可以应用。但滴灌系统对水质要求严格，所以选择好灌溉水源、肥料和过滤设备是保证系统长期运行的关键。常用的过滤器主要有筛网式过滤器和碟片式过滤器，过滤网规格一般为100~150目。在现代农业发达的国家，滴灌技术已经相当成熟了。在美国，滴灌技术应用到马铃薯、玉米、棉花、蔬菜、果树等30多种作物的灌溉中。

（2）微喷灌水肥一体化模式

喷灌技术是以高压把水喷到空中，然后落到植株和土壤上的植株和土壤上来进行灌溉，该技术在我国已经比较成熟。但水滴在空中飞行会受到空气阻力和大气蒸发及飘移等因素引起的水分损失，在光照较强，温度高且湿度小的情况下，喷灌水量蒸发可达42%，而且落到植物冠层的水分也很难吸收。于是，微喷灌技术应运而生。

微喷灌技术是低压管道系统，以较小的流量将灌溉液通过微喷头或微喷带，喷洒到植株和土壤表面进行灌溉，是一种局部灌溉技术。它可以在降低水分蒸发的同时减小滴灌系统的堵塞概率。该技术在果园、绿化带工厂化育苗中广泛应用，常见的微喷灌技术可以分为地面和悬空两种。与滴灌技术相比，微喷灌技术对过滤器的要求比较低，过滤网规格一般在60~100目。值得注意的是，微喷灌系统易受田间杂草和作物秸秆的阻挡，进而影响灌溉效果。应根据地形、作物的条件选择合适的灌溉系统。

（3）膜下滴灌水肥一体化模式。

膜下滴灌技术是把滴灌技术与覆膜技术相结合，即在滴灌带或滴灌管之上覆盖一层薄膜。覆膜可以在滴灌节水的基础上减少蒸发损失，还可以提高地热有利于出苗，黑色薄膜还可以抑制杂草的生长。膜下滴灌最成功的例子是新疆地区的棉花，与沟灌相比可节水53.96%，可增产18%~39%。该技术主要应用于灌溉水源比较少的区域。

近年来，国内外水肥一体化技术发展较快，尤其是向智能化方向进步更快，可以将人从繁重的体力劳动中解放出来，且节水节肥。

（二）水肥一体化技术的优缺点

1. 优点

（1）灌溉施肥的肥效快，养分利用率提高，可以避免肥料施在较干的表土层导致的挥发损失、溶解慢、肥效发挥慢等问题。尤其避免了铵态氮和尿素态氮肥施在地表挥发损失的问题，既节约氮肥，又有利于环境保护。

（2）大大降低了设施蔬菜和果园中因过量施肥而造成的水体污染问题。由于水肥一体化技术通过人为定量调控，满足作物在关键生育期"吃饱喝足"的需要，减少了缺素症的发生，因而在生产上可达到作物的产量和品质均良好的目标。

（3）实现了七个转变：渠道输水向管道输水转变；被动灌溉向主动灌溉转变；浇地向浇庄稼转变；土壤施肥向作物施肥转变；水肥分开向水肥一体转变；单一管理向综合管理转变；传统农业向现代农业转变。

2. 缺点

（1）初始成本过高。由于水肥一体化需要整体设计和安装，从而使得首次配备水肥一体化技术所需的成本花费高。每亩大田投资600~800元，经济作物投资1 000~2 000元。

（2）水质和水溶肥料成为水肥一体化技术推广的限制因子。盐碱水或者过滤不完善的水会导致水肥一体化技术在应用过程造成盐渍化或者阻塞排水孔。如水溶肥料的水不溶物过高，则很容易导致滴灌系统中过滤器堵塞。

（3）水量控制不准确。对于地下滴灌，灌溉者无法看到所应用的水，这可能导致施加太多的水（效率低）或一定量的水不足。

第三节　农业面源污染过程控制技术

一、过程控制技术的类型

缓冲带（conservation buffer strips）截留技术是一种利用永久性地表植物的吸收、固定、阻截、渗滤作用来减少径流氮、磷、有机质流失的技术。缓冲带可将农田与水体隔开，从而有效地减少随农田径流中面源污染物输入水体的数量及强度。缓冲带技术的主要功效表现在两个方面：一是由于植被覆盖增加了地面糙度，对径流起到滞缓作用，调节入河洪峰流量；二是有效地减少径流中固体颗粒和养分含量。

目前，农田面源污染过程阻断常用的技术有两大类：一类是农田内部的拦截；另一大类是污染物离开农田后的拦截阻断技术，如生态拦截沟渠技术。这类技术可充分利用原有的排水沟渠，对农田排水沟渠进行生态改造和功能强化，或者额外建设生态工程，使之在具有原有的排水功能基础上，增加对农田排水中的氮、磷等养分吸附、吸收和降解等功能。

二、生态拦截沟渠技术

农田氮磷生态拦截沟渠系统

（一）生态拦截沟渠的定义

在农田生态系统中构建一定的沟渠，并在沟渠中配置多种植物、设置透水坝、拦截坝等辅助性工程设施，对沟渠中的氮、磷等物质进行拦截、吸附，从而净化水质。这种类型的沟渠称为生态拦截沟渠。

（二）生态拦截沟渠的技术简介

1. 系统组成

生态拦截沟渠系统主要由工程部分和生物部分组成，工程部分主要包括渠体及生态拦截坝、节制闸等，生物部分主要包括渠底、渠两侧的植物。

（1）透水坝。透水坝主要是针对农业面源污染的时空不均匀性及不同地区的地形特征，在承泄区或者沟渠中采用吸附性基材人工筑坝，通过坝体的拦截吸附和可控渗流来净化水质和调节过流量，同时起到抬高上游水位、为下游提供"水头"等作用。根据现场条件可设计成固定式或活动式。

（2）节制闸坝。拦截坝是指拦截江河、渠道水流以抬高水位或调节流量的挡水建筑物。可抬高水位、调节径流、集中水头。节制闸建于河道或渠道中用于调节上游水位、控制下泄水流流量的水闸。

（3）阶梯截流池。阶梯截流池通常设有拦截墙、导流墙和植生过滤袋等设施，具有截留淤泥、减少水土养分流失、活水增氧和改善景观等作用，通常设置于存在落差的沟渠末端。

（4）复合式生态浮床。复合式生态浮床是在常规的生态浮床基础上，通过水生植物、氮磷吸附基质、生物亲和性填料、高效微生物等功能要素的优化配置，从而实现持续脱氮除磷、改善生态景观等效果。

（5）底泥捕获池。底泥捕获池通常是以碳基功能材料为核心，配以砾石、陶粒、海绵等辅助材料构造而成，一般具有底泥快速捕获，氮、磷等目标污染物吸附、转化或钝化等功能。

（6）循环生态水塘。循环生态水塘一般是以自然池塘改造而成，也可以是人为修筑的水池，通常具有调节农业生产基地多余水分排放和营养物质循环的功能，并起到恢复农田生态、美化田园等作用。

（7）反硝化除磷模块。反硝化除磷模块是利用农业生物质等材料强化微生物的反硝化作用，将农田排水中的氮素脱除，在此基础上，通过添加多孔性矿物原材料吸附农田排水中的磷素，形成对农田排水中氮、磷营养元素的同步去除和阻截。

（8）生物措施。

① 植物选择要求。

植物是氮、磷生态拦截沟渠的重要组成部分，其选择应综合考虑以下因素：适宜当地气候，成活率高；根系发达、根茎繁殖能力强，生物量大，对氮、磷物质具有较强吸收能力；有利于恢复田间生物群落和食物链，并形成良好的生态景观。

② 植物的配置。

植物配置应综合考虑植物生物特性、污染净化能力、食物链恢复、生物多样性、景观美化、生物固坡等因素，通常应以本土沉水和挺水植物为主，不宜选用漂浮和浮叶植物。

沉水植物：苦草、菹草、金鱼藻、狐尾藻、伊乐藻、黑藻、马来眼子菜等。宜以苦草、黑藻或（和）金鱼藻为主。

挺水植物：美人蕉、再力花、水生鸢尾、梭鱼草、旱伞草、千屈菜、香菇草、芦苇、茭白、水芹等。应选择美人蕉、旱伞草、香菇草、茭白和水芹（冬季）中三种以上的植物进行配置。

护坡植物：生态沟渠护坡植被应以自然演替为主、人工栽培为辅，人工辅助种植宜采用狗牙根（夏季）和黑麦草（冬季）。

2. 工作机制与技术要点

（1）工作机制。

在确保排水沟渠排涝、排渍等功能基础上，通过在沟渠中设置节制闸坝、拦水坎、集泥井、透水坝等辅助性工程设施及采用植生材料、配置植物群落等生物措施，对农田排水及地表径流中的氮、磷等物质进行拦截、吸附、沉积、转化、降解及吸收利用，通过对农田流失的氮、磷等养分进行有效拦截，达到控制养分流失、实现养分再利用、减少水体污染物质等目的，从而改善沟渠生境条件，重建和恢复沟渠生态系统。

（2）技术要点。

① 渠体的断面通常为等腰梯形，上宽 1.5 m，底宽 1.0 m，深 0.6 m。渠壁、渠底均为土质。最低水位 0.2 m。

② 拦截坝用混凝土建造，位于生态拦截沟渠的出水口，拦截坝的高度为 0.5 m，低于排水沟渠渠埂 0.1 m，拦截坝总长为 0.6 m，总宽为 1.25 m，并在拦截坝上建一个排水节制闸。排水节制闸的闸顶高程设计为 0.45 m，闸底高程设计为 0.1 m，闸孔净高设计为 0.35 m，闸孔净宽设计为 0.4 m，闸门采用直升式平面钢闸门。排水口底面离渠底 20 cm，根据需要可将拦截沟渠的水位分为 20 cm、50 cm 溢流两种状态。

③ 植物是生态拦截型沟渠的重要组成部分。生态沟渠的植物的选择要求对氮、磷营养元素具有较强吸收能力，生长旺盛，具有一定的经济价值或易于处置利用，并可形成良好生态景观的植物。生态沟渠中的植物可由人工种植和自然演替形成，沟壁植物以自然演替为主。沟渠的水生植物要定期收获、处置、利用，以避免水生植物死亡腐烂造成二次污染。沟底淤积物及时合理清除，保证沟渠的容量和水生植物的正常生长。

农田氮、磷生态拦截沟渠建设项目应充分利用现有排水沟渠条件,通过新建、改建等方式,探索实施经济实用、便于推广的农业面源污染生态拦截技术。在植物的选择上,也可酌情选择一些具有经济价值的植物品种,甚至还可科学配置少量水生生物进行养殖,以提高经济效益。项目建成后,设施运行良好,排水通畅,能保持一定的水位,大大改善了沟渠生态条件,推进了农业绿色发展。

第四节 农业面源污染末端治理技术

一、湿地净化技术

农业退水污染治理

迄今,湿地还未有一个统一的定义,不过在业内已经形成共识,认为湿地是指自然或人工、长久或暂时的沼泽地、湿原、泥炭地或水域地带;水体呈静止或流动,为淡水、半咸水或咸水水体,包括低潮时水深不超过 6 m 的水域。

湿地净化技术主要有两类:第一类是自然湿地控制技术。这类湿地水流速度缓慢,其中的一些植物可有效吸收有毒物质,有利于毒物和杂质的沉淀和去除。第二类是人工湿地控制技术。人工湿地工程对农业面源污染物具有较好的净化作用,在正常运行情况下,面源主要污染物去除率达到:TN 60%,TP 50%,COD 20%。

在一年或相当长的时间内,通常土壤的渗水面接近于地表面,土壤处于饱和状态,且有特定植物于其间生长,此类湿地和沼泽地处理废水的方法称为湿地处理系统(wetlands treatment system)。当废水投配进入湿地后,通过土壤的渗滤作用及其中栽培的水生植物和水生动物的综合生态效应,达到净化废水与改善生态环境的目的。湿地净化废水的机制异常复杂,在系统中进行着物理、化学和生物等复合反应,诸如沉淀、吸收、离子交换、生物降解、氨化、硝化、反硝化、吸磷等,最终改善水质并保持和维护湿地原有生态系统的完整。由于天然湿地的生态系统的珍贵性(须保护的野生生物的栖息地)与脆弱性,它承担废水的负荷能力有很大的局限性,因此在大规模净化废水处理方面现实性较小。一般是每一公顷的天然湿地仅能接受 100 人的废水,或只能去除 25 人排出的磷和 125 人排出的氮。鉴于这种情况,近二三十年开发出人工湿地,在严格控制生态条件下,限制诸不利因素,创造有不同规模实际应用价值的湿地生态系统,以期达到既能维护良好生态环境,又能净化废水,改善水质,使之无害化、资源化(表4-1)的效果。多年来的实践表明,人工湿地由于严格规划、设计和运行管理,其净化功能不断加强、增多,环境中经济效益不断凸显,其推广前景日臻广阔。

表 4-1　湿地形式及运转参数

类型	处理目标	设计指南				出水水质/(mg/L)		
		气候需要	保留时间/d	深度/m	水力负荷/($m^3/hm^2 \cdot d$)	BOD_5	SS	TN
天然沼泽	二级出水的深度处理或三级	温度	10	0.2~1	100	5~10	5~15	5~10
自由水面人工湿地	二级或三级	无	7	0.1~0.3	200	5~10	5~15	5~10
地下水流人工湿地	二级或三级	无	0.3	—	600	5~40	5~20	5~20

（一）天然湿地

天然湿地包括淡水沼泽、河漫滩地、泥炭沼泽、海水沼泽、滩涂、柏树园沼泽等。湿地土壤及生存于其中的多样植物群落和微生物群落具有吸附、吸收和分解污染物、净化环境的功能，它们在去除悬浮物、促进营养物质的循环、产生氧气等方面具有重要作用。

在人们还没有认识到自然湿地的特殊作用时，废水被排入海岸湿地、漫滩湿地的自然湿地中。由于发现自然湿地中的几种大型水生植物对营养物质有较高的吸收潜力，尤其是水葫芦在1960年被报道后，用大型水生植物在试验田吸收各种营养物质、痕量元素和有毒物质的实验研究逐渐受到世界范围内的关注，研究发现很多植物在能获取充足的营养物质时，能够从沉积物或水中富集远远超过其自身生长需要量几千倍的营养。

近年来，自然湿地的保护越来越受到重视，自然湿地的迅速减少和由于其他目的对湿地的改造和破坏已经引起了广泛的关注。国际组织正全力保护自然湿地。人工湿地的应用有助于减缓自然湿地的减少。

（二）人工湿地

湿地是陆地与水体之间的过渡地带，是一种高功能的生态系统，具有独特的生态结构和功能。对于保护生物多样性，改善自然环境具有重要作用。由于人类的不合理开发，湿地资源在我国曾受到很严重破坏。在特殊时期和环境条件下，研究和建立人工湿地生态系统是对自然湿地生态系统的适度补充，也是对其功能退化的恢复性建设。人工湿地是一种由人工建造和监督控制的，与沼泽地类似的地面。

湿地能净化污水，是自然环境中自净能力很强的区域之一。它利用自然生态系统中的物理、化学和生物的三重协同作用，通过过滤、吸附、共沉、离子交换、植物吸收和微生物分解等过程实现对污水的高效净化。

1. 人工湿地净化机制

人工湿地净化废水的机制十分复杂，迄今还未完全弄清楚。污水中的不溶性有机物通过湿地的沉淀、过滤可以很快从废水中截留下来，被微小生物加以利用；可溶性有机物则可通过生物膜的吸附及微生物的代谢过程被去除。另外一种观点认为，人工湿地成熟以后，填料表面吸附了许多微生物而形成大量生物膜，植物根系分布于池中，在自然生态系统中通过物理、化学及生化反应这三种作用来净化污水。这两种观点虽然有些差异，但其净化污水的实质基本相同,即应用湿地中物理、化学、生物的协同作用来消除污染。

物理作用,即当污水进入湿地,经过基质层及密集的植物茎叶和根系,使污水中的悬浮物固体得到过滤,截留住污水中的悬浮物,并沉积在基质中。这一过程也有人称之为物理沉积。所谓化学的反应,是指利用植物、土壤—无机胶体复合体、土壤微生物区系及酶的多样性,使人工湿地污水中的污染物可以通过各种化学反应沉淀、吸附、离子交换、拮抗、氧化还原等过程得以去除。这些化学反应主要取决于所选择的基质类型,比如含$CaCO_3$较多的石灰石有助于磷的去除;含有机物丰富的土壤有助于吸附各种污染物。

一般地,去除有机污染物主要是依赖系统中的生物与其发生生化反应。1977年,德国学者基库斯(Kickuth)提出的根区法理论认为,由于生长在湿地中的挺水植物对氧的运输、释放、扩散作用,能将空气中的氧气转运送到根部,再经过植物根部的扩散,在植物根须周围微环境中就会有大量好氧微生物将有机物分解,提高对生物难降解有机物的去除效果。另外,在根须较少达到的地方将形成兼氧区和厌氧区,有利于硝化、反硝化反应和微生物对磷的过量积累作用,从而达到除磷脱氮效果。代表性的人工湿地工艺性能参数如表4-2所列。

表4-2 几个中试规模的湿地处理效果

湿地类型	出水浓度/(mg/L)					
	BOD_5	SS	NH_4^+-N	NO_3-N	TN	TP
间歇水,沟垄	10	8	6	0.2	8.9	0.6
开阔水,沟垄	<20	<8	<10	0.7	11.6	6.1
砾石填沟	<30	<8	<5	<0.2	—	—
渗滤床湿地	—	—	2	1.2	6.2	2.1
具有自由水面沟垄	<30	<20	<15	<0.2	<20	<1.5
具有自由水面沟垄暗管集水	<20	<10	<10	<0.3	<10.3	0.5
渗滤床湿地	<20	<10	3~10	—	6~10	0.5

2. 预处理

结合湿地特点,预处理一般原则为:初级(一级)处理,适用于禁止公众通行地区;用氧化塘或生物处理(非植物性)的预处理工艺,将大肠菌数量控制少于1 000 MPN/100 L;在控制公众通行的市郊处理场,采用氧化塘或非植物过程的生物处理。采用预处理是为了防止在临时贮存期间和投配场地上产生有害情况,使处理工艺能正常进行。根据不同出水水质的要求,在经济最优的条件下,选择适当的预处理方法。如系统出水对氮素要求较高,且土地较多,地价不贵,可采用塘系统,因为塘系统可降低氮负荷。如果出水用于农业灌溉,采用一级沉淀就可以满足要求。若出水要求高质量水质,亦可以采用二级或更高级处理方法。

3. 人工湿地的分类

人工湿地系统指人工模拟自然湿地建造和控制的,由土壤—植物—微生物形成的生态系统,利用生态系统中基质、植物、微生物的物理、化学、生物三重协同作用,通过过滤、吸附、沉淀、植物吸收和微生物降解使污水得到净化的一种污水处理技术。它具有建造运行费用低、维护管理方便的特点，适合管理水平不高、处理水量或水质变化不大的农业污水。

人工湿地类型按照进出水布水的方式的不同可分为表面流人工湿地和潜流人工湿地两种。表面流人工湿地有挺水植物表面流人工湿地、漂浮植物表面流人工湿地、浮床人工湿地三种。潜流人工湿地有水平潜流人工湿地、下流式垂直流人工湿地、上流式垂直流人工湿地三种。因此，在人工湿地的实际应用过程中，针对不同的污水类型、区域气候特征、适合种植的植物类型等因素，往往会在上述类型的人工湿地基础上改变设计结构和组合工艺，从而形成多种类型的人工湿地变体。人工湿地因水流方式差异可分为以下3类。

（1）表面流湿地（surface flow wetlands，SFW）。

废水在填料表面漫流，它与自然湿地最为接近，绝大部分有机物的去除是由植物水下茎、秆上的生物膜来完成的（图4-2）。这种湿地不能充分利用填料层极丰富的植物根系，卫生条件也不好，故在设计中一般不采用。

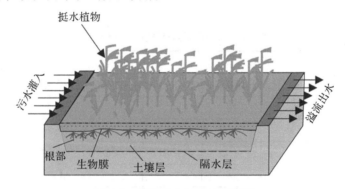

图4-2　表面流人工湿地示意图

（2）潜流湿地（subsurface flow wetlands，SSFW）。

水在填料表面下渗流，因而可充分利用填料表面及植物根系上生物膜及其他各种作用处理废水，而且卫生条件较好，故在设计中被广泛采用（图4-3）。

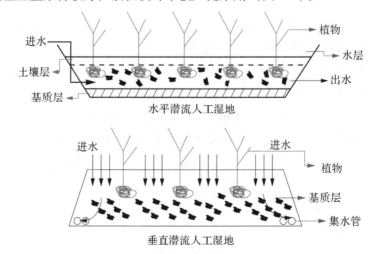

图4-3　两种潜流人工湿地示意图

(3) 垂直流湿地 (vertical flow wetlands, VFW)

流动状况综合了 SFW 和 SSFW 的特点,但其建造要求高,易滋生蚊蝇,目前亦不多用(图4-4)。

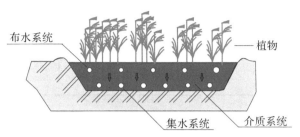

图 4-4 垂直流人工湿地示意图

4. 污染物去除机制

(1) 吸附和沉淀。

吸附是人工湿地系统中的基质与污染物分子之间产生的范德华力或其他分子间作用力,将污染物从水中剥离,替代基质表面水分子的过程。溶解性有机物是人工湿地中吸附基质的主要组成部分,由腐殖质、蛋白质降解物、植物分泌物质和湿地床中死亡微生物降解物组成,它不仅是湿地微生物碳源,同时其含有的羟基、氨基等活性官能团能与多种重金属离子结合,降低污染物的环境毒性。

(2) 植物吸收和降解作用。

人工湿地具有密集的植物茎叶和强大的根区系统,植物的生长需要吸收大量污水中的营养物质,包括有机物、氮、磷、金属离子等,同时可以截留、过滤污水中悬浮物及大颗粒物质。湿地植物的光合作用产生的氧气通过植物输送到根区,经过根区的扩散作用,从而形成好氧、缺氧和厌氧的交替环境,促进硝化、反硝化作用和微生物对磷的富集作用,有利于提高人工湿地对氮、磷、有机物的去除效果。

(3) 微生物降解作用。

人工湿地中的微生物对有机物的降解发挥着主导作用。微生物在酶的参与下将有机物 $C_xH_yO_z$ 分解代谢生成 CO_2 和 H_2O,并为微生物的合成代谢提供能量。

微生物分解代谢产物可以直接排入水中,合成代谢产物作为细胞组织进入细胞。细胞的合成和分解代谢都有酶的参与。土壤酶能促进有机质的分解,通过测定其数量和活性可以作为人工湿地净化效果的评价指标。

5. 人工湿地设计

表面流人工湿地由于占地面积大且存在一定的环境卫生问题,在实际工程中应用较少。本节主要介绍应用较为广泛的水平潜流人工湿地工艺设计。当人工湿地占地面积受限制时,污水经过一级处理和强化处理后方可采用水平潜流型人工湿地进行处理。当占地面积不受限制时,无须进行强化处理。湿地的表面积设计需要考虑最大污染负荷和水力负荷,可按人口当量面积、COD_{cr} 和水力负荷进行计算,取三种设计计算结果中的最大值。主要设计参数符合表4-3的规定。出水应该满足《城镇污水处理厂污染物排放标准(GB 18918-2016)》二级及以上标准。

表 4-3　水平潜流人工湿地主要设计参数

设计参数	参数值（占地面积不受限制）	参数（占地面积受限）
人口当量面积	≥5 m^2/人	—
单床最小表面积	≥20 m^2	≥20 m^2
COD_{cr} 表面负荷	≤16 g/($m^2 \cdot d$)	≤16 g/($m^2 \cdot d$)
最大日流量时的水力负荷	≤40 mm/d 或 40 L/($m^2 \cdot d$)	<100~300 mm/d 或 100~300 L/($m^2 \cdot d$)

6. 人工湿地植物配置

通常根据人工湿地类型、工艺、植物的特性等方面综合考虑对人工湿地进行植物配置，同时兼顾水中、水面、水上空间合理搭配。配置时，可以单独或者混合种植。在根据湿地类型配置植物时主要考虑水质、水位、水流特性等因素。表面流人工湿地水位相对较深，通常选择耐深水的水生和湿生植物，如水生植物有香蒲、菖蒲、芦苇、凤眼莲、狐尾藻等，湿生植物有海芋、野芋、水杉等。

二、稳定塘净化技术

1. 稳定塘的概念和特点

稳定塘（sabilization pond），又名氧化塘、生物塘，是利用天然净化处理污水的生物处理设施，其净化过程与自然水体的自净过程相似。稳定塘一般利用天然湖塘、洼地、干枯河段或以上略加整修形成。按稳定塘内充氧情况和微生物优势群体，分为好氧塘、厌氧塘、兼性塘和曝气塘 4 种类型。兼性稳定塘应用最为广泛，它可具备厌氧、兼性和好氧反应功能，可以自成系统，也可以与其他类型的塘串联构成组合系统。稳定塘还可以根据处理后达到的水质要求，可分为常规处理塘和深度处理塘，也可根据出水方式分为连续出水塘、控制出水塘、贮存塘。

稳定塘是最简单易行的氮、磷流失控制措施，易于推广，可利用天然池塘，也可用人工修造的浅水池塘，塘深 0.5~1.5 m。农田排水或径流进入稳定塘后，固体物沉于池底，有机物进行兼氧分解，产生沼气、二氧化碳和氨气，沼气进入空气，二氧化碳和氨气溶于水中；在水中和水面，溶于水中或悬浮于水中的有机物进行好氧和兼性分解，放出二氧化碳和氨气，为藻类提供营养。藻类进行光合作用释放氧气，被微生物利用以分解污水中的有机物。通过上述一系列作用，达到自然净化的目的。在我国，氧化塘技术应用于农田氮、磷流失的防治，具有较好的推广价值。

稳定塘净化技术具有如下优点：一是能充分利用地形，结构简单，基建投资省；二是可实现污水资源化利用；三是处理能耗低，运行维护方便；四是美化环境形成生态景观；五是污泥产量少，但是也存在占地面积大、净化效果易受季节影响、易于散发臭气和滋生蚊蝇等弊端。

2. 稳定塘的工作原理

稳定塘净化系统属于生物处理设施，它的净化原理与自然水域的自净机制十分相似。

在污水流经稳定塘的过程中，水中的有机物通过好氧微生物的代谢活动被氧化，或经过微生物的分解而达到稳定化的目的。好氧微生物代谢所需的溶解氧由塘表面的大气复氧作用及藻类的光合作用提供，也可以通过人工曝气的方式供氧。

3. **稳定塘的设计**

本节主要介绍应用最为广泛的兼性塘的设计。兼性塘的主要工艺设计参数为 BOD_5 表面有机负荷和水力停留时间。两者以水深为条件相互校核。BOD_5 表面有机负荷按照 $0.0002 \sim 0.010 \text{ kg}/(\text{m}^2 \cdot \text{d})$ 考虑。低值用于北方寒冷地区，高值用于南方炎热地区。BOD 去除率一般可达 70%~90%；藻类浓度取值 10~100 mg/L。塘形以矩形为宜，长宽比在 2∶1~3∶1 之间。塘深一般采用 1.2~2.5 m，污泥厚度取值 0.3 m，保护高度按 0.5~1 m 考虑。稳定塘处理后的出水可以排入天然水体，供农田作灌溉用水或渔业养殖用水，但必须满足相应的水质标准。

三、土地净化污水技术

1. **污水土地处理概述**

污水土地处理属于污水自然处理范畴，是指在人工控制条件下，将污水投配到指定土地上，通过土壤—植物系统，进行一系列物理、化学、物理化学、生物化学的净化过程，使污水得到净化的一种污水处理工艺。

污水土地处理系统能够经济有效地净化污水，充分利用污水中的营养物质和水分，强化农作物、牧草和林木的生产，促进水产和畜产的发展。采用污水土地处理系统，能够减轻水体污染负荷，有利于保持良好的生态平衡。

2. **污水土地处理的净化机制**

土壤对污水的净化作用是一个十分复杂的综合过程，其中包括物理过程中的过滤、吸附，化学反应与化学沉淀，以及微生物代谢作用下的有机物分解，等等。

（1）物理过滤。

土壤颗粒间的孔隙具有截留、滤除水中悬浮颗粒的性能。污水流经土壤，悬浮物被截留，污水得到净化。影响土壤物理净化效果的因素，首先是土壤质地、结构和孔隙性，即土壤颗粒大小、组成和排列、颗粒间孔隙的形状、大小和分布，其次是污水中悬浮颗粒的性质、数量与大小等。如悬浮细颗粒过多及微生物代谢产物残留过多都会导致土壤孔隙的堵塞而丧失其渗透性和过滤性。因此，应加强管理、控制灌水与休灌周期交替，以恢复土壤截污过滤能力。

（2）物理吸附与物理化学吸附。

在非极性分子之间的范德华力的作用下，土壤中黏土矿物颗粒能够吸附土壤中的中性分子。污水中的部分重金属离子在土壤胶体表面，因阳离子交换作用而被置换吸附并生成难溶性的物质被固定在矿物的晶格中。

金属离子与土壤中的无机胶体和有机胶体颗粒因螯合作用而形成螯合化合物；有机物与无机物复合化而生成复合物；重金属离子与土壤颗粒之间进行阳离子交换而被置换吸

附；某些有机物与土壤中重金属生成可吸附性螯合物而固定在土壤矿物的晶格中。

(3) 化学反应与化学沉淀。

重金属离子与土壤的某些组分进行化学反应生成难溶性化合物而沉淀；如果调整、改变土壤的氧化还原电位，能够生成难溶性硫化物；改变pH，能够生成金属氢氧化物；某些化学反应还能够生成金属磷酸盐等物质而沉积于土壤中。

(4) 微生物代谢作用下的有机物分解。

在土壤中生存着种类繁多、数量巨大的土壤微生物，它们对土壤颗粒中的有机固体和溶解性有机物具有强大的降解与转化能力。在厌氧状态下，厌氧菌能对有机物进行厌氧发酵分解，还能对亚硝酸盐和硝酸盐进行反硝化生物脱氮。

3. 污水土地处理优点

① 促进废水中植物营养元素的循环。
② 废水中有用物质通过作物的生产而获得再利用。
③ 节省能源。
④ 可利用废劣土地、坑塘洼地处理废水，节省基建投资成本。
⑤ 运行管理简便，费用低廉。
⑥ 绿化大地，改善地区小气候，促进生态环境的良性循环。
⑦ 污泥充分利用，二次污染小。

4. 污水土地处理系统的组成

污水土地处理系统由以下各部分组成：污水的收集、预处理设备；污水的调节、贮存设备；污水的输送、配布与控制系统与设备；废水土地净化田；净化水的收集、利用系统。

废水土地处理系统是以净化田为核心组成的一个统一、完整的工程系统，以最大限度地利用自然的生态循环系统来净化废水并再生利用。此外，在系统内还应建立水质监测网络系统及管理与服务性工程项目，如道路、控制系统等。

废水土地处理系统的工艺类型可分为5类（表4-4）：慢速渗滤系统、快速渗滤系统、地表漫流系统、湿地系统和地下渗滤系统。

表4-4 废水土地处理系统的工艺类型

项目	慢速渗滤	快速渗滤	地表漫流	湿地	地下渗滤
1. 布水方式	喷灌、地表投配、滴灌等	通常采用地表投配布水	喷灌、地表布水	地表布水	地下管道水
2. 水力负荷/(m/a)	0.6~6.0	6.0~170	3~20	1~30	<10
3. 周负荷率/(cm/wk)	1.3~10.0	10~240	6~40①	2~64	5~20
4. 最低预处理要求	沉淀池或酸化水解池	沉淀池或酸化水解池	格栅及沉砂	沉淀池或酸化水解池	沉淀池或酸化水解池

续表

项目	慢速渗滤	快速渗滤	地表漫流	湿地	地下渗滤
5. 要求土地面积[②]/($hm^2/10^4m^3$)	60~600	2~60	15~120	10~275	13~150
6. 投入废水的去向	蒸发及渗滤	主要为下渗	表面径流、蒸发及少量下渗	蒸发、渗滤及径流	少量蒸发,主要渗滤
7. 对植物的要求	必要	可要可不要	必要	必要	可要可不要
8. 对气候的要求	较温暖	无限制	较温暖	较温暖	无限制
9. 适用的土壤	具有适当渗水性,灌水后作物生长好	具有快速渗水性,如砂土、亚砂土、砂质土	具有缓慢渗水性,如黏土、亚黏土等	—	—
10. 地下水位最小深度/m	≤1.5	≤4.5	无规定	无规定	2.0
11. 对地下水质的影响	可能有一些影响	一般会有影响	可能有轻微影响	一般会有影响	影响不太大
12. 有机负荷率/($kg\ BOD/(10^4m^2 \cdot d)$)	50~500	150~1 000	40~120	18~140	—
13. 场地坡度	种作物不超过20%;不种作物不超过40%	不受限制	2%~8%	1%~8%	—
14. 可能达到的出水水质/(mg/L)	BOD_5≤2 TSS≤1 TN≤3 TP≤0.1	BOD_5≤5 TSS≤2 TN≤10 TP≤1	BOD_5≤10 TSS≤10 TN≤10 TP≤6	BOD_5:5~40 TSS:5~20 TN:5~20	BOD_5≤10 TSS≤10
15. 运行管理特点	种作物时应严格管理,系统使用寿命长	管理运行较简单,磷可能限制系统的寿命	运行管理比较严格,寿命长	—	—

注:① 6~15 cm/wk,用于处理一般处理出水;15~40 cm/wk,用于二级处理出水。
② 不包括缓冲地区、道路及沟渠等。

5. 污水土地处理技术

(1) 慢速渗滤系统。

慢速渗滤系统(slow rate land treatment system,SR)适用于渗水良好的壤土、砂质壤土及蒸发量小、气候湿润地区。废水通过表面布水或喷灌布水的方式投配到土壤表面后垂直向下缓慢渗滤,土壤表面种有作物,可充分利用废水中的水分及营养成分,并借用土壤—作物—微生物系统对废水进行净化。部分废水经蒸发或植物蒸腾进入大气,部分废水渗入地下。设计时,一般要使流出处理场地的水量为零,设计的水流途径取决于污水在土壤中的迁移及处理场地地下水的流向。图4-5为慢速渗滤系统示意图。

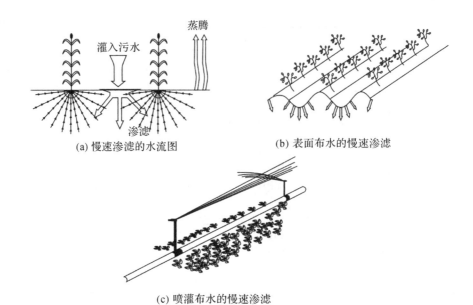

(a) 慢速渗滤的水流图　　(b) 表面布水的慢速渗滤

(c) 喷灌布水的慢速渗滤

图 4-5　慢速渗滤系统

（2）快速渗滤系统。

快速渗滤系统是一种低费用、低耗能、高效率的土地处理技术，适用于透水性非常好的土壤，如砂土、砂壤土或壤土。其作用机制在实质上非常类似于那种间歇运行的"生物砂滤池"。当废水（经过预处理）投配入渗滤田块后快速下渗，部分被蒸发，大部分渗入地下水，如图 4-6 所示。快速渗滤系统采用的是周期性布水，一段时间是淹水，随之是数天或数周的干化期。这样使田块处于干—湿交替状态，田块表层的土壤处于厌氧—好氧交替运行的状态，同时使截留的土壤表层的悬浮固体能在不同种群的微生物作用下充分有效地降解，从而防止土壤孔隙的堵塞。

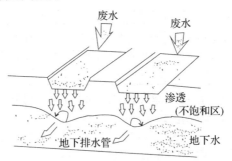

图 4-6　快速渗滤系统

通过厌氧、好氧过程的交替运行，可使废水中的 BOD_5、氮及磷得以去除。快速渗滤系统的水力负荷与有机负荷往往比其他类型的土地处理系统高得多。而且，通过科学设计，采取各项科学管理措施严格控制干湿期，其净化效率能得到更大的提高。

废水的投配方式，若补偿地下水以达到回用目的，则以面灌为主，可用集水井或地下集水管收集再生水；若单纯回灌地下水，可不设集水系统，使净化水贮存在地下蓄水层内。

(3) 地表漫流系统。

地表漫流系统（overland flow land treatment system，OF）工艺适用于透水差的土壤，如黏土和亚黏土（或场地 0.3~0.6 m 深的地面下有弱透水隔层），以及平坦而有均匀适宜坡度（2%~8%）的田块，采用喷灌或漫灌方式将废水有控制地投配到田块上，废水在地面上形成薄层，均匀地顺坡流下，少部分蒸发与下渗，大部分流入集水沟。地面上通常种植青草，供微生物栖息并防止土壤被冲刷流失。因此，坡表漫流恰如一卧式固定膜生物滤池，在作物底部生长有生物膜，由大气向好氧微生物供氧，水力负荷一般为 1.5~7.5 m/a。

这种工艺技术最初主要用来处理食品加工废水，现在已用来处理多种类型的工业废水和城市污水。当场地、气候等条件适宜时，该系统可终年运行。地表漫流系统见图 4-7。

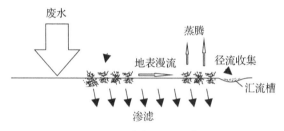

图 4-7　地表漫流系统

地表漫流系统对悬浮固体（SS）、有机物、营养素、微量污染物及病原体均有很强的去除能力。如上所述，投配废水以薄层形式流经坡面时，由于流速低，水层薄，颗粒状有机物及 SS 由于截留、沉淀而被去除；通过地表及作物形成的生物膜对溶解性有机物进行生物降解而去除；通过生物硝化—反硝化反应对氮化合物进行去除。一般氮化合物的去除率可达 70% 左右（若投配的废水中以有机氮和氨氮为主要氮化合物时，总氮的去除率将会提高）；污水中的磷被土壤胶体所吸附并与钙、铁、铝等生成不溶性化合物沉积在土壤表面而得以去除，去除率为 50% 左右；系统通过沉淀及土壤吸附、离子交换去除微量元素。此外，还能通过沉淀、土壤和作物的阻截、过滤、吸附、阳光照射等而将废水中的病原体去除。

(4) 地下渗滤系统。

废水经预处理后通入设置于地下的具有一定构造、距地面约 0.5 m 深且具有良好渗透性的土壤中，借用毛细管浸润和土壤渗滤作用，使投入的废水向四周扩散，通过过滤、沉淀、吸附、生物降解等过程，使废水得到净化，此工艺称为地下渗滤系统（subsurface wastewater infiltration system）（图 4-8）。

地下渗滤工艺可分为以下几种。

① 地下渗滤沟，有的是封闭型的，也有的是敞开型的，一般均间歇运行，有投配期与休灌期。

② 地下土壤毛细管浸润渗滤沟，也称尼米（Niimi）系统，这是日本开发的利用土壤毛细管浸润扩散原理研制成功的一种浅型土壤系统。

③ 地下过滤池，此外还有浸没式生物滤池—毛细管浸润的复合工艺。

其中，①和②工艺是近年来常用的工艺。

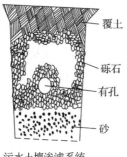 

污水土壤渗滤系统　　　　土壤毛细管渗滤系统
　　　　　　　　　　　　1—通气性土壤；2—有孔管；
　　　　　　　　　　　　3—砾石；4—膜

图 4-8　地下渗滤系统

水产养殖尾水的治理技术

四、养殖尾水生态循环再生技术

（一）种养结合资源化利用模式

1. 鱼—菜共生技术

鱼—菜共生（aquaponics）是一种新型的复合耕作体系，它将水产养殖（aquaculture）与水耕栽培（hydroponics）这两种原本完全不同的农耕技术，通过巧妙的生态设计，达到科学的协同共生，从而实现养鱼不换水却无水质忧患，种菜不施肥而正常生长的生态共生效应（图 4-9）。

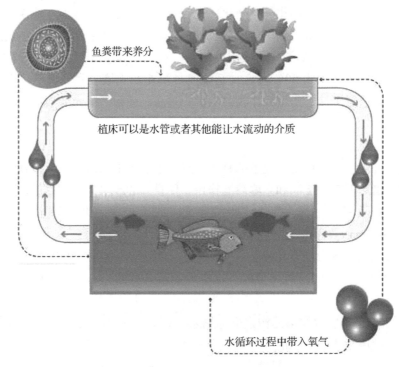

图 4-9　鱼—菜共生系统工作原理示意图

在传统的水产养殖中，随着鱼的排泄物不断积累，水体中的氨、氮增加，毒性逐步增大。而在鱼—菜共生系统中，水产养殖的水被输送到水培栽培系统，由细菌将水中的氨、氮分解成亚硝酸盐然后被硝化细菌分解成硝酸盐，硝酸盐可以直接被植物作为营养吸收利用。鱼—菜共生让动物、植物、微生物三者之间形成一种和谐的生态平衡关系，是可持续循环型零排放的低碳生产模式，也是一种有效解决农业生态危机的有效方法。

鱼—菜共生对消费者最有吸引力的地方有三点：第一，种植方式可自证清白。因为鱼—菜共生系统中有鱼存在，任何农药都不能使用，稍有不慎会造成鱼和有益微生物种群的死亡和系统的崩溃。第二，鱼—菜共生脱离土壤栽培，避免了土壤的重金属污染，因此鱼—菜共生系统蔬菜和水产品的重金属残留都远低于传统土壤栽培。第三，鱼—菜共生系统蔬菜有特有的水生根系，如果鱼—菜共生农场带着根配送的话，消费者很容易识别蔬菜的来源，避免消费者产生这个菜是不是来自批发市场的疑虑。

目前，国内专注鱼—菜共生领域的农业公司还不多。很多农场只是把鱼—菜共生作为一种理念引入农场，并没有实际采用鱼—菜共生技术进行大规模栽培和向市场供应蔬菜和水产。其生产体系可分为以下两种模式。

① 闭锁循环模式。养殖池排放的水经由硝化床微生物处理后，以循环的方式进入蔬菜栽培系统，经由蔬菜根系的生物吸收与过滤后，又将处理后的废水返回至养殖池，水在养殖池、硝化床、种植槽三者之间形成一个循环闭路。

② 开环模式。养殖池与种植槽（或床）之间不形成闭路循环，由养殖池排放的废水作为一次性灌溉用水直接供应蔬菜种植系统而不再回流，每次只对养殖池补充新水。在水源充足的地方可以采用该模式。

（1）共生方式分类。

① 直接漂浮法，用泡沫板等浮体，直接把蔬菜苗固定在漂浮的定植板上进行水培。这种方式虽然简单，但利用率不高，而且会有一些杂食性的鱼吃食根系的问题存在，须对根系进行围筛网保护，较为烦琐，而且可栽培的面积小，效率不高，鱼的密度也不宜过大。

② 养殖水体与种植系统分离，两者之间通过砾石硝化滤床设计连接，养殖排放的废水先经由硝化滤床或槽的过滤，硝化床上通常可以栽培一些生物量较大的瓜果植物，以加快有机滤物的降解。经由硝化床过滤而相对清洁的水再循环入水培蔬菜或雾培蔬菜生产系统作为营养液，通过水循环或喷雾的方式供给蔬菜根系吸收，经由蔬菜吸收后又再次返回养殖池，以形成闭路循环。这种模式可用于大规模生产，效率高，系统稳定。

③ 养殖水体直接与栽培基质的灌溉系统连接，养殖区排放的废液直接以滴灌的方式循环至基质槽或者栽培容器，经由栽培基质过滤后，又将废水收集回流至养殖水体，这种模式设计更为简单，用灌溉管直接连接种植槽或容器形成循环即可。大多用于瓜果等较为高大植物的基质栽培。需要注意的是，栽培基质必须选用豌豆状大小的石砾或者陶粒，这些基质滤化效果好，不会出现过滤超载堵塞而影响水循环，不宜用普通无土栽培的珍珠岩、蛭石或废菌糠基质，这些基质可能会因排水不好而容易导致系统的生态平衡被破坏。

④ 水生蔬菜系统。这种方式就如同中国的稻鱼共作系统，不同之处在于养殖与种植采用分离式共生，即于栽培田块铺上防水布，返填回淤泥或土壤，然后灌水，构建水生蔬菜种植床，将养殖池的水直接排放至农田，再从另一端收集出水导流至养殖池。这种方式废水在防水布铺设下无渗漏，而水生蔬菜又能充分滤化废液，同样达到良好的生物过滤作用，有点类似自然的沼泽湿地系统。如茭白与鱼共生、水芋与慈菇等水生蔬菜的共生，都可以采用该系统设计。

鱼—菜共生技术原理简单，实际操作性强，可适合于规模化的农业生产，也可用于小规模的家庭农场或者城市的嗜好农业，具有广泛的运用前景。在具体的实践操作中，须注意的是鱼及菜之间比例的动态调节，普通蔬菜与常规养殖密度情况下，一般 1 m^3 可年产50 斤鱼，同时供应 10 m^2 的瓜果蔬菜的肥水需求。家庭式的鱼—菜共生体系，一般只需 2～3 m^3 水体配套 20～30 m^2 的蔬菜栽培面积，就可基本满足 3～5 人家庭蔬菜及鱼肉的消费需要，是一种极其适合城市或农村庭院生产的环境友好型农耕模式，也是未来都市农业发展的主体技术与趋势。

（2）主流技术实现。

为了实现鱼、菜的合理搭配和大规模种养，国际上的主流做法是将鱼池和种植区域分离，鱼池和种植区域通过水泵实现水循环和过滤。在栽培部分，主要的技术模式有以下几种。

① 基质栽培。

蔬菜种植在如砾石或者陶粒等基质中。基质起到生化过滤和固态肥料过滤的作用。硝化细菌生长在基质表面，具体负责生化过滤和固态肥料过滤。这种方式适合种植各类蔬菜。

② 深水浮筏栽培。

蔬菜种植于水槽上，通过泡沫等漂浮材料将其托起。蔬菜的根向下通过浮筏的孔延伸到水中吸收养分。这种方式比较适用于叶类及部分果类蔬菜。

③ 营养膜管道栽培。

通常采用 PVC 管道作为种植载体，营养丰富的水被抽提到 PVC 管道中。植物通过定植篮的固定，种植于 PVC 管道上方的开口内，让植物的根吸收水分和营养。这种方式主要用于叶类蔬菜。

④ 气雾栽培。

直接将养鱼的尾水雾化后喷洒到植物的根系，以达到营养吸收的目的。这种方式也主要用于叶类蔬菜，在喷雾之前需要对水进行充分过滤净化，以免堵塞喷雾装置。

2. 稻—鱼共作模式

自古以来，水稻就是我国重要的粮食作物，大量研究结果也表明其对水体中氮、磷等植物营养性污染物具有显著的净化效果。因此，优先选用水稻作为修复植物，将水稻生产与渔业水产养殖进行合理组合、集成，不仅可以净化养殖水体中氮、磷等植物营养性污染物，有效改善池塘养殖水体的水质，促进水生生物个体健康生长，提高渔业水产品的品质，而且可以提高水稻实际产量，稳定粮食生产，因而在生态修复养殖水体氮、磷污染及平衡水产养殖业与粮食生产关系中具有较大的应用潜力。

大量研究也表明，稻—鱼共作模式可高效利用农业资源（如土地、水、人力等），减少环境污染，同时为人们提供绿色高质量的农产品（如水稻和水产品），是未来农业中绿色有机可持续发展模式的重要组成部分。目前，采用水稻修复养殖水体氮、磷等植物营养性污染物主要有三种技术模式：浮床种稻原位修复、常规鱼塘种稻原位修复模式（图 4-10、图 4-11）和悬停式鱼塘种稻模式（图 4-12）。

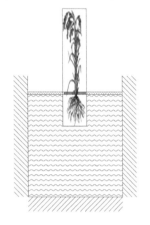
图 4-10　浮床种稻原位修复模式

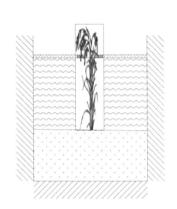
图 4-11　常规鱼塘种稻原位修复模式

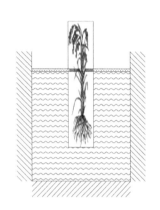
图 4-12　悬停式鱼塘种稻模式

（二）循环水养殖模式

1. 流水槽养殖技术

水产养殖是我国许多农村的优势产业之一。近年来，为解决绿色渔业发展所面临的生态环保与空间制约等问题，国内多个省份相继引进池塘内循环"水槽式"流水养殖模式（图 4-13），通过该养殖模式可实现养殖尾（废）水零排放、养殖产品提质增效、养殖管理标准高效、养殖废物有效利用等明显的生态、经济和社会效益。

图 4-13　"水槽式"流水养殖模式

这种"跑道养鱼"模式主要是通过动力水泵让水流动起来，同时池塘内建设若干水槽，在水槽两端设钢丝网和沉淀池用于拦鱼与收集污物，将养殖过程中产生的食物残渣、排泄物等进行过滤和沉淀。通过技术处理，"跑道养鱼"模式可以确保养殖池内水质干净，甚至不需要对外排水，对周边环境几乎是零污染。

（1）养殖水槽的功能渔业设施装备技术主要包括以下内容。

① 研究高密度养殖水槽污物沉积状态、开发气—水混合定向流推水高效增氧设备、高溶解氧垂直分流控制工艺，形成水槽前、中、后垂直剖面的养殖水体溶解氧、流速均衡，使养殖鱼类均匀分布于养殖水槽，解决养殖水槽内鱼类因"逆水"出现"扎堆"，造成鱼体机械损伤现象及沉积物迅速排出水槽的问题，保障水槽内养殖鱼类的健康生长。建立养殖水槽气提—气推双式结合混合定向流高效增氧技术工艺。

② 安装养殖管理水体溶解氧预警预报在线系统，配置纯氧增氧系统，当溶解氧低于 5 mg/L，电磁阀自行启动，实现在线控制水体溶氧量。

③ 根据品质提升的瘦身鱼养殖所需条件（通常要求水体透明度 35 cm 以上、氨态氮低于 0.5 mg/L、亚硝酸氮低于 0.1 mg/L、换水量在 3 倍以上），设计"U"形过滤通道，采用生态基及微电材料，以生物、物理方法，突破限制养殖产品品质提升的水体控制方式，采用瘦身养殖技术工艺。

④ 采用无线遥控，设计、安装自动称量吊网捕鱼系统，大大节约劳动力及强度。

（2）注意事项。

① 必须保持电力供给，保障增氧系统正常运行。

② 定期检查气—水混合定向流推水高效增氧设备中曝气管出气情况。

③ 定期维护鼓风机，如添加机油。

④ 定期检查水槽两侧防逃网是否破损。

⑤ 为了提高养殖系统的运行效率，应选择大规格鱼种进行养殖。

⑥ 集中区养殖密度大，应适当调整摄食节律，延长投喂时间或增加投喂次数，例如，养殖草鱼时，建议每天投喂 4 次。

（二）工厂化循环水养殖系统与技术

近年来，工业化水产养殖模式风生水起，大致包括内循环水养鱼、集装箱式养殖、桶式养鱼、帆布池养鱼、高密度流水养殖等，场景又可以分为池塘、陆基、室内和室外养殖。特别是近几年才出现的陆基圆桶形高位养殖系统，也就是陆基圆桶形高位养鱼池，俗称"圈桶养鱼"或称"桶式养鱼"（图4-14、图4-15）。这种建在陆地上的养鱼设施，多由不锈钢围着一个里面用防渗布支撑的大圆圈桶，或者直接用玻璃钢、水泥池等形式也可，圆桶形也可以换为集装箱，又叫陆基集装箱养鱼。所谓"高位池"，其含义和"陆基"类似，这个称呼只针对沿海平原地区而言，在内地历来就是将鱼塘建在地平面以上，本来就是高位池，也就是说"高位池"只是一种新的概念而已。

图 4-14 室外桶式池塘养殖系统

图 4-15 室内陆基圆桶形高位养殖系统

该种养殖模式就是将养殖鱼虾集中养殖在圈养桶或集装箱或水泥池内,也可以称为圈养鱼(虾),这种养殖方式与圈养猪、鸡、鸭原理相似。它除了有圆圈桶或集装箱或水泥池的"鱼塘",还配套建设有排污口、拦鱼网、连通塘循环系统等塘底排污工程。主要特点是:流水养鱼或者循环水养鱼,通过空压机、罗茨鼓风机实现气体式推水或抽水机推水,让池塘中的水一直保持比较快速的流动状态。标准的操作是通过圈养桶或集装箱或水泥池特有的锥形集污装置收集残饵、粪污等废弃物,废弃物再经吸污泵抽排到尾水分离塔。

据了解,目前我国现行的工厂化养鱼设施设备仍相对比较简单,一般只有提水动力设备、充气泵、沉淀池、重力式无阀过滤池、调温池、养鱼车间和开放式流水管阀等。前无严密的水处理设施,后无废水处理设备而直接排放入海,属于工厂化养鱼的初级阶段。在生产过程中,如何降低循环水养殖过程中的能耗,成为该养殖模式成败的关键因素。水产养殖的不断发展,也带来了不少负面的影响。例如,由于养殖密度大,病害时有发生。因此,要规范养殖模式,加强科学管理,防止疾病的发生和传播,减少用药量,解决养殖水产品药物残留超标等问题。

五、污水土地处理技术在农村环境保护中的应用潜力

目前,国内农村生活污水和农业养殖废水处理率低,且不可能在农村广阔地区铺设雨污水管道收集污水。污水土地处理技术因其能够就地处理,且投资低、运行费用低、出水水质稳定和管理简便等优点,是对农村生活污水和农业面源污染治理行之有效的污水治理技术,能够较好地适应农村地区的社会经济环境。目前,污水土地处理技术在我国农村地区污水处理方面实际工程应用不多,主要在以下方面有探索性应用。

"微生物+三水共治"生态工艺尾水净化模式案例

(一)农田径流控制应用

在农田中增加一些湿地面积,可有效地控制农业非点源污染形成。中国南方农村地区存在的多水塘景观,在截留农田中的氮、磷及农药方面具有重要作用。约有 150 个人工水塘的巢湖小流域,水塘仅占不到5%的面积,但可截留该区径流90%的氮及磷。

实践证明,在大片农田景观中,设置适当面积的湿地景观(如池塘、洼地、人工河

等）可有效地截留来自农田地表和地下径流中固体颗粒物、氮、磷和其他化学污染物，降低非点源污染形成的危险。

（二）农村生活污水处理应用

1. 快速渗滤系统

快速渗滤系统在国内得到了较多的应用。北京通州区小堡村生活污水经快速渗滤处理系统处理后，出水 BOD_5 为 1.71 mg/L，COD_{cr} 为 11.81 mg/L，$NH_3\text{-}N$ 为 3.04 mg/L，水质指标达到了国家一级排放标准。近年来，国内对快速渗滤系统的研究也逐渐兴起，吴永锋等人进行了生活污水快速渗滤系统处理现场试验，结果表明，快速渗滤系统对氮及有机物具有良好的去除效果，在稳定运行阶段，总氮出水浓度低于 5 mg/L，去除率大于 95%；COD 值低于 40 mg/L，去除率大于 80%。

2. 人工湿地处理系统

在国内，已有一些人工湿地处理生活污水的工程案例。1990 年，我国建成了第一个人工湿地处理系统——深圳白泥坑污水处理系统，现在处理污水量为 4 500 m^3/d，处理场占地 1 216 亩，实际使用面积 7 146 亩，设计湿地水力负荷为 4 cm/d，地面上维持 30 cm 的自由水位，湿地内种植茭白和芦苇，潜流湿地水力负荷为 30 cm/d，床深 80 cm，里面填充炉渣，上部种植水芹，采用间歇性淹水—落干的运行方式，并结合反冲洗技术，提高了系统的水力负荷，改善了污染物去除效果，增强了其实用性。

3. 地下渗滤处理系统

地下渗滤处理系统在我国也有研究和应用。例如，北京某小区土壤毛细管渗滤系统建成运行 6 年的结果表明，系统对生活污水中有机物、氮和磷的去除率较高，COD_{cr} 去除率 > 80%，BOD_5 去除率 > 90%，$NH_3\text{-}N$ 去除率 > 90%，TP 去除率 > 98%。

清华大学的张建等人在用地下渗滤处理村镇生活污水方面做了一些研究，以红壤土作为填充土壤，在 2 cm/d 的水力负荷下，中试结果表明用地下渗滤处理系统对 COD、氨氮、总磷和总氮有着良好的去除效果，去除率分别达到 84%、70%、98%、77%，出水 COD、氨氮、总磷和总氮的平均浓度分别为 11.7 mg/L、4.0 mg/L、0.04 mg/L、4.7 mg/L，达到生活用水的水质标准。

（三）畜禽污水处理应用

浙江灯塔种猪有限公司日排放污水 120 t，污水 COD_{cr} 浓度为 6 000 mg/L，$NH_3\text{-}N$ 浓度为 500 mg/L，采用厌氧 + 土地处理工艺，出水达到国家相关排放标准。工程总占地约 40 亩，年处理污水 4.38 万 t，每吨水处理费用 0.53 元，与常规好氧达标工艺相比，工程投资节省 30%，运行费用降低 60% 以上。

总之，快速渗滤、慢速渗滤及人工湿地系统等污水土地处理技术在生活污水和农村面源污染治理方面具有良好的效果，能较好地适应我国农村地区的社会经济环境，具有广阔的应用前景。

课后思考题

1. 什么叫农业面源污染？简要说明并分析当前我国农业面源污染现状与存在的问题。
2. 我国农业生产中主要有哪些施肥方式？请简要说明每一种施肥方式缓解面源污染的机制。
3. 什么是配方施肥？配方施肥的科学意义是什么？
4. 什么叫水肥一体化技术？并举例说明水肥一体化技术的优缺点。
5. 什么是湿地？湿地净化污水的工作机制是什么？
6. 什么是稳定塘？稳定塘技术的工作机制是什么？
7. 污水土地处理技术有哪些类型？查阅文献资料，评估一下污水土地处理技术在我国广大农村生产、生活中的应用价值。

第五章 农业污染土壤治理技术

本章简述

本章阐明了污染土壤修复的含义，并以重金属、有机污染物为例分别阐述了土壤污染修复机制，以及以这两类污染物为代表的污染土壤的物理修复方法、化学修复方法和生物修复方法及其特点；以污染土壤的植物修复技术方法为重点，详细介绍了该方法的国内外研究与应用状况，分析了植物修复技术的优缺点，并预测了污染土壤修复的未来发展方向。

第一节 污染土壤修复概述

辛庄科技惠农示范园案例导入

土壤自身具有一定的自净能力。在土壤矿物质、有机质和土壤微生物的作用下，进入土壤的重金属、有机化合物等污染物质通过物理、化学和生物的作用使其活性降低，减少了其在食物链中的传递，在一定条件下转变成无毒或低毒物质。

重金属和有机化合物等污染物的上述过程称为土壤净化。它是指污染物通过植物吸收、微生物降解、土壤固定或其他方式而从土壤中消失或降低其生物有效性和毒性的过程（图5-1）。

土壤生态系统是一个高效的"过滤器"，具有一定的净化功能，主要包括以下几个方面。

① 自然条件下植物根系的吸收、转化、降解和固定作用。

② 土壤中的生物（微生物和动物）对污染物的吸收和转化作用。

③ 污染物在土壤体系中的物理、化学和生物反应。

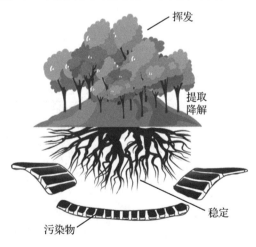

图5-1 植物净化土壤示意图

④ 土壤的气体扩散。

尽管土壤有一定的自身净化能力，但是其能力和净化速率通常不能满足污染对环境造成的压力，人们开始重视土壤污染治理和修复技术的研究。污染土壤修复的概念可一般理解为通过技术手段促使受污染土壤恢复其基本功能和重建生产力的过程。

污染土壤修复的方法种类较多，从修复的原理来考虑主要分为物理、化学和生物修复三大类。物理修复指以物理手段为主体的移除、覆盖、稀释、热挥发等污染治理技术；化学修复是指利用外来的、土壤自身物质之间、环境条件变化引起的化学反应来进行污染治理的技术；生物修复是指利用生物的生命活动减少土壤环境中的有毒有害污染物，从而去除或消除环境污染的一个受控或自发的过程。

广义上的土壤生物修复包括利用土壤中的生物（如植物、土壤动物、微生物）吸收、降解和转化土壤中的污染物，使污染物的浓度降低到可接受的水平，或将有毒有害污染物转化为无害物质。在这一概念下可将土壤生物修复分为植物修复、动物修复和微生物修复三种类型。狭义的土壤生物修复就是利用自然环境中生存的微生物或投加的特定的微生物，在人为促进工程化条件下，将土壤和沉积物中有毒有害有机污染物降解为无害物质或完全矿化为无机物（CO_2 和 H_2O），从而将受污染的土壤环境能够部分或完全地恢复到初始状态的过程。

目前的修复实践中，人们很难将物理、化学和生物修复截然分开，这是因为土壤中所发生的反应十分复杂，每一种反应基本上均包含了物理、化学和生物学过程，而实际的土壤修复也需要根据情况将这三类方法联合或组合使用，因此上述关于污染土壤的修复分类仅仅是一种相对的划分。

第二节 污染土壤修复的理论基础

一、重金属污染土壤修复的理论基础

重金属在土壤中的行为与归宿备受人们的关注。一些矿物和土壤中一些有机质对某些重金属元素的吸附固定、变价元素的氧化与催化，影响和决定着它们在土壤和沉积物中的浓度、形态、化学、价位、生物毒性及进入水生和陆生生态系统食物链的数量和速度。

1. 物理作用

土壤溶液中重金属离子和络合离子可以随水迁移至地面水体，而更多的是重金属可以通过多种途径被包含于矿物颗粒内或被吸附于土壤胶体表面上，随土表径流或以尘土飞扬的形式而被机械搬运。

2. 物理化学作用

土壤环境中的重金属污染物与土壤无机胶体结合，发生非专性吸附或专性吸附；或被

土壤中有机胶体络合或螯合；或者由有机胶体表面吸附；另外，重金属化合物的溶解和沉淀作用是土壤环境中重金属元素化学迁移的重要形式，它主要受土壤 pH、Eh 和土壤中存在的其他物质（如富里酸、胡敏酸）的影响。

3. 生物作用

土壤环境中重金属的生物迁移，主要是指植物通过根系从土壤中吸收某些化学形态的重金属，并在植物体内积累起来。另外，土壤微生物的吸收及土壤动物啃食重金属含量较高的表土，也是重金属发生生物迁移的一种途径。生物迁移是构成土壤污染修复重要的理论基础。需要指出的是，土壤中重金属元素的生态效应与其总量关系不大，主要受重金属元素的生物可利用性的影响。

另外，土壤微生物与重金属行为之间的关系也构成污染土壤修复的一个理论基础。目前，在利用细菌降低土壤中重金属毒性方面已经有了许多尝试。据研究，细菌产生的特殊酶能还原重金属，且对某些重金属有亲和力。托马斯（Thomas）等人认为，微生物能通过主动运输在细胞富集重金属，同时微生物通过对重金属元素的价态转化或通过刺激植物根系的生长发育影响植物对重金属的吸收。微生物也能产生有机酸、提供质子及重金属络合的有机阴离子。因此，当污染土壤的植物修复技术兴起时，微生物学家也将研究重点投向根际微生物，他们认为菌根和非菌根根际微生物可以通过溶解、固定作用使重金属溶解到土壤溶液中，进入植物体，最后参与食物链传递，特别是内生菌根可能会大大增强植株对重金属的吸收能力，提升植物修复土壤的速率。

二、有机污染土壤修复的理论基础

土壤既是污染体的载体，也是污染物自然净化的场所。当污染物进入量超过土壤净化能力时，导致土壤污染。土壤污染可能造成食物链、地下水和地表水的污染。例如，有的污染物可被吸收富集。一些水溶性的污染物可随土壤水渗滤到地下水，造成地下水的污染；一些污染物可吸附于悬浮物，随地表径流迁移，造成地表水的污染，有时甚至渗入地下水；还有许多污染物能够挥发进入大气，造成大气污染。因此，土壤污染常常是重要的二次污染源。有机污染物在土壤中的环境行为首先是由其自身性质决定的，如疏水性、挥发性和稳定性等。同时，环境因素也会对其产生重要的影响，如土壤的组成和结构、土壤中微生物的状况、温度、降雨及灌溉等。

可将有机污染物在环境中的迁移转化行为大致分为机械、物理化学和生物三方面作用。了解污染物进入土壤后的迁移转化规律可以选择相应的控制措施和途径提供理论参考和实践依据，也可为制定相关的法律、法规提供依据。

1. 物理作用

有机污染物在土壤相和水相之间的分配作用总的来说是一种吸着关系。吸着作用是一种表观吸附现象。对有机化合物来说，吸着作用最主要的两类反应是吸附和分配。

吸附是指有机物在固相上的表面现象，它包括物理化学范畴内的物理吸附和化学吸附。分配是指在水溶液中土壤有机质对有机化合物的溶解作用。而一般也将吸着习惯称作

"吸附"。土壤对有机污染物吸附能力的强弱与土壤性质有关。土壤中黏土矿物的种类和数量不同，对污染物的吸附作用也不同。土壤有机质和各种黏土矿物对污染物吸附能力由大到小的顺序为：有机胶体、烟石、蒙脱石、伊利石、绿泥石、高岭石。在同一类型的污染物品种中，污染物的分子越大，吸附能力越强。污染物在水中的溶解度越低，它在土壤中的吸附能力也越强。

2. 化学作用

污染物在土壤中的挥发是污染物从土壤直接转移到大气中的一种常见过程，是污染物在土壤多介质环境中跨介质循环的重要环节之一。土壤中有机污染物的挥发主要发生在地表，受到较多因素的影响，例如，有机物的蒸汽压、温度、扩散系数、其被引入土壤的方式和土壤的吸附作用，以及土壤表面的气流状况等。研究证实了一系列农药从土壤表面的挥发，证明挥发速率随着化合物浓度、空气流速、温度和化合物的蒸汽压的增加而增加。而且温度每升高10 ℃，挥发性将增大4倍。有人对随污泥进入土壤中的氯苯类化合物的环境行为进行了研究，结果表明：挥发是其消失的主要途径。笔者因此提出氯苯的散失过程存在着二步一级动力学。其解释为：刚随污泥施入土壤中的氯苯被土壤吸附需要一段时间，开始时存在着大量游离的氯苯，因而挥发速率较快。随后氯苯逐渐由游离态变为吸附态，挥发速率趋于平缓。由于其他过程对氯苯消失的贡献并不显著，因而其消失过程实质上反映出挥发的动力学过程。

有机污染物在土壤中的非生物降解主要有光解、水解和氧化—还原三种形式。

（1）光解是指有机物接受太阳辐射能而引起的分解。光化学降解的强度取决于光作用的持续时间、光的波长、是否存在光敏化剂、pH和水的有无等。许多证据表明，光诱导转化对一些有机污染物从土壤中的消失起到了显著作用。

（2）土壤中有机污染物的水解主要有两种类型：一是土壤孔隙水中发生的反应（酸催化或碱催化的水解），二是发生在黏土矿物表面的反应（非均相的表面催化作用）。温度和pH对水解影响较大。

（3）一些有机污染物，尤其是一些农药，很容易在有氧或无氧的条件下进行氧化或还原反应。此类反应与土壤的氧化还原电位密切相关。当土壤透气性好时，其中氧化还原电位高，将有利于氧化反应的进行。反之，当土壤透气性差（如存在过多水分或淹水情况下），其中的O_2浓度降低，还原性物质增多，就会有利于还原反应。有机污染物在环境中的迁移转化作用，如表5-1所示。

表5-1 有机污染物在环境中的迁移转化作用

过程	主要反应过程
机械过程	扩散、沉降吸附分配、挥发、溶解、水解
物理化学作用	光转化/降解、氧化还原
生物作用	生物积累、生物转化、生物降解

3. 生物作用

对于憎水有机污染物，因其具有低水溶性、高脂溶性的特点，一旦进入土壤就极易吸附于有机质上,通过植物吸收和土壤生物的富集作用,使污染物进入生物体内,并通过食物链的生物放大作用达到生物体的中毒浓度。生物富集因子(BCF)是用来评价一种化学物质被生物富集时可能达到的程度指标。有机物在生物体内的积累浓度与有机物的水溶性、不同生物体的脂肪含量、生物体的年龄等因素有关。对同一种化合物来说,BCF 主要决定于不同生物体的脂肪含量。例如,同一种氯代有机化合物在鱼体的不同部位浓度不同,这与鱼体各部分的类脂物的含量有一定关系。一般来说,鱼体各部分的类脂物含量越高,有机物在其中的浓度就越高。

有机污染物在植物中的分布和迁移通常是不一样的。例如,TNT 容易在植物根部富集;六氯苯则可被根和叶吸收,但观察不到它们在植物体内的迁移;三氯乙酸也可被根和叶吸收,且污染物会在根和叶之间发生双向迁移。国外有人研究了杂交杨树对三氯乙烯(TCE)的修复,结果发现杂交杨可有效吸收 TCE,并且可把它降解成三氯乙醇、氯代酮,最后降解成 CO_2。在多氯联苯(PCBs)被龙葵毛根吸收后的代谢转化情况中,发现有 72% 的 PCBs 发生了转化,其中单氯联苯的代谢产物为单羟基氯代联苯和双羟基氯代联苯,二氯联苯的代谢产物为单羟基二氯联苯。

土壤中微生物在许多有机污染物的中间和最终降解过程中起到了很大作用。环境条件影响有机污染物的生物降解,一般是通过影响微生物活性而起作用。微生物对污染物分解速度取决于污染物的种类、土壤的水分含量、氧化还原状态、土壤微生物种类及其数量等。温度对土壤中微生物的活性影响很大。一般来说,在 0~35 ℃温度范围内,增高温度能促进细菌的活动,适宜温度通常为 25~35 ℃。土壤的水分含量对微生物活性也有较大影响,它使微生物生长旺盛,同时可降低吸附作用,使得有机污染物的传质系数增大,生物利用率增高。另外,土壤中的有机污染物能否被生物降解,还与土壤中微生物的菌株有关。微生物暴露于有机物之后,易产生适应,称为生物降解增强作用。这是一种普遍的现象。已有生化实验证明,发生作用的是一些相似的微生物菌株或基因,人们正在试图运用培养菌株或生产酶的方法来治理和恢复已受污染的土壤。

第三节 污染土壤修复的技术体系

一、污染土壤的物理修复

(一)重金属污染土壤的物理修复技术

1. 工业矿物固定化技术

工业矿物具有隔热性、耐酸碱性、润滑性、吸附性、膨胀性等多种独特的物理、化学性能。工业矿物治理重金属污染土壤的基本原理:利用一些矿物具有较大的内、外表面和较强的吸附能力,与土壤中的重金属发生离子交换作用,固定土壤中的重金属,达到防止

农田土壤污染修复

重金属在土壤中迁移，进入植物体内的目的。由于一些矿物黏结性强、膨胀性好、可塑性强，在遇水时膨胀，形成一种灵活的封闭屏障，可防止污染物渗透进入无污染地区，保护地下水免遭污染地区有害金属的渗入。目前，应用于重金属污染土壤的工业矿物主要有膨润土、沸石、海泡石、坡缕石等。利用废矿渣治理重金属污染土壤，还可达到"以废治废"的目的。利用工业矿物的吸附性能、离子交换性能、防渗性能等对重金属污染土壤进行治理是一种有效的方法，可望降低治理费用且适用于现场操作，是治理重金属污染土壤技术的一个重要发展方向。我国有关利用工业矿物治理重金属污染土壤的研究还处于起始阶段，相关的作用机制和实际应用效果还有待进一步研究与评估。

2. 电动力学技术

电动力学修复是20世纪90年代后期发展起来的一项土壤修复新技术，其基本原理是在被污染的土壤两端加上低压直流电流，利用电效应，阳极室水电解产生H^+在电迁移和电渗透流的作用向阴极移动，引起土壤中pH下降，抑制土壤对金属离子的吸附并促进其向阴极迁移，重金属污染物迁移到阴极后，可通过电沉淀或与离子交换树脂混合等方式去除，阴极区产生的OH^-向阳极迁移会引起阴极附近pH上升，进而造成迁移到阴极区的重金属离子的再沉淀，从而得到分离。此方法特别适用于其他方法难以处理的透水性差的黏土类土壤。

与传统的土壤修复技术（如清洗法）相比，电动力学修复具有人工少、成本低、接触毒害物质少、使用安全、经济效益高等优点。与化学修复等相比，该技术更适合于治理渗透系数低的黏土；与生物修复技术优化组合可成为高效"绿色"修复技术。

3. 热修复技术

热修复技术是利用污染物的挥发性，采用加热方法将汞或蒸汽压大的有机物从土壤中解吸出来的一种方法。在处理土壤时，首先将土壤破碎，向土壤中加入能够使汞化合物分解的添加剂，然后再分两个阶段通入低温气体和高温气体使土壤干燥，去除其他易挥发物质，最后使土壤汞汽化，并收集挥发的汞蒸汽。

（二）有机污染土壤的物理修复技术

土壤、地下水的有机污染物是目前人类面临的又一大环境挑战。调查表明，目前土壤、地下水中的主要有机污染物包括石油、农药、多环芳烃、氯芳烃等。主要采用的技术包括挖掘填埋法、通风去污法、化学焚烧法、化学清洗法、超临界萃取法、光化学降解法、化学栅防治法和生物修复法（原位修复、异位修复和原位—异位联合治理法）。

（1）通风去污法。

① 气体抽排去污法（SVE）。

这是一种通过强制新鲜空气流经污染区域，将挥发性有机污染物从土壤中解吸至空气流，并引至地面上处理的原位技术（图5-2）。主要过程：在待污染土壤中打井，通过鼓风机和抽真空机，将空气（空气中加入氮、磷等营养元素，为土壤的降解菌提供营养物质）强行注入土壤中，然后再抽出，土壤中挥发性毒物也随之去除。大部分沸点低、易挥发的有机物直接随空气一起抽出，在微生物的作用下，并通过抽提过程中不断加入的营养物质，促进有机污染物的降解、矿化。SVE不仅适用于处理小分子石油组分，而且适用于修复原油重组分污染土壤。

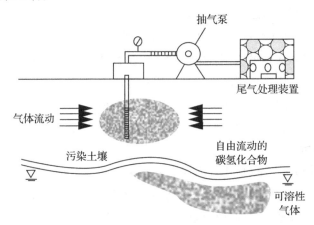

图5-2　土壤抽提系统示意图

② 空气喷射技术（air sparging，AS）。

空气喷射技术是与SVE互补的一种技术。其目的是去除在水位以下的地下水中溶解的有机化合物，通过将新鲜空气喷射进饱和土壤中，由于浮力的作用，空气逐步向原始水位上升从而达到去除化学物质的目的。它与传统的抽出处理（pump and treat）方法相比，AS不需要抽出大量的地下水进行处理，降低了动力消耗及处理成本。通过向地下水中提供氧气，为有机物有氧生物降解创造了条件，快速降低地下水中污染物的浓度，修复时间缩短和成本较低。该技术主要修复被非水相液体（NAPLs），特别是挥发性有机物（VOCs）污染的饱和土壤和地下水（图5-3）。

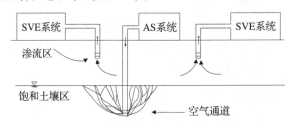

图5-3　污染土壤修复的空气喷射技术

（2）电动力学技术。

在电动力学作用下，土壤和地下水中的有机物可以被直接迁移至设定的处理区，处理区含有吸附剂、催化剂、微生物和氧化剂等，从而除去有机污染物。研究表明，以活性炭为处理区，99%的对硝基苯能够被去除。电动力学修复技术发展趋向将电动力学技术与生物修复技术优化组合。通过电动力学方法有效地将营养物质输送至土壤微孔中，从而促进微生物的生长，提高土壤有机污染物降解效率。

二、污染土壤的化学修复

1. 重金属污染土壤的化学修复技术

（1）药剂稳定化技术。

药剂稳定化处理是指在废弃物中加入某种化学药剂，使废物中的有害成分经过变化或被引入某种稳定的晶格结构中。用人工合成的高分子螯合物捕集废物中的重金属的研究正在展开。对某些重金属污染土壤，可通过农艺措施加入石灰性物质，提高土壤的pH，使重金属生成氢氧化物沉淀；施用磷酸盐类物质可使重金属形成难溶性磷酸盐；对于重金属污染的酸性土壤，施用石灰、高炉灰、矿渣、粉煤灰或碱性物质，或配施钙镁磷肥、硅肥等碱性肥料，提高土壤pH，降低重金属的溶解性，从而有效降低植物体内的重金属浓度。钙镁磷肥与石灰配施效果优于单施石灰。在重金属污染的碱性土壤中，如碳酸盐褐土，含石灰高，土壤中有效磷易被固定，不宜施用石灰等碱性物质，而施用 K_2HPO_4 可使重金属形成难溶性磷酸盐，还可增加有效磷含量，治理效果较显著。施用石灰硫黄合剂、硫化钠等含硫物质，能使土壤中重金属形成硫化物沉淀。

（2）溶剂清洗技术。

清洗法就是用清水或含有能增加重金属水溶性的某些化学物质把污染物冲至根外层，再用含有一定配位体的化合物或阴离子与重金属形成较为稳定的络合物或生成沉淀而达到修复的目的。对该技术而言，筛选和研制高效的冲助剂尤为重要。有研究表明，对于镉污染土壤及胺、醚和苯胺等碱性有机污染土壤，冲洗助剂可选择酸液；对于锌、铅和锡等重金属污染的土壤以及氰化物和酚类物质污染的土壤，可用碱溶液作为冲洗助剂。乌尔林斯（Urlings）等报道采用稀盐酸溶液作为冲洗助剂应用于镉污染土壤的修复，2年内使 30 000 m^3 的土壤得到了治理，土壤镉的含量从 20 mg/kg 以上降到 0.5 mg/kg 以下。

溶剂清洗技术较适用于轻质土壤，如砂土、砂壤土、轻壤土等，对清除重金属污染效果较好，但易造成地下水污染及土壤养分流失，影响土壤理化性质与肥力。

2. 有机污染土壤的化学修复技术

（1）化学清洗。

化学清洗法是指一定化学溶剂清洗被污染的土壤，将污染物从土壤中洗脱下来，从而达到去除污染物的目的。例如，用有机溶剂萃取修复 P，P'2DDT、P，P'2DDD、P，P'2DDE 等农药污染的土壤，以甲醇与2-丙醇等作为萃取溶剂，研究发现在溶剂：土壤为1:6时农药去除效果达到99%。此外，各种类型的表面活性剂也常常被用于有机污染土壤的化学清洗。

（2）光化学降解法。

光化学降解法在20世纪80年代后期开始用于环境污染控制领域。由于该技术能有效地破坏许多结构稳定的生物难降解的有机污染物，与传统的处理方法相比具有高效、污染物降解完全等优点，日益受到重视。目前该方法主要用于水污染的防治，用于土壤污染的治理集中在农药的降解研究上。目前，国内这方面的研究工作做得较多，最近出现的一种光触媒法值得关注（主要用于室内污染气体的降解）。

（3）超临界萃取法。

超临界流体萃取（supercritical fluid extraction，SFE）是通过改变气体（常用 CO_2）的温度、压力，使其处于超临界状态，形成一种介于液体和气体之间的流体。这种流体不仅有较高的溶解能力和选择性，而且通过调节温度、压力即可从萃取物中将 CO_2 分离出去，易于实现自动化连续生产。近年来，该技术被引入土壤修复中。有人将超临界萃取装置用于土壤中多氯联苯的解吸研究，结果表明在 40 ℃、101×10^5 Pa 下，萃取 30 min 可去除 92% 的 PCBs。同时，对温度、压力、共溶性、土壤类型、含水量对解吸的影响进行了研究。

（4）化学栅。

化学栅是近十年来开始受到重视并应用于防治土壤、地下水的新方法。该方法是将既能透水又具有吸附或沉淀的固体化学材料置于废弃物或污染堆积物底层或土壤次表层的蓄水层，使污染物留在固体材料内，从而控制污染物的扩散，净化污染源。根据化学材料的理化性质，将化学栅分为沉淀栅、吸附栅和既有沉淀作用又有吸附作用的混合栅。去除有机污染物的吸附材料大多为活性炭、泥炭、树脂、有机表面活性剂和高分子合成材料等。根据不同的污染类型，可分别采用不同的化学栅：重金属污染物采用沉淀栅；有机污染物采用吸附栅；存在重金属、有机复合污染，采用联合栅。

化学栅的应用还有很多问题有待进一步解决。一是化学栅的老化，即化学栅失去其沉淀或吸附能力，对化学栅老化的预测非常重要但又非常困难；二是地下水的建模。因为化学栅的作用与地下水的流向、流速、流量紧密相关，地下水模型的建立又同污染点的地质情况、水文状况有关联，解决这些问题都有较大难度，因此化学栅的应用受到一定限制。

综上所述，化学治理方法存在较为明显的缺陷：费用高，可能对环境造成二次污染，可操作性差；对于大规模的土壤污染，化学治理方法存在具体运作上的困难。

三、污染土壤的生物修复

迄今为止，污染土壤的生物修复技术主要有两类：原位生物处理技术和地上处理技术（又称异位处理技术）。原位修复技术包括投菌法、生物培养法、农耕法、植物修复法等多种修复技术。原位修复技术不需要将土壤挖走，其优点是：费用较低、易实施。通常采用向污染区域投放氮、磷等营养物质或供氧，促进土壤中依靠有机物作为碳源的微生物的生长繁殖，或接种经驯化培养的高效微生物等方法，利用其代谢作用达到消耗某些有机污染物的目的。

许多国家应用这种技术处理被石油污染的土壤，取得了较好的效果。例如，美国犹他州空军基地对航空发动机油污染的土壤采用原位生物降解方法，处理过程：喷湿土壤，使土壤湿度保持在 8%～12%，同时添加氮、磷等营养物，并在污染区打竖井抽风，以促进空气流动，增加氧气供应。经过 13 个月后，土壤中平均油含量下降了 90%。在原位修复技术上也有通过种植特种植物有针对性地吸收和富集某些重金属污染物的方法。

地上生物处理法则需要将污染土壤挖出，集中起来进行生物降解。可以设计和安装各种过程控制器或生物反应器以产生生物降解的理想条件。这样的处理方法主要包括生物反应器法、预制床法、土壤堆肥法和生物泥浆法。地上生物处理法由于处理成本高，一般只适用于污染含量极高、面积较小的土壤。

在生物修复中，土壤微生物降解为主的修复技术为研究热点。微生物降解有机化合物的巨大自然容量是生物修复的基础。土壤中的微生物具有范围很宽的代谢活性，因此消除污染物的一个简单方法就是将污染物或含有这些污染的物质加到土壤中去，依靠土壤中的土著微生物群落降解。反过来，对于被污染的土壤，也可以通过提高土壤微生物的代谢条件，人为地增加有效微生物的生物量和代谢活性，或者添加针对性的高效微生物来加速土壤中污染物的降解过程。

生物修复中，可以用来接种的微生物从其来源可分为土著微生物、外来微生物和基因工程菌；从其微生物物种类型可分为细菌和真菌。通常土著微生物与外来微生物相比，在种群协调性、环境适应性等方面都具有较大优势，因而常作为首选菌种。国外在特定污染土壤中进行针对性土著降解菌的筛选和应用已经进行了多年，特别是在油田及石油类污染土壤的微生物降解技术的研究与应用方面取得了很大进展。

（一）重金属污染土壤的生物修复技术

生物修复是近年来发展起来的用于治理土壤重金属污染的一门新技术。其生物学机制是通过植物、微生物及其他生物对土壤重金属污染物转化或富集，从而达到清除污染物的目的。这项技术充分利用了生态系统的自净作用，减少了对土壤环境的扰动。同时，对土壤与周围生态环境也有了积极的促进作用。

1. 微生物修复

微生物修复重金属污染土壤的机制主要包括细胞代谢、表面生物大分子吸收转运、生物吸附、空泡吞饮、沉淀和氧化还原反应等。通过生物吸附和富集作用、溶解和沉淀作用、氧化还原作用、菌根真菌等影响土壤重金属的生物有效性。因此，利用土壤微生物的富集和转化作用来治理重金属污染土壤也是一条高效而具有发展前景的生物修复途径。

（1）根修复。

国内外许多研究表明，菌根在修复重金属污染土壤方面发挥着特殊作用，在土壤中菌根及其庞大的菌丝体网可以分泌大量的生物化学物质，改变植物根际环境及重金属的存在状态或降低重金属的毒性；还可以通过植物体内的累积及菌根真菌菌丝体的螯合等各种机制，实现对重金属的提取和固定，达到菌根重金属修复的目的。具有抗重金属特性的菌根菌剂可以改良土壤，在逆境条件下，菌根对于植物抵抗重金属的伤害非常重要，而在正常情况下，菌根可以增加植物对污染土壤中重金属的吸收。对于菌根耐重金属的机制，有人认为被菌根大量吸收的重金属并非像其他营养元素一样流向植物体的地上部分，而是在菌根真菌的作用下聚集、固定在菌根内。因为菌根具有较强的络合重金属的作用，其真菌细胞壁分泌的黏液和真菌组织中的聚磷酸、有机酸均能络合重金属，从而减少重金属向地上部分的转运量。

菌根是自然界中非常普遍的现象，通常认为大多数生长在自然状态下的植物都能形成菌根。菌根真菌在活的植物根上发育，从根部获得必需的碳水化合物和其他一些物质的同时，也为植物根系提供植物生长所需的营养和水。由于菌根表面菌丝体向土壤中的延伸，极大地增加了植物根系吸收的表面积，有的甚至可使根表面积增加几十倍，这种作用增强了植物的吸收能力，当然也包括对根际圈内污染物的吸收能力，在污染土壤修复中起着重要作用。

菌根植物的根系通过根面上菌丝与根际圈内的重金属接触从而对重金属产生吸收、屏障和螯合等直接作用。同时，内生菌根真菌对重金属污染土壤的修复还表现在间接作用方面，即真菌侵染植物根系后改变根系分泌物的数量和组成，进而影响根际圈内重金属的氧化状态，同时也能使根系生物量、根长等发生变化，从而影响重金属的吸收和转移。此外，外生菌根真菌对重金属的吸收作用也具有与内生菌根类似的情形，但对重金属的屏障作用，因菌套的形成而较为明显。尽管这种保护机制尚不清楚，但一般认为是菌根的菌套及菌丝体本身对重金属起了物理阻碍作用，阻止重金属向植物体内转移。

（2）微生物修复。

细菌是根际圈中数量最大、种类最多的微生物，其个体虽小，但它是最活跃的生物因素，在有机物的分解和腐殖质的形成过程中起着决定性作用。根际圈内细菌有三种存在方式：一是能与植物根系共生，如根瘤菌等细菌；二是生长于根面的细菌；三是根系周围的细菌。

由于根的分泌活动及其残体的脱落，使得根际圈内细菌旺盛的生命活动显著高于根际圈外的细菌。细菌对重金属具有较强的吸附能力，吸附能力的大小因细菌种类不同而有差异，且受生长环境如 pH 的影响。根瘤菌及根面细菌对重金属的吸附可能是植物"回避"及耐性机制之一，而根际圈细菌对重金属的吸附，可以降低其可移动性和生物有效性，从而对污染土壤起到修复作用。

含金属硫蛋白（metallothionein）基因的工程菌或具有金属硫蛋白的野生型酵母菌，具有摄取某些重金属的特性，通过吸收金属离子至细胞内以诱导细胞合成结合金属的巯基蛋白，增强对重金属离子的抗性，故可以用于土壤中重金属的富集、回收及清除。

2. 动物修复

蚯蚓通过自身富集和促进植物吸收重金属，在污染土壤修复中具有应用潜力。研究发现，蚯蚓活动明显提高了土壤中重金属的生物有效性。蚯蚓可能通过提高重金属的生物有效性而间接影响植物对重金属的修复效率。当然，不同重金属种类、浓度，以及不同土壤类型条件下蚯蚓的效应及作用机制尚待进一步深入探索。

国外有研究者采用蚯蚓和蠕虫处理城市下水道污泥中的重金属。经过 3 个月的堆肥处理后，结果表明：与对照相比，积累在蚯蚓体内的重金属含量非常高——Cu 12 倍、Pb 10 倍、Cr 8 倍、Zn 7.5 倍、Ni 6 倍、Cd 4.5 倍、Mn 3.5 倍和 Co 1.6 倍；蠕虫堆肥除 Fe 浓度增加之外，重金属降低幅度为 Mn 92%、Zn 89%、Cu 90%、Cr 88%、Pb 87%、Cd 86%、Ni 51% 和 Co 42%。

(二) 有机污染土壤的生物修复技术

土壤、地下水的有机物污染是目前人类面临的又一大环境挑战。调查表明，目前土壤、地下水中的主要有机污染物包括石油、农药、多环芳烃、氯代烃等。主要采用的技术包括挖掘填埋法、通风去污法、化学焚烧法、化学清洗法、超临界萃取法、光化学降解法、化学栅治理法和生物修复法（原位修复、异位修复和原位—异位联合治理法）。

生物修复是利用生物的生命代谢活动来减少环境中有毒有害物质的浓度或使其完全无害化，使污染的土壤环境部分或完全恢复到原初的状态。该方法有着物理、化学治理方法无可比拟的优越性：处理费用低，处理成本只相当于物理、化学方法的 $1/3 \sim 1/2$；处理效果好，对环境的影响低，不会造成二次污染，不破坏植物所需要的土壤环境；处理操作简单，可以就地进行处理。

生物修复技术主要有 3 种：原位修复、异位修复和原位—异位联合修复。

1. 原位修复技术

（1）投菌工艺。

直接向污染土壤接入污染物高效降解菌，同时提供降解菌生长所需要的营养物质，就地降解污染物。李顺鹏等 10 多年来一直致力于农药高效降解菌的研究与应用，所研制的降解菌剂成功地应用于污染农田、农作物农药降解，对土壤中有机磷、氮、菊酯等主要农药的去除率均在 80% 以上，对甲胺磷的去除率在 95% 以上。

（2）土地耕作处理。

污染物的土地耕作处理是现场处理的主要形式之一，该方法在受污染的土壤中施加肥料，进行灌溉，加入石灰，定期耕作使废物与营养盐、细菌和空气充分接触，使上部 $30 \sim 100$ cm 处理带保持好氧状况，保证生物降解在土壤各个层面上都能发生。降解过程中所用的微生物多为土著微生物，要提高效果还可引入驯化的微生物。这种方法结合农业措施，经济易行，通常处理 1 吨污染土壤不超过 300 元，是最低廉的处理方法。在用于处理石油工业废物及生活污泥时，可在短短几个月时间内使石油浓度从 70 000 mg/kg 土壤（7% 的重量）降低到 $100 \sim 200$ mg/kg 土壤。

美国环保局于 1989 年在阿拉斯加威廉王子海湾实施的原油污染生物清消项目，采用的就是生物耕作法。他们在 80 km 的海滩上施用了氮磷肥料，不到 20 d 原油便全部消失。但该方法处理速度较慢，污染物有可能从处理区转移。因此，一般对土壤通透性较差、土壤污染较轻、污染物较易降解的情况效果较好。

（3）生物通气工艺。

在污染的土壤上打至少两口井，安装上鼓风机和抽真空机，将空气强排入土壤，然后抽出，土壤中有毒挥发物质也随之去除。在通入空气时另加一定量的氮素，为微生物提供氮源增加其降解污染物的活性。该方法与通风去污法有相似之处，但它强化微生物的作用。

美国犹他州针对航空发动机油污染的土壤，采用原位生物降解，在污染区打竖井，通过竖井抽风，经过 13 个月后土壤中平均油含量由 410 mg/kg 降至 38 mg/kg。

对农药污染土壤，研究表明在土壤中接种甲烷氧化菌，然后向污染土壤中通入含甲烷

1%~8%（最佳比例2%~5%）的空气，甲烷氧化菌产生的甲烷单加氧酶，能有效对难解有机氯化物进行脱氯。该工艺对毒杀酚、艾氏剂、林丹、氯丹、DDT、DDE、DDD、七氯等多种农药均有很好的修复效果。

(4) 农耕。

对污染土壤进行耕耙处理，施入肥料，水灌，加入石灰调节酸度，使微生物得到最适宜的降解。该方法费用低、操作简单，但污染易扩散，故主要适用于土壤渗透性差、土壤污染较浅及污染物又易降解的污染区。农耕修复通常与植物种植结合。有报道美国采用玉米与马铃薯修复莠去津和氟乐灵（两种除草剂）污染的土壤。

2. 异位修复技术

(1) 预制床工艺。

在不泄漏的平台上铺上石子和砂子，将受污染的土壤以15~30 cm的厚度平铺在平台上，加上营养液和水，必要时加上表面活性剂，定期翻动充氧，处理过程中渗滤的水回灌于土层上。该方法实质上是农耕法的一种延续，但须改用预制床以防止污染物的迁移扩散。

(2) 堆肥工艺。

堆肥工艺是传统堆肥与生物修复的结合，它依靠微生物使有机物向稳定的腐殖质转化。一般是将污染土壤和一些易降解的有机物，如粪肥、稻草、泥炭等混合堆制，加石灰调节酸度，进行发酵使大部分污染物降解。

M. R. Grace 公司开发了原位、异地 Daramend 堆肥工艺。通过将堆料循环地进行好氧和厌氧堆肥过程，添加 Daramend 调理剂、水和多种金属元素，利用好氧和兼性的土著微生物消耗氧气，形成强还原性厌氧环境，进行还原脱氯反应。土壤中水分蒸发以后，土壤饱和度下降，其中疏松的孔隙中有空气进入，恢复好氧环境，加快反应速度。Daramend 工艺已被成功应用于加拿大安大略省一处有机氯农药土壤的修复。结果表明，该工艺对 DDT、DDD、DDE、2,4-D 去除率均大于 99.5%；它还成功地原位恢复了美国南卡罗来纳州一处被毒杀酚和 DDT 污染的土地。

(3) 生物反应器。

把污染土壤移到生物反应器中，加3~9倍的水混合使之呈泥浆状，再加入必要的营养物质和表面活性剂，鼓入空气与搅拌，使微生物与污染土壤充分混合、降解，处理后的土壤与水分离后再填回原地。反应器可控制为好氧或厌氧条件。该方法处理效果和速度都优于其他方法，但费用较高，工业化应用较少。

据报道，由美国爱达荷大学和 J. R. Dimplot 公司联合开发了 SABRE（simplot anaerobic biological remediation）工艺已成功地应用于硝基的芳香族化合物降解，如地乐酚（硝基丁酚）和 UCU 等污染土壤修复。

其工艺过程为：挖掘出的污染土壤先经过振动筛，将直径较大的岩石和碎片从土壤中分离出来，用水洗涤出污染物后回填，洗涤液进反应器处理；筛分过的土壤经均匀化处理后也置于反应器中处理。反应器中投加磷酸盐作为缓冲溶液，使泥浆 pH 始终保持中性。

由于硝基酚类物质好氧分解的产物有毒，反应在厌氧的条件下进行。Simplot 公司用淀粉作为培养基消耗反应器中的氧气，来创造绝对厌氧环境（氧化还原电位为 –200 mV）。培养基中还添加氮素、一定数量的异养菌和分解淀粉的菌类。水、土壤和培养基混合后的体积占反应器容积的 75%，设有搅拌器，使高浓度泥浆处于混合状态。

该工艺成功应用于一块废弃农用场地的地乐酚污染土壤的修复。结果表明：23 d 地乐酚的浓度低于 0.03 mg/L 监测线，去除率大于 99.88%；硝基苯胺的浓度也低于 0.75 mg/L 监测线，去除率大于 88.6%。

（三）污染土壤的植物修复

植物修复（phytoremediation）是指利用特定植物实施污染环境治理的技术，通过植物对重金属元素或有机物质的特殊富集和降解能力来去除环境中的污染物，或消除污染物的毒性，达到污染治理与生态修复的目的（注：很多科研人员给植物修复下过定义，由于视角不同，给出的定义内容可能有所差别，如植物修复也可包含利用一些耐性树种用于特定污染大气环境治理）。

利用植物实施污染土壤修复的理论思想并不新颖，人们很早就认识到一些水生植物（如凤眼莲、浮萍等）能够吸收污染水体中的 Pb、Cu、Cd、Fe 和 Hg 等重金属元素。在20 世纪 50 年代，俄罗斯就运用半水生和水生生态系统处理对放射性元素污染水体进行了大量研究。然而，直到 20 世纪 90 年代，随着大量超积累植物的发现及对其超积累机制的深入研究，人们才逐渐认识到超积累植物在污染环境修复中的作用。

最早实地应用植物修复技术的是美国园艺学家达德利·赫施巴赫（Delbert Hershbach），他将十字花科植物印度芥菜（*Brassica juncea*）种植在他的农场，结果土壤中的 Se 含量降低，几年后就能种植观赏植物。随后几年，国际上掀起一股研究植物修复技术的热潮，在密苏里大学召开的第一次有关植物修复的国际会议上，有 250 多位生物化学家、植物生理学家、生态学家和土壤学家等科研人员参加。

近年来，国际上在植物修复领域取得了重要进展，尤其是植物超积累镍、铝、砷机制等方面研究成果已在著名学术刊物 *Nature* 与 *Science* 上发表，1999 年 CRC 开始出版 *International Journal of Phytoremediational*。与此同时，国外在植物修复技术的开发和推广方面也做了大量开创性工作，陆续成立了一些植物修复公司，植物修复的应用范围已从污染土壤和水体拓展到大气。如与重金属超积累植物（hyperaccumulator）相似，超同化植物（hyperassimilator）能超量吸收并同化大气环境中的 SO_2 和 NO_x。除无机气态污染物之外，植物也被用来去除空气中的苯、甲苯和三氯乙烯等有机污染物。

近年来，植物修复理论与实践的蓬勃发展赋予植物修复技术以新的内涵。根据近年来国内外研究现状和发展趋势可将植物修复定义为：直接利用绿色植物在原位去除或控制土壤、沉积物、污泥、固体废弃物、地表水、地下水和大气环境中的污染物，如重金属、类金属、放射性元素和有机污染物（如杀虫剂、有机溶剂、炸药、原油和多环芳烃等），从而最大限度地降低其环境风险的一类环境友好技术。

植物修复的机制类型主要包括植物萃取、植物挥发、植物固定、植物过滤和水力泵技术。

(1) 植物提取 (phytoextraction)。

植物提取是目前研究较多的一种利用植物去除环境污染物的方法。主要是利用金属积累植物或超积累植物将土壤中或水体中的重金属转运到植物的地上部分，再通过收获植物（尤其是地上部茎叶）将重金属移走，以降低土壤或水体中的重金属含量。

超量积累植物是指某些具有很强的吸收重金属并运输到地上部积累能力的植物。金属积累植物则是指某些本身不具有超量积累特性但通过特殊过程或方法可以诱导出超量积累能力的植物。

因此，植物提取技术可分为两种：持续植物提取技术（continuous phytoextraction），即利用超积累植物吸收土壤和水体中的重金属；诱导植物提取（induced phytoextraction），即利用螯合剂促进植物吸收重金属。

运用持续植物提取技术实施污染土壤修复的关键是植物超积累或富集重金属的能力。室内实验和田间试验均证明超积累植物在重金属污染土壤修复方面具有极大的潜力。国外首次田间试验结果显示：超积累植物天蓝遏蓝菜（*Thlaspi caerulescens*）在土壤含锌444 mg/kg 时，地上部分锌含量是土壤全锌的 16 倍。若把土壤含锌量降低到 300 mg/kg 的欧盟允许标准，只需种植天蓝遏蓝菜 14 次即可。另外，依据研究成果，仅种植镍超积累植物 2 年就可以将中度镍污染土壤（含镍 100 mg/kg）镍含量降低到 59 mg/kg；对于含镍 250 mg/kg 的土壤也仅需种植 4 次就可以将土壤镍含量降低到欧盟允许标准（75 mg/kg）以下。

诱导植物提取适用于在土壤中极难移动的污染元素。通过施用螯合剂使土壤固相键合的金属释放，增加土壤溶液中的重金属浓度，大幅度提高植物对重金属的吸收和富集能力。由于已发现的超积累植物种类有限，而且生物量较小，因而螯合诱导植物提取比持续植物提取更引起人们的关注。已发现的具有高生物量的可用于诱导植物提取的植物有：印度芥菜、玉米和向日葵等。10 mmol/kg 的 EGTA 可使印度芥菜植株地上部分的镉含量提高 10 倍，达到 2 800 mg/kg，而 10 mmol/kg 的 EDTA 则可使印度芥菜地上部分的铅含量高达 1 500 mg/kg，并可显著促进铅从根系向地上部分运输。

螯合剂的施用可使玉米、豌豆地上部铅含量从小于 500 mg/kg 增加到大于 10 000 mg/kg。目前，除采用螯合诱导生物量大的作物实施植物修复之外，采用传统育种或基因工程技术培育性能优良的植物开展环境修复研究也已取得初步成果。植物在清除土壤放射性同位素方面也有良好的作用。例如，种植此类植物 3 个月可使土壤 ^{137}Cs 的放射性强度减少 3%，铵盐可以提高 ^{137}Cs 对该植物的有效性。

(2) 植物挥发 (phytovolatilization)。

植物挥发是利用植物去除环境中一些挥发性污染物，即通过植物及根际微生物的作用，将环境中挥发性污染物吸收到体内后又将其转化为毒性小的挥发态物质，释放到大气中，不需收获和处理含污染物的植物体。目前，在这方面研究最多的是非金属元素 Se 和金属元素 Hg。

利用携带有细菌 Hg 还原酶基因（merA）的植物去除土壤中的无机汞和甲基汞，这些植物能将根系吸收的 Hg 转化成低毒的 Hg,并从植物中挥发出来。一些农作物如水稻(*Oryza sativa*)、花椰菜(*Brasssica oleracea botrytis*)、卷心菜(*Braossica oleracea capitata*)、胡萝卜(*Daucus carota*)、大麦(*Hordeum vulgare*)和苜蓿(*Medicago sativa*)等及一些水生植物(如 *Myriophyllum brasiliense*、*Juncus xiphioides*、*Typha latifolia* 等)也有较强的吸收并挥发土壤和水体中硒的能力。

(3) 植物固定(phytostabilization)。

植物固定是利用耐性植物的机械稳定作用及吸收和沉淀作用来固定土壤中重金属,以降低其生物有效性和防止其进入水体和食物链,从而减少其对环境和人类健康的污染风险。重金属污染土壤植物固定技术的研究与实践,主要是对矿业废弃地、冶炼厂废弃物、清淤污染和污水处理厂污泥及各种污染土壤的复垦。英国科学家在废矿区种植重金属耐性植物,不仅能稳定矿山废物、恢复良好的植被,还筛选出三种草本植物用于不同重金属污染土壤的植物修复,并已将其商业化,即 *Agrostis tenuis*(Goginan)修复酸性铅锌废矿,*Festuca rubra*(Merlin)修复石灰性铅锌废矿,*Agrostis tenuis*(Parys)修复铜废矿。坎宁厄姆(Cunningham)等人发现某些植物可降低土壤中铅的生物有效性,缓解铅对环境中生物的毒害作用。此外,植物还可以通过改变根际环境(如 Eh 和 pH)来改变污染物的化学形态,减少重金属的迁移和运输,在这个过程中根际微生物也可能发挥作用。

(4) 植物过滤(phytofiltration)。

植物对水体重金属和类金属的去除主要是通过植物过滤作用来实现,而植物过滤包括根系过滤和种苗过滤两种方式。拉斯金(Raskin)(1994)指出,根系过滤是植物根部对毒害性金属元素的吸收、浓缩和沉淀,是比现行的化学法及微生物沉积重金属法更具吸引力的一种含重金属废水的处理方法。根系过滤主要是利用水生植物、半水生植物和陆生植物根系的吸收能力和巨大的表面积或利用整个植株来去除大面积水体中低浓度的金属元素,如 Pb、Cd、Cu、Fe、Ni、Mn、Zn、Cr^{6+} 和放射性元素,如 ^{90}Sr、^{137}Cs、^{238}U、^{236}U。研究表明,凤眼莲(*Eichhornia crassipes*)根系发达、生长快,能迅速大量地富集废水中 Cd^{2+}、Pb^{2+}、Hg^{2+}、Ni^{2+}、Ag^+、Co^{2+}、Sr^{2+} 等多种重金属。在乌克兰切尔诺贝利核电站旧址上进行的试验中,向日葵的根系成功地去除了池塘中的放射性污染物。最近研究表明,将幼小的陆生植物种苗用于水体中重金属的去除较根系的去除作用更强。因此,植物种苗对水中重金属的去除作用,即种苗过滤(blastofiltration)代表了第二代植物修复技术用于含重金属废水处理的发展方向。

(5) 水力泵技术(hydraulic pumping)。

污染物的水力学控制是利用一些根系深而发达的速生植物的强大蒸腾作用,将植物作为一种生物泵来减少地表污染物下渗进入地下水或流入地表水体。水力学控制的实际应用包括沿溪流、河岸种植植物,建立河岸廊道(riparian corridors)或环填埋场建立缓冲带(buffer strips)。此外,在垃圾填埋场地表可用植被覆盖(vegetative cover)来取代原来的黏土或塑料覆盖层,不仅减少填埋场地表的侵蚀和渗滤液的流出量,而且也有利于下层废物的降解。

1. 重金属污染土壤的植物修复技术

目前,重金属污染土壤植物修复主要是利用某些特定的植物对重金属超积累能力(或者重金属积累植物，辅以必要的调控技术手段）清除土壤重金属污染。

100多年来，科研人员对植物的无机组成和营养需求进行了大量研究，最初主要关注C、M、P和K等大量元素。随着分析手段的改进和仪器灵敏度的提高，人们开始关注微量元素和痕量元素。富含金属的土壤元素含量往往较高（微量元素200~2 000 mg/kg、痕量元素0.1~200 mg/kg），对植物生长的影响也随植物种类、元素种类和土壤理化性质而存在较大差异，可能使多数植物产生毒害，仅有极少数的耐性植物可以正常生长。某些植物体内重金属含量远远超其生理需求，不仅超过多数植物体内元素含量，甚至大大超过金属土壤生长的耐性植物水平。这些植物主要是一些地方性的物种，其区域分布与土壤重金属含量呈明显的相关性。

1948年，明古齐（Minguzzi）和瓦格纳（Vergnano）首次测定贝托庭芥（*Alyssum bertolonii*）植物叶片（干重）含镍达7 900 mg/kg。重金属污染土壤上大量地方性物种的发现促进了耐金属植物的研究，同时某些能够富集重金属的植物也相继被发现。1976年雅弗雷（Jaffre）首先引用"hyperaccumulator（超富集）"这一术语，1977年Brooks提出了超富集植物的概念，1983年，钱尼（Chaney）提出利用超富集植物清除土壤重金属污染的思想。超富集植物应具备以下特征。

① 植物地上部（茎、叶）重金属含量是普通植物在同一生长条件下的100倍，其临界含量分别为Mn与Zn 10 000 mg/kg, Cd 100 mg/kg, Au 1 mg/kg, Pb、Cu、Ni、Co为1 000 mg/kg。

② 植物地上部重金属含量大于根部该种重金属含量。

③ 植物的生长未受明显伤害且富集系数较大。而较理想的超富集植物还应具有生长期短、抗病虫能力强、地上部生物量大、能同时富集两种或两种以上重金属的特点。

迄今为止，在美国、澳大利亚、新西兰等国已发现能富集重金属的超富集植物500多种。其中，有360多种是富集Ni的植物。贝克（Baker）在欧洲中西部发现超积累Cd高达2 130 mg/kg的十字花科植物天蓝遏蓝菜。表5-2为世界各地已发现能富集重金属的超积累植物。

表5-2 世界各地已发现富集重金属的超积累植物

植物种	发现地	重金属含量/（mg/kg）				
		Cd	Pb	Cu	Zn	Cr
Thlapsi. carulescens	欧洲中西部	2 130	2 740		43 710	
Minuaritia verna	南斯拉夫		11 400			
T. Rotundi folim subsp	奥地利		8 200		17 300	
Aellanthus biformifoli	非洲砂贝哈			3 920		
Haumaniastrum robertti	非洲砂贝哈			2 070		
Dicoma nicolifera	津巴布韦					1 500
Sutera fodina	津巴布韦					2 400

在国内，中国科学院、浙江大学等单位先后发现了 As 超积累植物蜈蚣草（*Pteris vittata*），其叶片 As 含量高达 5 000 mg/kg；Zn 超积累植物东南景天（*Sedum alfredii*）地上部分 Zn 高达 19 647 mg/kg；另外，研究者还发现 Cd 超积累植物宝山堇菜（*Viola baoshanensis*），在自然条件下，宝山堇菜地上部 Cd 平均含量为 1 168 mg/kg，地上与地下部 Cd 含量平均比值为 1.32，Cd 的生物富集系数平均为 2.38。

（1）超积累植物种质资源。

超积累植物生长的土壤类型主要有：蛇纹岩、富硒土壤、碳酸锌矿和污染土壤。

起源于富含铁镁的超极性母岩的蛇纹岩广布于世界很多地区，Ni、Cr 和 Co 含量也较高。起源于富硒岩，特别是美国中西部白垩纪页岩的土壤硒含量一般大于 10 mg/kg，甚至超过 50 mg/kg。富含铅锌的碳酸锌矿通常也包含高含量的镉，有时砷和铜含量也很高。自然条件下铅锌矿物危害较小，但是矿山开采、运输和冶炼使得许多地区出现铅锌污染土壤，这从铅锌超积累植物的分布可得出结论。中非富含铜钴的地区土壤含铜量高达 1 000 ~ 60 000 mg/kg、含钴 300 ~ 15 000 mg/kg。

综合分析相关文献，结果表明：迄今发现超积累植物 480 种，广泛分布于约 50 个科，但绝大多数属于镍超积累植物（329 种）；铜超积累植物 37 种、钴超积累植物 29 种、锌超积累植物 21 种、硒超积累植物 20 种、铅超积累植物 17 种、锰超积累植物 13 种，其他超富集植物种类较少（表 5-3）。

表 5-3　目前已发现的超积累植物

金属	种数	科数
镍 Ni	329	38
铜 Cu	37	15
钴 Co	29	12
锌 Zn	21	7
硒 Se	20	7
铅 Pb	17	8
锰 Mn	13	7
砷 As	5	2
镉 Cd	3	2
铬 Cr	2	2
锑 Sb	2	—
铊 Tl	1	1
稀土元素	1	1
合计	480 种	—

（2）植物修复重金属污染土壤的应用。

应用超积累植物修复重金属污染土壤，在国内外已有大量的研究报道与应用实例。

美国 Edenspace 公司 1996 年成功地利用印度芥菜与 EDTA 结合修复铅污染的土地。通过灌溉施入 2 mmol/kg 的 EDTA，然后种植印度芥菜，21 d 后收割，在一个季节内收割 3 茬。结果表层土壤铅含量从 2 300 mg/kg 下降到 420 mg/kg；在 15~30 cm 土层内铅含量从 1 280 mg/kg 下降到 992 mg/kg。试验证明 EDTA 和印度芥菜结合修复污染土壤具有一定应用潜力。对利用各种技术治理一块 4.86 hm² 铅污染土地的成本进行了估测比较：其中挖掘填埋法为 1 200 万美元，化学淋洗法为 6 300 万美元，客土法为 60 万美元，植物提取法为 20 万美元，显示了植物修复技术的优势。在国内，中国科学院在湖南、广西等地建立了蜈蚣草修复 As 污染土壤的示范工程；中国科学院南京土壤研究所等在安徽建立美洲商陆修复 Cu 污染土壤的示范工程。

与"物化法"相比，植物修复技术具有明显的优势：处理费用很低，尤其适合在发展中国家应用；属于原位修复技术，具有保护表土、减少侵蚀和水土流失的功效，对环境影响小，可广泛应用于矿山的复垦、重金属污染土壤的改良；产生的废物量较少，且可以回收重金属。但也存在不足：超积累植物通常生物量低，生长缓慢；修复过程长；土壤环境对植物的修复效率有影响；植物对重金属的累积具有选择性；等等。

根据目前研究与实践情况预测，未来植物修复技术可能集中在以下方面开展研究。

① 进一步寻找和培育新的超积累植物。

② 多种重金属和重金属与有机物复合污染修复技术。

③ 转基因技术在土壤重金属植物修复上的应用。

④ 根际微生物与分泌物在根际环境中对重金属的有效性。

⑤ 化学与植物联合修复技术等。

将酵母金属硫蛋白基因的结构因子与 CaMV-35S 启动子远端捆绑，整合基因导入花椰菜，选育耐镉的花椰菜，结果发现：转基因花椰菜对土壤中镉的耐性比野生花椰菜提高 16 倍。有研究表明，根际分泌物具有降低 Cd 有效性的作用，减少植物对 Cd 的吸收作用。与超积累植物相反，筛选以体外抗性为主导机制的重金属排异植物，特别是农作物，减少其向可食用部位转移、积累，降低在食物链中的数量；对于人类寻找一种既对污染物有较高的抗性，又能保证生物产品具有较高安全性的方法，以及为污染土壤的再利用提供一条崭新的途径。

2. 有机污染土壤的植物修复技术

20 世纪 50 年代，有机（氯）杀虫剂的大量使用，提高了农业生产效益，同时也造成土壤有机物污染。研究者发现：某些植物可以从污染土壤中积累这些有机物，从而使得此类植物被用于土壤有机污染的修复过程。植物修复被看作最具潜力的土壤污染治理措施。

目前，国际上有关植物修复的研究主要集中在重金属超积累植物，多与植物提取土壤重金属有关。国家"863"计划已将植物修复重金属污染列为专项，这为推动我国污染土壤修复技术的发展奠定了良好的基础。然而，国内对土壤有机污染的植物修复研究很少。

植物修复是以植物积累、代谢、转化某些有机物的理论为基础，通过有目的地优选种植植物，利用植物及其共存土壤环境体系去除、转移、降解或固定土壤有机污染物，使之不再威胁人类健康和生存环境，以恢复土壤系统正常功能的污染环境治理措施。

实际上，植物修复是利用土壤—植物—（土著）微生物组成的复合体系来共同降解有机污染物。该体系是一个强大的"活净化器"，它包括以太阳能为动力的"水泵""植物反应器"及与之相连的"微生物转化器"和"土壤过滤器"。该系统中活性有机体的密度高、生命活性旺盛。由于植物、土壤胶体、土壤微生物和酶的多样性，该系统可过一系列的物理、化学和生物过程去除污染物，达到净化土壤的目的。

植物修复是颇具潜力的土壤有机污染治理技术。与其他土壤有机污染修复措施相比，植物修复技术具有以下优势。

① 经济、有效、实用、美观，且作为土壤原位处理方法其对环境扰动少。

② 修复过程中常伴随土壤有机质的积累和土壤肥力的提高，净化后土壤更适合作物生长。

③ 植物修复中的植物固定措施对于稳定表土、防止水土流失具有积极的生态意义。

④ 与微生物修复相比，植物修复更适用于现场修复且操作简单，能够处理大面积面源污染土壤。

⑤ 另外，植物修复有机污染的成本远低于物理、化学和微生物修复措施，这为植物修复的工程应用奠定了基础。

与其他生物治理方法相比，植物治理便于操作。植物去除有机污染物的机制有以下三个方面。

① 植物对有机污染物的直接吸收。

② 植物的分泌物和酶直接分解有机污染物。

③ 植物通过提高微生物的数量和活性去除污染物。

植物将有机物吸收进体内，再将其无毒性的中间产物储存于植物组织中，这是去除亲水性有机污染物的重要机制。环境中大多数的含氮有机溶剂和短链脂肪族化合物都是通过该方法去除的。植物分泌的有些酶能直接降解有关化合物。有研究表明，硝酸盐还原酶能降解 TNT，脱氯酶可降解含氯溶剂。植物分泌物包括多种酶和有机酸，它们为微生物提供了营养物质，加快了微生物的繁殖。

有机污染土壤、地下水植物修复是利用植物在生长过程中吸收、降解、钝化有机污染物的一种原位处理污染土壤的方法。主要通过植物直接吸收有机污染物、植物释放分泌物和酶刺激根际微生物的活性和生物转化作用、植物增强根际的矿化作用等机制降解去除有机污染物。

早在 1975 年，史诺（Schnoor）等人为防止农业径流除草剂莠去津和硝酸盐污染，沿河栽种杨树建立缓冲带，带宽 8 m，共 4 排，合 10 000 株/hm²。经过分析，种植杂交杨地表水的硝酸盐含量由 50~100 mg/L 减少到 ≤5 mg/L。同时有 10%~20% 的莠去津被植物吸收。表 5-4 为有机污染物土壤、水体植物修复的应用实例。

表 5-4 污染场地植物修复的应用

应用	污染物	结果
面源污染控制,1.6 km 河段种植杨树	硝酸盐、莠去津、甲草胺以及土壤侵蚀	去除硝酸盐和 10%~20% 的莠去津
生活固体废物堆制后施用在杨树、玉米和羊茅草上	BEHP、B[α]P、PCBs、氯丹	有机物固定
生活垃圾填埋场覆土上种植杂交杨	有机物、重金属和 BOD	效果良好
杨树处理填埋场渗滤液	有机氯溶剂、金属、BOD、NH_3	杨树在污染物浓度 1 200 mg/L 下生长
杨树种植在施用污水污泥的土地上	污泥中的氮	每公顷 420 t 污泥,种植 6 年
水培系统的有机物,栽培杨树、沙枣、大豆等处理	硝基苯及其他	基本完全吸收
污染土壤种植曼陀罗属(Datura)、番茄属(Lycopersicoon)	TNT	基本完全去除
有机污染物土壤种植松树、一枝黄花属(Goldenrod)、巴伊亚雀稗	三氯乙烯及其他	加强生物矿化
污染土壤种植冰草	菲和五氯酚	促进矿化
浅层地下水和杨树	硝酸盐和氨氮	降低污染羽流大小
用填埋渗滤液灌溉 6 公顷杨树	氨和盐分	零排放,替代送入污水处理厂
土壤用狐尾草处理	TNT	促进降解

3. 植物—微生物联合修复

植物的生活周期对其周围发生的物理、化学、生物过程都会产生影响。在植物生长时,其根系提供了微生物旺盛生长的场所;反过来,微生物的旺盛生长,增强了对有机污染物的降解,也使植物有了优化的生长空间,这样的植物—微生物联合体系能促进有机污染物的降解、矿化。其基本原理如下。

(1)植物根区的菌根真菌与植物形成共生作用,并有着独特的酶途径,用以降解不能被细菌单独转化的有机物。

(2)植物根区分泌物刺激了细菌的转化作用,还可为微生物提供生存场所,使根区的耗氧转化作用能够正常进行。

植物—微生物联合体系中修复多环芳烃(PAHs)等有机物有 3 种过程与机制如下。

① 吸收有机污染物,并在植物组织中积累非植物毒性的代谢物。植物吸收化合物到体内后将其分解,通过木质化作用使其成为植物体的组成部分,也可通过挥发、代谢或矿化作用使其转化成 CO_2 和 H_2O,或转化为无毒性的中间代谢物(如木质素),贮存于植物细胞中,达到去除有机污染物的目的。

② 植物释放促进化学反应的根际分泌物和酶,刺激根际微生物的活性和生物转化作用。例如,多环芳烃环的断开主要是靠加氧酶的作用,它把氧原子加到 C—C 键上形成

C—O 键，再经过加氢、脱水等作用使 C—C 键断裂，苯环数减少。

③ 植物强化根际的矿化作用。植物根际分泌物刺激细菌的转化作用，在根际形成有机碳，根细胞的死亡也增加了土壤有机碳，这些有机碳可增加微生物对污染物的矿化作用。

植物根际微生物的降解作用中根际是受植物根系影响的根—土界面的一个微区，也是植物—土壤—微生物与其环境条件相互作用的场所。这个区与无根系土体的区别是根系的影响。由于根系的存在，增加了微生物的活动和生物量。

关于这方面有许多文章报道。微生物在根际区和无根系土壤中的数量差别很大，一般为 5~20 倍，有的高达 100 倍。这种微生物在数量和在活动上的增长，很可能是使根际非生物化合物代谢降解的因素。而且，植物的年龄、不同植物的根及根的其他性质都可以影响根际微生物对特定有毒物质的降解速率。根际微生物的群落组成依赖于植物根的类型、土壤类型及植物根系接触有毒物质的时间。根际区的 CO_2 浓度一般要高于无植被区的土壤，根际土壤 pH 与无植被的土壤相比较要高 1~2 个单位。氧浓度、渗透和氧化还原势，以及土壤湿度也是植物影响的参数，这些参数与植物种和根系的性质有关。根与土壤的物理、化学性质不断变化，使得土壤结构和微生物环境也不断变化。

植物和微生物的相互作用是复杂的、互惠的。植物根表皮细胞和根细胞的脱落，以及植物释放的酶和有机酸，都为根际微生物提供了营养和能源。另外，植物根系巨大的表面积也是微生物的寄宿之处。国外研究发现，杨树根区的微生物数量增加但没有选择性，即降解污染物的微生物没有选择性地增加，表明微生物的增加是由于根际的影响，而非污染物的影响。反过来，微生物的生长活动也会促进植物的生长和分泌物的释放。

4. 植物修复的优点与不足

（1）植物修复的优点主要体现在以下几个方面。

① 适用范围广，可用于清除土壤、水体和大气中的污染物，既可处理重金属和类重金属，又可处理有机污染物，尤其适用于目前有机—无机复合污染的现状。

② 植物修复过程也是土壤有机质含量和土壤肥力增加的过程，有助于恢复污染土壤原有的生态功能，提升土壤质量。

③ 充分利用植物的光合作用能力，投入少、成本低，尤其适合于大面积污染土壤的修复。以植物提取修复为例，土壤的修复费用为 35~280 元/t，而填埋的费用高达 700~3 500 元/t。

④ 植物修复可有效防止污染物的再迁移并可美化环境，更易被公众接受。

（2）植物修复的局限性。

尽管植物修复已被成功地用于重金属、类金属、放射性元素、农药、有机溶剂、炸药、原油、PAHs、PCBs 等的修复，但是也必须认识到不是所有类型的环境污染都适用于植物修复。和其他污染治理技术一样，植物修复也有自身的局限性，主要表现在以下几个方面。

① 适宜进行植物修复的植物种质资源较少，已知的超积累植物生物量小、生长缓慢、不利于机械化收割，限制了植物修复效率的提高。

② 植物修复的效果除了与植物种类、污染物有效性等因素有关，还往往受制于其他环境因素，例如，许多植物都能挥发二甲基硒化物，但 Se 污染土壤中如果含有 SO_4^{2-}，或者碱度偏高，植物挥发过程就会受到抑制，高浓度的硼或碱度对大多数植物是致命的。

③ 修复植物可被昆虫、啮齿类动物、草食动物等摄取，不能排除食物链污染的可能性。

④ 受到根系伸展深度的限制，植物修复只适用于表土或浅层地下水的污染治理。

⑤ 受到污染物生物有效性和污染物向地上部转运效率的限制，植物提取修复一般耗时较长，因而植物修复更适用于轻度污染。

5. 植物修复发展趋势

重金属污染土壤植物修复技术因其潜在的高效、廉价及其环境友好性已被科学界和各国政府部门认可和选用，正逐步走向商业化。

目前，植物修复技术尚处于田间试验和示范阶段，还需要更多的田间试验结果来支撑该技术的研究和发展。而且，它涉及土壤学、环境学、生态学、生物工程、植物学、化学和遗传学等多个学科知识的运用，因而今后在理论基础和实践方面应加强相关方面的研究。

（1）保存现存超积累植物资源和寻找更多超积累植物，深入研究它们对重金属吸收、运输、积累和解毒的生物化学过程。通过适当的农业措施，如灌溉、施肥、土壤改良或改善根际微生物，增强植物修复效果。

（2）加强对重金属耐性植物和超积累植物及其根际微生物共存体系的研究，包括超积累植物根际共存的微生物群落的生态、生理学特性，根际分泌物在根际微生物群落的进化选择过程中的作用和地位，根圈内以微生物为媒介的腐殖化作用对表土中重金属的生物有效性的影响等，为充分利用植物及其根际微生物修复重金属污染土壤提供理论依据。

（3）应用现代分子生物学和基因工程技术，培养生物量大、生长快、重金属含量高的超积累植物。筛选控制植物超积累重金属的主基因或基因组，并将其转入生物量大的速生植物体内。运用传统植物育种（杂交育种）办法促进超积累植物生长。以调控重金属吸收为目标的植物遗传操作和培育高效修复植物已成为国内外研究的前沿课题。

第四节　污染土壤的修复进展

20 世纪 80 年代以前，重金属污染土壤的治理大多数采用以挖掘、填埋等异位修复技术，这些措施只是把环境问题从高危害区（人口密集区）转移至低危害区，不仅费用高、存在二次污染的风险，还占用大量土地，造成土壤这种几乎不可再生资源的浪费。针对填埋法存在的负面影响，一些国家有规定，污染物在填埋之前必须进行处理，这迫使人们寻找创新性的土壤修复技术。

生物修复技术方法因为投资少、风险小、效果显著而备受各方面的关注,生物修复技术具有以下优点。

① 费用省。生物修复技术是所有处理技术中最廉价的,其费用为焚烧处理法的1/4~1/3,见表5-5。

② 环境影响小。生物修复只是一个自然过程的强化,其最终产物是二氧化碳、水和脂肪酸等,不会形成二次污染或是导致污染的转移,可将土地的破坏和污染物的暴露减少到最小程度。

③ 可以最大限度地降低污染物的浓度,处理效果好。

④ 其他技术难以使用的场地,如受污染土壤位于建筑物或是公路下面不能挖出和搬出时,可以采用就地生物修复技术。

⑤ 可以同时处理受污染的土壤和地下水。

表5-5 土壤有机污染的修复成本

土壤有机污染修复方法	成本/(元/吨)
植物修复(phytoremediation)	72~254
原位生物修复(in situ bioremediation)	362~1 087
间接热解吸(indirect thermal)	870~2 174
土壤冲洗(soil washing)	580~1 450
固定稳定化(solidification/stabilization)	1 740~2 464
溶剂萃取(solvent extraction)	2 609~3 189
焚烧(incineration)	1 450~10 872

生物技术处理人类生产、生活废弃物已经成功地运用了数十年。作为一类技术,已缩短自然过程所需的时间,从而达到恢复自然平衡,减少由于污染的长期暴露而带来的健康风险。

美国产生的废物比任何国家都多,大约每年3亿t。全国有1 200个超基金项目,处理费用约21 000亿元。美国环保局于1992年做出了一项调查,据不完全统计,有关污染的生物修复研究项目有240个。生物修复在欧洲也得到广泛的应用。1997年,欧洲土壤修复技术研究状况的全面调查,其目的就是促进这一具有高处理效率、低处理费用的生物技术的处理能力方面做出进一步探讨。未来污染土壤修复的发展趋势如下。

(1) 完善污染土壤修复标准。

当前,中国环境形势相当严峻,初步调查约有1 000万hm^2耕地受到不同程度污染。虽然中国从20世纪70年代开始陆续开展了一些相关工作,进行了全国土壤背景值的调查,对局部地区的土壤质量做了评价研究,在国家科研计划中开展了土壤污染机制、修复技术研究和示范工作,制定了《土壤环境质量标准》等,但还有许多工作急需开展。

就污染土壤修复而言,环境背景水平是指在土壤或地下水污染发生前土壤或地下水的基本状态和元素的存在水平。一般来说,把土壤中有毒元素或化合物的浓度控制在其背景值范围内,或者通过这些修复手段把这些所谓的污染物浓度降低到土壤背景值水平以内,是最安全的，也最符合土壤本身生态系统特点和功能的要求。

例如，加拿大农业食品部和环境部特设委员会规定的 Cd、Ni 和 Mo 的最大允许浓度，分别恰好等于非污染土壤中 Cd、Ni 和 Mo 的平均含量，在数值上等于我们通常所说的当地土壤环境背景值。

土壤污染是长期人为活动及对土壤不合理利用的结果。越来越多的科学家建议应加强环境保护与健康的教育和宣传，提高人们的环保意识；尽快制定有关土壤污染防治法和污染土壤修复法，依法保护和修复土壤资源；加强土壤污染的基础研究和技术创新。研究单一、复合/混合污染土壤中重金属、石油、农药、持久性有机污染物、生物性污染物、放射性核素等污染物的生物地球化学过程及效应，形成矿区、工业区、填埋区、老城区等优先点位的修复技术体系；断源控污，分类修复，削减风险。切断污染物的释放源，控制污染土地污染物的扩散，通过修复污染土地，降低或消除因土壤污染而带来的食物、生态和人体健康风险。要积极推动土壤污染防治法律、法规的制定；完善土壤各类环境标准和技术体系；加强重点区域土壤环境质量调查和监控；开展污染风险评估；研究掌握土壤环境质量演变规律及发展趋势；开发和引进土壤污染修复技术；加强对污染灌溉、农药使用、有害废渣处理的监管，防止土壤污染继续扩大；提高公众意识，扩大国际合作；逐步建立中国土壤环境安全预警系统。

（2）污染土壤的原位生物修复技术。

土壤、地下水原位生物修复技术的开发与研究已受到许多国家环境科学界的广泛关注。尤其是近年来生物修复技术已被认为是最有生命力的对土壤、地下水污染的修复技术。在美国和欧洲许多国家，污染土壤、地下水的生物修复技术已在一些有毒有害有机污染的修复计划中得到应用。

我国在此方面的研究工作起步较晚，而且与国外相比，差距仍然较大。中国地质科学院水文地质环境地质研究所开展的"十五"国家高技术应用部门发展项目"污染土体和地下水的原位微生态修复技术研究"，在以往微生物地球化学作用与元素循环研究的基础上，通过大量的实验研究开发探索出一套原位微生态修复技术。微生态技术是在微生物技术基础上发展起来的生态技术，地质微生态技术是将微生物地球化学作用与地质环境结合起来，以微观效应改变宏观环境为主的技术。微生态技术可用于环境的治理与保护，提高元素的转化，降解有毒、有害物质，以促进营养物质更易被生物吸收。

（3）发展污染土壤的联合修复技术。

对于复合污染的生物修复，单一修复技术往往难以奏效。因此，将不同修复技术有效结合，形成联合生物修复技术可以更有效地达到降解、去除污染物的目的。在联合生物修复过程中，几种技术可以同时使用，也可以在不同阶段分别使用，以提高处理效率。目前，比较联合修复技术主要有植物—微生物联合修复、化学—微生物联合修复、菌根修复和污染生态化学修复。

污染生态化学修复是植物修复、微生物修复和化学修复技术的综合，具有比其他方法更好的优势，并将是未来污染土壤修复技术的发展方向。主要表现在以下几个方面。

① 生态影响小，生态化学修复注意与土壤的自然生态过程相协调，其最终产物为 CO_2、H_2O 和脂肪酸等，不会造成二次污染。

② 费用低，和市场结合紧密，容易被大众接受。

③ 应用范围广，既适用于各种重金属污染土壤的修复，又适用于各种有机污染土壤的修复，还适用于地下水污染的处理。

④ 易操作，容易推广。

由于土壤污染的复杂性，相关学者在总结国内外土壤污染修复进展的基础上，根据我国土壤污染的特点，提出一系列土壤污染联合修复措施（图5-4）。

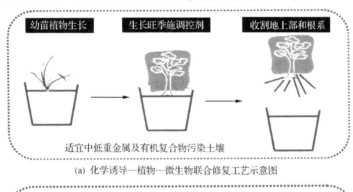

(a) 化学诱导—植物—微生物联合修复工艺示意图

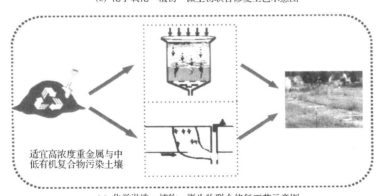

(c) 化学淋洗—植物—微生物联合修复工艺示意图

图 5-4 土壤污染联合修复技术示意图

a. 化学诱导—植物—微生物联合修复工艺，适宜中低重金属及有机复合物污染土壤。

b. 化学氧化—植物—微生物联合修复工艺，适宜中低重金属、高有机复合物污染土壤。

c. 化学淋洗—植物—微生物联合修复工艺，适宜高浓度重金属与中低有机复合物污染土壤。

（4）发展强化措施。

土壤颗粒对金属元素具有很高的结合能力。植物从土壤中吸收重金属离子的能力同土壤中金属的生物有效性有很大的关系，植物本身有几种途径来提高土壤中金属元素的生物有效性。

植物可以产生能同金属发生螯合作用的有机酸等化合物。另外，植物可从根部分泌一种质子来酸化根际土壤，并提高金属的溶解性。阿洛韦（Alloway）进一步指出，对于金属的吸收，植物根部的阳离子交换能力（CEC）有重要意义，它有助于阳离子从根的外部通过原生质膜，从而被吸收。

添加螯合剂（如 EDTA）可以显著提高土壤中的金属活性及植物的吸收、转移能力。黄等人在研究 HEDTA 强化 Pb 积累的试验中发现，在移栽一周内，植物苗中 Pb 的浓度由 40 mg/kg 上升到 10 600 mg/kg；Ni 在土壤中受到土壤颗粒的吸附，其生物可利用性低，添加螯合剂可抑制 Ni 的沉淀形成和解吸土壤颗粒吸附的 Ni，使其他形态的 Ni 成为可交换态，提高了 Ni 的生物利用性和植物的修复效率。并且几种不同螯合剂对铅的吸收强化效果如下：EDTA > HEDTA > DTPA > EGTA > EDDTA。

布莱洛克（Blaylock）等人报道，施用 EDTA 等螯合剂可增强植物对其他重金属（Cd、Cr、Ni、Cu、Zn）的吸收效果。拉斯金（Raskin）等人也认为添加 EDTA 对 Cd、Cr、Ni、Cu 和 Zn 的植物提取特别有效。陈红等人在研究中发现，施用 EDTA 及 HEDTA 会降低植物的生长量，并且 EDTA 施用浓度为 0.5 mg/kg 时具有最好的吸收效果。但是按照这种剂量，同其他的技术比较起来，在成本上可能没有优势。有研究表明，EDTA 通常在植物收获前几天施加对加强重金属吸收的效果特别有效，而且将有机螯合剂和生物量大的金属累积植物相结合，以提高植物的金属累积量是近几年的一种研究趋势。

施用螯合剂可以增强土壤中金属的活性，从而提高植物修复的有效性，但是并不是所有的实验结果都是如此。贝内特（Bennett）等人研究发现，添加 EDTA 及柠檬酸反而使植物对 N 的吸收效果降低；陈等人添加柠檬酸发现，萝卜对 Cd 和 Pb 的吸收效果随着柠檬酸量的增加而降低。另外，施用螯合剂还存在重金属活化后没有被植物完全吸收而发生迁移并污染地下水的风险。因此，关于施用螯合剂的成本、效果及风险还需进一步研究与评估。

还可以通过向土壤中添加土壤酸化剂、营养物，甚至微生物等途径来增强植物修复作用，其机制可以是增强土壤中重金属的生物有效性，或者是增加超积累植物的生长量。通过添加酸化剂调节土壤 pH 可以提高土壤中金属的活性，但同时会降低其中的微生物的活性；通过有机肥提高土壤肥力，增加植物生长量，能在一定程度上增加重金属的总吸收量。美国加州大学伯克利分校史蒂芬（Steven）及同事建议利用天然土壤中的微生物，一方面，微生物螯合物主要发生在根际；另一方面，微生物螯合物比螯合化学物在土壤中存在的时间要短得多,基本不会发生重金属因活化而淋失。史蒂芬等人利用锌的超积累植物结合三种根际细菌的应用,结果表明,重金属得到了明显的活化,提高了植物对锌的吸收率。

课后思考题

1. 什么是土壤净化?
2. 污染土壤修复的方法可划分为哪些种类?通过查阅文献资料,了解当前主流的污染土壤修复技术方法。
3. 重金属污染土壤修复的理论基础是什么?
4. 有机污染土壤修复的理论基础是什么?
5. 污染土壤的物理修复技术方法有哪些?并列举各方法的适用条件、工艺流程及其优缺点。
6. 污染土壤的化学修复技术方法有哪些?并列举各方法的适用条件、工艺流程及其优缺点。
7. 污染土壤的生物修复技术方法有哪些?并列举各方法的适用条件、工艺流程及其优缺点。
8. 什么叫原位修复技术?什么叫异位修复技术?
9. 什么是植物修复?植物修复技术方法有哪些优缺点?
10. 什么是超富集植物?请举例说明超富集植物的应用价值。
11. 什么是联合修复技术?请举例说明联合修复的好处。

第六章　农业固体废弃物资源化利用

本章简述

本章明确了农业废弃物、农业固体废弃物的基本含义，简要说明了农业固体废弃物的种类、来源、成分及其特点；详细介绍了秸秆还田肥料化、秸秆离田能源化、秸秆饲料化、秸秆基料化、秸秆肥料化等五种农作物秸秆处置与资源化利用模式，以及新用途、新技术；指出了畜禽排泄物处置及其资源化利用技术的现实问题，重点介绍了传统的肥料化、基料化等资源化利用方式，简略介绍了几种具有潜在应用价值的新模式、新技术；剖析了残留农用塑料薄膜的环境危害性，提出了有效管理措施与技术方法。

农业废弃物（agriculture wastes）是指农业生产、农产品加工、畜禽养殖业和农村居民生活所排放的废弃物的总称。它主要包括农田和果园残留物（如农林植物秸秆、杂草、落叶等），牲畜和家禽的排泄物及畜栏垫料、废水，农产品加工的废弃物和污水，人粪尿和生活废弃物等。通常情况下，农业固体废弃物主要是指农林植物秸秆、畜禽排泄物、农用塑料膜等。在传统农村社会中，农业废弃物主要归还于农田，用作肥料或土壤改良剂，或者作燃料，基本上不存在农村废弃物污染问题。农业废弃物问题是随着农业生产技术的革命和农村居民生活水平的提高以及农村生产建设的发展而逐步显现的。例如，农作物秸秆之所以会成为废弃物，主要原因在于：从社会角度看，生活方式发生变化，农作物秸秆逐渐失去利用价值；从经济角度看，由于秸秆综合利用的经济性差，商品化和产业化程度低，目前还有相当多秸秆未被利用；从技术角度看，生产中，麦秸秆还田不利于夏收夏种，水稻秸秆还田不利于小麦出苗。

农业废弃物的特点是数量大、分布广、有机成分高、毒性不大，通常是很好的可再生资源，若加以适当处置和开发利用，不仅有利于农村经济发展，提高农民收入，而且有利于农村环境质量的改善。农作物秸秆、农村人畜粪便及农村生活垃圾是目前我国农业主要三类废弃物。

第一节　农作物秸秆处理与综合利用

一、农作物秸秆概况

我国是粮食生产大国，也是秸秆生产大国。据测算，水稻、小麦经济产量占50%左右，因此每年水稻、小麦秸秆生产量巨大。一般情况下，农作物秸秆中碳占绝大部分，主要粮食作物水稻、小麦、玉米等秸秆的含碳量占40%以上，其次为钾、硅、氮、钙、镁、磷、硫等元素（表6-1）。农作物秸秆的有机成分以纤维素、半纤维素为主，其次为木质素、蛋白质、氨基酸、树脂、鞣质等（表6-2）。

表6-1　几种农作物秸秆中的元素成分（质量分数/%）

种类	N	P	K	Ca	Mg	Mn	Si
水稻	0.6	0.09	1	0.14	0.12	0.02	7.99
小麦	0.5	0.03	0.73	0.14	0.02	0.003	3.95
大豆	1.93	0.03	1.55	0.84	0.07	—	—
油菜	0.52	0.03	0.65	0.42	0.05	0.004	0.18

表6-2　几种农作物秸秆中的有机成分（质量分数/%）

种类	灰分	纤维素	脂肪	蛋白质	木质素
水稻	17.8	35	3.82	3.28	7.95
冬小麦	4.3	34.3	0.67	3	21.2
燕麦	4.8	35.4	2.02	4.7	20.4
油菜	6.2	30.6	0.77	3.5	14.8

纤维素和半纤维素较易生物降解，木质素较难分解并阻碍纤维素分解菌的作用。木质化纤维素材料的消化率一般和木质素的百分比含量成反比。稻草中含有较高的硅成分。细胞壁中的硅和木质素，都能增加植物体的结构强度。从总体上看，农作物秸秆利用还存在以下几方面的问题。

(1) 农作物秸秆利用方式不合理，直接还田的数量相对较少。

(2) 农作物秸秆燃烧技术落后，效率低，浪费严重。

(3) 农作物秸秆资源的开发利用率低。

(4) 农作物秸秆还田（含过腹还田方式）等技术推广阻力较大。

(5) 露天燃烧农作物秸秆严重污染空气。

二、农作物秸秆资源化利用

（一）农作物秸秆用作生物质能源

在我国经济较发达的农村地区，农作物秸秆直接燃烧的传统利用方式已不能适应农民生活水平的提高，富裕起来的农民迫切需要优质、清洁、方便的能源。目前，我国在秸秆能源利用技术的研究上取得了一些成果，有些技术已趋于成熟，并得到一定程度的推广。现行的秸秆能源利用技术主要有：秸秆气集中供气技术、秸秆压块成形及炭化技术、秸秆直接燃烧供热技术（图6-1、图6-2）。秸秆能源化利用主要有两种方式：一是秸秆气化集中供气；二是秸秆压块成形及炭化。

图6-1　秸秆压块成形　　　　　图6-2　秸秆用作生物质能源的用途

（二）生产肥料

农作物秸秆制成肥料主要有两种形式：一是直接还田；二是好氧堆肥或者厌氧沤肥。目前，在我国正大力推广全程机械化秸秆还田技术（图6-3）。

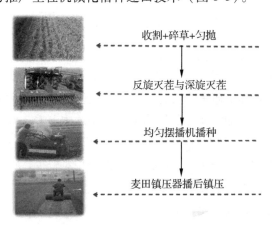

图6-3　稻秸粉碎匀抛旋耕还田与小麦匀播镇压壮苗技术

近几年，广大农业科技人员通过优化，选育出分解纤维的优良微生物菌种或加快秸秆分解的腐熟剂（图6-4），主要利用催腐剂堆肥技术，解决传统堆沤形式劳动强度大、堆沤时间长、污染环境等问题。

催腐剂就是根据微生物中的钾细菌、氨化细菌、磷细菌、放线菌等有益微生物的营养需求，以有机物（包括作物秸秆、杂草、生活垃圾等）为培养基，选用适合有益微生物营养要求的化学药品配制成定量 N、P、K、Ca、Mg、Fe、S、Cl 等营养的化学制剂，有效改善了有益微生物的生态环境，加速了有机物的分解腐烂。

图 6-4　秸秆腐熟剂

现实生活中，秸秆全量化还田技术要注意解决好以下一系列不良后果。

（1）土壤疏松，根系浅。

（2）影响出苗。

（3）病虫草害较重。

（4）C/N 比失衡等。

（三）生产饲料

秸秆不宜直接作为饲料，因为农作物秸秆中的细胞壁成分占 80%，而细胞壁的基本成分是纤维素、半纤维素和木质素。因此，秸秆直接作饲料时的有效能量、消化率和进食量均较低。

目前，对秸秆的处理方法有三种：

一是物理方法，如粉碎、压粒、蒸煮、高能辐射、微波处理等。

二是化学方法，如采用氨、氢氧化钠、石灰、过氧化氢等处理方法。

三是生物方法，主要是利用微生物和酶的作用，分解其中的纤维素成分。

在具体应用中，上述三种方法并非单独使用，而是相互补充综合利用。迄今，较为成熟或者广泛应用的有青贮、氨化和微贮等技术。

（1）秸秆热处理作饲料。

热处理秸秆通常采用热喷技术和膨化技术。

（2）青贮。

该技术适合于青绿饲料，作物秸秆只限于青绿玉米秸秆、向日葵秆等。青贮是利用乳酸菌的发酵作用，长期保持秸秆青绿多汁的营养特性和提高消化率。

（3）氨化。

秸秆氨化是利用液氨或尿素在密封条件下处理秸秆，秸秆经氨化处理后，变得柔软，易于消化吸收，而且增加饲料粗蛋白。秸秆氨化处理技术是目前最经济、最简便、最实用的秸秆处理方法之一。据测定，牛对氨化秸秆的采食量比普通秸秆增加20%。

(4)"微贮"及其他生化饲料。

所谓"微贮"就是在农作物秸秆中加入微生物高效活性菌种——秸秆发酵活干菌，放入密封容器中发酵，使秸秆变成草食家畜喜食的饲料（图6-5、图6-6）。秸秆微贮饲料的含水率一般为60%~70%，每1 000 kg秸秆微贮处理时，需要3 g秸秆发酵活干菌。秸秆微贮技术简单、成本低、效益好，秸秆微贮饲料不易霉变，能够长期保存，使用方便。

图6-5　田间农作物秸秆被打捆

图6-6　秸秆厌氧发酵制成饲料

（四）生产食用菌

目前，利用农作物秸秆生产食用菌是有效利用秸秆的重要途径（图6-7）。食用菌生长所需要的主要营养物质是碳源、氮源及少量无机盐、生长激素等。

各种农作物秸秆的碳、氮含量均较高，如干麦秸秆含碳量为46%，含氮量为0.53%；玉米秸秆含碳量为40%，含氮量为0.75%；干稻草含碳量为42%，含氮量为0.63%，均是配制食用菌培养基的优质原料。

图 6-7　农作物秸秆作为生产食用菌的培养基料

麦秸、稻草为主料栽培双孢蘑菇、鸡腿菇、草菇，以及以玉米秸秆为主料栽培双孢蘑菇、鸡腿菇技术已获成功并进行了大面积示范推广。用麦秸、玉米秸秆经粉碎加工后，再配以棉籽壳、木屑等原料栽培平菇、香菇、金针菇、姬菇的技术也已获得成功。

此外，为缩短秸秆作为基料的发酵时间，科研人员研制了秸秆气化装置，使秸秆腐化时间由几十天变成了几分钟，并有效杀灭了杂菌。也有科研人员研制了基料发酵剂、添加油，使秸秆发酵时间缩短了一半，并提高了鲜菇的产量和质量。随着秸秆栽培食用菌技术的不断发展，以秸秆为主料栽培珍稀食用菌的技术也正在由试验阶段进入示范推广阶段。

（五）生产沼气

利用农作物秸秆生产沼气（图6-8）一般有两种途径：一是直接进沼气池；二是秸秆做牲畜饲料，牲畜的粪便再进沼气池，粪便在沼气池内发酵产生沼气。

沼气发酵工艺

图 6-8　农作物秸秆作为沼气池发酵的原料

农作物秸秆沼气发酵后的残留物具有多种用途,可作为肥料、饲料,还可提取维生素B_{12}。农作物秸秆直接进入沼气池具有进出料难、不便管理等缺点,容易出现酸化、产气不均衡等问题,因而大部分沼气池几乎都不用农作物秸秆做发酵原料。要解决这一问题,须将秸秆切成 0.5 cm 左右的小块,与畜禽粪便混合在一起生产沼气,但仍存在容易产生浮渣结壳等问题。因此,农作物秸秆直接进入沼气池发酵生产沼气仍有许多问题有待解决。

(六) 作为轻工、纺织及建材的原材料、工艺品

麦秸可用于造纸;高粱秆可加工和编制成生活用品;玉米叶和麦秆可加工、编织成多种用品;玉米芯能生产糠醛、制饴糖、乙醇和木糖醇;棉花秆、豆秆、麦秆可加工成纤维板、天棚板、室内墙板等,玉米茎秆和叶可造人造丝;稻草可编织成草袋和绳索;芝麻茎皮可制人造棉,供搓绳及编织麻袋;秸秆制花盆及手工艺品;等等(图 6-9、图 6-10)。

图 6-9 农作物秸秆制成花盆等

图 6-10 农作物秸秆制成工艺品

(七) 其他用途

1. 秸秆块墙体

农作物秸秆被压缩成块后还可作为温室大棚的墙体(图 6-11)。

图 6-11 农作物秸秆块制成的温室大棚的墙体

2. 秸秆制炭技术

2020 年,农业农村部十大引领性技术发布,其中秸秆炭基肥利用增效技术受到关注。

所谓秸秆炭基肥利用增效技术,就是通过生物质亚高温热裂解工艺将农林植物秸秆转化为稳定的富碳有机物质,即生物炭,以秸秆生物炭作为功能性载体,通过精量配伍养分制成秸秆炭基肥料,并系统配套轻简易行的田间施用措施(图6-12、图6-13)。

图 6-12　农作物秸秆制成的生物质炭

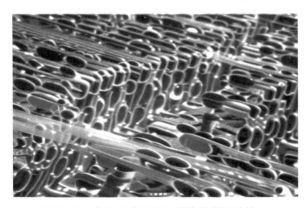

图 6-13　农作物秸秆生物质炭的微观结构

3. 秸秆生物反应堆技术

(1)定义。

秸秆生物反应堆技术是一种生物质能源综合利用技术,利用农作物秸秆在特定菌种的作用下发酵分解,产生二氧化碳、低分子有机质、无机盐养分和热量等,并被作物利用。通常用以解决冬季大棚蔬菜 CO_2 亏缺影响产量的形成;温度过低造成的根系生理障碍;通风不良湿度过大导致的病害严重;大量施入化肥造成的土壤板结根系生长受阻,吸收功能减弱的问题。该技术是温室蔬菜优质、高效栽培技术上的一次创新,为温室蔬菜可持续发展开辟了一条新的途径,是一项高效、节能、省本、环保的新技术,可以促进资源循环利用,提高资源利用率。

(2)作用机制。

秸秆生物反应堆技术就是将专用降解微生物菌群接种在秸秆中,使其在一定的温度、湿度条件下,将秸秆中的纤维素、半纤维素降解,产生 CO_2、热量,以及有机和无机物质的一种应用技术。该技术可以为作物生长发育提供营养物质,同时提高地温,改善土壤环境,提高作物的光合速率和抗病能力。

（3）秸秆生物反应堆技术应用方式。

主要有内置式、外置式两种方式。其中内置式又分为行下内置式、行间内置式。外置式又分为简易外置式和标准外置式。选择应用方式时，主要依据生产地种植品种、定植时间、生态气候特点和生产条件而定。

温室蔬菜生产最适合的是行下内置式，即在定植或播种前将秸秆和菌种埋入栽培畦面下的土壤耕层中。

（4）行下内置式操作方法。

① 施肥整地。每亩施农家肥 4 000 ~ 5 000 kg，每畦 50 ~ 60 kg，分散均匀，随后旋耕。

② 挖铺料沟。定植前 15 ~ 20 d，在定植行下挖铺料沟。大垄双行定植的沟宽 60 ~ 80 cm，深 20 ~ 30 cm；单行定植的沟宽 35 ~ 40 cm，深 20 ~ 30 cm。长度与种植行长度相等，挖出的土放置沟槽两侧。

为减轻劳动强度，挖沟采用两沟协同作业方法，即下一个沟挖出来的土，直接覆盖在上一个沟畦的秸秆上，挖土的劳动强度可减少一半，也可用大铧犁或开沟机开沟。

③ 装填秸秆。可选用稻草、稻壳、酒糟、圪囊、杂草、豆秸、玉米芯、废弃食用菌菌棒和木屑（锯末、刨花）等。在挖好的沟槽内装填玉米或其他作物秸秆，随装随踩，装满为止。秸秆与原地面齐平即可，亩用秸秆 1 500 ~ 4 000 kg。

④ 稀释并撒放菌种。采用含有秸秆发酵的、多种菌系的、经过试验试用成功的、液体或固体的、经审批的菌种产品。依不同菌种与秸秆的比例按产品说明书使用。

液体的菌种按产品说明书兑水稀释喷洒在秸秆和农家肥上。菌料也可进行两层接种：当秸秆装填一半时，撒每槽菌种总量的 1/3，然后装第二层秸秆，装满踩实，放入剩余的菌料。两层接种法秸秆分解快，适合于定植晚的棚室。

⑤ 覆土、浇水、防虫、铺滴灌带、覆膜。将挖沟堆放的土回填于秸秆上，回填土时要不断用铁锹拍打秸秆和床面，让土进入秸秆空隙当中，覆土厚度 18 ~ 20 cm，使畦高 25 ~ 30 cm，推广高畦栽培。

定植前，以 10 ~ 15 d 浇水为宜，在水管的顶端连接铁管，将铁管插入地下秸秆层内。浇水要浇满浇透，使秸秆充分吸足水分，覆土充分沉实，待定植。

防治地下害虫、蚜虫和玉米螟。覆盖地膜前，畦面喷杀虫剂。亩用 40% 辛硫磷（黄瓜、菜豆不宜使用）100 g，兑水 100 kg 喷洒畦面。

采用软管滴灌，在畦定植行附近铺双根软管带。不能采用软管滴灌的，可在畦中间修建一条沟，小拱膜下灌水。

低温季节覆盖白色透明地膜，高温季节采用黑色地膜，以防杂草。采用整畦覆盖，边沿覆盖严实。禁用畦垄上对缝条形覆盖和漂浮膜覆盖。随后，用打孔器打孔，准备定植。

蔬菜秸秆生物反应堆技术可以释放热量，提高地温和气温；秸秆通过生物降解产生热量，释放 CO_2，促进植物的光合作用。秸秆降解过程中产生大量 CO_2，使棚室 CO_2 浓度明显提高。通过秸秆生物降解技术的应用，秸秆得到有效利用，减少了污染源，净化了环境（图6-14、图6-15）。

图 6-14 秸秆生物反应堆制作现场

图 6-15 基于生物反应堆技术的蔬菜生产

4. 稻田（菜地）秸秆蚯蚓原位处理产业模式

菜地养蚓—秸秆原位利用产业模式（图 6-16）起初其实是探索如何在菜田里用蚯蚓改良土壤。主要做法：在菜田四周挖上水沟，往土里投放一定比例的蚯蚓小苗，上面再覆盖畜禽粪、秸秆等废弃物，水沟里则放养黄鳝。1~2年后，板结的土壤变松了，生物活性增强，肥力增加，蔬菜长势明显变好了，而水沟里的黄鳝以蚯蚓为饵料，其肉质既好又肥美。

图 6-16 菜地养蚓—秸秆原位利用产业模式

然而蚯蚓喜水，其实更适合在稻田中放养，每年水稻收割之后投放蚯蚓种苗，也使水稻秸秆快速腐烂，水稻播种之前正好收获蚯蚓。这种立体化的生态技术已从菜田拓展到了稻田，并形成了稻田肥料及农药安全高效施用、稻田病虫草害生态防控、药用蚯蚓生境构筑与健康养殖、蚯蚓产业化加工等一批成熟技术与解决方案。

该模式有利于农田生态系统循环自净，既能成功修复土壤，又能解决水稻秸秆原地处理的难题，还使农田化肥和农药的施用量减少30%以上。

当前，全国多地均在强化农作物秸秆综合利用，以东北、华北地区为重点，建设了许多农作物秸秆综合利用试点县，打造典型示范样板。但是，农作物秸秆资源化利用问题仍很棘手。目前，国内外关于农作物秸秆综合利用技术多达数十种，或基于单项技术，或基于田块单元，无法解决大区域尺度农作物秸秆综合利用技术体系及运行管理机制问题，难以满足在我国现行条块分割管理体制下，以区域为责任单元的秸秆禁烧和秸秆全量综合利用急迫的现实需求。另外，尽管秸秆直接还田的益处很多，但存在的弊处严重削弱农民对秸秆直接还田的积极性。我国人均耕地面积少，复种指数高，茬间隔时间短，并且秸秆碳氮比高，不易腐烂，因此秸秆直接还田常因翻压量过大、土壤水分不适、施氮肥不够、翻压质量不好等原因，出现影响下茬作物出苗率、病虫害增加等现象，严重可造成减产。机械还田虽然省时省工，可以避免上述种种问题的发生，但由于机械化作业成本高、耗能大，且在山区、丘陵地区使用受限，因此机械还田在农民中难以推广。

第二节 粪便污染治理与综合利用

一、农业畜禽粪便的特性

不同畜禽养殖类型，其粪便排放量有较大差异。不同畜禽生长周期也有一定差异。表6-3是综合多种资料得出的农村散养条件下不同畜禽的粪便排放量。表6-4是规模化养猪场条件下猪粪便排放量。

养殖场畜禽粪便中污染物种类

表6-3 农村散养条件下不同畜禽的粪便排放量

种类	体重/kg	日产粪量/kg	日排尿量/kg	年产粪量/kg
猪	50	4	15	2 190
牛	500	34	34	12 410
马	500	15	15	5 475
羊	15	1.5	2	548
鸡	1.5	0.1	0	36.5

表 6-4　规模化养猪场条件下猪粪便排放量

项目	日龄/d	粪便排放量/(kg/头)	尿排放量/(kg/头)	粪尿排放总量/(kg/头)	TS 排放量/(kg/头)	TS 平均值/(kg/头)
母猪	365	5	5.5	10.5	1.06	0.919
母猪	180	2.2	3.5	5.7	0.495	0.919
公猪	365	3	6.9	9.9	0.728	0.67
公猪	180	2.2	3.5	5.7	0.495	0.67
仔猪	<35	0.5	0.8	1.3	0.113	0.166
仔猪	35~70	1	1.35	2.35	0.219	0.166
育肥猪	90	1.3	2	3.3	0.291	0.39
育肥猪	180	2.17	3.5	5.67	0.489	0.39

畜禽粪便中含有大量的对环境造成影响的污染物质。生态环境部南京环境科学研究所研究了太湖地区的畜禽粪便污染，测定了各种类型畜禽粪便中 COD、BOD_5、NH_3-N、总氮及总磷的含量（表 6-5），这一结果与有关研究结论基本一致。

表 6-5　畜禽粪便中污染物含量　　　　　　　　　　　　　　　　单位：kg/t

项目		COD	BOD_5	NH_3-N	TP	TN
牛	粪	31	24.53	1.71	1.18	4.37
牛	尿	6	4	3.47	0.4	8
猪	粪	52	57.03	3.08	3.41	5.88
猪	尿	9	5	1.43	0.52	3.3
羊	粪	—	—	—	2.6	7.5
羊	尿	4.63	4.1	0.8	1.96	14.0
鸡	粪	45	47.87	4.78	5.37	9.84
鸭	粪	46.3	30	0.8	6.2	11

在农村，传统上畜禽粪便主要是用作农田的肥料（含沼气发酵处理方法）。但随着社会经济的发展，畜禽养殖模式发生了根本变化，由传统的分散养殖及小规模饲养，发展为目前的大中型规模集约化养殖为主。根据生态环境部调查显示，我国规模化畜禽养殖场的宏观环境管理水平普遍较低，全国 90% 的规模化养殖场未经环境影响评价，60% 的养殖场缺乏干湿分离这一必要的污染防治措施。此外，环境污染治理的投资力度明显不足，80% 左右的规模化养殖场缺少必要的污染治理投资。一些地方将规模化畜禽养殖作为产业结构调整、增加农民收入的重要途径加以鼓励，但环境意识相对薄弱，污染治理严重落后。

在农业畜禽粪便的处理上主要存在以下问题。

（1）农民用人畜粪便作为肥料，在使用上比较随意，没有发挥最大效益，施用量一般偏高，也不注意 N、P、K 的比例，各地都按自己的习惯来施肥，结果是因施肥过高反而造成作物减产，同时养分大量流失造成江河、湖泊面源污染。

（2）畜禽粪便无害化处理率很低，全国农村平均值小于3%。由于近几年禽粪水量急剧增加，而无害化处理、利用能力十分有限，多数未经处理就任其流入水体，污染环境，影响生产和人畜健康。

（3）农户用沼气池处理畜禽粪便，沼气产率低，受气温变化的影响大。经济效益低，没有政府扶持，沼气仍难大规模推广。

（4）禽粪水无害化处理的技术比较落后，总体水平较低。各地农村因经济能力有限，许多先进设备技术无能力投资，所以都在因地制宜地研究经济适用的新技术、新方法，这些新技术和新方法尚处在试验阶段，还不够成熟，能够推广的不多。

二、农业畜禽粪便处理与综合利用

1. 制作堆肥

堆肥是处理粪便积存肥料的古老方法（图6-17）。好的堆肥对改善土壤结构、培肥地力具有重要作用。利用堆肥方法处理畜禽排泄物是一种集处理和资源循环再生利用于一体的方法。堆肥过程实质上是一种粪便的好氧发酵过程。在此过程中，微生物分解物料中的有机质并产生50~70 ℃的高温，可杀死病原微生物、寄生虫及其卵和草籽等，腐熟后的物料无臭，复杂有机物被降解为易被植物吸收的简单化合物，变成高效有机肥。据测算，存栏1万头的规模化养猪场排粪量为8 000 t，可年产活性有机肥2 500 t。

堆肥——一种化学过程

图6-17 利用畜禽排泄物堆肥

（1）畜禽粪便好氧堆肥的过程分为：升温期、高温期和熟化期三个阶段。

① 升温期：在常温条件下好氧微生物分解粪便中的淀粉、糖类等易分解物质，同时不断地释放能量，使堆温不断升高。

② 高温期：当堆温高于50 ℃时堆肥进入高温期，这时高温菌代替了常温菌成为优势菌种，而且高温加速了粪便中蛋白质、脂肪及复杂碳水化合物（如纤维素、半纤维素等）的分解。保持一定时间的高温可以杀死粪便中的虫卵和病原菌。

③ 熟化期：当高温持续一段时间以后，易于分解或较易分解的有机物大部分被分解，剩下的主要是木质素等较难分解的有机物以及新形成的腐殖质。这时微生物活动减弱、产

热减少、温度下降，常温微生物又成为优势种，残余物被进一步降解，腐殖质继续积累。

（2）影响好氧堆肥的主要条件有：C/N 比、填充剂、含水率、温度、供氧量、pH 等。

① C/N 比：在固体好氧堆肥中，碳水化合物是微生物生长的能量来源之一，碳又是微生物的主要组成元素；而氮则是蛋白质的重要组成元素，微生物的快速生长需要足够的蛋白质。太高的 C/N 比会使微生物因为缺乏足够的氮而无法快速生长，使堆肥进展缓慢；太低的 C/N 比又会使微生物生长过于旺盛，甚至出现局部厌氧，散发难闻气味，同时大量的氮以氨气形式放出，降低了堆肥质量。一般认为，C/N 比以控制在 (25~35):1 之间为好。各种畜禽粪便的 C/N 比为：鸡粪 (3~10):1、猪粪 (11~15):1、牛粪 (11~30):1，所以在畜禽粪便好氧堆肥中应添加一定量的碳源作填充剂。

② 填充剂：作为碳源，填充剂必须是生化性较好的物质，通常用稻草或秸秆，也可采用木屑、稻壳等。有研究证明，当猪粪中含有 3% 的稻草时，整个堆肥期间含水量变化不大，基本上呈现一个稳定略降的趋势；堆温高，保氮率及腐殖酸的保存率也高。如果以稻壳为填充剂，稻壳的用量以占猪粪重量的 4% 为宜。填充剂的形状也可对堆肥效果产生影响。以稻草或麦秸为填充剂，一般宜切碎至 3~5 cm。

③ 含水率：堆肥的温度与含水率密切相关。太多的水分会使堆肥通气不畅，并处于厌氧状态；而太低的含水率会造成生物活性减弱，使堆温难以上升。一般认为宜控制在 60%~70%。

④ 温度：堆肥的温度最高可达 80 ℃。一般认为，堆肥温度以保持在 55~65 ℃ 为好，可通过调整通风量来控制温度。

⑤ 供氧量：微生物的活动与氧含量密切相关，供氧量的多少影响堆肥速度和质量。通气有多种方法，包括主动通气（如鼓风机通气）和被动通气（如通气沟通气和翻堆等）。在机械化堆肥中，要求的强制通风量为 $0.05~0.2~m^3/min$，相对来讲，被动通气效果没有主动通气那么好，但相对耗能较小，目前仍在广泛使用。对于翻堆次数，一般认为，每隔 3~4 d 翻堆一次。在无其他通风措施时，翻堆是控制通气量和温度的唯一方法。在堆温高于 65 ℃ 或堆温下降时就应翻堆。

⑥ pH：堆肥中，pH 随时间和湿度而变化，可作为有机质分解状况的标志。

目前，主要有两种利用堆肥生产有机肥的方法：自然堆肥、机械化堆肥。

2. 厌氧发酵生产沼气

厌氧发酵生产沼气是目前我国农村广泛用于畜禽粪便处理的方法。厌氧发酵处理畜禽粪便具有多功能性，既能够营造良好的生态环境，治理环境污染，又能够开发新能源，为农户提供优质无害的肥料，从而取得综合利用效益。

畜禽粪便含有大量可生物降解的有机污染物，并且富含氮磷物质，微量元素比较齐全，是良好的沼气发酵原料，其产沼气的潜力见表 6-6。

表 6-6　畜禽粪便的产沼气潜力

原料种类	牛粪	马粪	猪粪	鸡粪
实验室产气率/(m³/kg)	0.3	0.34	0.42	0.49
生产上产气率/(m³/kg)	0.20~0.25	0.20~0.25	0.25~0.30	0.30~0.35

3. 用作饲料

在 20 世纪 40 年代，国外就开展鸡粪用作饲料的试验。1953 年美国阿肯色州农业试验站把鸡（肠道短，只吸收饲料中 30% 的养分）粪用作羊饲料（补充氮的需要），试验获得成功。此后，畜禽粪便作为饲料的研究受到各国的重视。

国外畜禽粪便饲料早已商品化。我国对此也已开展多年研究实践，积累了一些经验，但距离商品化还有一定距离，主要难题是畜禽粪便饲料的安全性。畜禽粪便虽然含有丰富的营养成分，但也含有有害物质（如病原微生物、有毒化学物质、有毒金属等），用作饲料前必须经过某些技术处理（如高温快速干燥、物理化学法分离等）。

4. 生产食用菌

畜禽粪便也可以用来作为生产食用菌的原料（图 6-18）。例如，牛粪就是生产蘑菇的优质原料。

图 6-18　利用牛粪生产蘑菇

5. 作为生产生物质炭的原料

与农作物秸秆一样，畜禽粪便也可以用来烧制生物质炭（图 6-19）。

图 6-19　猪粪（猪粪炭）可以被烧制成生物质炭

6. 其他用途

黑水虻（*Hermetia illucens* L.），腐生性的水虻科昆虫，能够取食禽畜粪便和生活垃圾，生产高价值的动物蛋白饲料，因其具备繁殖迅速、生物量大、食性广泛、吸收转化率高、容易管理、饲养成本低、动物适口性好等特点，从而进行资源化利用方便，其幼虫被称为"凤凰虫"，成为与蝇蛆、黄粉虫、大麦虫等齐名的资源昆虫，在全世界范围内得到推广。黑水虻原产于美洲，目前在全世界广泛分布（南北纬40°之间）。近些年传入我国，已广泛分布于贵州、广西、广东、上海、云南、台湾、湖南、湖北等地。目前，黑水虻被广泛应用于处理鸡粪、猪粪及餐厨垃圾等废弃物（图6-20）。

图 6-20　利用畜禽粪便养殖黑水虻

随着我国生态农业的逐步推广，人们已开始重视良性循环、多级利用技术。特别是通过实施农业绿色发展重大行动，强化畜禽粪污资源化利用，推进畜牧大县畜禽粪污资源化，推动形成畜禽粪污资源化利用可持续运行机制；特别是要显著提升科技支撑能力，突出创新联盟作用，依托畜禽养殖废弃物等国家科技创新联盟，开展产学研企联合攻关。在生产过程中，废弃物得到再次或多次利用，生产组分之间互惠互利、协调发展。比较典型的有南方的"猪—沼—果"生态模式，北方的"四位一体"生态模式。

南方的"猪—沼—果"生态模式是以户为单元，以山地、大田、庭院等为依托，采用先进技术，建造沼气池、猪舍、厕所三结合工程，并围绕农业产业，因地制宜开展沼液、沼渣综合利用。

北方的"四位一体"生态模式是由农户庭院或田园内的沼气池、日光温室畜禽舍和厕所组成的，沼气和种、养业相结合的综合利用体系。

第三节　农用塑料地膜环境问题与治理

1907年，世界最早将合成树脂制成塑料。在那之后，塑料大大改变了人们的生活。据报道，全球塑料产出和消耗每年超过3亿吨。回顾塑料的历史可以发现，塑料产生的原因实际上是出于环保，即主要表现在两个方面：一是保护野生动物，以塑料材料代替一直以来利用象牙和龟甲为材料的装饰品，这样可以减少对象和龟等野生动物的捕杀；二是废物利用，将炼油厂中产生的废物制成塑料颗粒，使其具有经济价值。

一、塑料污染的来源

近年来，塑料制品应用范围逐渐扩大，白色污染日渐严重。白色塑料污染主要有以下来源。

1. 地膜残留

我国是农业大国，在农业栽培中使用的农用塑料地膜数量也比较多（图6-21）。自20世纪70年代引进塑料地膜覆盖栽培技术，近50年来，该技术作为农业生产的推动器使农作物的产量得到大幅提高。我国十几亿人的粮食、蔬菜完全能够自行解决，而且还可以出口，塑料地膜覆盖栽培技术功不可没，它使中国农业实现了飞跃的发展，因此被人们誉为农业生产上的"白色革命"。

图6-21 塑料地膜在农业中的应用

目前，我国农用塑料地膜的使用量居世界首位，每年需求量高达150万t以上，并呈逐年递增的趋势（图6-22）。据预测，到2024年，我国地膜覆盖面积将达到2 200万hm^2，使用量超过200万t，均居世界第一（图6-23）。然而，地膜在全国范围的广泛使用也带来了新的问题，大量地膜因各种原因不能被回收。

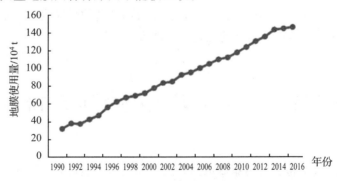

图6-22 1992—2016年我国农用塑料地膜使用量

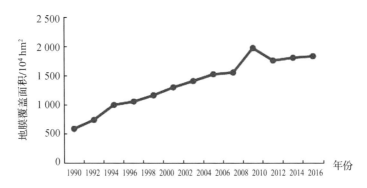

图 6-23 1992—2016 年我国农用塑料地膜覆盖面积

2. 商品包装

在产品转变为商品后，商品生产者就一直致力于完善商品的包装。塑料制品因其耐用性强且不易损坏的特性，受到生产者的青睐，因此目前多数商品都有一层塑料包装，该包装在废弃后，若不能进入相应的回收渠道，也会对环境产生较大的损害。据统计，2018年我国塑料薄膜产量为 1 180.36 万 t，其中，包装塑料薄膜约 940 万 t（占 70%），农用塑料薄膜约 120 万 t（占 10%）。

二、农用塑料地膜的危害

从农用塑料地膜的构成分析，该地膜多由人工合成，降解速度相对缓慢，若不能在使用后及时清理，会一直残留于土壤中，持续时间为 200~400 年，这不仅会破坏土壤性质，还会影响农作物的正常生长，有时被饲养的家畜误食后，还会造成家畜猝死，危害极大。

农业固废中农膜污染

1. 影响视觉景观

例如，在甘肃、新疆等农用塑料地膜大面积应用的省份，残膜回收率曾经仅 10% 左右，留在田间地头的残膜随处可见，有的挂在树枝、矮植上随风摆动，有的留存在地里被完全或不完全掩埋（图 6-24）。

图 6-24 被弃置的农用塑料地膜影响视觉景观

2. 污染大气环境

有的菜农为省事，将废旧农用塑料地膜集中焚烧，产生的烟尘和碳化物中含有大量有毒和有害物质，对环境造成二次污染。另外，废旧残膜经风吹、日晒等会慢慢分解，产生大量有毒物质进入大气层，使臭氧层遭到破坏。

3. 污染土壤环境，影响农业生产

当季的农用塑料地膜如不回收，在自然环境下可存在上百年，其存在和降解过程中均造成了严重的生态环境危害。菜园土壤中农用塑料地膜残留过多时，土壤中的微生物和动物活性将受到抑制，耕作层结构遭到破坏，孔隙度大大减少，通透性明显下降，土壤中养分、水分传输受阻，影响蔬菜种子发芽、出苗、苗齐、苗壮、根系扩展和深扎，造成死苗、缺苗、断垄和植株早衰等，使作物减产或大幅减产。据有关研究报道，当667 m^2 土壤中残膜含量为 3~4 kg 时，蔬菜将减产 15%~60%。

4. 污染水体环境，破坏水生态系统稳定

近年来，随着塑料制品的大量生产和应用，不计其数的塑料进入环境中，海洋、湖泊和河流等水环境及沉积物甚至在海产品中，都能检测到塑料的存在。环境中的塑料既有大片的碎屑，又有微米和纳米级的颗粒。最初，人们更关注大块塑料对生物的影响，随着研究的深入，微塑料对海洋生物和人体健康的影响受到了研究者和政府部门的广泛关注。研究表明，微塑料可通过进食摄入方式进入生物体内，虽然多数能够随粪便排出体外，但仍有部分微塑料堆积在鱼鳃或者内脏中，引发机体产生氧化应激反应，甚至造成死亡。微塑料还能与环境中其他污染物作用，产生复合毒性影响，经过食物链传递，严重威胁着人类健康。

5. 危害人畜健康

生产农用塑料地膜时，需要加入 40% 以上的邻苯二甲酸酯类增塑剂，此类物质对人、动物、土壤微生物等有较强毒性，不易降解，易富集，有致癌、致畸等作用，菜园残膜等如得不到及时、完全清除，达到一定的量就会污染土壤、水和蔬菜，最终给人的健康带来危害。若菜园残膜被孩童、牛、羊等误食，轻者身体不适，重者造成肠梗阻或死亡（图 6-25）。菜园残膜还会被鸟、鼠等用于筑巢、栖息或繁殖等，易成为传染病的传播源。

图 6-25 废弃塑料危害人、动物的健康

用来包装食品的塑料制品中的有毒成分常常附着在食品上，例如，用于包装新鲜食品的聚苯乙烯，非常容易被食物所吸收。相关媒体报道，用于捆绑新鲜蔬菜的塑料胶带也含有有毒物质，经实验得出，被塑料胶带捆绑部分的蔬菜比未经捆绑的蔬菜有毒物质含量高，对人的身体健康造成巨大威胁和伤害，严重时，生育能力会

受到损害。除此之外,蚊、蝇等附着细菌的生物十分容易在废弃的塑料制品中滋生。

当年的"白色革命"演变为今天的"白色污染",且问题越来越严重,这对农业环境和耕地的可持续利用造成了严重的威胁。

6. "微塑料"及其危害

自2004年海洋生态学家理查德·汤普森(Richard Thompson)开创性提出"微塑料"概念以来,该词已被广泛应用于描述环境中尺寸小于5 mm的塑料,被学者形象生动地称为"海洋中的$PM_{2.5}$"。作为一种潜在的持久性聚合物,微塑料在环境中可持续存在数百年。此外,微塑料可能会通过食物链逐级传递至人体,最终危害人类健康。因此,联合国环境规划署将微塑料明确列为全球新兴环境污染物之一。微塑料分为原生微塑料和次生微塑料两类。2014年,全球的塑料产量超过3.11亿t,比2004年增加约8 400万t。淡水水域是微塑料进入海洋的重要传输途径。海洋中的微塑料70%~80%来自河流。

作为一种新型污染物,微塑料已受到广泛关注。微塑料广泛存在于生态环境中,与塑料相比,微塑料的化学性能更加稳定,更容易被生物吞食,并通过生物链发生传递、富集,进而对人体产生危害。因此,微塑料的污染问题逐渐成为人们研究的热点和重点,近年来关于水体、土壤、大气环境中微塑料的研究日益增多,特别是关于海洋环境中微塑料的生物循环问题。

三、治理对策与措施

1. **加强宣传教育,增强环保意识**

各地应做好地膜治理示范项目建设,打造典型应用示范样板,并充分利用广播、电视、报纸、网络等平台,多渠道、深层次和全方位对"白色污染"危害性进行深入宣传,不断提高广大农民群众对残膜污染危害长远性、严重性的认识,努力培养农民群众不乱丢废旧塑料薄膜的良好习惯,进一步增强农民群众对残留塑料薄膜回收的自觉性。

2. **推进立法与行政管理,减量使用与回收利用并举**

目前,我国与农用塑料地膜管理相关的法律文件、部门规章和规范性文件有10项,其中法律文件7项、部门规章和规范性文件3项(表6-7)。

从国家法律层面来看,目前我国对农用塑料地膜的使用和回收处理进行了规定。有《中华人民共和国农业法》《中华人民共和国固体废物污染环境防治法》《中华人民共和国清洁生产促进法》《中华人民共和国循环经济促进法》《中华人民共和国环境保护法》《中华人民共和国农产品质量安全法》《中华人民共和国土壤污染防治法》。

表 6-7　我国的农用塑料地膜涉及的相关法律和内容

序号	法律	颁布时间	修订时间	实施时间	涉及的主要条款及相关内容
1	中华人民共和国农业法	1993年7月2日	2012年12月28日	2013年1月1日	主要涉及第二十一、五十八、九十一条，其中第五十八条：农民和农业生产经营组织应当保养耕地，合理使用化肥、农药、农用薄膜，增加使用有机肥料，采用先进技术，保护和提高地力，防止农用地的污染、破坏和地力衰退。县级以上人民政府农业行政主管部门应当采取措施，支持农民和农业生产经营组织加强耕地质量建设，并对耕地质量进行定期监测
2	中华人民共和国环境保护法	1989年12月26日	2014年4月24日	2015年1月1日	主要涉及第三十三、四十九、五十、五十一条，其中第四十九条：各级人民政府及其农业等有关部门和机构应当指导农业生产经营者科学种植和养殖，科学合理施用农药、化肥等农业投入品，科学处置农用薄膜、农作物秸秆等农业废弃物，防止农业面源污染
3	中华人民共和国固体废物污染环境防治法	2004年12月29日	2016年11月7日	2005年4月1日	主要涉及第十九、八十五条，其中第十九条：国家鼓励科研、生产单位研究、生产易回收利用、易处置或者在环境中可降解的薄膜覆盖物和商品包装物。使用农用薄膜的单位和个人，应当采取回收利用等措施，防止或者减少农用薄膜对环境的污染
4	中华人民共和国清洁生产促进法	2002年6月29日	2012年2月29日	2012年7月1日	第二十二条：农业生产者应当科学地使用化肥、农药、农用薄膜和饲料添加剂，改进种植和养殖技术，实现农产品的优质、无害和农业生产废物的资源化，防止农业环境污染
5	中华人民共和国农产品质量安全法	2006年4月29日		2006年11月1日	主要涉及第十九、二十二、四十六条，其中第十九条：农产品生产者应当合理使用化肥、农药、兽药、农用薄膜等化工产品，防止对农产品产地造成污染
6	中华人民共和国循环经济促进法	2008年8月29日	2018年10月26日	2009年1月1日	主要涉及第二十四、三十四条，其中第三十四条：国家鼓励和支持农业生产者和相关企业采用先进或者适用技术，对农作物秸秆、畜禽粪便、农产品加工业副产品、废农用薄膜等进行综合利用，开发利用沼气等生物质能源

续表

序号	法律	颁布时间	修订时间	实施时间	涉及的主要条款及相关内容
7	中华人民共和国土壤污染防治法	2018年8月31日	—	2019年1月1日	第二十六条：国务院农业农村、林业草原主管部门应当制定规划，完善相关标准和措施，加强农用地农药、化肥使用指导和使用总量控制，加强农用薄膜使用控制，国务院农业农村主管部门应当加强农药、肥料登记，组织开展农药、肥料对土壤环境影响的安全性评价。制定农药、兽药、肥料、饲料、农用薄膜等农业投入品及其包装物标准和农田灌溉用水水质标准，应当适应土壤污染防治的要求。 第二十七条：地方人民政府农业农村、林业草原主管部门应当开展农用地土壤污染防治宣传和技术培训活动，扶持农业生产专业化服务，指导农业生产者合理使用农药、兽药、肥料、饲料、农用薄膜等农业投入品，控制农药、兽药、化肥等的使用量。 第二十九条：国家鼓励和支持农业生产者采取下列措施：（四）使用生物可降解农用薄膜。 第三十条：禁止生产、销售、使用国家明令禁止的农业投入品。农业投入品生产者、销售者和使用者应当及时回收农药、肥料等农业投入品的包装废弃物和农用薄膜，并将农药包装废弃物交由专门的机构或者组织进行无害化处理。具体办法由国务院农业农村主管部门会同国务院生态环境等主管部门制定。国家采取措施，鼓励、支持单位和个人回收农业投入品包装废弃物和农用薄膜。 第八十八条：违反本法规定，农业投入品生产者、销售者、使用者未按照规定及时回收肥料等农业投入品的包装废弃物或者农用薄膜，或者未按照规定及时回收农药包装废弃物交由专门的机构或者组织进行无害化处理的，由地方人民政府农业农村主管部门责令改正，处一万元以上十万元以下的罚款；农业投入品使用者为个人的，可以处二百元以下的罚款

从部门规章和规范性文件层面来看，主要有《农产品产地安全管理办法》《农用地土壤环境管理办法（试行）》《农用薄膜行业规范条件（2017年本）》3个规定（表6-8）。

表 6-8 我国农用塑料地膜管理相关部门规章和规范性文件的条款和内容

序号	名称	位阶	修订时间	实施时间	主要相关内容
1	农产品产地安全管理办法	原农业部部门规章	2006年9月30日	2006年11月1日	第二十二条：农产品生产者应当合理使用肥料、农药、兽药、饲料和饲料添加剂、农用薄膜等农业投入品。禁止使用国家明令禁止、淘汰的或者未经许可的农业投入品。农产品生产者应当及时清除、回收农用薄膜、农业投入品包装物等，防止污染农产品产地环境。
2	农用地土壤环境管理办法（试行）	原环境保护部、原农业部部门规章	2017年9月25日	2017年11月1日	第十一条：县级以上地方农业主管部门应当加强农用地土壤污染防治知识宣传，提高农业生产者的农用地土壤环境保护意识，引导农业生产者合理使用肥料、农药、兽药、农用薄膜等农业投入品，根据科学的测土配方进行合理施肥，鼓励采取种养结合、轮作等良好农业生产措施。
3	农用薄膜行业规范条件（2017年本）	工业和信息化部规范性文件	2017年11月29日	2018年3月1日	三、生产工艺和装备。（七）生产工艺要符合质量保证体系工艺文件要求，采用成熟的生产技术，满足农膜产品质量达到国家及行业标准的要求。 四、质量与管理。（十三）不得以劣质再生塑料为原料生产农膜产品，产品质量符合国家及行业标准，出厂产品合格率达到100%

为引导和规范地膜的生产、使用和回收再利用，推广使用加厚地膜，国家标准委于2013年启动了《聚乙烯吹塑农用地面覆盖薄膜》修订工作。2017年10月14日，"GB 13735-2017 聚乙烯吹塑农用地面覆盖薄膜"国家标准获得批准，代替了 GB 13735-1992 标准。本次修订适当提高了厚度要求。从兼顾农用塑料地膜的可回收性、农民的经济承受能力和资源节约的角度出发，参考国际相关标准，将农用塑料地膜最低厚度从 0.008 mm（极限偏差 ±0.003 mm）提高到了 0.01 mm（负极限偏差为 0.002 mm）。同时，按农用塑料地膜厚度范围，配套修改了力学性能指标，防止企业为提高厚度而加入过多的再生料，降低产品质量和可回收性。此外，标准还修改了人工气候老化性能及相应的检测方法。

在农用塑料地膜覆盖面积较大的农区加强回收机、具的开发力度，同时也要积极引进试验、示范推广可降解和无污染的环保型农膜新产品，逐步取代传统塑料薄膜。迄今在各类可生物降解塑料中，PBAT 兼具脂肪族聚酯的良好降解性以及芳香族聚酯的优异力学性，不仅具有较好的延展性及断裂伸长率，还具有良好的耐热性及冲击性能，在废弃后可以降解为水及 CO_2，环保作用突出。目前，国内进行 PBAT 材料研究单位有中国科学院理化技术研究所、中国科学院化学所、清华大学、江南大学等。从全球市场来看，欧洲占有最大市场，我国市场需求相对较少。原因是生物降解材料成本高、应用市场低端，短期内有赖于政策导向、政府的鼓励和扶持，但长期来看应用潜力巨大。

第四节 农村生活垃圾处理与综合利用

一、农村生活垃圾的成分及特性

有机农业固废污染

十几年前,农业生活垃圾以厨房剩余物为主,而且大多数厨房剩余物可作为畜禽饲料。近年来,农业生活垃圾成分发生了明显的变化,包装废弃物、一次性用品废弃物明显增加,如婴幼儿使用的一次性尿不湿、女性卫生用品、废旧衣服鞋帽等,尤其是废旧电器、电池、磁带、光盘、玩具、自行车等在生活垃圾中的比例逐年增加。

因不同地区的经济水平、生活和饮食习惯不同,产生的生活垃圾成分也各不相同。我国广大农业生活垃圾成分比较接近于农村、乡镇。江苏省张家港卫生防疫站对扬舍、后腥、塘桥等集镇的调查情况如下:

(1) 乡镇生活垃圾容积重量为 641~678 kg/m³,其中无机成分(如玻璃、陶瓷、砖砾、电池、金属等)为 4.01%~5.42%,有机成分(如橡胶、塑料、毛发、木片、杂骨、秸秆、皮革、废纸等)为 1.14%~1.27%,灰泥为 84%~88%。

(2) 病原微生物特征:厌氧发酵 3~15 d 的填埋垃圾温度为 60~81 ℃。各乡镇垃圾表层 20 cm 左右厚的生活垃圾均未见发酵。它们是苍蝇的主要滋生地;大肠菌群值 $> 10^{-2}$ 个/mL。

(3) 化学特性:乡镇生活垃圾的肥效分析结果为有机质占 5%,氮占 0.3%,磷占 0.5%,钾占 0.6%。

目前农业垃圾处置主要面临以下问题。

① 大多数农村的生活垃圾无专人管理,家家户户以"自扫门前雪"为主。

② 对一些可变卖的固体废弃物,如废纸、橡胶、铁罐、塑料等,基本上自行收集,待废品收购人员上门收购。其余暂时无法回收用的垃圾,特别是塑料包装物,则随意倾倒,形成白色污染。

③ 缺乏管理,农村党支部、村委会作为农村各项事务的管理部门,目前大多数都未将环境保护纳入村两委会的主要管理职责和管理内容之中。

④ 由于缺乏资金,生活垃圾的收集、清运、填埋处理等一些基础设施的建设,基本上是空白。

二、农村生活垃圾处理与综合利用

1. 垃圾分类回收

世界上没有真正的垃圾,只有放错了地方的资源。垃圾分类是实现垃圾减量化、资源化、无害化的前提,垃圾分类越细,越有利于垃圾回收利用和处理。

目前，较合理的垃圾利用措施有：热化学处理（可分为焚烧、热解和气化等方式）、填埋、生物学处理（垃圾堆肥）、生产垃圾燃耗料（筛选出部分易燃物质）四种。

2. 资源化利用技术

垃圾组分的特点决定了采用任何一个单一的措施都不可能彻底解决垃圾问题，只有将可回收的废品、易腐有机物、易燃物和无机物分开，分别采用回收、堆肥、生产固体燃料、作建筑材料、填埋等综合措施，才能达到环境、社会和经济效益的相对统一。

随着乡村振兴战略的深入实施，稳步推进农村人居环境改善，将农村建设成为农民幸福生活的美好家园成为保护农村生态环境工作的一项重要内容。建立农村人居环境改善长效机制，发挥好村级组织作用，增强村集体组织动员能力，支持社会化服务组织提供农村生活垃圾收集转运等服务，同时鼓励农民自觉开展环境整治工作。总结推广典型的治理经验，学习借鉴先行地区成功经验，及时总结推广一批先进典型。

课后思考题

1. 什么是农业固体废弃物？请举例说明。
2. 请简述不同农作物秸秆的有机组分及其元素组成。
3. 什么叫秸秆直接还田？查阅文献资料，归纳总结秸秆直接还田的优点，以及可能存在的问题。
4. 什么叫秸秆饲料化？秸秆饲料化包括哪些技术方法？
5. 什么是秸秆能源化？查阅文献资料，了解秸秆能源化有哪些方式？
6. 简述畜禽排泄物堆肥技术方法及其注意事项。
7. 查阅文献资料，了解现实生活中畜禽排泄物处置与资源化利用还存在哪些问题？
8. 残留农用塑料地膜对环境可能会产生哪些负面影响？
9. 什么是微塑料？微塑料如何参与地球生物化学循环过程？
10. 查阅文献资料，了解农作物秸秆、畜禽排泄物最新资源化利用技术或方法。

第七章 农业水土保持

> **本章简述**
>
> 本章界定了水土流失的概念，简要说明了水土流失的原因及其危害；明确了土壤侵蚀的定义，并阐述了土壤侵蚀的类型及其特征；明确了水土保持工程措施的定义，并详细阐述了水土保持工程措施的作用、类型及其优缺点；明确了水土保持生物措施的概念、分类与作用，并详细介绍了常见的水土保持生物措施的建设方法；明确水土保持农业技术措施的概念，并详细阐述了水土保持农业技术措施的类型及其具体建造方法。

第一节 水土流失

一、水土流失的概念

水土流失（又称侵蚀作用或土壤侵蚀）是自然界的一种现象。广义的水土流失是指地球的表面不断受到风、水、冰融等外力的磨损，地表土壤及母质、岩石受到各种破坏和移动、堆积过程及水本身的损失现象，包括土壤侵蚀及水的流失。狭义的水土流失是指水力侵蚀地表土壤的现象，使水土资源和土地生产力受到破坏和损失，影响人类和其他动植物的生存。

二、水土流失的原因

导致水土流失的原因可分为自然因素和人为因素。

1. 自然因素

自然因素主要包括地形、降雨、土壤（地面物质组成）、植被四个方面。

① 地形。地面坡度越陡，地表径流的流速越快，对土壤的冲刷侵蚀力就越强。坡面越长，汇集地表径流量越多，冲刷力也越强。

② 降雨，季风气候，降水集中。产生水土流失的降雨，一般是强度较大的暴雨，降雨强度超过土壤入渗强度才会产生地表（超渗）径流，造成对地表的冲刷侵蚀。

③ 土壤（地面物质组成）。

④ 植被。达到一定郁闭度的林草植被有保护土壤不被侵蚀的作用。郁闭度越高，保持水土的能力越强。

2. 人为因素

人为因素主要是指人类对土地不合理地利用，破坏地面植被和稳定的地形，造成严重的水土流失。如造成地表土壤加速破坏和移动的不合理的生产建设活动，以及其他人为活动，如战乱、开荒、不合理的林木采伐、草原过度放牧、开矿、修路、采石等。

三、水土流失的危害

水土流失的危害性很大，主要有以下几个方面。

1. 导致土地生产力下降甚至丧失

相关媒体报道，中国水土流失面积已扩大到 150 万 km^2，约占国土面积的 1/6，每年流失土壤约 50 亿 t。随土壤一起流失的氮、磷、钾肥估计高达 4 000 万 t，与中国当前一年的化肥施用量相当，折合经济损失达 24 亿元。长江、黄河两大水系每年流失的泥沙量达 26 亿 t。其中含有的肥料相当于 50 个年产量为 50 万 t 的化肥厂的总量。难怪有人说黄河流走的不是泥沙，而是中华民族的血液，如此大片肥沃的土壤和氮、磷、钾肥料被水冲走了，必然造成土地生产力的下降，甚至完全丧失。

2. 导致河道、湖泊、水库淤积，功能受损

湖南省洞庭湖由于泥沙太多，每年有 1 400 多公顷沙洲露出水面。湖水面积 1954 年为 3 915 km^2，但到 1978 年已缩减到 2 740 km^2。更为严重的是，洞庭湖水面已高出湖周陆地 3 m，这就丧失了它应承担的长江的分洪作用。这是一个十分严重的问题。四川省的嘉陵江、涪江、沱江等流域水土流失也十分严重，约 20% 以上的泥沙淤积于水库之中。据有关专家预测，若照此速度下去，再过 50 年，长江流域的一些水库均会被淤平或者成为泥沙库。

3. 污染水质影响生态平衡

当前，中国一个突出的问题是江、河、湖（水库）水体被严重污染，其中水土流失则是水质恶化的一个重要原因。长江水体正在遭受的污染就是典型例子。

四、水土流失防治现状

目前，全国水土保持措施保存面积已达到 107 万 km^2，累计综合治理小流域 7 万多条，实施封育保护 80 多万 km^2。自 1991 年《中华人民共和国水土保持法》颁布实施以来，全国累计有 38 万个生产建设项目制定并实施了水土保持方案，防治水土流失面积超过 15 万 km^2。

另据中经未来产业研究院发布的《2016—2020 年中国水利工程行业发展前景与投资

预测分析报告》显示，2015年，全国共完成水土流失综合防治面积7.4万 km²。其中，新增水土流失治理面积5.4万 km²，新增实施水土流失地区封育保护面积2万 km²，实施坡改梯400万亩，建设生态清洁型小流域河道300多条。2015年12月，《全国水土保持规划(2015—2030年)》正式发布并提出，近期目标是到2020年，基本建成与我国经济社会发展相适应的水土流失综合防治体系。全国新增水土流失治理面积32万 km²，其中新增水蚀治理面积29万 km²，年均减少土壤流失量8亿t。远期目标：到2030年，建成与我国经济社会发展相适应的水土流失综合防治体系，全国新增水土流失治理面积94万 km²，其中新增水蚀治理面积86万 km²，年均减少土壤流失量15亿t。

第二节 土壤侵蚀

一、土壤侵蚀的概念

土壤侵蚀是指土壤及其母质在水力、风力、冻融、重力等外营力作用下，被破坏、剥蚀搬运和沉积的过程。因此，它的本质也是地球的外营力对地表的塑造与夷平。这一过程从陆地形成以后就在不断地进行着，只是在人类出现与参与下，发生了根本变化，故通常将地史时期纯自然条件下发生和发展的侵蚀作用与过程，称为自然侵蚀或者正常侵蚀（normal erosion）。它的特点是侵蚀速率缓慢，且不受人为活动影响，因而又可称为常态侵蚀。人类出现以后，为了生存就自觉与不自觉地加入改造自然的过程中。在生产方式落后、效益低下的情况下，这一作用往往加快了土壤侵蚀的过程。所以，长久以来（距今约5 000年），人类大规模的生产活动逐渐形成，改变和促进了自然侵蚀过程，这种快速的侵蚀作用过程，称为加速侵蚀（accelerated erosion）。其特点是侵蚀速度快、破坏大、影响深远，除有常态侵蚀作用之外，还有人类活动的参与，两者作用相叠加，大大加速了侵蚀的发生与发展。另外，按土壤侵蚀发生的时代又可划分为古代侵蚀（ancient erosion）和现代侵蚀（human erosion）。其含义与上述概念基本相同。

二、土壤侵蚀的类型

1. 水力侵蚀

水力侵蚀（water erosion）是指由大气降水及所形成的径流引起的侵蚀过程和一系列土壤侵蚀形式。水力侵蚀是降雨侵蚀力与径流冲刷力共同作用的结果。早期的土壤保持专家主要依据地表径流逐渐集中的过程将其划分为片蚀、细沟侵蚀、切沟侵蚀和河岸侵蚀。1982年，土壤侵蚀学家查赫（zacher）将水力侵蚀划分为降雨侵蚀、河流侵蚀、山洪侵蚀、湖泊侵蚀、库岸侵蚀和海洋侵蚀等类型。我国水力侵蚀按侵蚀形式可划分为溅蚀、面蚀、沟蚀和河沟山洪侵蚀等类型。影响水力侵蚀的因素可归纳为气候、水文、地质、地貌、土壤、植被和人为活动等。

(1) 溅蚀 (splash erosion) 是指裸露的坡地受到雨滴击溅而引起的土粒与母体分离的一种土壤侵蚀现象。溅蚀破坏土壤表层结构，堵塞土壤孔隙，阻止雨水下渗，为产生坡面径流和层状侵蚀创造了条件。因此，溅蚀是在一次降雨中最先导致的土壤侵蚀。

(2) 面蚀 (surface erosion) 是指由分散的地表径流冲走坡面表层土粒的一种侵蚀现象，它是土壤侵蚀中常见的一种形式（图 7-1）。面蚀发生面积大，侵蚀的又都是肥沃的表土层，所以对农业生产的危害很大。根据其发生的地质条件、土地利用现状的不同及其表现的形态差异，又可分为层状面蚀、鳞片面蚀和细沟状面蚀。

图 7-1 面蚀

(3) 沟蚀 (gully erosion) 是指由汇集成股的地表径流冲刷破坏土壤及其母质，形成切入地表以下沟壑的土壤侵蚀形式（图 7-2）。沟蚀形成的沟壑称为侵蚀沟。根据沟蚀程度及形态，分为浅蚀侵蚀、切沟侵蚀和冲沟侵蚀等类型。

图 7-2 沟蚀

(4) 河沟山洪侵蚀 (torrent erosion) 是指丘陵山区河流洪水对沟道堤岸的冲淘、对河床的冲刷和淤积过程（图 7-3）。由于山洪具有流速高、冲刷力大和暴涨暴落的特点，因而破坏力极大，并能搬运和沉积泥沙石块。山洪侵蚀改变河道形态，冲毁建筑物和交通设施，淹埋农田和居民点，可造成严重危害。

图 7-3　河沟山洪侵蚀

2. 风力侵蚀

风力侵蚀（wind erosion）是指风力剥蚀、搬运和聚积土壤及其松散母质的过程（图 7-4），简称风蚀。风力对土砂粒的吹移搬运，因土砂粒的大小和质量不同，分为以下三种移动方式。

① 风扬。土砂粒中粒径小于 0.1 mm 的粉砂、黏砂，重量极小，可被风卷扬至高空，随风运行。

② 跃移。粒径在 0.25~0.5 mm 的中细粒砂，受风力冲击脱离地表，升高到几厘米的峰值后，在该处风就给砂粒一个水平加速度，使之在风力及其本身重力双重影响下，以两者合力方向，沿着平滑的轨迹急速下降。这时的砂粒带着较大的能量撞击地表，使原来不易为风力所移动的较大一些粒子产生移动。

③ 滚动。粒径 0.5~2 mm 的较大颗粒，不易被风吹离地表，但可在风力作用下沿沙面滚动或滑动。

在这三种移动方式中，以跃移和滚动为砂粒移动的主要方式。

图 7-4　风力侵蚀

从重黏土到细砂的各类土壤，滚动占全部土沙移动量的 7%~25%，跃移占 55%~72%，飞扬占 3%~28%。砂土粒在风沙流中的分布状况称为风沙流结构，其基本规律是风沙流中含沙量的垂直分布随高度增加而减少,绝大部分砂粒是在贴近地面的 30 cm 高程内、特别是在 0~10 cm 高程的气流中输移。风速增大,输沙量显著增加。

气流中的输沙量,从风蚀起点开始逐渐增加,当含沙量达到饱和时,就发生堆积。由风蚀起点到砂粒跌落堆积的一段距离称饱和路径长度。地表结构粗糙度对饱和路径长度有决定性影响。地面粗糙度增大,气流运行速度受到阻碍,附面层发生分离形成涡旋,可降低近地面层的风速,从而削弱气流输沙的能量,使无力载输的砂粒跌落在障碍物附近,形成沙堆。沙堆又成为风沙流运行的障碍,在沙堆的背风区发生附面层分离,砂粒不断在此堆积,使背风面坡度变陡,达到 30°~40°最大休止角后,砂粒滑坍,出现落沙坡,形成雏形新月形沙丘。随着沙丘丘体的增大、增高,附面层分离加强,涡旋强度加大,落沙坡扩大,发展成新月形沙丘。就一个沙丘体而言,沙丘迎风面的中下部是风蚀区,而上部沙丘顶为堆积区,蚀与积的转化受迎风面坡长和饱和路径长度的影响。在常年主风作用下,沙丘顶部不断积沙,落沙坡滑坍落沙,背风面不断堆积,如此反复进行,可使沙丘辗转移动。移动的速度与主风速及输沙量的大小成正比,而与沙丘高度成反比。当然,移动的速度同时还受沙丘密集程度、沙丘水分、植被状况和次风向等因子的影响。沙丘移动主要发生在风季,其移动值往往占全年移动值的 60%~80%,单向风作用下的沙丘比多向风作用下的移动速度更快。

3. 重力侵蚀

重力侵蚀(gravitational erosion)是指斜坡上的风化碎屑、土体或岩体在重力作用下发生变形、位移和破坏的一种土壤侵蚀现象。以重力为主要外营力的侵蚀形式有蠕动、泻溜、崩塌和滑坡等。

(1)蠕动(wriggle)是指斜坡上的土体、岩体和它们的风化碎屑物质在重力作用下,顺坡向下发生缓慢移动的侵蚀现象。蠕动的移动速度相当缓慢,每年只有若干毫米或者几十厘米。因此,常常不被人们所觉察。但是经过长期积累,这种变形也会给工农业生产和项目建设带来危害。小则导致电线杆、树木倾倒,围墙扭裂;大则导致房屋破坏,地下管道扭裂,水坝变形甚至完全损毁。

根据蠕动体的性质,可将其分为松散层蠕动和岩体蠕动两种类型。松散层蠕动包括土层蠕动和岩屑蠕动。土层蠕动是指颗粒本身由于冷热、干湿引起体积膨胀、收缩而同时又在重力作用下产生的一种移动;岩屑蠕动是斜坡上岩体在本身的重力作用下,发生十分缓慢的塑性变形或者弹塑变形,它多形成于柔性岩层组成的山坡上。

(2)泻溜(scatter flow)是指崖壁和陡坡上的土石经风化形成的碎屑,在重力作用下沿着坡面下泻的现象(图 7-5)。泻溜是坡地发育的一种方式。陡坡上的土石岩体,受冷热、干湿和冻融的交替作用,造成土石表面松散和内聚力降低,形成与母岩分离的碎屑物质。这些物质一旦失稳,在自身重力作用下不断下落,使坡面后退。碎屑堆积在坡脚,土质堆积物的安息角一般为 35°~36°,常常被洪水冲刷、搬运。如果堆积物不被洪水冲走,斜坡将逐渐变缓。

图 7-5 泻溜

（3）崩塌（collapse）是指边坡上部岩土体被裂隙分开或拉裂后，突然向外倾倒、翻滚、坠落的破坏现象（图7-6）。发生在岩体中的崩塌，称为岩崩；发生在土体中的称为土崩；规模巨大、涉及大片山林的称为山崩。崩塌主要出现在地势高差较大、斜坡陡峻的高山地区和河流强烈侵蚀的地带。崩塌可造成河流堵塞，或阻碍航运、毁坏建筑物或村镇，以及引起波浪冲击沿岸等灾害。

图 7-6 崩塌

（4）滑坡（slide）是指当雨水渗透至土层底部，在不透水层或者基岩上形成地下潜流。由于土体不断吸水增重，土体下滑力大于抗滑力时，土体沿着一定滑动面发生的位移现象，称为滑坡（图7-7）。滑坡发生的坡度一般在 $12°\sim32°$，在此范围内坡度愈大，重力超过运动阻力的可能性也越大。在凹形山坡上较难产生滑动，下部平缓部分有阻止滑动的作用；凸形坡则相反，山坡下部比较不稳定，常因下部产生滑塌而导致山坡上部发生滑动。

图 7-7 滑坡

土壤的物理性质、矿物成分及胶体化学性质均对滑坡产生影响。土壤质地均匀,渗透性因粒径增大而加强;土粒呈棱角状,则抗剪强度较大;当沙土和黏土相间成层时,在黏土面上常形成潜流,在潜流的动水压力作用下,产生化学潜蚀和力学潜蚀,促使滑坡形成。土体中含滑石、云母、绿泥石和蛇纹石等鳞片及片状矿物,较易发生滑动。滑坡体由几百、几千立方米到几万立方米,在山区还常伴有泥石流,危害较大。

按照《水土保持技术规范》建议,当滑坡、崩塌、泻溜面积占坡面面积小于10%时,为轻度侵蚀;10%~25%时,为中度侵蚀;25%~35%时,为强度侵蚀;35%~50%时,为极强度侵蚀;大于50%时,为剧烈侵蚀。

4. 混合侵蚀

混合侵蚀是指在水流冲力和重力共同作用下的一种特殊侵蚀类型,它的表现形式是泥石流(debris flow)(图7-8)。冰川泥石流分布在高山冰川积雪盘踞的山区,其形成发展

图 7-8 泥石流

与冰川发育过程密切相关，是指在冰川的前进与后退、冰雪的积累与消融及其所伴生的冰崩、雪崩、冰碛湖溃决等动力作用下发生的一种泥石流。按其水体和固体物质补给方式的不同，又可分为冰雪消融型、冰雪消融—降雨混合型、冰崩—雪崩型、冰湖溃决型四种类型。

降雨泥石流指在非冰川地区，以降雨为水体来源，以其他松散堆积物（如山崩滑坡堆积物、黄土堆积物、风化剥蚀岩屑物等）为固体物质补给来源而形成的泥石流。这类泥石流又可分为暴雨型、台风雨型、降雨型三种亚类。前两类是指达到暴雨标准或台风过境才发生泥石流；而降雨型泥石流是指无须达到暴雨标准亦可发生泥石流。我国西北、华北和东北山地多有暴雨型泥石流；台湾、海南岛及东南沿海山地和东北、华北沿海某些山区多有台风雨型泥石流；西南山区多出现降雨型泥石流。还有一种共生泥石流，如山崩型泥石流、湖库溃决型泥石流、冰崩雪崩型泥石流和地震型泥石流，这种共生泥石流的特点是动能和规模大，历时极短，整个过程仅有几分钟，以致让人防不胜防而酿成巨大灾害。

上述类型的划分是以主导作用条件为依据的。所谓主导作用条件，是指决定泥石流规模大小，控制泥石流发生与否，以及今后泥石流的活动趋势的因素。由于分类以主导作用来划分，又称成因类型。

第三节 水土保持工程措施

一、水土保持工程措施的概念

水土保持工程措施是小流域水土保持综合治理措施体系的主要组成部分，它与水土保持生物措施及其他措施同等重要，不能互相代替。水土保持工程研究的对象是斜坡及沟道中的水土流失机制，即在水力、风力、重力等外营力作用下，水土资源损失和破坏过程及工程防治措施。

二、水土保持各工程措施的作用与类型

（一）坡面治理工程

坡面在山区生产中占有重要地位，同时又是泥沙和径流的策源地，水土保持要坡、沟兼治，其中坡面治理是基础。坡面治理工程包括斜坡固定工程，山坡截流和沟头防护工程等。坡面治理的作用有：消除或减缓地面坡度；截断径流流线；削减径流冲刷动力；强化降水就地入渗与拦蓄；保持水土；改善坡耕地生产条件。主要包括斜坡固定工程、山坡截流沟、梯田工程、沟头防护工程。

1. 斜坡固定工程

斜坡固定工程是指为防止斜坡岩土体的运动，保证斜坡稳定而布置的工程措施，包括

挡墙、抗滑桩、削皮、反压填土、排水工程、护坡工程、滑动带加固工程和植物固坡措施等。斜坡稳定性直接关系到斜坡上和斜坡附近的工矿、交通设施和房屋建筑等安全。因此，实施必要的工程措施是十分重要的。

（1）挡墙（retaining wall）。

挡墙（图7-9）又称挡土墙，可防止崩塌、小规模滑坡及大规模滑坡前缘的再次滑动。挡墙的构造有：重力式、半重力式、倒"T"形或"L"形、扶壁式、支垛式、棚架扶壁式和框架式等。

图7-9 挡墙

重力式挡墙可以防止滑波和崩塌，适用于坡脚较坚固，允许承载力较大，抗滑稳定较好的情况。根据建筑材料和形式，重力式挡墙又分为片石垛、浆砌石挡墙、混凝土或钢筋混凝土挡墙和空心挡墙（明洞）等。片石垛可就地取材，施工简单，透水性好，适用于滑动面在坡脚以下不深的中小型滑坡，不适用于地震区的滑坡。浅层中小型滑坡的重力式挡墙宜建在滑坡前，若滑动面有几个且滑坡体较薄，可分级支挡。

其他几种类型的挡墙多用于防止斜坡崩塌，一般用钢筋混凝土修建。倒"T"形挡墙因自重轻，须利用坡体的重量，适用于4～6 m的高度；扶壁式和支垛式挡墙因有支挡，适用于5 m以上的高度；棚架扶壁式挡墙只用于特殊情况。框架式挡墙也称垛式挡墙，是重力式挡墙的一个特例，由木材、混凝土构件、钢筋混凝土构件或中空管装配成框架，框架内填片石，它又分为叠合式、单倾斜式和双倾斜式挡墙。框架式挡墙结构较柔韧，排水性好，滑坡地区采用较多。

加筋土挡墙是由土工合成材料与填土构成的一种新型挡土墙，该种挡土墙不用砂石料和混凝土，对环境有利，施工方便，透水性好，对边坡稳定有利。

（2）抗滑桩（friction pile）。

抗滑桩（图7-10）是穿过滑坡体将其固定在滑床的桩柱上的一种装置，使用抗滑桩，土方量小，施工须有配套机械设备，工期短，是广泛采用的一种抗滑措施。

图 7-10　抗滑桩

根据滑坡体厚度、推力大小、防水要求和施工条件等，选用木桩、钢桩、混凝土桩或钢筋（钢轨）混凝土桩等。木桩可用于浅层小型土质滑坡或者对土体起临时拦挡作用，但是由于自身强度低，抗水性差，所以滑坡防止中常用钢桩和钢筋混凝土桩。

抗滑桩的材料、规格和布置要能满足抗断、抗弯、抗倾斜、阻止土体从桩间或桩顶滑出的要求，这就要求抗滑桩有一定的强度和锚固深度。桩的设计和内力计算可参考有关文献。

（3）削坡（scaling）和反压填土。

削坡（图 7-11）主要用于防止中小规模的土质滑坡和岩质斜坡崩塌。削坡可减缓坡度，减小滑坡体体积，减少下滑力。滑坡可分为滑动部分和抗滑部分，滑动部分一般是滑坡体的后部，它产生下滑力；抗滑部分即滑坡前端的支撑部分，它产生抗滑阻力。所以，削坡的对象是滑动部分，当高而陡的岩质斜坡受节理缝隙切割，比较破碎，有可能崩塌坠石时，可剥除危岩，削缓坡顶部。当斜坡高度较大时，削坡常分级留出平台。反压填土是在滑坡体前面的抗滑部分堆土加载，以增加抗滑力。填土可筑成抗滑土堤，土要分层夯实，外露坡面应干砌片石或种植草皮，堤内侧要修渗沟，土堤和老土间修隔渗层，填土时不能堵住原来的地下水出口，要先做好地下水引排工程。

图 7-11　削坡

(4) 排水工程（drainage works）。

可减免地表水和地下水对坡体稳定的不利影响。一方面能提高现有条件下坡体的稳定性，另一方面允许坡度增加而不降低坡体稳定性。排水工程包括排除地表水工程和排除地下水工程。

① 地表水排除工程的作用：一是拦截地表水，二是防止地表水大量渗入，并尽快汇集排走。它包括防渗工程和排水沟工程。

防渗工程包括整平夯实和铺盖阻水，可以防止雨水、泉水和池水的渗透。当斜坡上有松散土体分布时，应填平坑洼和裂缝并整平夯实。铺盖阻水是一种大面积防止地表水渗入坡体的措施，铺盖材料有黏土、混凝土和水泥砂浆，黏土一般用于较缓的坡。

排水沟布置在斜坡上，一般呈树枝状，充分利用自然沟谷。当坡面较平整，或治理标准较高时，需要开集水沟和排水沟，构成排水系统。排水沟工程可采用砌石、沥青铺面、半圆形钢筋混凝土槽、半圆形波纹管等形式，有时采用未铺砌的沟渠，其渗透和冲刷较强，效果差。

② 地下水排出工程的作用是排除和截断渗透水。它包括渗沟、明暗沟、排水孔、排水洞和截水墙等。

渗沟的作用是排除土壤水和支撑局部土体，比如可在滑坡体前布置渗沟。有泉眼的斜坡上，渗沟应布置在泉附近和潮湿的地方。渗沟深度一般大于2 m，以便充分疏干土壤水。沟底应置于潮湿带以下较稳定的土层内，并应铺砌防渗层。

排除浅层（约3 m以上）的地下水可采用暗沟和明暗沟。暗沟分为集水暗沟和排水暗沟。集水暗沟用来汇集浅层地下水，排水暗沟连接集水暗沟，把汇集的地下水作为地表水排走。其底部布置有孔的钢筋混凝土管或石笼，底部可铺设不透水的杉皮、聚乙烯布或者沥青板，面和上部设置树枝及砂砾组成的过滤层，以防淤塞。

明暗沟即在暗沟上同时修明沟，可以排除滑坡区的浅层地下水和地表水。

排水洞的作用是拦截、储备、疏导深层地下水。排水洞分截水隧洞和排水隧洞。截水隧洞修筑在病害斜坡外围，用来拦截旁引补给水；排水隧洞布置在病害斜坡内，用于排泄地下水。滑坡的截水隧洞洞底应低于隔水层顶板，或者在滑坡后部滑动面之下，开挖顶线必须切穿含水层，其衬砌拱顶又必须低于滑动面，截水隧洞的轴线应大致垂直于水流方向。排水隧洞洞底应布置在含水层以下，在滑坡区应位于滑动面以下，平行于滑动方向布置在滑坡前部，根据实际情况选择渗井、渗管、分支隧洞和仰斜排水孔等措施进行配合。排水隧洞边墙及拱圈应留泄水孔和填反滤层。

如果地下水含水层向滑坡区大量流入，可在滑坡以外布置截水墙，将地下水截断，再用仰斜孔排出。

(5) 护坡工程（works for protecting slopes）。

为防止崩塌，可在坡面修筑护坡工程进行加固，这比削坡节省投工，速度快。常见的护坡工程（图7-12）有：干砌片石和混凝土砌块护坡、浆砌片石和混凝土护坡、格状框条护坡、喷浆和混凝土护坡、锚固法护坡等。

图 7-12 护坡工程

干砌片石和混凝土砌块护坡用于坡面有涌水，边坡小于 1:1，高度小于 3 m 的情况，涌水较大时应设反滤层，涌水很大时最好采用盲沟。

防止没有涌水的软质岩石和密实土斜坡的岩石风化，可用浆砌片石和混凝土护坡。边坡小于 1:1 的用混凝土，边坡 1:0.5~1:1 的用钢筋混凝土。上文已提到，浆砌片石护坡可以防止岩石风化和水流冲刷，适用于较缓的坡。

格状条护坡是用预制构件的现场直接浇制混凝土和钢筋混凝土，修成格式建筑物，格内可进行植被防护。有涌水的地方干砌片石。为防止滑动，应固定框格交叉点或深埋横向框条。

在基岩裂隙小，没有大崩塌发生的地方，为防止基岩风化剥落，进行喷浆或混凝土护坡。若能就地取材，用可塑胶泥喷涂则较为经济，可塑胶泥也可作喷浆的垫层。注意不要在有涌水和冻胀严重的坡面喷浆或喷混凝土。

在有裂隙的坚硬的岩质斜坡上，为了增大抗滑力或固定危岩，可用锚固法，所用材料为锚栓或者顶应力钢筋。在危岩土钻孔直达基岩一定深度，将钢筋末端固定后要施加顶应力，为了不把滑面以下的稳定岩体拉裂，事先要进行抗拉试验，使锚固末端达滑面以下一定深度，并且相邻锚固孔的深度不同。根据坡体稳定计算求得的所需克服的剩余下滑力来确定预应力大小和锚孔数量。

(6) 滑动带加固措施。

防治沿软弱夹层的滑坡，加固滑动带是一项有效措施，即采用机械的或者物理化学的方法，提高滑动带强度，防止软弱加层进一步恶化，加固方法主要有普通灌浆法、化学灌浆法和石灰加固法等。

普通灌浆法采用由水泥、黏土等普通材料制成的浆液，用机械方法灌浆。为较好地充填固结滑动带，对出露的软弱滑动带，可以撬挖掏空，并用高压气水冲洗清除，也可钻孔至滑动面，在孔内用炸药爆破，以增大滑动带和滑床岩土体的裂隙度，然后填入混凝土，或借助一定的压力把浆液灌入裂缝。这种方法可以增大坡体的抗滑能力，又可防渗阻水。

由于普通灌浆法需要爆破或开清除软弱滑动带，所以化学灌浆法比较省工。化学灌浆法采用由各种高分子化学材料配制的浆液，借助一定的压力把浆液灌入钻孔。浆液充满裂隙后不仅可增加滑动带强度，还可以防渗阻水。我国常采用的化学灌浆材料有水玻璃、铬木素、丙凝、尿醛树脂、丙强等。

石灰加固法是根据阳离子的扩散效应，由浴液中的阳离子交换出土体中阴离子而使土体稳定。具体方法是在滑坡地区均匀布置一些钻孔，钻孔要达到滑动面下一定深度，将孔内水抽干，加入生石灰小块达滑动带以上，填实后加水，然后用土填满钻孔。

（7）土工网植物固坡工程。

坡面铺设土工网后，种植植物能防止径流对坡面的冲刷，减小径流速度，增加入渗，在坡度不大于50°的坡上，能在一定程度上防止崩塌和小规模滑坡（图7-13）。植物根系有利于控制坡面面蚀、细沟状侵蚀、浅层块体运动及增强土体抗剪强度，增加斜坡稳定性，减缓地表径流，减轻地表侵蚀，保护坡脚。

图7-13　土工网植物固坡工程

坡面生物—工程综合措施，即在布置的拦挡工程的坡面或者工程措施间隙种植一些植物，例如，在挡土石墙、石笼墙、铁丝链墙、格栅和格式护墙上加上植物措施，可以增加这些挡墙的强度。

（8）落石防护工程。

悬崖和陡坡上的危石往往对坡下的交通设施、房屋建筑及人身安全生产带来很大威胁，而落石预测很困难，所以要及早进行防护（图7-14）。常用的落石防治工程有防落石棚、挡墙加拦石栅、囊式栅、利用树木设置的铁丝网和金属网覆盖等。

图7-14　落石防护工程

建防落石棚，将铁路和公路遮盖起来是最可靠的办法之一，防落石棚可用混凝土和钢材制成。

在挡墙之上设置拦石栅是经常采用的一种方法。囊式栅栏即防止落石坠入线路的金属网。在距落石发生源不远处，如果落石能量不大时可利用树木设置铁丝网，其效果很好。在特殊需要的地方可将坡面覆盖上金属网或者全成纤维网，以防石块崩落。

2. 山坡截流沟

山坡截流沟（catch drain，cut-off drain）（图7-15）是在斜坡上每隔一定距离，在平行等高线或近平行等高线修筑的水沟。

图7-15 山坡截流沟

山坡截流沟能截断坡长，阻截径流，减免径流冲刷，将分散的坡面径流集中起来，输送到蓄水工程里或直接输送到农田、草地或林地。山坡截流沟与等高耕作、梯田、涝池、沟头防护以及引洪漫地等措施相配合，对保护其下部的农田、防止沟头前进，防治滑坡，维护村庄和公路、铁路的安全有重要作用。

一般情况下坡地均可修截流沟。截流沟与纵向布置的排水沟相连，把径流排走。截流沟在坡面上均匀布置，间距随坡度增大而减小。实地勘查定线时，要查明蓄水工程的位置和容积、坡面地形、植被等特点，收集降雨资料，先大致确定截流沟的线路，要能将集水区的最大暴雨径流全部输导至蓄水工程。

为防止滑坡，在滑坡可能发生的边界以外5 m处可设置一条截流沟。若坡面面积大，径流量大，则设置多条。如果有公路或多级削坡平台马道，则应充分利用其内侧设置截水沟。

沟道、道路或凹地，雨季常发生集中的暴雨径流，可在适当地点修土石坝或柳桩坝等挡水建筑物，再挖截流沟截引山洪。

3. 梯田工程

梯田（terrace）（图7-16）的修筑不仅历史悠久，而且普遍分布于世界各地，尤其是在地少人多的第三世界国家的山地丘陵地区。中国是世界上最早修筑梯田的国家之一，据不完全统计，目前全国共修梯田667万多公顷，其中黄土高原新建和改造旧梯田约267万hm^2（内条田约100万公顷），成为发展农业生产的一项重要措施。

图 7-16 梯田

梯田可以改变地形坡度，拦蓄雨水，增加土壤水分，防治土壤流失，达到保水、保土、保肥目的，若与改进农业耕作技术结合，能大幅度地提高产量，从而为贫困山区退耕陡坡、种草种树、促进农林牧副业全面发展创造了前提条件。因此，梯田是改造坡地，保持水土全面发展山区、丘陵区农业生产的一项重要措施。有法律规定 25°以下的坡地一般可修成梯田种植农作物，25°以上的则应退耕植树种草。

梯田有多种类型。按田坎建筑材料可分为土坎梯田、石坎梯田、植物田坎梯田；按利用方式分，有农用梯田、果园梯田和林木梯田等；按施工方法分，有人工梯田和机修梯田。一般以道路、渠道为骨干划分耕作区，每个耕作区面积以 3~6 hm^2 为宜。在每个耕作区内，根据地面坡度、坡向等因素，进行具体的地块规划。一般应掌握以下几点要求：

① 地块的平面形状，应基本上顺等高线呈长条形、带状布置。

② 地块布置必须注意"大弯取势，小弯取直"，不强求一律顺等高线，以免把田面的纵向修成连续的"S"形，不利于机械耕作。

③ 田面应保留 1/300~1/500 的比降，以利自流灌溉；田块长度一般是 150~200 m，如果受地形限制，地畛长度最好不要小于 100 m。

4. 沟头防护工程

沟头（gully head）侵蚀的防治，应按流量的大小和地形条件采取不同的沟头防护工程（图 7-17）。根据沟头防护工程的作用，可将其分为蓄水式沟头防护工程和排水式沟头防护工程两类。

（1）蓄水式沟头防护工程。当沟上部来水较少时，可采用蓄水式沟头防护工程，即沿沟边修筑一道或数道水平半圆环形沟埂，拦蓄上游坡面径流，防止径流排入沟道。沟的长度、高度和蓄水容量按设计来水量而定。蓄水式沟头防护工程又分为沟埂式与埂墙涝池式两种类型。

图 7-17　沟头防护工程

① 沟埂式沟头防护：在沟头以上的山坡上修筑与沟边大致平行的若干道封沟埂，同时在距封沟埂上方 1.0~1.5 m 处开挖与封沟埂大致平行的蓄水沟，拦截与蓄存从山坡汇集而来的地表径流。沟埂式沟头防护，在沟头坡地地形较完整时，可做成连续式沟埂；在沟头坡地地形较破碎时，可做成断续式沟埂。在设计中，应注意的问题是封沟埂位置的确定、封沟埂的高度、蓄水沟的深度、沟埂的长度及道数，第一道封沟埂与沟顶的距离一般等于 2~3 倍沟深，至少相距 5~10 m，以免引起沟壁崩塌。

② 埂墙涝池式沟头防护：当沟头以上汇水面积较大，并有较平缓的地段时，则可开挖涝池群。各个涝池应互相连通，组成连环涝池，以便最大限度地拦蓄地表径流，防止和控制沟头侵蚀作用。同时，涝池之内存蓄的水也可得以利用。涝池的尺寸与数量等应该与设计来水量相适应，以避免水少池干或者水多涝池容纳不下的现象。一般可按 10~20 年一遇的暴雨来设计。

(2) 排水式沟头防护工程。沟头防护以蓄为主，做好坡面与沟头的蓄水工程，变害为利。但是在下列情况下可考虑修建泄水式沟头防护工程：当沟头集水面积大且来水量多时，沟埂已不能有效地拦蓄径流；受侵蚀的沟头临近村镇，威胁交通，而又无条件或不允许采取蓄水式沟头防护时，必须把径流导至集中地点通过泄水建筑物排泄入沟，沟底还要有消能设施以免冲刷沟底。一般排水式沟头防护工程有支撑式悬臂跌水、圬工式陡坡跌水和台阶式跌水三种类型。

① 支撑式悬臂跌水沟头防护：在沟头上方水流集中的跌水边缘，用木板、石板、混凝土或钢板等做成槽状，使水流通过水槽直接下泄到沟底，不让水流冲刷跌水壁，沟底应有消能措施，可用浆砌石做成消力池，或碎石堆于跌水基部以防冲刷。

② 圬工式陡坡跌水沟头防护：陡坡是用石料、混凝土或钢材等制成的急流槽，因槽的底坡大于水流临界坡度，所以一般发生急流。陡坡式沟头防护一般用于落差较小，地形降落线较长的地点。为了减少急流的冲刷作用，有时采用人工方法增加急流槽的粗糙程度。

③ 台阶式跌水沟头防护：此种泄水工程可用石块或砖加砂浆砌筑而成，施工技术主要是清基砌石，不太困难，但需要石料较多，质量要求较高。

（二）沟壑治理工程

常见的沟壑治理工程有谷坊、淤地坝、小型水库等。

1. 谷坊

谷坊（check dam, gully control dam）（图7-18）是山区沟道内为防止沟床冲刷及泥沙灾害而修筑的横向挡拦建筑物，又名防冲坝、沙土坝、闸山沟等。谷坊高度一般小于3 m，是水土流失地区沟道治理的一种主要工程措施。

图7-18　谷坊

谷坊的作用有：固定与抬高侵蚀基准面，防止沟床下切；抬高沟床，稳定山坡坡脚，防止沟岸扩张及滑坡；减缓沟道纵坡，减小山洪流速，减轻山洪或泥石流灾害；使沟道逐渐淤平，形成坝阶地，为发展农林业生产创造条件。谷坊的主要作用是防止沟床下切。因此，在考虑沟道是否应该修建谷坊时，首先应当研究该段沟道是否会发生冲刷下切。

谷坊可按所使用的建筑材料不同、使用年限不同和透水性不同进行分类。根据使用年限不同，可分为永久性谷坊和临时性谷坊。浆砌石谷坊、混凝土谷坊和钢筋混凝土谷坊为永久性谷坊，其余基本上属于临时性谷坊。按谷坊的透水性质，又可分为不透水性谷坊，如土谷坊、浆砌石谷坊、混凝土谷坊、钢筋混凝土谷坊等。透水性谷坊，只起拦沙挂淤作用，如插柳谷坊、干砌石谷坊等。谷坊类型选择取决于地形、地质、建筑材料、劳力、技术、经济、防护目标和对沟道利用的远景规划等多种因素，并且由于在一条沟道内往往须连续修筑多座谷坊，形成谷坊群，才能达到预期效果，因此谷坊所需的建筑材料也较多。选择类型应就地取材为好。

2. 淤地坝

淤地坝（check dam, silt-trap dam, soil saving dam）（图7-19）是指在沟道里为了拦泥、淤地所建的坝，坝内所淤成的土地称为坝地。淤地坝可以有效控制泥沙的运移，是水土流失地区沟道治理的一项行之有效的水土保持工程措施，多分布于黄土高原地区。建坝的方法有夯碾坝、水中填土法筑坝、定向爆破的水力冲填坝等。

图 7-19 淤地坝

（1）淤地坝的组成。

淤地坝建造主要目的在于拦泥淤地，一般不长期蓄水，其下游也无灌溉要求。随着坝内淤积面的逐年提高，坝体与坝地能较快地连成一个整体，实际上坝体可以看作是一个重力式挡土墙。一般淤地坝由坝体（dam）、溢洪道（spillway）、放水建筑物（water release works）三个部分组成。

① 坝体是挡水挡泥建筑物，用以拦蓄洪水，淤积泥沙，抬高淤积面。

② 溢洪道是泄水建筑物，当淤地坝洪水位超过设计高度时，就由溢洪道排出，以保证坝体的安全和坝地的正常生产。

③ 放水建筑物多采用竖井式和卧管式，库内清水等通过放水设备排泄到下游。

（2）淤地坝的分类。

① 按筑坝材料可分为：土坝、石坝、土石混合坝等。

② 按坝的用途可分为：缓洪骨干坝、拦泥生产坝等。

③ 按建筑材料和施工方法可分为：夯碾坝、水力冲填坝、定向爆破坝、堆石坝、干砌石坝、浆砌石坝等。

（3）淤地坝的作用。

淤地坝是小流域综合治理中一项重要的工程措施，也是最后一道防线，它在控制土壤流失、发展农业生产等方面具有极大的优越性。通过各地建造的淤地坝调查分析后，淤地坝的作用可归纳如下。

① 稳定和抬高侵蚀基面，防止沟底下切和沟岸坍塌，控制沟头前进和沟壁扩张。

② 蓄洪、拦泥、削峰，减轻下游洪沙灾害。

③ 落淤、造地，变荒沟为良田，可为山区农林牧业发展创造有利条件。

3. 小型水库工程

小型水库工程（图 7-20）由挡水坝（dam）、溢洪道（spillway）、放水建筑物（water releaseworks）三部分组成。

图 7-20 小型水库工程

① 挡水坝是横拦河道的挡水建筑物，用以拦蓄水量，抬高水位。

② 溢洪道是排泄洪水的建筑物，当水库水位超过计划高度时，洪水就由溢洪道排出，保证大坝的安全。

③ 放水建筑物包括放水洞和放水设备两部分，库内蓄水通过放水洞送至下游灌溉渠道，由放水闸门或放水卧管控制放出的水量。

水库是综合利用水利资源的有效措施，除灌溉农田之外，还可防洪、发电、养鱼、改变自然风貌。在我国干旱、半干旱的土壤流失地区，小型水库工程以灌溉为主，同时考虑综合利用。

第四节　水土保持生物措施

一、水土保持生物措施概述

1. 水土保持生物措施概念

水土保持生物措施（biological measures of soil and water conservation）是指在山地、丘陵区以控制水土流失、保护和合理利用水土资源、改良土壤、维持和提高土地生产潜力为主要目的所进行的造林种草措施，也称水土保持林草措施。它是治理水土流失的根本措施。

2. 水土保持生物措施分类

我国是一个多山的国家，山地、丘陵区面积占国土面积的 2/3 以上。在不同的水土流失类型区，由于地形复杂、地貌类型多样，水土流失特点出现明显差异。在长期的水土保持造林种草科研和生产实践中，科研工作者提出了不同区域的水土保持林草措施的种类，如黄土高原水土保持林种包括梁峁顶防护林、梁峁坡防护林、沟头沟边防护林、沟底防冲林等。

水土保持林草措施种类的划分与地貌密切相关，同时也受灾害性质及社会经济需求的影响。水土流失区造林种草的主要作用是控制水土流失，但是在不同的地貌立地条件下，造林种草的目的有所区别，如塬面以改善农田小气候，保护和促进农业生产为主；在山地丘陵区的陡坡以防止土壤侵蚀为主；在一些海拔较高的山地，又以涵养水源为主；在水库、河川地区，以护库、护岸、固滩为主；在饲草、能源缺乏的地方，还要考虑改善群众生活，提高经济水平，解决农村能源和饲草等问题。因此，采用水土保持林草措施除保持水土之外，还具有多种功能。

水土保持林草措施种类的划分要具有科学性、实践性和系统性。所谓科学性就是要符合林学、生态学、地貌学、土壤侵蚀学及经济学的基本原理，所划分的种类概念清晰，相互之间具有明显的界限。实践性就是要符合生产实际，便于操作，每一个类型和种类，在造林种草实践中能充分体现。系统性是指所划分的类型和种类之间的隶属关系明确，在宏观上和微观上都可形成完整的体系。

在生产实践中，水土保持林草措施种类大多用地形（或小地貌）+防护性能+生产性能，或者是地形（小地貌）+防护性能（或生产性能）进行命名，例如护坡薪炭林、护坡经济林、梁峁顶防护林、坡面水土保持林等。

3. 水土保持林草措施的作用

在水土流失区造林种草不仅可以保持水土，涵养水源，保护农田和水利水保工程，还可以调节气候，减轻或者防止环境污染，改善生态环境，保护生物多样性，为农牧业生产营造良好的条件，同时，水土保持造林种草又具有生产性。通过造林种草，可获得"四料"（木料、燃料、饲料和肥料）、果品及其他林草副产品，为发展多种经营提供便利，促进农林牧副业全面发展。造林种草的水土保持作用主要表现在以下几个方面。

（1）林冠截留降雨，减少土壤侵蚀。

造林后形成的林分，枝叶重叠，树冠相接，像一把伞一样，承接降雨，保护地面。据观测，林冠截留降雨一般为15%～40%，截留的雨水除小部分蒸发到大气中外，其余大部分经过枝叶一次或者几次截留以后，缓慢滴落或者沿树干下流，改变了雨水落地的方式。林冠的截留作用，一方面，减少了林下的径流量并降低了径流速度；另一方面，又推迟了降雨时间和产流时间，缩短了林地土壤侵蚀的过程，使侵蚀量大大减少。另外，树干径流的雨水顺枝干到达地面后，一般在树干附近渗入土壤，有利于树木根系的吸收，避免了雨滴击溅侵蚀。

（2）枯枝落叶层吸水与导流下渗，调节径流。

① 林草地枯枝落叶层吸收调节地表径流的作用。林草地大量的枯枝落叶层，像一层海绵覆盖在地面，直接承受落下的雨水，保护地表免遭雨滴的溅击。枯枝落叶层结构疏松，具有很大的吸水能力和透水性。据测定，1 kg的枯枝落叶可以吸收2～5 kg的降水。当其吸水饱和以后，多余的水分通过枯枝落叶层渗入土壤，变成地下水。因而，大大减少了地表径流量。此外，枯枝落叶层还能增加地表粗糙度，又形成无数细小栅网，分散水

流，拦滤泥沙，大大降低了径流速度，减少了泥沙的下移，枯枝落叶层的挡雨、吸水和缓流作用具有非常重要的意义。林草地保持水土能力的大小，取决于枯枝落叶层的多少。因此，保持林草地的枯落物是水土保持林草经营的重要措施之一。

② 林草地土壤的渗透作用。林草地每年可形成大量的枯枝落叶，加之土壤中还有相当数量的细根死亡，能有效增加土壤的有机质和营养物质。有机质被微生物分解后，形成褐色的腐殖质，与土粒结合成团粒结构，可以减小土壤容重，增加土壤孔隙度，改善土壤的理化性质。同时，林草根系的活动，也使土壤变得疏松多孔，从而有利于水分的下渗。大量的雨水渗入并蓄存于土内，变成地下水，在枯水期流入河川，不仅大大减少了地表径流量及其对土壤的冲刷，而且改善了河川的水文状况，起到了调节径流和理水的作用。

(3) 固持和改良土壤，提高土壤的抗蚀性和抗冲性。

① 固持土壤作用。林木和草本植物的根系均有固持土壤的作用。许多乔木树种主根粗壮，侧根发达，其上又生出大量的须根，形成密集的根网。浅根性的乔木树种和灌木树种侧根发达，须根密集，交织成网，这样的根系网络能固持土体，有效增强土体的抗冲防蚀能力。不同树种组成的混交林（mixed forest），特别是深根性和浅根性树种的混交及乔灌混交林，其根系纵横交错，且呈现多层分布状态，在相当大的范围内固持土体，消除了潜在土体滑坡面的形成，为减轻或者防止重力侵蚀、泥流和石洪创造了条件。

在河流两岸和水库周围栽植一些耐水湿的杨柳和灌木等树种，密集发达的根系固土能力强，可以缓冲或防止水流对岸边的冲淘破坏作用。同时，庞大的根系从深层吸水，可以减少土体的含水量，使土体滑动面的潜流减少，从而防止滑坡的产生。草本植物具有丛密发达的根系，纵横交错成根网，对固结土壤和保持水土也起很大的作用，特别是禾本科植物的根系固土能力更为明显。在侵蚀坡面和沟底种草，对于防止土壤侵蚀和水流冲刷作用很大。

② 改良土壤作用。森林的改良土壤作用主要表现在通过制造有机物质和枯落物、腐根分解改善土壤理化性质等方面。森林通过庞大的树冠，进行光合作用，制造有机物质，为改善林地土壤肥力提供良好的条件。林木从土壤中吸收的有机物质少，而归还给土壤的有机物质多。据测定，林木每年有 60%～70% 的有机物质以枯枝落叶的形式归还于土壤，而只有 30%～40% 的有机物质用于自身的生长发育。林木每年从 1 hm^2 的土地上吸收的有机物质比农作物和草本植物少 10～15 倍。100 年树龄的云杉林地所含灰分物质为 28 t/hm^2，有机质为 520 t/hm^2，而 100 年树龄的橡树林地的灰分物质和有机质分别为 62.3 t/hm^2 和 588 t/hm^2。因此，阔叶林地的有机物质和无机物质多于针叶林，若经过长年累月有机物质的循环积累，在森林覆盖下的土壤肥力会愈来愈高。

林地中根系数量很多，对土壤理化性质影响很大。林木根系直接与土壤接触交织成网，不仅增加了土壤的孔隙度，而且向土壤内分泌碳酸和其他有机化合物，促进土壤微生物的活动，加速土壤中有机化合物的分解。同时，根系不断更新，腐根分解后也能增加土壤有机质、改善土壤结构。林内大量的枯枝落叶聚积在地表形成了有机质，再经过微生物的分解作用，能提高土壤腐殖质的含量。据测定，有林地土壤腐殖质含量比无林地多

4%~10%。林地土壤腐殖质含量的增加,将会极大地改善土壤的质地、结构和其他理化性质。

草本植物茎叶繁茂,枯落物丰富,为土壤聚积了大量的有机物质。牧草的根系也能增加土壤的氮、磷、钾养分,尤其是豆科牧草的根系具有根瘤菌,能固定空气中的氮素。此外,草本植物在减弱径流过程中,将径流携带的泥沙过滤沉积,也能增加土壤肥力。一般来说,种植牧草可使土壤有机物质含量增加10%~20%。草本植物的枯落物和腐根经过微生物分解后会形成土壤腐殖质,加之密集的根系交织成网,促进了土壤团粒结构的形成,增加了土壤的吸水性、保水性和透气性,改善了土壤的理化性质。

③ 提高土壤的抗蚀性和抗冲性。土壤的抗蚀性(anti-erosion of soil)指土壤抵抗径流对土壤分散和悬浮的能力,其强弱主要取决于土粒间的胶结力及土粒和水的亲和力。胶结力小且与水亲和力大的土粒,容易分散和悬浮,结构易受破坏。土壤抗蚀性指标主要包括:水稳性团聚体含量、水稳性团聚体风干率(风干土水稳性团粒含量/毛管饱和土水稳性团粒含量×100)和以微团聚体含量为基础的各抗蚀性指标,例如团聚状况(微团聚体中>0.05 mm的颗粒含量－机械组成分析中>0.05 mm的颗粒含量)、团聚度(团聚状况/微团聚中>0.05 mm的颗粒含量×100)、分散系数(微团聚体中<0.001 mm和颗粒含量/机械组成分析中<0.001 mm的颗粒含量×100)、分散率(微团聚体中<0.05 mm的颗粒含量/机械组成分析中<0.05 mm的颗粒含量×100)等。上述土壤抗蚀性指标的应用往往因区域而异。孙立达等人在黄土高原的研究表明,水稳性团聚体含量是本区最适宜的抗蚀性指标,而水稳性团聚体风干率可用于本区东南部,不适于西北部,以微团聚体为基础的抗蚀性指标不适宜在黄土高原地区的应用。

王佑民等人的研究表明,成龄刺槐林地的腐殖质含量大于草地,疏草地与幼林地相当,二者均大于农地。沙棘和柠条灌木林地腐殖质含量的变化也具有相似的规律。成龄刺槐林地的水稳性团聚体含量及其风干率大于草地,草地大于幼林地和过熟林地。二者均大于农地,沙棘和柠条灌木林地水稳性团聚体含量及其风干率的变化也基本与刺槐林地相似。可见造林种草、恢复植被是提高土壤抗蚀性的主要途径。

土壤抗冲性(anti-scouring of soil)是指土壤抵抗径流的机械破坏和搬运能力。王佑民等人的研究结果显示,林地抗冲性最强,草地次之,农地最差。多年生的天然草地在茎叶十分茂密的情况下土壤表层抗冲性高于林地,但在20 cm土壤以下不会超过林地。林草植物增强土壤抗冲性的作用主要表现在其地被物层对地面径流的调蓄和吸收,以及根系对土壤的固持作用方面。地被物包括活地被物和枯落物,二者均有抗冲作用。当单位面积上活地被物茎叶数量多和枯落物厚度大时,其土壤的抗冲性就越强。另外,林草地发达的根系网络能固结土壤,根系层是继枯落物层之后,对土壤抗冲性产生重大影响的又一活动层。根系提高土壤抗冲性的作用与≤1 mm的须根密度关系极为密切。须根密度越大,增强土壤抗冲性效应就越大。因此,一旦植被遭到破坏,特别是地被层和根系遭到破坏,土壤抗冲能力会迅速下降,若再遇暴雨冲刷,就会导致沟蚀发生。

二、水土保持造林技术

在长期的造林实践中，林业工作者总结出了适地适树、良种壮苗、细致整地、合理密植、精细栽植、抚育管理等六项造林基本技术措施，对造林工作具有普遍的指导意义。但在水土流失区，适地适树、合理混交、细致整地、精细栽植、抚育管理则是水土保持造林的关键。

（一）适地适树

适地适树（tree species for a suitable site）主要考虑生态学特性使造林树种与立地条件相适应，旨在充分发挥生产潜力或生态经济效益，达到该立地在当前技术经济条件下尽可能达到最佳水平。适地适树是造林工作的一项基本原则，也是决定造林成败的关键因素之一。由于我国水土流失区地形、土壤、气候等条件复杂，树木种类繁多，树种的生物学和生态学特性各不相同，对立地条件的要求也不一样。在造林时，若不贯彻适地适树原则，而是盲目地种树，就可能出现栽不活、活得少、长不旺，成活不成林，或者成林不成材等现象。不但浪费人力、财力和种苗，而且使造林地在数年甚至数十年中生产潜力和生态经济效益得不到充分发挥，造成很大的损失。因此，正确贯彻适地适树的原则，对植被恢复和保持水土具有十分重要的意义。

若要做到适地适树，首先必须了解树种的生物学和生态学特性，熟悉造林地的生态环境，使二者达到统一。适地适树有三条途径：一是选树适地或者选地适树，即将具有一定生物学和生态学特性的树种栽植在适合它生长的地方，使其成活成林，充分发挥生产潜力和生态经济效益；二是改地适树，通过改善立地条件使地和树相适应，例如采用集流整地、客土、施肥、排除盐碱等措施；三是改树适地，通过选育和引种驯化等方法改变树种的某些特性，使造林树种与立地条件相适应。在实际工作中，既要对造林地的立地条件因子进行调查，找出主导因子，划分立地条件类型；又要调查树种生长发育状况，并通过造林对比试验或者引种试验，全面了解各树种的生物学及生态特性，按立地条件类型筛选适生树种。

（二）合理混交造林

混交造林能充分利用造林地的营养空间，改良土壤，促进各树种的生长，减轻火灾和病虫害的发生和蔓延，在保持水土、涵养水源等方面具有显著的作用。

1. 混交林的树种分类

混交林中的树种，依其地位和所起的作用不同，可分为主要树种、伴生树种和灌木树种三类。

① 主要树种：作为主要培育对象的树种，经济价值高，防护效能好。它在混交林中数量最多，是优势树种。主要树种的数目有时是一个，有时是两至三个。

② 伴生树种：在一定时期与主要树种伴生，并促进其生长的乔木树种。伴生树种是次要树种，在数量上一般不占优势。伴生树种的作用是辅佐、护土和改良土壤，为主要树

种的生长创造有利条件。

③ 灌木树种：在一定时期与主要树种生长在一起，并为其生长创造良好条件的灌木。灌木树种的主要作用是护土和改良土壤，有时也有一定的辅佐作用。

2. 树种的混交类型

混交类型（mixed type of tree species）是根据树种在混交林中的地位、生物学特性及生长型等因素人为搭配在一起而形成的树种组合类型。混交林类型有以下几种。

① 主要树种与主要树种混交。反映水保林和防护林中两种以上的目的树种混交时的相互关系。两种主要树种混交，可以充分利用地力，同时获得多种经济价值较高的木材和更好地发挥其他有益的效能。

主要树种种间矛盾的出现时间和尖锐程度，随树种搭配情况不同。两个阳性树种混交种间矛盾出现得很早而且激烈，竞争进程发展迅速，种间矛盾难以调节。两个阴性树种混交种间矛盾出现得晚且较缓和，种间的有利作用持续时间较长，一般只是到了生长发育后期矛盾才有所激化。这种林分比较稳定，种间关系也比较容易调节。阳性树种与阴性树种混交，种间关系介于上述两者之间，有利作用在相当长的一段时间里是主要的。

由主要树种的乔木混交在一起所构成的类型，称作乔木混交类型。采用这种混交类型，应选择较好的立地条件，才能期望得到良好的混交效果。当阳性与阳性树种混交时，要特别注意选定合适的混交方法。预防种间出现过于尖锐的矛盾。

② 主要树种与伴生树种混交。这种类型的混交林，防护效能较好，稳定性较强。主要树种与伴生树种混交多构成复层林林相，主要树种居第一林层，伴生树种位于其下，组成第二林层。主要树种与伴生树种的种间矛盾比较缓和。因为伴生树种大多为耐阴的亚乔木树种，如椴树等。伴生树种可以改善主要树种的生长条件，一般不会对主要树种构成严重威胁，一旦树种间关系变得尖锐时，也比较容易调节。

③ 主要树种与灌木树种混交。主要树种与灌木树种混交，种间矛盾比较缓和，林分稳定。混交初期灌木可以为乔木树种创造侧方庇荫、护土和改良土壤；林分郁闭以后，因在林冠下见不到足够的光线，灌木便趋于衰老，逐渐退出"历史舞台"，而当郁闭的林分树冠疏开时，灌木又会在林内重新出现，继续发挥作用。总体上，灌木的有利作用较大，但是持续的时间不长。在一些混交林中，灌木死亡，可以为乔木树种腾出较大的营养空间，起到调节林分密度的作用。主要树种与灌木之间矛盾尖锐时也容易调节，因为灌木林多具有较强的萌芽能力，在其妨碍主要树种生长时，可以将其地上部分伐去，使之重新萌发。

主要树种与灌木树种的混交，一般为乔灌混交类型。乔灌混交类型多用于立地条件较差的地方，而且条件越差，就越应该适当增加灌木的比例。

④ 主要树种、伴生树种与灌木树种混交。反映由主要树种、伴生树种和灌木树种共同组成的混交林中的种间相互关系，一般称为综合混交类型。综合混交类型兼有上述三种混交类型的特点。

3. 混交树种的选择

在营造水保混交林时，主要树种要选择混交树种。混交树种一般指能起到辅佐、改良土壤和护土作用的次要树种，包括伴生树种和灌木树种。选择适宜的混交树种是调节种间关系的重要手段，也是保证顺利成林和增强林分稳定性的重要措施。若混交树种选择不当，有时会被主要树种从林中排挤掉，更多的可能是抑制或者代替主要树种，导致造林目的落空。

选择混交树种，原则上要尽量使其与主要树种在生长特性和生态要求等方面协调一致，以便趋利避害，合理混交。同时，还应考虑混交树种本身的适地适树问题，要求混交树种也能适应造林的立地条件，以确保实现混交造林预期目标。选择混交树种一般应遵循以下几点原则。

① 混交树种应具有良好的辅佐、改土和护土作用或者其他效能，为主要树种提供良好生长环境，以提高林分的稳定性。

② 混交树种与主要树种之间的矛盾不太大，最好是互补关系。例如，喜光树种与耐阴树种混交、深根性与浅根性树种混交、有根瘤和非根瘤菌树种混交等。

③ 混交树种具有较高经济价值。

④ 混交树种萌芽力强，繁殖容易。

4. 混交比例

混交林中各树种株数所占的比例称为混交比例。混交比例一般用百分比表示。混交比例在数量上的变化与混交林各树种间关系的发展方向和混交效果有密切关系。通过调节混交比例，既可防止竞争力强的树种过分排挤其他树种，又可使竞争力弱的树种保持一定数量，从而有利于形成稳定的混交林分。

在确定混交林比例时，要预估到组成比例的未来发展趋向，保证主要树种在林分内始终占优势。混交树种所占比例，应以有利于主要树种生长为原则，一般依据树种、混交类型及立地条件等因素而定。竞争力强的混交树种，混交比例不宜过大，以免压抑主要树种；反之，则可适当增加其比例。综合混交类型与其他混交类型相比，其混交树种所占比重常常较大。在立地条件优越的地方，混交树种所占比例不宜太大，其中伴生树种比例应多于灌木树种；立地条件恶劣的地方，可以不用或少用伴生树种，而适当地增加灌木树种的比例。一般来说，在造林初期，伴生树种或者灌木树种的混交比例应控制在 25% ~ 50%，但对于特殊的立地条件或者个别混交类型，混交树种的比例仍可酌情增加。

5. 混交方法

混交方法（mixed method）是参加混交的各种树在造林地上配置或者排列的形式。混交方法不同，各树种的位置不同，种间关系会因之发生变化。常用的混交方法有下列五种。

① 株间混交，又称行内混交或者隔株混交，是指在同一种植行内隔株种植两个以上的树种。这种混交方法因不同树种的种植点相距较近，种间发生相互作用和影响较早，如果树种搭配适当，主要树种被其他树种所包围，能较快地产生辅佐等作用，种间关系以有利的作用为主。若树种搭配不当，则种间矛盾尖锐。这种混交方法造林施工较麻烦，但是对种间关系比较融洽或者容易调节的树种混交仍有一定的实用价值。一般多用于乔灌木

混交。

② 行间混交，又称隔行混交，是指两个以上的树种彼此隔行混交的方法。行间混交树种间关系的有利或者有害作用均出现较迟，一般多在林分郁闭以后才会出现。这种矛盾比株间混交容易调节，施工也较简便，是一种常用的混交方法。适用于阴阳性树种混交或者乔灌木混交。

③ 带状混交。这是一个树种连续种植三行以上构成一条"带"与另一个树种构成的带依次配置的混交方法。带状混交树种种间关系最先出现在相邻两带的边行，带内各行则出现较迟。带状混交的种间关系容易调节，栽植、管理也较方便。乔木与亚乔木或生长较慢的耐荫树种混交时可将伴生树种改为单行。这种介于带状和行间混交之间的过渡类型，被称为行带混交。行带混交的优点是保证主要树种的优势，削弱伴生树种过强的竞争力。关系比较融洽或者容易调节的树种混交仍有一定的实用价值。一般多用于乔灌木混交。

④ 块状混交，又叫团状混交，是将某树种栽植成规则或不规则的块状，与另一树种的块状地依次配置进行混交的方法。规则的块状混交是将坡面整齐的造林地，划分为正方形或长方形的块状地，然后在每一块状地上按一定的株行距栽植同一树种，相邻的块状地栽植另一树种。块状地的面积在原则上不小于成熟林中每株林木占有的平均营养面积，一般可为 $25 \sim 50 \, m^2$。块状地面积过大，就成了片林，也失去了混交的意义。不规则的块状混交，一般是按照造林地形的起伏状况划分成块状地栽种某一树种，而相邻地块栽种另一树种的混交方法。不规则的块状混交既能达到不同树种混交的目的，又能因地制宜地安排造林树种，更进一步地做到适地适树。不规则的块状混交，可用于小地形变化明显及支离破碎的沟坡。

块状混交比带状混交更能有效地利用种内和种间的有利关系，施工比较方便，适用于矛盾较大的主要树种与主要树种混交及陡坡灌木树种的混交，也可用于将幼龄纯林改造成混交林（图 7-21），或低价值林分的改造。

图 7-21 混交林

⑤ 植生组混交。这是一种种植点配置成群状时的混交形式，就是在一小块地上密集种植某一树种，与相邻小块状地密集种植的另一树种的混交方法。由于小块状地间距较大，种间相互作用出现很迟，小块状地内为同一树种，具有群状配置的优点。植生组混交

树种关系容易调节，但是造林施工比较麻烦，主要适用于水保林人工更新、次生林改造等方面。

（三）细致整地工程

整地（site preparation）能改善造林地小气候和土壤理化性质，增强土壤蓄水保墒和保肥能力，减少杂草和病虫害，有利于保持水土。整地工程组成如下。

1. 反坡梯田

梯田面向内倾成坡度较大的反坡，一般反坡坡度为5°～15°，田面宽1～3 m，田埂外坡约60°。

反坡梯田蓄水保土、抗旱保墒能力强，改善立地条件的作用大，造林成活率较高，林木生长良好，但整地花费劳力较多，反坡梯田适用于黄土高原地区比较完整的坡面。

2. 水平沟

水平沟（图7-22）是沿等高线挖沟的一种整地方法。沟的断面形状多呈梯形。一般水平沟的上口宽0.5～1.0 m，沟底宽0.3 cm，沟深0.4～0.6 m；外侧斜面坡度约45°，内侧坡（植树斜面）约35°；沟长4～6 m；两水平沟距离2～3 m。当水平沟过长时，沟内可留横埂。为增强保持水土效果，可将各沟串联起来。挖沟时，先将表土堆于上方，用底土培埂，再将表土填盖在植树斜坡上，最后在内斜坡栽植苗木。

图7-22 水平沟

水平沟整地由于容积大，能够拦蓄较多的地表径流，沟壁有一定的遮阴作用，也可降低沟内温度，减少土壤水分蒸发。但是水平沟整地动土量大，比较费工。这种方法多用于黄土高原丘陵区水土流失严重的坡面。

3. 撩壕整地

撩壕整地是沿等高线由山坡下部向上部逐渐开挖。先在坡下部挖一条壕，然后将上面相邻的表土填入此壕沟内，用底土筑埂。壕宽 0.3~0.6 m，深 0.3~0.5 m，两壕相距约 2 m。

撩壕整地松土深度较大，且回填表土，有利于树木生长。但是动土量大，用工较多，投资较高。主要用于南方山地丘陵区造林。

4. 鱼鳞坑

鱼鳞坑（图 7-23）为形似半月形的坑穴，规格有大小两种。大鱼鳞坑长径为 0.8~1.5 m，短径为 0.6~1.0 m；小鱼鳞坑长径为 0.7 m，短径为 0.5 m。坑面水平或稍向内倾斜，有时坑内侧有蓄水沟与坑两角的引水沟相通；外缘有土埂，半环形，高 0.2~0.25 m。

图 7-23 鱼鳞坑

鱼鳞坑整地时，一般先将表土堆于坑的上方，心土放于下方筑埂，然后再把表土回填入坑。坑与坑多排列成三角形，以利保土蓄水。鱼鳞坑整地方法有一定的保持水土效能，适用于容易发生水土流失的坡面。小鱼鳞坑可用于土薄、坡陡、地形破碎的地方，大鱼鳞坑适用于土厚、植被茂密的中缓坡。有些地方把两种整地工程结合运用，如果在一个坡面上修一条反坡梯田，再挖 2~3 排鱼鳞坑，或者根据坡面的变化，梁峁顶部用鱼鳞坑，斜坡或者沟坡上用反坡梯田等。这样既可节省用工，又可达到蓄水保墒，保持水土的目的。此外，在干旱、半干旱地区，也可采用坡面防渗集流整地技术。

5. 整地时间

从全国范围来讲，一年四季均可进行整地，但一般在造林前一年或半年提前整地。北方地区最好在雨季以前进行整地，有利于截蓄雨水。

（四）精细栽植——造林方法

造林方法（forestation method）按照所使用的造林材料（如种子、苗木、插穗等）不同，一般分为植苗造林、播种造林和分殖造林。

1. 植苗造林

植苗造林是营造水保林最广泛的一种造林方法，植苗造林最突出的优点是不受自然条件的限制，如水土流失地区、气候干旱的地方、杂草繁茂、鸟兽害及冻拔害比较严重的造林地上都可以采用植苗造林。此外，植苗造林可以节省种子，在种源不足的情况下，应先

育苗再造林。植苗造林应注意以下问题。

（1）苗木种类、年龄和规格。

植苗造林所用的苗木种类主要有播种苗、营养繁殖苗及容器苗。造林时，阔叶树以 1 年生苗木为宜，侧柏采用 1 年生苗，油松、落叶松、樟子松等针叶树采用 2 年生苗木进行造林。苗木规格应根据国家和地方苗木标准确定。地径和根系是确定苗木标准的主要指标，苗高为次要指标，如栽植 2 年生的油松，地径 >0.5 cm，根长 >25 cm，苗高 15 cm 左右。造林时应先将苗木分级，选用一、二级苗进行造林，严禁用等外苗造林。

（2）苗木保护和处理。

起苗以后到栽植入土，苗木根系保护的好坏，是影响造林成败的关键因素之一。苗木的保护与处理包括：起苗时多留须根，减少伤根，剪除过长和受伤的根系；用泥浆、生根粉、保水剂、根宝等浸泡根系，用湿草袋、破麻袋包根运输，运到造林地要及时架植灌水等。以上各项措施要紧密衔接，可防止苗木失水，大大提高造林成活率。

（3）栽植技术。

穴植是通用的栽植方法，栽植时要掌握"三埋两踩一提苗"及"深埋、砸实、根展"等要点。植树穴一般挖成圆形，坑底宜平，将苗木置于中央扶正，填上一半土，略提苗，严防窝根，踩实，再填满土，踩实，最后复一层虚土。

在干旱、半干旱地区造林时，对萌蘖力强的阔叶树要进行截干，苗干高度 10 cm 左右，栽植后进行埋土，秋季造林埋土厚度要高出苗木顶部 3 cm 左右，可省去翌年春季苗木发芽后的刨土工序。春季截干造林埋土较浅。另外，在疏松的黄土丘陵区和干旱沙地，秋季营造侧柏、油松和樟子松时，也可用土覆盖苗木，以便防止地上部分风干和兔鼠危害，翌年春季刨去盖土，有利于提高造林成活率。

（4）植苗造林的季节。

春季气温回升，土壤解冻，土壤水分比较充足，是我国大部分地区造林的适宜季节。雨季造林适合于夏季降雨集中的地区，如华北、西北和西南等地。造林时要掌握雨情，一般在下过一两场大雨，出现连阴雨天气时最好。秋季造林应在落叶后至土壤冻结以前进行，寒冷多风地区对萌芽力强的阔叶树要进行截干，埋土覆盖。冬季造林可在土不结冻的西南、华南两个地区进行。

2. 播种造林

播种造林也叫直播造林，可分为人工播种造林和飞机播种造林。

（1）人工播种造林。

播种造林幼苗根系不受损伤，发育比较完整；播种造林时每个播种点要求播多粒种子，经过自然和人为选择，可以留下较优良的植株，林分质量较高；播种造林的幼苗木一开始就在造林地上生长，比较适应林地环境条件。但是播种造林易遭受鸟兽危害，往往没有植苗造林保存率高，特别是自然条件恶劣的地方尤为明显。

播种造林一般适用于大粒种子的树种，如核桃、油茶、板栗、栎类、山杏、油桐等，也适用于油松、华山松、侧柏、柠条等中小粒种子的树种。

播种方法：通常采用撒播、条播、穴播、偷播等方法。撒播是将种子直接撒在造林地上。条播是在已整好的造林地上，按一定行距的条状播种。穴播是应用最广泛的播种方法之一，穴播也是在预先整好的造林地上进行，穴播又可分为行状、簇状、梅花等方式。偷播不预先整地，直接在造林地上用镰刀或镢头开一深约 2 cm 宽的小缝，播入种子后拍实即可，偷播不露痕迹，抵抗鸟害能力较强。但这种方法只适用于植被盖度较大、土壤比较湿润的地方。

播种量：根据树种、种子品质、立地条件、整地的细致程度等确定。每穴的播种粒数一般是：大粒种子核桃、油桐、板栗、山杏、山桃、油茶等每穴 3～5 粒；中粒种子栎类、华山松、红松 4～6 粒；小粒种子马尾松、云南松、油松、柠条、沙棘等 10～15 粒。播前最好进行发芽试验，并根据试验结果对播种量进行调整。

种子处理：播种前种子处理包括消毒、浸种、催芽和伴种。处理方法与苗圃中种子处理相同。但具体作何种处理必须根据具体情况而定。一般针叶树种播种前要做好消毒工作。秋季播种造林无须进行浸种和催芽，但春季播种要进行浸种和催芽，有利于种子早发芽、早出土，增加幼苗抗旱能力和越冬能力。此外，鸟兽害严重的地方，播种时要进行药剂拌种。

复土：复土厚度要根据播种时间、种子大小、土壤水分、土壤性质等灵活掌握。一般大粒种子复土厚度 5～8 cm，中粒种子 2～3 cm。秋季播种复土宜深，春季播种复土宜浅。土质黏重，土壤湿度大者，复土浅些，反之就要厚些。复土过厚有利保墒，但幼苗顶芽出土困难，长期不能出土，幼芽会霉烂于土中。复土过浅，土壤干燥，种子很难发芽。因此，正确掌握复土厚度是播种造林的重要环节。

播种造林的时间：播种时间一般以早春抢墒播种较好，但晚霜危害严重的地方，不宜播种过早。鸟兽害轻微的地方或者不易贮藏的种子可进行秋播，大粒种子如核桃、栎类、油桐等均适宜秋播，雨季也可进行播种造林，雨季温度高，土壤湿度大，幼苗发芽率高，雨季播种要掌握时间，一般应在连续阴雨天气之前播种。但是播种过迟，苗木来不及木质化，往往不能安全越冬。

（2）飞机播种造林。

飞机播种造林（aerial sowing）简称飞播造林，多用于人口稀少、交通不便、劳动力缺乏的大面积荒山、荒坡。其特点是速度快、省劳力、成本低。

播区的选择：飞播区面积要集中连片，最好是长方形；地形起伏不能太大，要便于飞机作业；播区立地条件，特别是水分和温度，要适宜于飞播树种的生长；自然植被覆盖率为 30%～70%。

飞播树种的选择及种子处理：适宜的飞播树种是飞播造林成功的关键。飞播树种选择时要求种源充分，种子吸水力强，发芽容易，耐干旱，抗逆性强。我国飞播造林的树种近 30 种，效果好且成林面积大的树种有马尾松、云南松和油松。有相当发展前途的树种有华山松、黑松、黄山松、思茅松、高山松等。有些树种曾进行过飞播试验，并取得一定的效果，如侧柏、樟子松、臭椿、漆树、赤杨、桦木、乌桕、马桑和沙棘等。

飞播造林必须进行种子品质检验，以保证飞播质量。播种一般常用未处理的种子，但是对有些不易发芽的树种种子，应按常规方法进行处理，如漆树种子的脱蜡处理等。

播期的确定：选择适宜的播期是提高飞播造林成活率的重要环节。确定播期要根据播区的土壤水分、气候条件、苗木生长期的长短等因素来确定。春季飞播造林主要应限于南岭山地以北至秦岭、淮河一线以南的地区。夏季飞播可在秦岭、淮河以北到长城沿线一带。秋季飞播只限于个别地区，比如四川东部，时间以秋雨较多的时期为宜。冬季飞播造林只限于南岭以南至粤桂沿海丘陵山地。各季飞播造林时，要特别注意土壤水分，一般在降雨前飞播最好。

播种量的确定：播种量应根据造林区的气候、土壤、种子品质和经营条件而定。各地不同树种每公顷的播种量大致为：油松、云南松为 3.75～7.0 kg，黑松、马尾松、高山松为 3.75 kg，侧柏为 4.5～6.0 kg，漆树为 3.75～4.5 kg，臭椿为 3～4.5 kg，沙棘为 6.0～9.0 kg。

航标的设置及播幅宽度：播种前要进行飞播设计，精确计算各播带的长度、宽度、下种量和每一架次的装种量。要预先设置航标，航标是在飞播区设置的导航信号，一般设置在播区的两端和中部。航标线间距一般为 2～3 km，两航标之间设置接种样方，以便检查飞播质量。飞机进入播区后，先按航标摆正航向，播种人员依据作业图和地面信号，准时打开和关闭种子箱，调准播种口大小，控制播种量，地面信号人员要做好指挥工作。接种人员应准确测定播幅宽度和单位面积的平均播种量，判定有无重播、漏播现象，并及时纠正不妥之处。飞播播幅的宽度与航高、风向等有关，一般华山松为 40 m，油松 60 m，云南松、马尾松、侧柏为 70 m。

3. 分殖造林

分殖造林是利用树木的营养器官（如茎、枝条、根、地下茎等）直接进行造林的方法。该造林方法只适用于营养器官具有萌芽能力的树种，如杉木、竹类、杨、柳等。分殖造林不需要种子和育苗，能保存母本植株的特性，但是因没有现成的根系，故要求较湿润的土壤条件。由于采用营养器官的部位和栽植方法不同，分殖造林可分为插干插条造林、分根造林、分墩造林等。

（1）插干插条造林。

插干插条造林主要用于杉木、杨树、杞柳、沙柳等树种，插干造林一般采取 2～4 年生，直径 3～5 cm、长 2.5～4 m 的通直枝条作为插干，深栽 1 m 左右。插条造林采取 1～3 年生、生长健壮、木质化程度高的枝条作为插穗，长度 30～70 cm，粗度 2 cm，栽植深度依插穗长度而定，地上只留 1～2 cm，每穴植 1～2 株。为提高成活率，杨、柳等树种造林前，插干和插穗应浸水处理 3～6 d，可以增加其含水量，增强抗旱能力，提高造林成活率。采集插干和插条的时间，应在秋季树木落叶后至第二年春季发芽以前，造林也以春、秋为主，当时不用的插干插条要挖坑埋藏。

（2）分根造林。

分根造林多用于根系萌蘖能力强的树种，如刺槐、香椿、河北杨和枣树等。分根造林与苗圃中的埋根育苗方法相同,只是所用的根条要长一些、粗一些。一般斜埋于植树穴内,略低于地面,埋好后穴面封土,待发芽时扒去。

(3)分墩造林。

分墩造林适于丛生灌木,如紫穗槐、白蜡条等。将盘墩很大的条墩劈下一部分,下带根系,上带枝条或者茬桩,移栽于造林地上。

分殖造林的方法多种多样,同一种方法在不同地区、不同树种上应用时往往也有差别。其中,除插干插条造林应用比较广泛之外,其他多局限于某一树种或者个别地区。另外,地下茎造林多用于竹类繁殖。

(五)抚育管理

抚育管理(tending and management)是巩固造林成果,加速林木生长的重要措施。抚育管理主要是在造林整地的基础上,继续改善土壤条件,使之满足林木生长的需要,对林木进行保护,使其免受各种自然灾害及人畜破坏;调整林木生长过程,使其适应立地条件和人们的要求。"三分造林,七分管""一日造林,千日管""有林无林在于造,活多活少在于管",都生动地说明了造林后抚育管理的重要性。抚育管理的主要内容包括松土除草、间苗、补植、平茬、除蘖、修枝和防治鼠兔危害等工作。具体措施可根据树种特性而定。

三、农田防护林

农田防护林(farmland protection forest)是以抵御自然灾害、改善农田小气候、促进作物生长发育和高产稳产为主要目的,将一定的组成和结构的树种成带状或网状配置在田块四周,所形成的复合生态系统。农田防护林的形式大致分为三种:第一种是林带(网)的形式,在农田四周营造的带状林分,林带往往在农田之中交织成网,称为农田防护林网。这种形式在国内外应用最普遍。第二种是林农间作形式,在农田内部栽植树木,其株行距均较大。第三种是片林形式,在农田的间隙地带营造的丛状和小片林。

(一)农田防护林的树种选择和配置

1. 树种选择

农田防护林的树种选择(selection of tree species)应掌握以下原则:选择种源丰富,表现良好的乡土树种;选择速生丰产,干形通直,树冠较窄,生长稳定,寿命长,抗性强的树种;选择经济价值高,产量大的木本粮、油树种和果树做伴生树种;避免选择根蘖性强、串根、遮阴及胁地严重的树种;避免使用和当地主要农作物有共同病虫害的中间寄生树种。

适宜于农田防护林的树种较多,但主要的树种有:北京杨、新疆杨、箭杆杨、群众杨、合作杨、泡桐、白榆、楸树、紫穗槐、白蜡、杞柳等。核桃、桑树、柿树等多用于山地林网。

2. 树种配置

树种配置(tree species layout)通常是采取树种的株间或行间混交方式进行,常见的类型有：乔木和乔木混交配置；乔木和灌木配置；阔叶树和针叶树混交配置。其中，以乔木和灌木配置混交最好，可以形成复层林冠，亦可防止病虫害的发生蔓延。

由于农田防护林所处的立地条件较好，在考虑以上三种混交配置时，除最大限度地发挥农田防护林的作用之外，还应为当地提供一定数量的木材、林副产品和干鲜果品。

（二）整地

造林前的细致整地可以改善造林地土壤的理化性质，消灭杂草，蓄水保墒，为幼林的成活和生长创造良好的条件。

1. 整地方法

整地方法分为全面整地和局部整地两种。

（1）全面整地。

全面整地是指对造林地全部进行翻耕。营造农田防护林的造林地大多数为地形平坦或稍有起伏的耕地、荒地和草原，采用全面整地的方式最为合适。全面整地一般使用翻耕机等工具进行，整地深度为 30~40 cm。

（2）局部整地。

局部整地是指在造林地上对直接影响苗木生长的局部面积进行整地，又可分为带状整地和穴状整地。带状整地是按林带栽植行方向连续整地，整地宽度要大于林带宽度，在栽植带上，以定植为中心进行的圆形或方形的整地为穴状整地。在立地条件比较恶劣的地段，如有风蚀的固定半固定沙地、盐碱地、水湿地、道路、堤坡等不宜全面整地的地方，宜采用局部整地。

2. 整地季节

选定适宜的整地季节，可以较好地改善立地条件，提高整地效果，保证较高的造林成活率。在北方干旱、半干旱地区，土壤水分往往是影响林带造林成活率的主要因子，为了保证造林时期有充分的土壤水分，整地季节的选择要考虑当地的气候条件、土壤条件、土地利用状况、农忙与农闲季节。一般应提前整地，雨前整地，农闲整地。多年的农耕地或风蚀严重的地区，可以随整地随造林。

（三）造林方法

1. 植苗造林

植苗造林常用的苗木有实生苗、移植苗和扦插苗。营造农田防护林时，应选择速生树种造林，多采用1~2年生的苗木，目前也有采用3~5年生的大苗，在三北地区（我国东北、华北北部和西北地区），气候和土壤条件均较恶劣，地广人稀，经营管理条件较差，采用大苗造林尤为合适。在干旱、半干旱地区，为了防止苗木的过多失水，栽植前苗木地上部分可采用截干、修枝、剪叶等措施，这对于秋季栽植萌芽力强的阔叶树种尤为必要。

植苗造林前，在整好的造林地上，根据林带株行距的设计划线定点，作出标志，然后按照植苗造林的技术要求进行栽植。

2. 埋干造林

埋干造林也称卧干造林。一般以树枝或树干为材料，截成一定长度，平放于犁沟中，再用犁覆土压实。但是埋干造林萌条形成的幼树株距不等，需要在造林后第二年早春解冻后进行第一年定干，每隔 1 m 保留健壮萌条 2~3 株，其余除去。在第三年、第四年进行第二次定干，每米保留 1 株。在沿河低地或湿润沙土地上采用埋干造林可获得较好的效果。此外，对萌芽力强的阔叶树，例如杉木、杨树、柳树也可采用插干造林。

（四）农田防护林的抚育与经营管理

1. 抚育

抚育的任务主要是通过植树行间和行内的锄草松土，促使幼林正常生长和及早郁闭。松土除草要做到除早、除小、除了。对幼树而言，第一年应当保证 3 次，第二年 2 次，第三年可视情况进行 1~2 次。盐碱地及年降水量为 300~500 mm 的半干旱地区，抚育年限应延长到 5~7 年。有条件时要适时灌水。

林带缺苗断条时要及时补植，补植处要细致整地，并选用大苗精心栽植，必要时浇水，保证成活，促其生长。林带两侧的灌木，应在幼树根系生长壮大后，进行平茬。视树种不同，可 2~4 年平茬一次，以促使其复壮，萌生更多枝条，可提高防护效益，并能得到一定的收益。

2. 经营管理

（1）林带的修枝。

修枝（pruning）的主要目的是维持林带的适宜疏透度，改善林带结构，提高木材质量。林带的适宜疏透度依靠林带适应的枝叶来保持。修枝不当或修枝过度会使疏透度过度增大，降低防护效果。无论适度通风结构，还是疏透结构，其适宜疏透度最大不能超过 0.4。

（2）间伐。

间伐（thinning）是经营管理中的一项重要技术措施，但是林带间伐只能在增强其防护作用或者不降低其防护作用的情况下进行。间伐后的疏透度不能大于 0.4。间伐后的郁闭度不能低于 0.7，这是林带郁闭度的低限标准。同时，间伐还应保持合理的林带结构。

间伐必须坚持少量多次、砍劣留优、间密留稀、适度间伐的原则。主要伐除病虫害木、风折木、枯立木、霸王树以及生长过密处的窄冠、偏冠木，被压木和少量生长不良的林木。据调查，对 3~4 行乔木林带，只能砍去枯立木、严重病虫害木和被压木的小部分。其间伐的株数，加上未成活的缺株，第一次、第二次均不能超过原植株数的 15%。至于双行林带，除极个别枯立木、严重病虫害木外，不需要进行间伐。

（3）林带的更新（regeneration of forest belt）

树木的寿命是有限的，当达到自然成熟年龄时，生长速度开始减慢而出现枯梢、枯干，最后全株自然枯死。随着林带树木的逐渐衰老、死亡，林带的结构也逐渐疏松，防护效益也逐渐降低，要保证林带防护效益的持续性，就必须建立新的林带，代替自然衰老的林带，这便是林带的更新。

① 更新方法。林带的更新主要有植苗更新、埋干更新和萌芽更新三种方法。植苗更新、埋干更新与植苗造林和埋干造林的方法相同。萌芽更新是利用某些树种萌芽力强的特

性，采取平茬或断根的措施进行更新的一种方法。在以杨、柳树为主要树种的护田林带中已有应用。

② 更新方式。在一个地区进行林带更新时，应该避免一次将林带全部砍光，以致广大农田失去林带和林网的防护，造成农作物减产，因此需要按照一定的顺序，在时间和空间上合理安排，逐步更新。就一条或一段林段而言，可采用全带更新、半带更新、带内更新和带外更新四种方式。

a. 全带更新。将衰老林带一次伐除，然后在采伐迹地上建立起新的林带。全带更新形成的新林带带相整齐，效果较好，在风沙危害不大的一般风害区可采用这种方式。全带更新可采用隔带皆伐，即隔一带砍伐一带，待新植林带生长成型后，再将保留林带进行更新，在更新期间能起到一定的防护作用。

b. 半带更新。将衰老林带一侧的数行伐除，在采伐迹地上建立的新的林带当其郁闭发挥防护作用后，再进行另一侧保留林带的更新。半带更新适宜于风沙比较严重的地区，特别适宜于宽林带的更新。

c. 带内更新。在林带原有树木行间或伐除部分树木的空隙地上进行带状或块状整地、造林，并依次逐步实现对全部林带的更新。

d. 带外更新。在林带的一侧（最好是阴侧）按林带设计宽度整地，营造新林带，郁闭成林后，再伐原林带。这种方式占地较多，只适宜窄林带的更新或者地广人稀的非集约地区林带的更新。

③ 更新年龄。从农田防护林的基本功能出发，主要根据农田防护林防护效果明显降低的年龄，结合木材工艺成熟年龄（一般主伐年龄）及林带状况等综合因子来确定。

四、水土保持与种草

（一）草种的选择与配置

草种选择是建植草地重要环节。由于我国地域辽阔，气候条件和地貌类型多样，不同区域生境条件差异明显。因此，选择草种时，应根据当地的气候、地貌和土壤等生境特点，按照适地适草的原则，因地制宜，选择适生的草种。同时，还要考虑种植和管理成本等经济状况。选择草种有两种方法：一是对现有草地，特别是人工草地，进行调查，获得不同草种生长状况的资料，如生长量、生物量、盖度及适应能力等。通过比较分析，选出不同生境条件下的适生草种。二是种植或引进不同草种进行对比试验，观察其生长发育状况，筛选出适宜的草种。

黄淮海地区气候温和，年降水量为 500~850 mm，土壤多为棕壤和褐土，适宜的草种有苜蓿、沙打旺、无芒雀麦、苇状羊茅、葛藤、山野豌豆、小冠花、草木樨、百脉根、多年生黑麦草、三叶草、鸡脚草等。长江中下游地区属亚热带和暖温带的过渡区，冬冷夏热，生长季温暖湿润，水热资源丰富，年降水量为 800~2 000 mm，土壤多为黄棕壤、红壤和黄壤。适宜的草种有白三叶、多年生黑麦草、苇状草茅、雀稗、红三叶、鸡脚草、苜蓿、无芒雀麦、聚合草、杂交狼尾草、象草、苏丹草等。华南地区属亚热带和热带海洋气候，水热条件极为丰富，年降水量为 1 100～2 200 mm，土壤多为红壤。适宜的草种有宽叶雀稗、卡松古鲁、狗尾草、大翼豆、银合欢、格拉姆柱花草、象草、银叶山蚂蟥、绿叶山蚂蟥草等。

（二）种植技术

1. 播种方式

播种方式指种子在土壤中的布局方式。草的单播方式有如下几种，根据草种、土壤条件和栽培条件采用。

（1）条播：这是草地栽培中普遍采用的一种基本方式，尤其是机械播种多属此种方式。它是按一定行距一行或多行同时开沟、播种、覆土一次性完成的方式。此法有行距无株距，设定行距应以便于田间管理和获得高产优质为依据，同时要考虑利用目的和栽培条件，一般割草行距为 15～30 cm，收籽为 45～60 cm，个别灌木型草本可达 100 cm；在湿润地区和有灌溉的干旱地区，行距可取下限，采用密条播方式。

（2）撒播：指把种子均匀地撒在土壤表面并轻耙覆土的播种方法。该方法无株行距，因而播种能否均匀是关键。为此，撒播前应先将播种地用镇压器压实，撒上种子后轻耙并再镇压。目的是保证种床紧实，以控制播种深度。撒播易于在降水量较充足的地区进行，但播前必须清除杂草。目前采用的大面积飞播种草就是撒播的一种方式，它是利用夏季降水或冬季降雪自然地把飞播种子埋在土壤里。就播种效果而言，只要整地精细，播种量和播种深度合适，撒播不比条播差。

（3）带肥播种：指播种时把肥料条施在种子下 4～6 cm 处的播种方式。此法是使草根系直接扎入肥区，有利于苗期迅速生长。结果既能提高幼苗成活率，又能防止杂草滋生，常用肥料为磷肥，尤其是豆科牧草，这样既可促进牧草的生长，又可降低土壤对磷素的固定，从而提高对磷肥的利用率。当然，根据土壤供应其他营养元素的能力，还可施入氮、钾及其他微肥。

（4）犁沟播种：指开宽沟，把种子条播进沟底湿润土层的抗旱播种方式。此法适用于在干旱或半干旱地区，通过机具、畜力或人工开挖底宽 5～10 cm，深 5～10 cm 的沟，躲过干土层，使种子落入湿土层中便于萌发，同时便于接纳雨水，这样有利于保苗和促进生长。待当年收割或生长期结束后，再用耙覆土耙平，可起到防寒作用，从而提高牧草当年的越冬能力，此法在高寒地区具有特别重要的意义。

2. 播种方法

当播种材料和播种方式确定之后，具体的播种程序应考虑下列几方面。

（1）种床准备。

上虚下实而平整的种床，对控制播种深度和保证种子萌发出苗及其苗期的生长发育具有特别重要的作用。为此，要对土壤进行深耕灭茬、耙地碎土、耱地平整和镇压紧实等一系列作业，最好耕翻前先施入充足的基肥（每公顷至少 15 t 农家肥），并在播种时结合施用适量种肥（每公顷 75～150 kg 有效氮，60～120 kg 磷），出苗效果会更好。对于新垦土地，除上述措施外，应把清除杂草作为主要任务。最好在整地过程中结合使用机耕方法和化学方法彻底消灭杂草。

（2）播种时期。

确定播期主要取决于气温、土壤墒情、牧草的生物学特性及其利用目的，以及田间杂草发生规律和危害程度等因素。其中温度是第一位的，早春只要表土层温度达到种子萌发所需要的最低温度时就可以播种。但在实践中必须兼顾土壤墒情，否则墒情差也难于萌发生芽。因此，一旦土壤中的水温条件合适时，原则上任何时候都能够播种。不过，对于多年生牧草，由于要考虑能否越冬，所以就产生了最晚播期问题，播种过晚的牧草因苗小而不能安全越冬。

在早春至最晚播期内，虽然能够播种，但综合考虑到出苗率、苗期生长、生产性能、越冬状况及杂草发生等情况，则产生了各种情况下的最适播种期。在湿润和有灌溉条件的地方，苗期可播种能耐频繁低温变化的冬性牧草，如毛苕子、紫苜蓿等。

（3）播种深度。

播种深度兼有开沟深度和覆土厚度两层含义，覆土厚度对于牧草更具有实际意义。开沟深度视当时土壤墒情而异，原则上在干土层以下；覆土厚度视草种类及萌发能力和顶土能力而异。一般小粒种子（如苜蓿、沙打旺、草木樨、草地早熟禾等）为1~2 cm；中粒种子（如红豆草、毛苕子、无芒雀麦、老芒麦等）不超过3~4 cm。总之，牧草以浅播为宜，若过深则会因子叶和幼芽不能突破土壤而被闷死。此外，播种深度与土壤质地也有关系，轻质土壤可深些，黏重土壤可浅些。

（4）播种量。

适量播种，合理密植。适宜的播种量取决于牧草的生物学特性、栽培条件、土壤条件和气候条件及播种材料的种用价值等方面。牧草的生物学特性主要指对养分吸收利用状况及株高、冠幅和根幅等因素。这些因素决定了牧草在田间的合理密度，由此可推出该牧草的理论播种量：

$$理论播种量(kg/hm^2) = 田间合理密度(株/hm^2) \times 千粒重(g) \div 10^6$$

上式是在保证一粒种子萌发成长为一棵植株的条件下获得的，实际上是不可能的。在种子萌发成长为正常植株的过程中，成倍的种子因自身能力和自然条件而不能顶土，或顶土不能成苗，或成苗不能成株，造成中途夭折。由此可推出该牧草的经验播种量：

$$经验播种量(kg/hm^2) = 保苗系数 \times 田间合理密度(株/hm^2) \times 千粒重(g) \div 10^6$$

在生产实践中，从成本角度考虑应尽量做到精量播种，但在实际操作中为避免播后出现苗稀的麻烦，人们往往倾向于超量播种。

（5）镇压。

在干旱或半干旱地区，尤其是轻质土壤上建植草地，播前镇压是为创造上虚下实的种床和控制播深提供条件，而播后镇压对于促进种子萌发和苗全苗壮具有非常重要的作用。就是在湿润或有灌溉条件的地方，播后镇压也具有特别重要的作用。这是因为牧草的播种深度一般都较浅，播后不镇压，容易使表土因疏松而很快散失水分，导致种子处于干土层而不能萌发。镇压能促使种子和土壤紧密接触，从而有助于种子萌发，并减少土壤水分蒸发。

(三) 混播技术

1. **播种量**

(1) 按单播量计算混播牧草的播种量。

一般情况下，两种牧草混播时，每种牧草的播种量，各按其单播量的80%计算；三种牧草混播时，则两种同科牧草各用其单播量的35%~40%，另一种不同科牧草的播种量仍为其单播量的70%~80%；如果四种牧草混播，则两种豆科和两种禾本科各用其单播量的35%~40%。这种方法在选用草种的千粒重相近似的情况下较适用。由于机械地规定每种牧草应占的比例，而忽视其生长习性和栽培利用特点，往往难以获得满意的效果。较好的办法是预先确定每一种牧草在混播草中的比例，然后按下列公式计算混播牧草中每一种牧草的播种量。

$$W_i = W_总 \cdot r_i$$

上式中，W_i为播种量，$W_总$为单位面积混播种用量，r_i为某种牧草的混播占比。

考虑到各混播成员生长期内彼此的竞争，对竞争性弱的牧草实际播种量可根据草在利用年限的长短增加25%~50%，直至100%。

(2) 根据营养面积计算混播牧草的播种量。

这种方法是按1 cm²的面积上种1粒牧草种子，1 hm²土地上需播种1亿粒种子，再按每粒牧草种子所需营养面积等，依据每一草种所需营养面积计算播种量，是精确的方法。

2. **播种时期**

混播牧草播种时期的确定主要根据其生物学特性和栽培地区的水热条件、杂草危害及利用目的。一般是春性牧草春播，冬性牧草秋播。冬性牧草也可春播，但秋播更为有利。

组成混播草地的成分如果都是春性或冬性，就应同时播种，否则可分期播种。但同期播种较分期限播种为优，这不仅因为同期播种省一道工序，节省开支，播种当年产草量较高，而且也可避免分期播种对先播牧草幼苗的伤害。

3. **播种方法**

混播牧草的播种方法和技术是指各种牧草及其个体在空间上的合理配置，减少种间竞争，保持牧草群落的种间平衡性和群落的稳定性。

播种方法的选择取决于牧草对光、土壤通气的敏感性、荫蔽忍耐程度，根系结构特性及其在土壤中各层的分布情况，根据这些确定不同土层中利用营养物质的可能性。混播牧草的播种方法有同行条播、交叉播种、间行条播、撒播、撒播与条播结合五种方法。

(四) 草田轮作技术

在水土流失地区，合理科学地施行作物与牧草之间的轮作，对提高农牧业生产和改善土壤的理化性质都有实际意义和深远影响。

牧草的种类很多，但用在草田轮作方面主要有禾本科与豆科两大类。一年生牧草有苏丹草、春尖箭舌豌豆等。多年生牧草有紫花苜蓿、沙打旺、红豆草、黑麦草等。牧草，尤其是多年生豆科牧草对改良土壤和控制水土流失的作用是很大的。在某个地区实行草田轮作时，为了使作物和牧草的生物产量最高和控制土壤侵蚀作用最大，要认真考虑作物与牧草种的选择和配置。据天水水土保持试验站在 13°～14°坡耕地采用了三年四熟草田轮作方式，即冬麦撒播→草木栖→冬麦条播→黑豆、谷子这种草田轮作方式三年平均减少地表径流 60.8%，减少土壤冲刷量 64.9%。

我国许多地方早已普遍采用了草田轮作制度，比如甘肃省基本上采用的轮作方式是：冬小麦混种草木栖→草木栖→冬小麦→冬小麦；冬小麦混种草木栖→草木栖→玉米、黄豆→马铃薯→扁豆或禾田。延安地区采用荞麦混种草木栖→草木栖→冬小麦→扁豆、冬小麦的轮作方式。

为了提高土壤肥力和使土壤形成良好的团粒结构，在草田轮作制度中应多种植多年生豆科牧草。因为多年生豆科牧草对改良土壤的作用较显著。当然，多年生禾本科牧草也是草田轮作制中的内容。在适宜条件下最好将多年生豆科牧草与禾本科牧草按一定比例来配置，其作用和经济效益则更为显著。

（五）草地管理与开发

1. 新建草地管护

牧草栽培与作物栽培不同之处在于，前者种一次可多年利用，而后者一次仅能利用一年，而且牧草在日常年份管理中远较作物粗放。但是，用多年生牧草建植人工草地并非易事。在某种程度上，可以说其抓苗比作物抓苗还难，栽培管理也更精细。因此，建植人工草地的关键是抓苗，也就是建立当年的围栏保护、苗期管理、杂草防除、越冬管理和翌年返青期管护等环节必须搞好。

（1）围栏建设与保护：人工草地与农田不一样，由于所种牧草极易引诱禽畜啃食，尤其是幼苗和返青芽，所以在有散养畜禽的地方建植人工草地时，建设防护设施非常必要。所用材料依据当地条件和投资情况可选用砌围墙、土筑围栏、刺丝围墙等。

（2）苗期管护：包括破除土表板结、间苗与定苗和中耕与培土。

破除土表板结是播后至出苗前最为关键的环节，土表板结易使萌发的种子无力突破穿出，致使幼芽在密闭的土层中耗竭枯死，此时对于子叶出土的豆科牧草及小粒的禾本科牧草尤为严重。出现板结后，应立即用短齿耙或具有短齿的圆形镇压器破除，使用这种镇压器可快速破除板结层且不翻动表土层，不会造成幼苗损伤，因而效果最好。有灌溉条件的地方，也可采用轻度灌溉或喷灌破除板结，同时也有利于幼苗出土和生长。

对于间苗与定苗和中耕与培土，一般是对高秆饲料而言，这里不再赘述。

（3）杂草防除：由于牧草苗期生长慢，持续时间长，极易受杂草危害，因而杂草防除是建植人工草地成败的关键。杂草防除的方法有农艺方法和化学方法。

（4）越冬管护：牧草播种当年生长状况如何对其抵抗冬季寒冷的能力有密切的关系，而且生长期间和越冬前后的合理管理，对提高牧草越冬率也具有非常重要的意义，并对以后年份牧草的有效利用直接相关。

2. 成熟草地管理

成熟草地的效益如何与其经营管理的水平及合理性密切相关。

(1) 配方施肥：配方施肥是一种科学平衡施肥法，是根据牧草形成一定数量的经济产量所需的养分量、土壤的供肥能力、肥料的利用率等，进行合理施肥。豆科牧草由于自身有固氮能力，施肥时，以考虑磷钾配比为主。禾本科牧草无固氮能力，须综合考虑氮磷钾的配比，尤其是氮肥的增产作用更为显著。

(2) 合理灌溉：在干旱与半干旱地区建植人工草地，设置灌溉系统是十分必要的。合理的灌溉前提是充分利用水资源，以最少的水量获得最高的产草量。这就需要配置相应的灌溉系统（灌溉方法和灌溉定额）。

灌溉时因牧草生长发育特性、气候状况和土壤条件而定。返青时期视土壤墒情应注意浇水，禾本科牧草从分蘖到开花，豆科牧草从孕蕾到开花，都需要大量的水分用于生长，因而这段时间是牧草灌溉最大效益期。此外，每次刈割后，为促进再生，也应及时灌溉，这在盐碱地上还有压盐碱的作用。

(3) 利用技术：牧草一般具有良好的再生性，在水肥条件较好时，且在合理利用的前提下，一个生长季可利用多次，利用方式有刈割和放牧两种。

(4) 病虫草害防治：牧草在生长发育过程中，由于气候条件和草地状况的变化，如空气湿度过大、气温较高的情况下容易发生病虫害，草地植被稀疏的情况下易发生杂草危害。因而，防治病虫草害，应以预防为主。一旦有病虫草害发生，可以利用其天敌控制其种群数量，也可采用一些物理方法减轻其危害，但最有效的方法是化学防治。

(5) 更新复壮技术：人工草地利用多年后，由于牧草根系大量絮结蓄存，使得表土层通气不良，进一步影响到牧草的生长，或者逐年从收获物中掠夺养分使土壤地力下降，从而导致产量下降，草丛密度变稀，出现"自我衰退"的现象。应及时采取更新复壮技术，变更利用方式，重耙疏伐、补播。

(6) 翻耕技术：人工草地的利用年限依利用目的和生产能力而定。轮作草地以改良土壤为主要目的，在大田轮作中2~4年即可起到作用，在饲料轮作中因有饲草料生产而延至4~8年。永久性人工草地尽管利用年限长，但普遍出现退化，且有三分之一以上退化严重，应该彻底翻耕重新播种建植。

3. 草地资源开发

我国草地资源占国土面积的41%，草地类型多，牧草品种丰富，居世界第一位。近一个世纪以来，世界经济发达国家通过开发本国草地资源，发展牧区、农区、林区和城镇草业，改变了旧的农业结构和国民吃穿结构，建立了城乡生态系统，发展了现代化农业。我国20世纪80年代以来，在改革开放方针指导下，立草为业，建立了草业十大基础体系，并取得了发展草业的基本经验。草地资源的开发，主要表现在以下几个方面。

(1) 直接加工。

直接加工的高蛋白绿色饲料产业经过快速高温烘干加工的苜蓿草粉含蛋白20%以上，胡萝卜素等多种营养成分齐全，每千克相当于0.9个饲料单位，国际价每吨约1 800元。人工草地每公顷可产15 t草粉，成本在千元左右。国内市场反响较好，效益显著。

(2) 发展高效牧业。

牧区建立人工草地可提高生产力 10 倍至数 10 倍,有利于高效牧业的发展。

(3) 促进农、林、果、渔各业的发展。

中低产田引种豆科牧草,通过改瘤固氮、培肥土壤、可提高单产 30% 至 1 倍。河南商丘、开封地区黄河古道在种植 20 年的小老头树林间种植豆科牧草沙打旺,3 年后胸径增粗 20 cm,树高增加 3～5 m。我国不少地区果园生草起到增肥、除莠、调节气温等作用,果产量提高 30%～50%,果品质量上乘。以牧草作饵料,可使鱼产卵和孵化率各提高 30%。有利于鱼的繁殖和生产。此外,利用草地资源发展养殖业,可促进奶制品、皮革、毛纺、药用产品加工及商贸等产业的发展,并能取得显著的经济效益和社会效益。

第五节 水土保持农业技术措施

一、水土保持农业技术措施的概念

水土保持农业技术措施(agronomic measures of water and soil conservation)指的是用增加地面糙率、改变坡面微小地形、增加植物被覆、地面覆盖或增强土壤抗蚀力等方法,保持水土、改良土壤,以提高农业生产的技术措施。水土保持农业技术措施与水土保持林草措施、水土保持工程措施有机结合,构成完整的综合治理体系。

二、水土保持农业技术措施的类型

水土保持农业技术措施的范围很广,包括大部分旱地农业栽培技术,其中水土保持效果显著的部分按作用可分为:以改变小地形增加地面糙率为主的农业技术措施、以增加地面覆盖为主的农业技术措施、以增加土壤抗蚀性为主的农业技术措施和节水灌溉四类。

1. 以改变小地形增加地面糙率为主的农业技术措施

(1) 等高耕作。

等高耕作(contour plouging)又称横坡耕作技术(图 7-24),是指沿等高线,垂直于坡面倾向进行的横向耕作。它是坡耕地实施其他水土保持耕作措施的基础。沿等高线进行横坡耕作,在犁沟平行于等高线方向会形成许多"蓄水沟",从而有效地拦蓄地表径流,增加土壤水分入渗率,减少水土流失,有利于作物生长发育,从而达到高产。

图 7-24　等高耕作

（2）等高沟垄耕作。

等高沟垄耕作（contour listing tillage）是在等高耕作的基础上进行的。具体操作为：在坡面上沿等高线开犁，形成沟和垄，在沟内或垄上种植作物。一条垄等于一个小坝，可有效地减少径量和冲刷量，增加土壤含水率，保持土壤养分。还可进一步划分为以下三种类型。

① 水平沟种植（contaur trench cropping）又称套犁沟播。具体操作为：在犁过的壕沟内再套耕一犁，然后将种子点在沟内，施上肥料，结合碎土，镇压覆盖种子，中耕培土时仍保持垄沟完整。

② 垄作区田（contour check）是干旱和半干旱地区采用的蓄水保土耕作法。具体操作是在坡地上从下往上进行，先在下边沿等高线耕一犁，接着在犁沟内施肥播种，然后在上边浅犁一道，覆土盖种，再空出一道的距离继续犁耕施肥播种，依次进行，直至种完。这样使坡面沟垄相间，有利于拦蓄地表径流。为了防止横向水土流冲刷，在沟内每隔 1~2 m 横向修一道小土挡。

③ 平播起垄是用犁沿等高线隔行条播种植，并进行镇压，使种子和土壤密接，以利于出苗、保墒；在早期保持平作状态，在雨季到来以前，结合中耕，将行间的土培在作物根部，形成沟垄，并在沟内每隔 1~2 m 加筑上挡，以分段拦蓄雨水。这种方法的优点是在春旱地区，它可以避免因早起垄而增加蒸发面积造成缺苗现象，影响产量。它还能在雨季充分接纳和拦蓄雨水，故蓄水保土和增产作用较显著。

（3）区田。

区田也叫掏钵种植，是我国一种历史悠久的耕种法。具体操作是在坡耕地上沿等高线划分成许多 1 m² 的小耕作区，每区掏 1~2 钵，每钵长、宽、深各约 50 cm。掏钵时，用铣或镢，先将表层熟土刮出，再将掏出的生土放在钵的下方和左右两侧，拍紧成埂，最后将刮出的熟土连同上方第二行小区刮出的熟土全部填到钵内，同时将熟土与施入的肥料搅拌均匀，掏第二行钵时应将第三行小区的表层熟土刮到坑内，依次类推。这样自上而下地进行，上下行的坑作"品"字形错开，坑内作物可实行密植。每掏一次可连续种 2~3 年，再重掏一次。掏钵 1 hm² 需 45~60 个工。在实践中，群众还创造了人工加畜力的掏钵方法，值得推广。

（4）圳田。

圳田是宽约 1 m 的水平梯田。具体操作是沿坡耕地等高线作成水平条带，每隔 50 cm 挖宽、深各 50 cm 的沟，并结合分层施肥将生土放在沟外拍成垄，再将上方 1 m 宽的表土填入下方沟内。由于沟垄相间，便自然形成了窄条台阶地。此法亦可采用人畜相结合，以提高工效。

（5）水平防冲沟。

水平防冲沟也叫等高防冲沟。它是在田面按水平方向，每隔一定距离用犁横开一条沟。为了使所开犁沟能充分保持水土，在犁沟时每走若干距离将犁抬起，空很短的距离后再犁，这样在一条沟中便留下许多土挡，使每段犁沟较为水平，可以起到分段拦蓄的作用。同时应当注意，上下犁沟间所留土挡应错开。犁沟的深浅和宽窄，在 20° 的坡地上沟间距离约 2 m，沟深 35~40 cm。为了经济利用田面，犁沟内亦可点播豆类作物，并照常进行中耕除草。此法也可用在空闲地上，特别是夏闲地上。

2. 增加植物被覆为主的耕作措施

（1）草田轮作（grassland rotation）。

在农业生产过程中，将不同品种的农作物或牧草按一定原则和农作物（或牧草）的生物学特性在一定面积的农田上排成一定的顺序，周而复始地轮换种植就是轮作。在轮作的农田上，把农作物安排为前后栽植顺序是轮作方式，轮作方式之中或全部栽植农作物，或按一定比例栽植作物与多年生牧草即草田轮作，种植一遍所历经的时间称为轮作周期。轮作有空间上的轮换种植与时间上的轮换种植，空间种植是将同一种农作物（或牧草）逐年轮换种植，而时间轮作是在同一块农田上在轮作周期内，按轮作方式栽植不同品种的农作物或豆科牧草。从时间和空间的关系上来看，在农作物安排上最简单的是三年轮作周期与三区轮作方式。

依据水土保持作用，草田轮作制中的农作物和牧草可分为三大类：第一类是保持水土作用小的玉米、高粱、棉花、谷子、糜子等禾本科中耕作物；第二类为保持水土作用大的小麦、大麦、莜麦、荞麦、豌豆、大豆、黑豆等一些禾本科和豆科的密播作物；第三类是一年生和多年生的牧草，如苏丹草、春箭舌豌豆苜蓿、紫花、沙打旺、红豆草、黑麦草等。

（2）间作、混作与套种。

① 间作（intercropping）是在同一田块于同一生长期内，分行或分带相间种植两种或两种以上作物的种植方式（图 7-25）。农作物与多年生木本作物（植物）相间种植，也称为间作，有人也称为多层作呈农林复合（agroforestry）。

图 7-25　间作

② 混作（mixed cropping）是在同一块地上，同期混合种植两种或两种以上作物的种植方式（图 7-26）。一般混作在田间无规则分布，可同时撒播，或在同行内混合、间隔播种，或一种作物成行种植，另一种作物撒播于其行内或行间。

图 7-26　混作

③ 套种（relay cropping）是在前季作物生长后期的株行间播种或移栽后季作物的种植方式，也称串种。如在小麦生长后期每隔 3~4 行小麦播种一行玉米。

如果它们同出现在一块农田上，就构成所谓的立体种植（multistorey cropping）。

间作、混作和套种，本来是增产措施，但由于增加了植物覆被率和延长了植被覆盖时间，因而仍属于水土保持农业技术措施的范畴。

（3）等高带状间作。

等高带状间作（contour strip cropping）是沿着等高线将坡地划分成若干条带，在各条带上交互和轮换种植密生作物与疏生作物或牧草与农作物的一种坡地保持水土的种植方法（图 7-27）。它利用密生作物带覆盖地面、减缓径流、拦截泥沙来保护疏生作物生长，从而起到比一般间作更大的防蚀和增产作用；同时，等高带状间作也有利于改良土壤结构，具有提高土壤肥力和蓄水保土的能力，便于确立合理的轮作制，促使坡地变梯田。

等高带状间作可分为农作物带状间作和草田带状间作两种。

图 7-27　等高带状间作

（4）砂田。

砂田是甘肃等省的干旱区采用的一种蓄水保墒特殊耕作法。其做法是：一要选择离砂源近、土壤肥沃、坡度缓的土地；二要选择含土少、砂粒大小适中的砂源；三要事先平整土地，施足底肥、精耕细作；四要掌握铺砂厚度，旱砂田铺厚 12 cm，水砂田铺厚 6 cm，每公顷需砂 1 500 t 以上；五要防止砂土混合，要采用不再进行翻动土层的耕作。

（5）秸秆还田。

秸秆还田是把不宜直接作饲料的秸秆（如玉米秸秆、高粱秸秆等）直接或堆积腐熟后施入土壤中的一种方法（图7-28）。秸秆还田具有促进土壤有机质及氮、磷、钾等含量的增加；提高土壤水分的保蓄能力；改善植株性状，提高作物产量；改善土壤性状，增加团粒结构等优点。秸秆还田增肥增产作用显著，一般可增产 5%～10%。

图 7-28　秸秆还田

3. 改善土壤物理性状，增加土壤抗蚀的耕作措施

从主要作用来看，下述各类措施均能起到改善土壤物理性状，增加土壤抗蚀的作用。这一类措施包括深耕、少耕和免耕。

（1）深耕（deep tillage）。

一般在夏、秋两季进行，深耕 21～24 cm，其功能主要是增加入渗和蓄水保水能力，同时改善土壤的通气能力，有利于调节土壤中的水、气、热等要素。

（2）少耕（minimum tillage）。

少耕是指在常规耕作基础上尽量减少土壤耕作次数或在全田间隔耕种，减少耕作面积的一类耕作方法，它是介于常规耕作和免耕之间的中间类型。

（3）免耕（no-tillage）。

免耕又称零耕、直接播种，是20世纪60—70年代世界上普遍重视的一种耕作措施，其核心是不耕不耙，也不中耕。它是依靠生物的作用进行土壤耕作，用化学除草代替机械除草的一种保土耕作法。

免耕的作业过程是：在秋季收获玉米的同时，将玉米秸秆粉碎并撒在地表覆盖，近冬或早春将硝酸铵、磷肥、钾肥均匀地撒在冻土地，播种时用开沟机开沟（宽6~7 cm，深2~4 cm）并播种玉米，同时施入土壤杀虫剂与其他肥料，除草剂在播种后再喷洒。同时，在玉米收获之前用飞机撒播覆盖地面的草种，翌春用除草剂杀死返青的杂草，就地作为覆盖物。可见，残茬与秸秆覆盖是形成免耕法的两个重要作业环节。西北农林科技大学在陕西淳化县对小麦收割后留茬的水土保持作用进行了观测研究，发现其减沙效果特别明显。中国科学院地理研究所在山东禹城的棉田上利用秸秆保持秋、冬两季的土壤水分，在春季播种棉花可以不浇水而保持齐苗。

4. 节水灌溉

（1）概念。

节水灌溉是以最低限度的用水量获得最大的产量或收益，也就是最大限度地提高单位灌溉水量的农作物产量和产值的灌溉措施。主要措施有：渠道防渗（图7-29）、低压管灌、喷灌（图7-30）、微灌和灌溉管理制度。

图7-29　渠道防渗

图7-30　喷灌

(2) 分类。

渠道防渗、渠道输水是目前我国农田灌溉的主要输水方式。传统的土渠输水渠系水利用系数一般为 0.4~0.5，差的仅 0.3 左右，也就是说，大部分水都渗漏和蒸发损失掉了。渠道渗漏是农田灌溉用水损失的主要方面。采用渠道防渗技术后，一般可使渠系水利用系数提高到 0.6~0.85，比原来的土渠提高 50%~70%。渠道防渗还具有输水快、有利于农业生产抢季节、节省土地等优点，是当前我国节水灌溉的主要措施之一。根据所使用的材料，渠道防渗可分为：三合土护面防渗；砌石（卵石、块石、片石）防渗；混凝土防渗；塑料薄膜防渗（内衬薄膜后再用土料、混凝土或石料护面）等。

① 管道输水。管道输水是利用管道将水直接送到田间灌溉，以减少水在明渠输送过程中的渗漏和蒸发损失。发达国家的灌溉输水已大量采用管道。目前，我国北方井灌区的管道输水推广应用也较快。常用的管材有混凝土管、塑料硬（软）管及金属管等。管道输水与渠道输水相比，具有输水迅速、节水、省地、增产等优点，其效益为：水的利用系数可提高到 0.95；节电 20%~30%；省地 2%~3%；增产幅度 10%。

② 喷灌。喷灌是利用管道将有压水送到灌溉地段，并通过喷头分散成细小水滴，均匀地喷洒到田间，对作物进行灌溉。它作为一种先进的机械化、半机械化灌水方式，在很多发达国家已广泛采用。

喷灌的主要优点如下：

a. 节水效果显著，水的利用率可达 80%。一般情况下，喷灌与地面灌溉相比，$1\ m^3$ 水可以当 $2\ m^3$ 水用。

b. 作物增产幅度大，一般可达 20%~40%。其原因是取消了农渠、毛渠、田间灌水沟及畦埂，增加了 15%~20% 的播种面积；灌水均匀，土壤不板结，有利于抢季节、保全苗；改善了田间小气候和农业环境。

c. 大大减少了田间渠系建设及管理维护和平整土地等的工作量。

d. 减少了农民用于灌水的费用和投劳，增加了农民收入。

e. 有利于加快实现农业机械化、产业化、现代化。

f. 避免由于过量灌溉造成的土壤次生盐碱化。常用的喷灌有管道式、平移式、中心支轴式、卷盘式和轻小型机组式。

移动管道式喷灌通常将输水干管固定埋设在地下，田间支管和喷头可拆装搬移、周转使用，因而降低了投资。北京市顺义县全县万亩粮田均采用这种灌溉形式。10 多年来的实践证明：移动式管道喷灌除具有一般喷灌省水、增产、省工、减轻农民负担和有利于农业机械化、产业化、现代化等优点之外，还具有设备简单、操作简便、投资低、对田块大小和形状适应性强、一户或联户均可使用等优点，是目前较适合我国国情、可以大力推广的一种微型喷灌形式，可适用于大田作物、蔬菜等，每亩投资为 200~250 元。

固定管道式喷灌是将管道、喷头安装在田间固定不动，其灌溉效率高，管理简便，适用于蔬菜、果树及经济作物灌溉。但是投资较高，不利于机械化耕作。

中心支轴式与平移式大型喷灌机，只能在预定范围内行走，行走区域内不能有高大障碍物，土地要求较平整。其机械化和自动化程度高，适用于大型农场或规模经营程度较高的农田。

卷盘式喷灌机是靠管内动水压力驱动行走作业，与中心支轴式及平移式的大型喷灌机相比，具有机动灵活、适应大小田块、亩设备投资低等优点。卷盘式喷灌机有喷枪式和析架式两种，后者具有雾化好、耗能低的优点。轻小型机组式喷灌，可以用手抬或装在手推车或拖拉机上，具有机动灵活、适应性强、价格较低等优点，通常用于较小地块的抗旱喷灌。

③ 微喷。微喷是新发展起来的一种微型喷灌形式，是利用塑料管道输水，通过微喷头喷洒进行局部灌溉的。它比一般喷灌更省水，可增产30%以上，能改善田间小气候，可结合施用化肥，提高肥效。主要应用于果树、经济作物、花卉、草坪、温室大棚等灌溉。

④ 滴灌。滴灌是利用塑料管道将水通过直径约10 mm毛细管上的孔口或滴头送到作物根部进行局部灌溉（图7-31）。它是目前干旱缺水地区最有效的一种节水灌溉方式，其水的利用率可达95%。滴灌较喷灌具有更高的节水增产效果，同时可以结合施肥，提高肥效一倍以上。可适用于果树、蔬菜、经济作物及温室大棚灌溉，在干旱缺水的地方也可用于大田作物灌溉。其不足之处是滴头易结垢和堵塞，因此应对水源进行严格的过滤处理。

图7-31　滴灌

按管道的固定程度，滴灌可分固定式、半固定式和移动式三种类型。固定式滴灌，其各级管道和滴头的位置在灌溉季节是固定的。其优点是操作简便、省工、省时，灌水效果好。半固定式滴灌，其干、支管固定，毛细管由人工移动。移动式滴灌，其干、支、毛细管均由人工移动，设备简单，较半固定式滴灌节省投资，但用工较多。结合我国劳动力多、资金缺乏的具体情况而研究开发的半固定式、移动式滴灌系统，大大降低了工程造价，为滴灌在大田作物和经济欠发达地区的推广应用创造了条件。

水窖滴灌是通过雨水集流或引用其他地表径流到水窖（或其他微型蓄水工程）内，再配上滴灌以解决干旱缺水地区的农田灌溉问题。它具有结构简单、造价低、家家户户都能采用的特点。对于干旱贫困山区实现每人有半亩到一亩旱涝保收农田，解决温饱问题和发展庭院经济具有重要作用，应在干旱和缺水山区大力推广。

地下滴灌是把滴灌管埋入地下作物根系活动层内，灌溉水通过微孔渗入土壤供作物吸收。有的地方在塑料管上隔一定距离钻一个小孔，埋入地下植物根部附近进行灌溉，俗称"渗灌"。

地下滴灌具有蒸发损失少、省水、省电、省肥、省工和增产效益显著等优点，果树、棉花、粮食作物等均可采用。其缺点是管道间距较大时灌水不够均匀，在土壤渗透性很大或地面坡度较陡的地方不宜使用。其具体效果为：节水50%~60%，省电40%~50%，增产30%左右。

用地膜覆盖田间的垄沟底部，引入的灌溉水从地膜上面流过，并通过膜上小孔渗入作物根部附近的土壤中进行灌溉，这种方法称作膜上灌，在新疆等地已大面积推广。采用膜上灌，深层渗漏和蒸发损失少，节水显著，在地膜栽培的基础上不需要再增加材料费用，并能起到对土壤增温和保墒作用。在干旱地区可将滴灌管放在膜下，或利用毛细管通过膜上小孔进行灌溉，这称作膜下滴灌（图7-32）。这种灌溉方式既具有滴灌的优点，又具有地膜覆盖的优点，节水增产效果更好。

图7-32 膜下滴灌

根据水稻不同生育期对水分的不同需求进行"薄、浅、湿、晒"的控制灌溉，既节约用水，又有利于农作物生长，改变了以往水稻大水漫灌、串灌的旧习惯。它无须增加工程投资，只要按照节水灌溉制度灌水即可。"薄、浅、湿、晒"（薄水插秧、浅水育秧、分蘖前期湿润、分蘖后期晒田）、"旱育稀植"（旱育旱栽、稀植、适当补水）等技术均属这一范畴。一般每亩可节水100 m³，增产稻谷25 kg，效益显著。水稻节水灌溉技术已获国家科技进步一等奖，应在水稻区大力推广。江苏、上海、浙江等经济条件好的地区采用铺设暗管系统进行控制灌溉和田间排水，有利于节水、节肥和作物生长，为实现高产、高效、优质农业创造了有利的条件。

在一些水源短缺的地方，春播时常因春旱出不了苗或出苗不齐。为保全苗，采用机械或畜力用水箱、水袋拉水，在播种时进行点灌，以解春旱，俗称"坐水种"。这种方法投资少、简单易行，是有效的节水增产方式。播种时每亩用水量仅5~10 m³，丰水年可增产10%~15%，干旱年可增产60%~70%。坐水种目前在黑龙江、吉林等地广为采用，凡条件适合的地方应积极推广。

通过平整土地，改进灌水沟畦规格（如大畦改小畦、长沟改短沟）等综合措施，使灌水均匀,以达到节水的目的。

根据作物需水要求,适时适量地灌水,用先进的科学技术手段对土壤墒情和灌区输配水系统的水情进行监测、数据采集和计算机处理,可以科学有效地控制土壤水分含量,进行合理调度,做到计划用水、优化配水,以达到既节水又增产的目的。同时,要重视和加强节水管理,改变目前农业用水水价过低、不利于节水的状况,实行按成本收费、超计划用水加价等政策。要建立健全节水管理组织和技术推广服务体系,完善节水管理规章制度。

大力普及节水灌溉技术,要十分重视农业节水措施的推广。这可采用水稻旱育稀植、抛秧、地膜覆盖、秸秆还田、深耕松土、中耕除草、镇压、耙耱、增施有机肥等措施,以提高土壤对天然降水的蓄积能力和保墒能力。施用化学保水制剂,引进和优选抗旱品种和调整作物种植结构等,也是行之有效的节水措施,在干旱缺水地区应大力推广普及。

三、水土保持耕作措施的进展

随着农业技术的不断发展和生产要求,人们在生产实践中以上述一些措施的设计原理为基础,又创造出几种新的水土保持耕作措施。

1. 等高带状间轮作

等高带状间轮作是卢宗凡带领的课题组在延安地区安塞区茶坊水土保持实验区试验的一种方法,试验的全称为"山坡地粮草带状间轮作试验"。这一试验要求将坡地沿等高线划分成若干条带,根据粮草轮作的要求,分带种植草和粮,一个坡地至少要有两年生(4区轮作)或四年生(8区轮作)草带三条以上,沿崾边线则种植紫穗槐或柠条带。利用此法的好处,一是可促进坡地农田退耕种草,即一半面积种草,一半面积种粮;二是把草纳入正式的轮作之中,固定了种草的面积;三是保证粮食作物始终种在草茬上,可减少优质厩肥上山负担,以节省大批劳畜力;四是既改良了土壤结构,又提高了土壤蓄水保土能力;五是既确立了合理的轮作制,又促使坡地变成缓坡梯田;等等。

2. 蓄水聚肥改土耕作法

蓄水聚肥改土耕作法又称抗旱丰产沟,是山西省水土保持科学研究所史观义等人在吕梁山区经过多年研究试验,吸取了坑种、沟垄种植和传统的旱农优良耕作技术之长,因地制宜创造的一种科学耕作方法。此法由"种植沟"和"生土垄"两个主体部分组成,"种植沟"把耕作层表土集中起来,改善耕地的基础条件。"生土垄"把径流就地拦蓄,就地入渗。故既能培肥地力,抗旱丰产,又能防治水土流失。

此法的主要优点:一是有效控制水土流失,"生土垄"好似拦洪坝,"种植沟"相当于蓄水库,因此蓄水保肥,提高了抗旱能力。二是经济利用天然降水,提高了降水利用率,据测定,种植高粱、玉米,降水利用率提高69.9%。三是表土、肥料集中使用,即把地面所有表土集中在"种植沟"内,使原来5寸(1寸≈3.5 cm)的熟土层增加到1尺(1尺≈33.3 cm)左右,加之沟底深翻,活土层达1.5尺上下。同时,把撒施在田面的有机肥,全部掺混在种植作物的熟土沟内,土肥集中融为一体,形成良好的"土壤水肥库",

使作物根系分布最多的部位，正好是养分集中的地方，大大提高了水肥利用率，增加了土壤孔隙度，提高了土壤入渗能力。四是加快生土熟化。五是充分发挥边行优势。蓄水聚肥耕作形成带状种植，沟内种植作物 1~2 行，生土垄上种豆科绿肥，高低搭配，每行作物都相当于边行，通风透光很好，减弱了叶茎之间互相遮阴，扩大了根系吸收范围。

3. 旱地小麦沟播侧位施肥耕作法

旱地小麦沟播侧位施肥耕作法是利用谷物沟播机进行耕种的一种方法。它能一次性完成开沟、施肥、播种、覆土、镇压多道工序，实现了沟播集中施肥等多项农艺要求。其特点有：一是有利于提高播种质量，培育壮苗；二是改善了小麦生长发育的水、肥、光、温等基本条件，小麦植株发育健壮；三是沟播结合集中施肥，可省工节能，提高肥效，从而达到小麦增产和保持水土的作用。

四、水土保持农业技术措施的作用

水土保持农业技术措施的直接作用：一是防止水土流失；二是增加作物产量。

1. 水土保持农业技术措施与水土流失的关系

水土保持农业技术措施均有减少和防止水土流失的作用。对休闲地采用不同的翻耕方法，可对径流进行不同程度的调节，并由于地表微地形的改变，进而影响到径流所引起的土壤流失量的不同，在小坡度（3°）、20 m 坡长地表裸露情况下，耕作措施采用水平犁沟，其径流量是普通翻耕的 71.3%，产沙量是 16.2%。在坡度较陡（20°），采用等高垄作种植玉米，在丰水年情况下（生长季节产流降水 410.2 mm），其径流量是平作的 50.9%，产沙量是 22.0%；在枯水年（生长季节产流降水 14.0 mm），其径流量是平作的 90.0%，产沙量是 12.2%。因此，在土地裸露坡度较小的情况下，采用水平犁沟，在坡度较大，以种植玉米等秋季作物为主的情况下，采用等高垄作措施，对于减少地表径流、增加下渗水量，进而降低由此而引起的土壤流失，效果较好。

产流时间以顺坡耕作为最早，随后依次为平整坡面、人工掏挖、等高耕作；从同一时刻的产流量看，也是顺坡耕作最大，次序不变，因此从拦蓄径流、增加入渗的角度讲，人工掏挖、等高耕作相对于无措施的平整坡面效果要好，为正效应；而顺坡耕作则为负效应，增大了径流量，不但不利于土壤水分的蓄积，而且增大了侵蚀发生的可能性及强度。耕作措施的水土保持作用，就是其对雨水及径流的调节，如果某一措施能够有利于雨水入渗，能够增大径流前进方向上的糙率，那么它就可以起到拦沙、蓄水的作用，增加的幅度愈大，其作用也就愈强。因此，选择恰当的耕作方式（如等高耕作、人工掏挖等），有利于坡耕地的水土保持。

2. 水土保持农业技术措施与作物产量的关系

水土保持农业技术措施也均有提高农作物产量的作用。一般情况下，可增产粮食 20%~50%。经四川省内江市水土保持试验站证实，采用等高耕作可增产粮食 25%；沟垄种植可使玉米增产 25.7%、红薯增产 71%、甘蔗增产 12%；采用垄作区田法可增产粮食 10%~100%；经绥德、天水站证实，采用间作套种可增产粮食 37.5%；等等。

课后思考题

1. 什么是水土流失？丘陵山区的水土流失与平原地区的水土流失有何异同？
2. 什么是土壤侵蚀？土壤侵蚀可分为哪些类型？
3. 什么是水土保持工程措施？它的作用是什么？实践中主要有哪些类型？
4. 什么是水土保持生物措施？它的作用是什么？实践中主要采用哪些形式？
5. 水土保持人工造林有哪些方式？
6. 水土保持人工种草有哪些形式？
7. 什么是水土保持农业技术措施？它可分为哪些类型？
8. 查阅文献资料，归纳总结南方水梯田与北方旱梯田的差异性。
9. 查阅文献资料，了解目前工程边坡植物防护的技术方法有哪些？并列举各种技术方法的适用条件及其优缺点。

第八章 绿色农业生产技术

本章简述

本章追溯了替代农业的历史，比较了中外生态农业的异同；简要介绍了中国生态农业发展的历史渊源，从基本原理、实施方法的角度详细介绍了中国10种经典的生态农业模式，阐明了中国生态农业技术的概念并介绍其特点、主要类型及技术要点；明确了农业清洁生产的概念和内涵，简要介绍了农业清洁生产的目标、特征和理论基础，指出农业污染物的来源与当前存在的问题，列举了几种典型的农业清洁生产模式；简要介绍了世界范围循环农业的发展状况，并以国内外代表性的循环农业模式为案例，分析与评价了各种循环农业模式的优缺点。

第一节 生态农业技术概述

一、替代农业的发展

在人口、粮食、资源、环境、能源等危机日趋严重的情况下，世界各国都在积极探索农业可持续发展之路，寻找一种新的农业生产体系，以取代高能耗、高投入的现代农业，世界各国相继出现了有机农业、自然农业、生物农业、生态农业等替代的农业生产方式。

（一）有机农业

有机农业类似于我国早期的传统农业，其含义是一种完全不用或基本不用人工合成的化肥、农药、生长调节剂和家畜饲料添加剂的农业生产体系。有机农业在可能范围内尽量依靠作物轮作、作物秸秆、家畜粪肥、豆类作物、绿肥、有机废弃物、含有矿物质养分的岩石和机械耕作，以保持土壤肥力及其耕性，尽可能用生物防治抑制病虫和杂草的危害。

（二）自然农业

自然农业的概念由日本人福冈正信提出，其主张农业生产应该顺应自然，尽可能减少人为对自然的干预,他自己亲自在农场实践自然农业30多年,所著的《自然农业》一书畅销世界。自然农业受中国道教"无为"思想影响,即要顺应自然,而不是征服自然,要最大限度地利用自然作用和过程,使农业生产可持续发展。自然农业的主要内容包括以下几个方面。

(1) 不翻耕土地,依靠植物根系、土壤动物和微生物的活动对土壤进行自然疏松,不必要进行人为作业。

(2) 不施用化肥,靠作物秸秆、种植绿肥及有机粪肥的还田来提高土壤的肥力。

(3) 不进行除草,通过秸秆覆盖和作物生长抑制杂草,或用间歇淹水有效控制杂草生长。

(4) 不用化学农药,靠自然平衡机制,如旺盛的作物体及天敌即可有效控制病虫害。

福冈按照自然农业的方法从事30年的农业生产,其作物产量与普通农业相近,在日本也有近万户农民从事自然农业的生产。

(三) 生物农业

生物农业是根据生物学原理建立的农业生产体系,靠各种生物学过程维持土壤肥力,使作物营养得到满足,并建立起有效的生物防治杂草并结合生物学及生态学的新理论与技术,不需要投入较多的化学药品和商品即能达到一定的生产水平,有利于资源与环境的保护及农业生产的发展。

生物农业核心原理在于促进农田土壤的生物学肥力,使作物从土壤的营养平衡过程中获得它所需要的全部营养。其主要技术包括以下几种。

(1) 将腐烂的有机物作为土壤改良剂。

(2) 通过豆科作物自身固氮及粪肥合理使用调控农田养分平衡。

(3) 废弃物的再循环利用。

(4) 充分发挥各种生物,包括土壤生物如蚯蚓等的改土作用。生物农业可以说是科学家运用生物学理论及其技术设计的一种农业生态系统自身过程维持的农业生产体系,在欧美一些国家和地区已有实践,但规模不大。

(四) 生态农业

生态农业是由美国土壤学家威廉(William)于1971年提出的,并在欧美地区有一定的实践。生态农业的基本含义为:生态上能自我维持,低投入,在经济上有生命力,有利于长远发展,在环境方面、道德伦理方面及美学上能接受的小型农业。

英国学者沃林顿(Warthington)在《生态农业及其有关技术》一书中,认为生态农业应具备以下几个条件。

(1) 必须是一个自我维持系统,一切副产品都需要再循环。

(2) 提倡使用固氮植物、作物轮作及正确处理和使用农家肥料等技术,保持土壤肥力。

(3) 生物群落多样性,种植业和畜牧业比例恰当,使系统能够稳定、自我维持。

(4) 单位面积的净产量必须是高的。

（5）为获得高产，农场规模应该是小的。

（6）经济上必须是可行的，目标是在没有政府补贴的情况下获得真正的经济效益。

（7）农产品就地加工并直接提供给消费者。

（8）在美学及伦理道德上必须为社会接受。

归纳起来，替代农业（或统称生态农业）尽管思想和做法不尽一致，但基本特征是相同的，即针对常规农业高投入、高消费的种种弊端，尽可能减少工业产品等外部物质能量的投入，充分挖掘农业生态系统内部的自身循环和发展的潜力，通过资源及环境的有序利用和保护，实现农业持久发展。但从其实践来看，规模是相当有限的，发展势头也不强，仍属于探索或试验阶段。究其原因，主要是生态农业推广和发展过程中具体问题仍很多，尤其是其产量及经济效益低，难以满足当今社会需求。还需要指出的是，推行生态农业的发达国家，其农产品相对过剩，人口和食物压力小，这与发展中国家的社会背景是不同的。

二、我国生态农业的产生与发展

生态农业思想在古代中国就有体现，中国自春秋时期就懂得用地养地的道理，以及物理杀虫、人工除草等做法。20 世纪 70 年代，吴灼年等一批中国学者先后提出了中国农业要走"生态农业"之路。20 世纪 80 年代各级政府和研究机构陆续开展生态农业相关的试点研究和经验总结。1988 年，全国生态农业理论问题研讨会的论文集《中国生态农业》出版。20 世纪 90 年代，农业部在全国分 2 期开展了 120 个生态农业试点县建设，各地开展的生态农业试点已超过 1 000 个。2014 年，农业农村部农业生态与资源保护总站进一步组织开展了 13 个生态农业区域示范基地建设，并对全国上百个典型生态农场开展了调查，总结出版了《中国生态农场案例调查报告》。2021 年，《"十四五"全国农业绿色发展规划》由农业农村部等 6 部门联合印发，这表明我国农业发展向生态农业转型的决心，对进入生态农业时代的我国农业和农村的可持续发展提供了顶层设计。

我国农业发展在相当长的时间内将面临三大挑战：一是如何满足日益增长的对农产品的需要；二是如何保持和进一步提高经济效益；三是如何阻止自然资源耗竭和生态环境日益恶化的趋势。为解决人口多、经济落后及资源有限和环境恶化三大问题，在世界替代农业运动的推动下，针对我国农业面临的困境，自 20 世纪 80 年代起，我国就开始探索以发展生态农业为途径的农业发展道路。

中国生态农业选择吸收了国外生态农业的合理内容，结合自己的国情，通过实践、认识、再认识，不断完善和提高，逐步形成了一条具有中国特色的农业持续发展的道路。与西方生态农业相比，中国生态农业具有以下特征。

（1）从目标上看，中国生态农业利用植物、动物、微生物之间的相互依存关系，强调群落内的生物共生、物质在生态系统内部的循环与再生，以及有机质在转化食物链上的多级利用，使农业、林业、牧业、渔业和加工业合理组合，适应和利用本地资源，提高农业生产力和转化效率，提供尽可能多的清洁产品，同时形成良性的生态循环，在较高水平上实现生态效益、经济效益和社会效益的协同提高。

（2）从内容上看，中国生态农业具有综合性、多样性和高效性。中国生态农业强调发挥农业生态系统的整体功能，以大农业为出发点，按"整体、协调、循环、再生"的原则，全面规划、调整和优化农业结构，使农业、林业、牧业、副业、渔业和农村第一、第二、第三产业综合发展，并使各业之间相互支持，相得益彰，提高综合生产能力。生态农业针对我国地域辽阔，各地自然条件、资源基础、经济与社会发展水平差异较大的情况，充分吸收我国传统农业精华（图8-1），结合现代科学技术，以多种生态农业模式、生态工程和丰富多彩的技术类型装备农业生产，使各区域都能扬长避短，充分发挥地区优势，各产业都根据社会需要与当地实际协调发展。生态农业通过物质循环和能量多层次综合利用及系列深加工，实现经济增值及废弃物资源化利用，降低了农业成本，提高了综合效益。

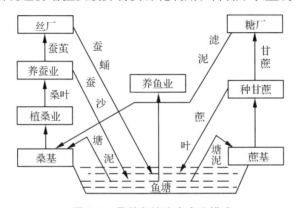

图8-1 桑基鱼塘生态农业模式

（3）从技术上看，中国生态农业将传统农业技术与现代农业技术相结合，形成一整套生态农业技术体系。该技术体系包括立体种养技术、物质能量多层次利用技术、生物养地技术、再生能源和生物能源利用技术、有害生物生态防除技术、退化生态环境的生态恢复技术、环境污染治理技术等。

第二节 我国生态农业模式

一、经典生态农业模式

我国地域辽阔，各地区之间地形地貌、社会经济条件和农业资源差异很大，因此，因地制宜地选择适宜的生态农业模式就显得十分重要。

目前，我国生态农业模式在广大农民群众实践探索中积累了丰富的经验，且种类繁多。现将我国各地创建的若干种成功生态农业模式的基本原理和相应的案例予以简单的分析介绍。

（一）物种共生模式

物种共生模式是按照生态经济学原理把两种或两种以上相互促进的物种组合在一个系统内，利用生物种群之间存在的互惠互利关系，加强物质内循环作用，以达到共同增产，改善生态环境，实现良性循环的目的。胶—茶—鸡复合模式、稻—萍—鱼模式等均属此类。

（二）农田合理间套作的结构优化模式

农田合理间套作的结构优化模式利用了生态学上种群演替原理。在自然生态系统或生物群落中，某一生物群落总是不断地造成对其自身不利的生境，而最终被另一生物种群所代替，这种由一种群落被另一种群落所代替的现象叫作演替。这一规律在农业上也不例外，如每年重茬某一作物使土壤某些元素失调、病虫害及田间杂草增多而迫使人们改茬轮作。对沙地的利用一开始须某一先锋植物定居裸地，但几年后就得人工辅助演替另一类植物（正演替），否则这一类植物会自动衰落。农田合理间套作，如麦棉套、瓜棉套、豆稻轮作、棉麦绿肥间套作、棉油间作、水旱轮作等。合理的轮作、间作和套种是我国传统农业的精华之一，各地自然条件不同，其形式也各异（图8-2）。长江三角洲麦/玉米—稻种植方式是该模式的充分体现。据报道，该模式的现实生产力要比现行麦—稻两熟制高25%左右，净产值提高20%~30%。

图8-2 各种农田合理间套作的结构优化模式

(三) 用养结合的集约型规模经营模式

用养结合的集约型规模经营模式充分发挥生态系统中人的作用和功能，通过人对系统的合理干预，改善生态系统的环境条件和生产条件，以求最大限度地提高太阳能利用率和土地生产率，从而解决我国人口日益增长、耕地不断减少、地力日趋衰减和粮食产量增长乏力的问题。其核心是用养结合、集约农作、规模经营、高效增收、保护资源、持续发展。

由浙江省德清县钟管镇实施的以提高土壤地力和加强农田基本建设为中心的现代生态农业园区建设，便是此模式的典型事例。其优势集中体现在五个方面：一是农田园林化；二是操作机械化；三是技术规范化；四是生产专业化；五是服务社会化。

（四）种养配套互补的循环模式

种养配套互补的循环模式运用了生态学中的边缘效应，将两个或两个以上的子系统有机联系起来，使某个子系统的部分输出成为另一个子系统的有效输入，取长补短，配套互补，从而发挥系统的整体效应。江南水网平原的桑基鱼塘（将低洼地挖深为塘，塘泥堆于四周，塘内养鱼，基上种桑，把桑、蚕、鱼有机联系起来，桑叶喂蚕，蚕沙养鱼，鱼粪肥塘，塘泥肥基，基肥促桑）就是该模式的雏形。

近年来，随着市场经济的发展、现代科技的进步，尤其是生态农业理论体系的形成和完善，该模式在结构上、组分上、规模上、效益上都有了很大的改善和提高。浙江省德清县雷甸镇种养配套互补的循环模式于1996年开工建设和部分投产，总占地面积28 hm²，其中果园15.89 hm²（含枇杷12 hm²，水蜜桃3.16 hm²，葡萄0.53 hm²，苗圃0.2 hm²），标准化鱼塘33口，共8.73 hm²，以及猪棚100多间，饲养公、母猪530多头，肉猪1 800余头，是一个典型的农—牧—渔一体的种养配套互补的平原生态农业模式。从总体来看，由三"硬"一"软"4个子系统组成，即生猪养殖子系统、水产立体养殖子系统、果园立体种植子系统，以及基础设施和科技服务保障子系统。其组分结构平面分布示意图如下（图8-3）。

果园立体种植	标准化鱼塘	果园立体种植	标准化鱼塘	……	果园立体种植	标准化鱼塘	果园立体种植	标准化鱼塘	生猪养殖场
机　耕　道　路									
果园立体种植	标准化鱼塘	果园立体种植	标准化鱼塘	……	果园立体种植	标准化鱼塘	果园立体种植	标准化鱼塘	生猪养殖场

图8-3　种养配套互补模式的平面分布示意图

从图8-3可以看出，整个系统的空间布局蕴藏着丰富的生态学内涵，果园立体种植子系统和水产立体养殖子系统的相间排列，使得该模式系统内部的边缘效应更趋明显，使得各子系统之间的相互联系更加密切，输入和输出更趋频繁和便利，极大地减少和缩短了物质和能量流动的中间环节，提高了能流、物流的利用效率，提高了劳动生产率，进而提高了系统的整体功效。

（五）农林间作或混林农业模式

农林间作或混林农业模式主要运用了生态学中的地域性原理和生态位原理，也就是在大地域上依据水、温、土、地貌等条件确定适宜树种及其密度，而在具体小地块上则按种群生态与生态位原理加以合理配置，使林粮之间相居而安，互不矛盾，协调发展。

目前，常见模式有果粮间作、林草间作、枣粮间作、桐粮间作、林药间作等（图8-4）。其中比较突出的包括果粮间作、林草间作。果粮间作即各种果树与粮食作物间作模式，在各地普遍可见；林草间作即在林地，尤其在幼林地间作各种牧草，不仅有利于水土保持，改善土壤—植被—大气系统的生态环境，还可为畜牧业提供青饲料，为水产养殖提供饵料，一举多得。

图8-4 各种农林间作或混林农业模式

（六）生物能多层次再生利用模式

生物能多层次再生利用模式利用了生态学中食物链原理及物质循环再生原理。在自然生态系统中生产者、消费者与分解者形成了平衡关系，因此系统稳定，周而复始，循环不已。而农业生态系统中，由于其强烈的开放性，消费者大多成为第二类"生产者"，分解者因条件所限而受到抑制，常使三者间的关系失调。因此，首先要在食物链关系上协调营养平衡关系。例如，以沼气为纽带的鸡—猪—沼—鱼—粮模式便是一例典型，不仅有利于减少环境污染，提供农村能源，而且有利于提高资源利用率，形成低投高效农业（图8-5）。

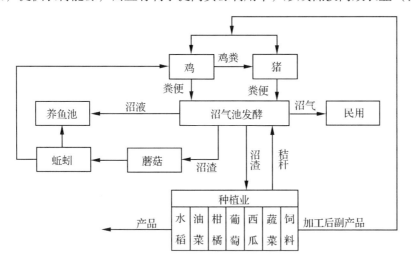

图 8-5 生物能多层次再生利用模式

（七）小流域综合治理的立体农业模式

小流域综合治理的立体农业模式利用生态系统中环境组分的差异和不同生物种群自身的特点，结合小流域综合治理，在空间立体结构上进行合理布局，发挥小流域的整合效应，从而使生态效应、经济效益和社会效益得到有机的统一（图8-6）。如四川省的"山顶松柏戴帽，山间果竹缠腰，山下水稻鱼跃，田埂种桑放哨"；广东省的"山顶种树种草，山腰种茶种药，山下养鱼放牧"；河北省的"松槐帽，干果腰，水果脚"等都是依据当地的资源状况和农民长期实践总结归纳出来的小流域综合利用立体模式的形象表述。

图 8-6 小流域综合治理的立体农业模式

（八）庭院经济模式

庭院经济模式是我国最近几年迅速发展起来的一种生态农业模式，其起源可以追溯到家庭联产承包责任制实施时，农民自觉或不自觉地运用了生态经济学原理，利用房前屋后的空闲土地进行"水陆空"立体经营，把居住环境和生产环境有机地结合起来，以充分利用每一寸土地资源和光能资源，既美化了生活环境，又增加了生活收入。其主要类群有以下几种。

(1) 集约种植型（因地制宜，多种经营）。

利用家庭院落、宅前屋后可利用的空闲土地种植名优果树、精细蔬菜、名贵药材、时令花卉等。

(2) 种养立体型（巧用空间，多层经营）。

种养立体型是指在有限的庭院内集种植果树、蔬菜，养殖牛、羊、猪、鸡、鱼等于一体，空间上合理搭配，时间上巧妙安排，创造了一种结构完整、功能齐全、运转有序、效率较高的庭院经济生态系统。这种模式科学性较强，适应性较广，生产潜力较大，稳定性较好，抗灾和抗市场能力较优。

(3) 生态循环型（巧借食物链，多次增殖）。

生态循环型是利用生态经济学原理、系统工程方法建立起来的生产结构，是一种高技术支撑的生态农业模式。目前，常用的生态农业模式有：饲料喂鸡—鸡粪喂猪—猪粪肥田模式；饲料喂猪、养鸡—猪、鸡粪投入沼气池发酵生产沼气—沼气作为能源—沼渣喂猪的循环模式；等等（图8-7）。该模式因受技术、资金等方面的限制，一般在城郊农区有零星分布，但是前景广阔。

上述各种庭院经济类型各有千秋，须因地制宜。通过庭院生态农业建设，可使生产、生活、生态有机结合起来。

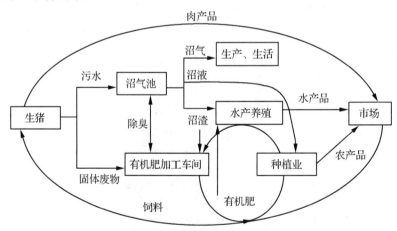

图8-7 庭院经济模式示意图

(九) 沿海滩涂和荡滩资源开发利用模式

沿海滩涂和荡滩资源开发利用模式是利用水陆过渡带（水陆交错带生物多样性丰富，生产力水平高），即湿地生态系统的环境特点，建立起来的生态农业模式。沿海滩涂和水网平原地区的荡滩，是重要的国土资源，也是重要的土地后备资源。近年来，这些地区在开展生态农业建设的过程中创造了不少好的模式。如江苏省响水县陈港镇的苇—萍—肉—

禽湿地生态系统；建湖县跃进村的林—牧—猪—鱼—沼生态模式，高邮市的种—养—桑的荡滩模式等。

（十）贸工农综合经营模式

生态系统通过完全的代谢过程——同化和异化，使物质流在系统内循环不息，并通过一定的生物群落与无机环境的结构调节，使得各种成分相互协调，达到良性循环的稳定状态。这种结构与功能相统一的原理，用于农村工农业生产布局和生态农业建设，便形成了贸工农综合经营模式，延伸了产业链条，实现了贸工农一体化，"种加养"一条龙的格局，使生态产品得到了进一步增殖。湖北省京山市通过长期探索，提出了以下五种生态农业综合经营模式。

（1）龙头企业带动型。以实力较强的企业为龙头，围绕一种重点产品的生产、加工、销售，联结有关部门和农户，进行一体化经营。

（2）骨干基地带动型。按照"基地市场，企业化经营"的原则，通过建立各种类型的多种经营生态农业基地，兴办专业农场，选择生产技术素质高、经济实力强的农户进行规模生产，统一销售。

（3）优势产业带动型。围绕优势产业的发展，成立相应的产品经销服务公司，积极获取市场信息，指导农民以市场为导向发展生产，并配套相应的社会服务体系，如加工业、运输业等。

（4）专业市场带动型。即通过建立各种形式的农副产品市场，为农民产销直接见面提供交易场所，达到"建一个市场，活一片经济，富一方群众"的目的。

（5）技术协会带动型。围绕某个项目的主要生产建立民间技术协会，并通过协会向会员提供技术、良种、生产资料、产品销售等服务，把生产、科技和市场紧密地结合起来。

各种形式的贸工农综合经营模式，有利于延长食物链、生产链和经济链。

二、我国生态农业技术体系

（一）我国生态农业技术的含义和概况

我国生态农业技术是从农业生态系统的资源和环境特点出发，为了提高系统生产力和改善生态环境而采取的调节系统的能量流动、物质循环和协调组分之间的相互关系的综合技术。它着重解决各种农业生物的量比关系、功能关系和结合方式，并将种植业和养殖业等各项生产有机结合，保证资源的合理利用和永续利用，提高系统生产力和生产效率，以取得更好的社会效益、经济效益和生态效益。

（二）我国生态农业技术特点

我国生态农业技术根植于传统农业技术之中，并不断吸收现代农业技术的优点，它着重研究各种农业生物生产之间的量比关系、功能关系和结合方式，并将种植业技术和养殖业技术中分项技术有机结合为技术体系。在研究内容上具有综合性，它不但要研究提高系统生产力和生产效率技术措施，以取得更好的社会效益和经济效益；同时也要研究增殖可再生自然资源和改善环境的技术措施，以取得更好的生态效益。与常规农业技术相比，生态农业技术有以下几个方面的特点。

① 生态农业技术是多项单一农业技术的组装。
② 生态农业技术将农业生产各环节联接，是接口技术。
③ 生态农业技术将传统农业技术与现代农业技术有机结合。
④ 生态农业技术将工程技术与农业技术相结合。
⑤ 生态农业技术的目标是生态与经济效益同时提高。

（三）我国生态农业技术的主要类型及技术要点

我国生态农业建设过程中，发展形成了多种多样的生态农业技术，根据这些生态农业技术的作用，将其归结为以下几个方面。

① 自然资源立体利用技术。
② 物质能量多层次利用技术。
③ 养地技术。
④ 有害生物的生态防治技术。
⑤ 再生能源的利用与开发技术。
⑥ 主要环境问题的生态治理技术。

1. 自然资源立体利用技术

原理：根据资源立体分布的异质性、农业生物对环境资源（光、温、水、土、气、肥等）需要的差异以及各种生物的相生相克原理，将不同生物种群配置到同一立体空间的不同层次上，使在有限的空间和时间内容纳更多的生物种，充分利用单位空间和单位时间内的光、温、水、肥、气等资源，达到提高资源利用效率的目的。

2. 物质能量多层次利用技术

生态系统中物质的循环和能量流动通过生产者（绿色植物）、消费者（主要是动物）和分解者（微生物）的生命活动过程及取食关系来完成。生态农业建设中，通过合理配置生产者、消费者、分解者来达到物质和能量的多层次利用，提高物质、能量的利用效率，实现物质能量的多层次利用的主要环节有以下几个方面。

① 食物链加环技术。
② 食物链加环与工艺结合技术。
③ 食物链的"解链"技术。

3. 养地技术

农业始于土地、归宿于土地，持续提高土地生产力是生态农业建设的重要内容。养地技术由一系列技术环节构成，根据各技术环节在养地中的作用不同，可分为以下几点。

① 生物养地技术。
② 有机肥与无机肥结合技术。

4. 有害生物的生态防治技术

由于长期使用化学农药，一些害虫已经产生很强的抗药性，许多害虫的天敌又大量被杀灭，致使一些害虫十分猖獗。而且正如前面已介绍过的那样，所使用的农药中又有很大一部分进入环境，严重污染水体、大气和土壤，并通过食物链富集进入人体，危害人体健康，利用有害生物的生态防治技术就可以有效避免上述缺点。

所谓有害生物生态防治技术，是以改良农业优势生物品种和改进其栽培饲养技术为主要手段，发挥农业优势生物的抗性优势和有害生物天敌优势，必要时才合理地辅助以农药，调控农业生态系统使之向对农业优势生物有利而对有害生物不利的方向发展，从根本上有效地控制有害生物，实现农业持续增产和保护环境等多方面的效益。简言之，就是利用生态系统中各种生物之间相互依存、相互制约的关系和某些生物学特性来防治有害生物。目前，有害生物生态防治技术主要有以下几个方面。

① 农业措施。
② 利用天敌。

5. 再生能源的利用与开发技术

开发利用可再生能源（如沼气、薪炭林、太阳能、风能等）替代部分化学商品能源是生态农业建设的一项重要内容。

目前，生态农业建设中常用到的再生能源利用技术主要有生物能源的利用和太阳能的利用。

6. 主要环境问题的生态治理技术

土壤侵蚀、土壤沙化、盐碱化、森林破坏等是世界各国所面临的问题，如何恢复退化的资源是有待解决的问题。以生态学原理作指导，针对当地主要问题实施以生物措施为主，生物措施、工程措施并举，对其主要形成因素加以调控治理。生态治理对控制水土流失、沙漠化、土壤贫瘠化、盐碱化等可以收到良好的效果。

例如，水土流失控制技术的关键环节主要有以下三个方面。

① 农耕技术。
农耕技术分为以改变微地形为主的农耕措施和以增加地面覆盖为主的耕作措施两类。
② 林草措施。
林草措施包括营造水土保持林和种草，以及建立农林（牧）复合生态系统，是水土流失治理的重要组成部分。
③ 水土保持工程措施。
水土保持工程措施包括坡面治理工程、沟道治理工程和护岸工程。

第三节 农业清洁生产技术

一、农业清洁生产的概念和内涵

(一) 农业清洁生产的概念

农业清洁生产是指既可满足农业生产需要,又可合理利用资源并保护环境的实用农业生产技术。其实质是在农业生产全过程中,通过生产和使用对环境友好的"绿色"农用化学品(如化肥、农药、农用塑料地膜等),改善农业生产技术,减少农业污染的产生,减少农业生产及其产品和服务过程对环境和人类的风险。它并不完全排除农用化学品,而是在使用时考虑这些农用化学品的生态安全性,实现社会、经济、生态效益的持续统一。

(二) 农业清洁生产的内涵

1. 农业清洁生产贯穿两个全过程控制

农业清洁生产的全过程控制,即从整地、播种、育苗、抚育、收获的全过程采取必要的措施,预防污染的发生;农产品的生命周期全过程控制,即从种子、幼苗、壮苗、果实、农产品的食用与加工各环节采取必要措施,实现污染预防和控制。

2. 农业清洁生产内容

农业清洁生产内容包括三方面内容。一是清洁的投入,指清洁的原料、农用设备和能源的投入,特别是清洁的能源(包括能源的清洁利用、节能技术和能源利用效率);二是清洁的产出,主要是指清洁的农产品在食用和加工过程中不会危害人体健康和生态环境;三是清洁的生产过程,主要是指采用清洁的生产程序、技术与管理,尽量少用(或不用)农用化学品,确保农产品具有科学的营养价值且无毒、无害。

3. 农业清洁生产的目标

农业清洁生产追求两个目标。一个目标是通过资源的综合利用、短缺资源的代用、二次能源利用、资源的循环利用等节能降耗和节流开源措施,实现农用资源的合理利用,延缓资源的枯竭,实现农业可持续发展;另一个目标是减少农业污染的产生、迁移、转化与排放,提高农产品在生产过程和消费过程中与环境相容程度,降低整个农业生产活动给人类和环境带来的风险。

4. 农业清洁生产的特征

农业清洁生产是农业污染的持续预防。农业清洁生产是一个相对的概念,所谓的清洁投入、清洁产出、清洁生产过程是同传统生产相比较而言的,也是从农业生态经济大系统的整体优化出发,对物质转化和能量流动的全过程不断地采取战略性、综合性、预防性措施,以提高物质和能量的利用率,减少或消除农业污染,降低农业生产活动对资源的过度使用及对人类和环境造成的风险。因此，农业清洁生产本身是在实践中不断完善的。随着社会经济的发展、农业科学的进步，农业生产需要适时提出更新目标，争取达到更高水平，实现农业污染持续预防，促进农业可持续发展。

（三）农业清洁生产的理论基础

农业清洁生产是一种高效益的生产方式，既能预防农业污染，又能降低农业生产成本，符合农业可持续发展战略。因此，农业可持续发展理论自然成为农业清洁生产的理论基础。此外，农业清洁生产也是一种经济活动，必然受到相关经济学规律的理论指导。

二、发展农业清洁生产存在的主要问题

（一）农民群众对农用化学品的严重危害缺乏认识

农民一般只了解和注重化肥农药对农业增产的积极作用，而对它们的负面效应，尤其是过量使用所产生的严重后果，如破坏土壤结构、降低土壤肥力、污染地表和地下水、污染农产品、损害人及动植物健康等了解甚微。因此，农民在使用中往往忽略了它们的危害，用量越来越大，土地年化肥使用量高达 400 kg/hm^2，比一般发达国家高出 175 kg/hm^2；农药使用量达 170 万 t。

（二）农村分散的生产经营，影响了农业清洁生产技术的普及和推广

我国农村土地分散，农业生产以农民一家一户的分散经营为主。因此，很难逐家逐户地传授、推广清洁生产技术，具体指导、帮助农民实施清洁生产方法，保证农产品各环节的安全可靠。

（三）技术装备的相对短缺，制约了农业清洁生产的发展进程

我国发展农业清洁生产的时间较短，目前虽然已具备一定的农业清洁生产技术设备，但离全面有效推行、发展农业清洁生产的要求仍有较大差距。

（四）农产品缺乏进入市场的检测机制，使农业清洁生产的发展失去市场动力

目前，我国的农产品市场除猪肉等少数农产品经过检测之外，大部分农产品未经任何检验自由进入市场。这就导致进入市场的农产品良莠不齐，消费者无法辨别，使农业清洁生产的发展失去市场动力。

三、实施农业清洁生产的对策措施

实施农业清洁生产是一项系统工程，需要各部门多方面合作，需要多学科、多种清洁技术的组合，要以点带面加以推广实施，使农业生产成为一个清洁生产过程。

（一）加快建立健全农业清洁生产的体系建设

针对农业资源利用率低、浪费大、污染严重的现状，通过技术创新，重点突破农业清洁生产关键共性技术，加快建立农业清洁生产技术体系。

(二) 加强农业清洁生产的技术指导

组织开展节能、节水、废物再利用等农业环境与资源保护的实施，开展农业标准化生产技术、农产品质量和土壤安全监测技术、农业投入品替代及农业资源高效利用技术、产地环境修复和地力恢复技术、农业废弃物资源化及其清洁化生产链接技术的指导培训服务。

(三) 加大对农业清洁生产的扶持和管理力度

制定促进农业清洁生产的相关政策法规。

根据《中华人民共和国清洁生产促进法》，结合《中华人民共和国农产品质量安全法》，着手制定农业清洁生产条例。完善以农业清洁生产为核心的相关产业鼓励政策、风险分担政策、财政扶持政策、金融扶持政策、税收优惠政策等，以促进农业清洁生产的开发与创新。

实施农业清洁生产必须要有一定的政策来保证。因此，需要制定相关的农业清洁生产条例，明确管理部门。政府在宏观调控方面具有主导地位。因此，适时制定一些关于农业清洁生产的政策和法规，对于实现农业清洁生产具有十分重要的作用。政府可以运用财政、金融和税收手段，对农业清洁生产项目进行扶持；同时，对于农业污染物的排放通过法规进行管理，促使农业生产单位重视清洁生产问题。

四、农业清洁生产典型模式

超量不合理使用农用化学品，规模化畜禽养殖及农业生产自身的有机废物随意丢弃，导致严重的生态环境污染，成为农业持续健康发展的重大障碍。由于农业污染以面源污染为主，因此，农业必须实行清洁生产，强调在污染产生前就予以削减，从源头抓起，以预防为主，实行农业生产全过程控制，同时实现农业废物或排放物的内部再循环，节约资源和能源，以达到污染最小化，实现农业经济与环境双赢。

(一) 废弃物再生资源循环利用技术模式

针对当前农业生产和农村生活中产生的秸秆、粪便、生活垃圾和污水等废弃物，积极探索建立以农业与生活废弃物循环利用为主的自我净化循环利用体系，加强对废弃物进行回收、处理、利用。

1. 秸秆综合利用技术

在秸秆综合利用上，不断开发新的秸秆综合利用技术，包括保护性耕作、乡村清洁循环利用及能源转化、秸秆栽培食用菌、氨化、堆沤、快速腐熟、秸秆生物反应堆等技术。目前利用秸秆主要途径：一是用作肥料，农作物秸秆粉碎处理后，一部分直接还田，一部分腐熟堆沤后还田。主要方式为秸秆直接还田，小麦秸秆还田约 23.87 万 hm^2，玉米秸秆还田约 22.33 万 hm^2，约占秸秆总量的 78%。二是用作饲料，玉米秸秆经过青贮、氨化后转化为饲料，用于饲喂牛羊等发展畜牧业，牲畜的粪便作为有机肥料用于作物栽培。每年玉米秸秆青贮 160 万 t、

秸秆的概念、危害及作用

约为 12.2 万 m^3，玉米秸秆压块 2.1 万 t，秸秆氨化 10 万 t。三是玉米秸秆生物反应堆秸秆压块代煤作为燃料。农作物秸秆经热解气化产生燃气，用于取暖、做饭，或粉碎压块代煤作为燃料，产生的灰分作为有机肥用于农田栽培。四是秸秆基料化利用技术。棉柴秸秆栽培食用菌，利用棉柴秸秆粉碎后栽培姬菇、鸡腿菇，其废料作为大田底施有机肥料用于生产，既节约了资源，又增加了经济效益，实现了农村生态环境优化。

2. 畜禽粪便循环利用技术

通过推广沼气综合利用技术和生物有机肥技术，达到农业环境污染综合防治和废弃物综合利用。一是畜禽粪便沼气开发利用。引导龙头企业、科技示范养殖小区建设沼气循环利用工程，发展种植业—养殖业—沼气池—种植业，即"猪—沼—果""猪—沼—粮""猪—沼—菜"等生态模式，畜禽粪便流入沼气池，经过厌氧发酵产生沼气，用于炊事、取暖或照明，

畜禽养殖污染现状及原因分析

沼渣、沼液可直接用于无公害作物栽培或加工为有机肥，从而实现农业绿色有机循环。二是畜禽粪便工厂化生产商品有机肥。通过微生物制剂进行畜禽粪便发酵、除臭和脱水等无害化处理，进行商品化有机肥生产，使畜禽粪便得到无害化、资源化循环利用。

（二）农业环境污染综合防治技术模式

农业环境污染综合防治技术模式控制农业生产过程中过多的农业投入品使用，农村生活中垃圾、废物的无害化处理和资源化利用，以降耗增效，提高农业生产效率。

1. 实施农村清洁工程示范村

建设乡村清洁工程是农业资源循环利用、农业面源污染防治和农业可持续发展的系统工程。突出以清洁田园、清洁家园、清洁水源为主线，以农村废弃物资源化利用和农业污染防控为核心，构建农业清洁生产体系，实现农业生产方式的转变。一是田园清洁工程。以农业面源污染防治为重点，以"两减一控一提高"（减少农药和化肥用量、控制高毒高残留农药的使用、提高秸秆资源化利用水平）为手段，大力推广无公害标准化生产技术，以节水、节肥、节药等实用技术推广为切入点，采取生物病虫害防治、频振式杀虫灯等物理和生物杀虫方法，实现绿色植保技术，实现农业清洁生产，促进生产发展和农民增收。二是家园清洁工程。分户或联户分类设置垃圾收集池，按有机垃圾、可回收利用的垃圾、建筑垃圾和危险物垃圾分类收集，以村为单位，统一建设乡村物业管理站，配备垃圾清运设施和运输工具，分类清运和处理农村生活垃圾。三是水源清洁工程。以户为基础，配套建设单户或联户生活污水净化池或沼气池，解决人畜粪便、生活污水等综合处理和再利用问题，消除农村污染源，实现村容村貌整洁，空气新鲜，水源洁净。

2. 加强测土配方施肥

有机化学肥料的过量使用，不但造成浪费，而且造成土壤的富营养化，淋溶之后污染地下水，破坏生态环境，使土壤质量下降。通过开展测土配方施肥，可以合理确定施肥量和肥料中各营养元素比例，有效提高化肥利用率。推行"一村一站、一户一卡"测土配方施肥模式，完善专家查询系统，实现"配方到户、供肥到村"，做到测土、配方、生产、供肥"一体化"。

3. 加大产地环境调查，开展不同作物污染区的划定

农产品产地安全是农产品质量安全的根本保证，开展农产品产地安全状况普查、监测、产区划分和修复治理，是保护和改善产地环境质量，实行农业清洁生产，减少产地污染，保障农产品质量安全的有效措施。一是建立健全农产品产地环境监测网络。开展大中城市郊区、工矿企业区、污水灌区等重点区域的农产品产地环境安全现状普查，对农产品产地的大气、灌溉水、土壤进行监测，摸清产地安全质量底数。二是开展农产品产地污染修复治理。对未污染的土壤，要采取措施进行保护，防止造成再次污染。对轻度污染的土壤，要采取物理、化学、生物措施进行修复。对重污染的土壤，要调整种植结构，开展农产品禁止生产区的划分，避免造成产品污染。

第四节 循环农业技术

循环农业是相对于传统农业发展提出的一种新的发展模式，是运用可持续发展思想和循环经济理论与生态工程学方法，结合生态学、生态经济学、生态技术学原理及其基本规律，在保护农业环境和充分利用高新技术的基础上，调整和优化农业生态系统内部结构及产业结构，提高农业生态系统物质和能量的多级循环利用，严格控制外部有害物质的投入和农业废弃物的产生，最大限度地减轻环境污染。

一、循环农业技术的产生

（一）循环农业起源

欧洲的种植业长期作为畜牧业的一个补充，比较粗放。放牧与作物轮换的"两圃制"一直到8世纪后才被放牧—春种—秋种轮换的"三圃制"逐步替代。18世纪工业革命前，英国才出现牧草—小麦—萝卜—大麦轮换为代表的"四圃制"。这在欧洲已经算是一次重大的"农业革命"了，为后来的工业革命提供了土地、食物和劳动力基础。

我国北方地区在公元前474年起就已经实行耕地连作制，公元1世纪前后的东汉就已经有了一年多熟制。东亚农耕文明尽管也受到游牧民族的入侵，还因此建造长城，然而由于雨热同季，适宜农耕区域纵深横宽，中华农耕文明成为世界上唯一没有中断的古代文明，而且后来还进一步融合各少数民族的多元文化，形成了以"多元一体"为特征的中华文明。

随着人口增长和工业化进程，人类生态环境问题在第二次世界大战结束后不久就陆续爆发。为此，1972年，联合国在瑞典斯德哥尔摩召开了"人类环境会议"，通过了《联合国人类环境宣言》。1991年，联合国粮农组织在荷兰召开"国际农业与环境会议"，发表了"可持续农业和农村发展的丹波宣言"。农业必须改变发展模式，走可持续发展之路，这已成为国际共识。

（二）国内外探索发展历程

1924 年，奥地利学者提出了基于宇宙整体论哲学观的"生物动力学农业"尝试。日本的福冈正信为了寻求健康，于 20 世纪 50 年代开启了以不翻耕、不施化肥、不中耕、不用农药为特征的"自然农业"。受东方农业启发，美国的罗代尔（Rodale）研究所从 1942 年开始开办《有机园艺和农作》刊物，并在自己的农场实践"有机农业"。1974 年，澳大利亚莫利森（Mollison）基于照顾地球、照顾人类、分享剩余的伦理，提出了朴门农业。1981 年，英国的华盛顿（Worthington）根据欧洲众多分散的实践，通过调查，总结了一个以小型、多样、能量和养分基本自给为特征的"生态农业"实践。随着研究的不断深入，各国都开始推进生态农业政策制定。

（三）国外政策时间线

美国：1988 年，"低投入可持续农业计划"；1990 年，"高效持续农业计划"。

日本：1992 年，"环境保全型农业"；1999 年，"可持续农业法"；2006 年，"有机农业促进法"。

韩国：1997 年，"亲环境农业育成法"；2001 年，"环境亲和型农业育成法"。

欧盟：1991 年，"欧洲有机法案"；1997 年，"多功能农业"。

二、循环农业技术的发展现状

（一）国内循环农业

我国生态农业的基本内涵是：按照生态学原理和生态经济规律，应该根据土地形态制定适宜土地的设计、组装、调整和管理农业生产和农村经济的系统工程体系。它要求把发展粮食与多种经济作物生产，发展大田种植与林业、牧业、副业、渔业，发展大农业与第二、第三产业结合起来，利用传统农业精华和现代科技成果，通过人工设计生态工程、协调发展与环境之间、资源利用与保护之间的矛盾，形成生态上与经济上两个良性循环及经济、生态、社会三大效益的统一。

1. 限制因子调控模式

针对影响当地农业生产的土地退化、病虫草害等因素，采取各种技术措施进行合理调控，改善农业环境和生产条件，增强农林抗御自然灾害的能力。

2. 生物共生互利模式

利用各种生物的不同特征，在空间上合理搭配，时间上巧妙安排，使其各得其所、相得益彰、互利互惠，从而提高资源的利用率和单位时、空间内生物产品的产出，增加经济效益。

3. 物质良性循环模式

通过充分利用秸秆、粪便、加工废弃物等农业有机废弃物资源，将种植业生产、畜牧业生产和水产养殖业等密切结合起来，使它们相互促进、协调发展，一个生产环节的产品是另一个生产环节的投入，从而防止了环境污染，提高资源利用率，并转化形成更多经济产品。

（二）国外循环农业

1. 以色列

以色列是地中海东南海岸一个狭长的半干旱国家，60%的国土是沙漠，有温带和热带气候，日照充足，北部和中部降水量相对较大，南部降水量很少。耕地主要分布在北部滨海平原、加利利山区及上约旦河谷。

以色列受资源环境的限制，长期坚持发展生态循环农业，最大限度循环节约高效利用水、土等稀缺资源，在极端不利生态环境条件下最大限度地利用资源，促使农业发展达到世界领先水平。

以色列建立了农业生产合作社组织，生产了以色列大部分农产品，实现了农工一体化，物质和能量合理流动，资源得到充分利用，严格执行GAP产品认证标准，减少农用化学品和药品的使用。

以色列因地制宜选择合适的生态农业类型。针对干旱地区，实施精准灌溉，节约资源。利用充足的光热条件，积极发展区域优势生态型农产品，如花卉、水果、蔬菜等。充分利用各种废弃物补充农业生产，完善农产品加工与基础服务设备，以科技提升农业发展质量。

（1）水循环净化技术。

以色列对所有城市污水及其他污水都进行处理，处理后用于农业灌溉。以色列在全国建设污水净化利用系统，补充农业水资源不足，每年约有4亿m^3处理后的污水用于农灌。

（2）农田节水灌溉技术。

针对影响当地农业生产的土地退化、病虫草害等因素，采取各种技术措施进行合理调控，改善农业环境和生产条件，增强农林抗御自然灾害的能力。

（3）沙漠日光温室。

以色列沙漠温室汇集了许多新科技。温室用塑料薄膜不单纯用作覆盖材料，还能对日光进行光谱控制，满足作物对其选择性需要。新型温室气候技术，能够精准控制室内温湿度变化，满足植物需求。新型覆膜材料可大幅减少室内害虫活动。

2. 荷兰

荷兰位于欧洲西北部，境内均为低洼平原，纬度高，光照较少，温暖潮湿，冬暖夏凉，降水丰富且均匀。土壤多为沙壤性淤积土，土壤和气候条件十分适宜蔬菜、花卉及牧草的生产。农业以畜牧业与园艺业为主。

荷兰在无土栽培、精准施肥、雨水收集、水资源和营养液的循环利用等方面进行了大量的技术创新。并推进种植和养殖业向清洁生产方向发展，坚持"以地定畜、种养结合"的防治理念，不断创新循环农业发展模式。

荷兰积极探索低污染农业，特别是畜禽粪便得到了有效资源化利用，化肥农药使用量明显下降，高效低残留农药和生物农药得到广泛利用。病虫害防治以生物防治为主，物理防治、化学防治为辅，农业环境污染得到有效控制。2016年，荷兰提出了"循环经济

2050"计划,将发展循环农业视为解决气候变化和资源紧缺的重要途径;2018年,发布了循环农业发展行动规划,构建种植、园艺、畜牧和渔业产业间大循环体系,减少对环境的影响,显著提升废弃物利用率。

(1)集约化设施农业。

荷兰将信息化、工业化技术与生产技术相结合,利用7%的耕地建立了面积近17万亩(约113 km^2)的由电脑自动控制的约占全世界温室总面积1/4的现代化温室,温室约60%用于花卉生产,约40%主要用于果蔬类作物。温室实现了全部自动化控制,包括光照系统、加温系统、液体肥料灌溉施肥系统、二氧化碳补充装置以及机械化采摘、监测系统等,保证生产出的农产品优质、无害。

(2)畜牧粪污处理利用。

荷兰不仅关注粪污的产生,还注重合理利用粪污资源。开发新技术降低饲料中磷酸盐浓度,生产性价比更高的饲料,有机肥替换化肥使用,对粪污加工升级,制造与化肥相当的粪肥产品,使用可再生资源,减少碳排放。

3. 日本

日本是个岛国,属于典型的人多地少国家。自然资源比较匮乏,山地、丘陵约占土地总面积的80%,沿海平原狭小分散,属于温带海洋性气候,夏、秋两季多台风,河流短急,水力资源丰富,土壤贫瘠,耕地面积少。

日本农业以水稻为主,畜牧业很落后。通过保温育苗、品种改良等技术,日本农作物亩产量大幅上升。农业上减少化肥使用,转向有机肥料利用,提高土壤肥力。病虫害防治尽量利用生物防治减少对环境的破坏。20世纪90年代,日本正式提出"环境保全型农业"概念,充分发挥农业的资源循环功能,通过土壤复壮、减少化肥农药的使用等手段,减轻对环境的负荷,保证农业发展的持续性。日本政府每年对农业补贴金额高达4万亿日元以上。1999年,日本颁布了《食物、农业、农村基本法》,同年制定《可持续农业法》《家畜排泄法》《肥料管理法》,防止农业导致的环境污染,增进农业的自然循环动能。此后,又陆续颁布了诸多与循环农业相关的法律。

(1)农业废弃物的再加工利用。

农业废弃物的再加工利用,使其变成有用的农业生产资料,改善土地的有机质含量,同时减轻环境负荷。运用工厂化快速堆肥发酵技术,把猪、牛、鸡的粪便与稻壳混合后,制成高效有机肥;农作物秸秆与酒糟混合养牛;牲畜粪液无害化处理、污水处理、再生水农业灌溉。

(2)生态复合型农业。

生态复合型农业是将处于不同生态位且具有不同特点的各生物类群复合在一个系统中,建立起一个空间上多层次、时间上多序列的产业结构。发展多样的水稻种植模式,稻作—畜产—水产三位一体,即在水田种植稻米、养鸭、养鱼和繁殖固氮蓝藻的同时,形成稻作、畜产和水产的水田生态循环可持续发展模式。农场结合生产打造农业景观,创造诗情画意的田园风光,独具特色的服务设施,融合第一、第二、第三产业快速发展。

（3）有机农业技术。

在农业生产中最大限度地降低农业生产环境的不良影响，遵循自然规律和生态学原理，不使用人工合成的化学肥料、农药、生长调节剂和畜禽饲料添加剂等物质，而采用有机肥、有机饲料满足作物与畜禽的营养需求。种植抗性品种，采取物理、生物措施防止病虫草害，秸秆还田、施用绿肥和厩肥保持养分循环，合理耕种防止水土流失，保护生物多样性。

课后思考题

1. 什么是生态农业？中外生态农业在内涵上有何差异？
2. 经典生态农业模式主要有哪些？请列举说明。
3. 什么是生态农业技术？我国生态农业技术的主要类型及技术要点是什么？
4. 什么是农业清洁生产技术？请列举农业清洁生产的典型模式。
5. 什么是循环农业？循环农业的理论基础是什么？
6. 简要说明生态农业、循环农业和低碳农业之间的关系。

第九章 农产品质量安全与管理技术体系

> **本章简述**
>
> 本章明确了农业产品质量安全的内涵,指出农产品质量安全与食品安全的区别,揭示农业环境污染与农产品质量安全的内在关联性;简要介绍了我国农产品污染和安全现状,以及现时我国农产品质量监管体系、农产品安全标准体系及其内在联系,详细介绍了农产品安全标准的内涵及其申请认证流程。

第一节 环境污染与农产品安全

不同于生态农业建设,农产品安全与管理体系属于农业生产目标管理,主要针对环境污染带来的农产品质量安全问题。

农产品安全是人类生存的基本需要,农产品的安全问题日益受到人们的关注,因为它不仅关系到人的生命安全与健康,而且关系到农产品市场的竞争力和国民经济的可持续发展。

由于人类活动的加剧,大气圈、水圈、土壤等都受到不同程度的污染,对食用农产品安全产生负面影响和威胁。

一、农产品安全的内涵

如今,农产品安全虽然是一个十分流行的概念,但是仍无明确的定义。农产品安全主要是指食用农产品安全。根据有关说法综合起来,大致可概括为食用农产品中因含有可能损害或威胁人体健康的有毒、有害物质或导致消费者染病或产生危及消费者及其后代健康的隐患。许多人认为农产品安全不仅包括农产品生产过程,还包括农产品加工、贮藏、运输、销售过程中的安全。

"农产品安全"的概念和现在另一个广泛使用的概念"食品安全"有密切的关系,有些文章中甚至把"农产品安全"和"食品安全"混用。《中华人民共和国食品卫生法》中将"食品"定义为"指各种供人食用或者饮用的成品和原料",食品中绝大多数是农产品或以农产品为原料。因此,"食品安全"的概念几乎涵盖了"农产品安全",而"农产品安全"是"食品安全"的基础和保障。目前,农产品安全涉及以下内容。

（1）生物污染。

生物污染主要由有害微生物及其分泌的毒素、寄生虫及其虫卵等引起,导致食用者发生食物中毒和传染病。

（2）环境污染物。

环境污染物主要是由于人类生产、生活中产生的大气污染物、水污染物和固体污染物等污染农业环境,造成农产品污染。

（3）农药及其他农用化学品的残留。

由于农药、化肥和其他农用化学物质的广泛使用,有害物质在农产品残留引起的农产品污染。

（4）兽用药物残留（包括抗生素、激素）。

为了防治畜禽、鱼类疾病而投入大量抗生素、激素类、驱虫类化学药物,往往造成药物在食品动物组织中残留,对公众健康造成危害。

（5）食品添加剂和饲料添加剂污染。

添加剂本身不是食品的固有组分,而是为了保持食品营养、防止腐败变质、改善食品感观性状和质量而人为添加的物质,添加剂造成的污染现在受到广泛重视。

（6）包装材料污染。

二、环境污染与农产品安全性

环境污染对农产品安全性的影响主要包括以下几个方面。

① 大气污染的影响。

② 水体污染的影响。

③ 土壤污染的影响。

④ 农用化学品的污染影响。

农业环境污染不仅可能使农业生物（如农作物、畜禽、鱼类等）受到急性或慢性危害、导致生长发育不良、减产,甚至死亡。同时,也可能使污染物在农产品中残留,导致农产品安全性下降,对消费者健康产生负面影响或潜在威胁。

（一）大气污染与农产品质量安全

影响农产品安全的大气污染物种类很多,主要有氟化物、重金属飘尘、酸雨等。大气污染物影响农产品的途径主要有下列几种。

1. 农作物生长发育过程中的直接影响

在大气污染环境中的农作物,主要通过叶片呼吸,吸收大气中的污染物,并通过体内的循环迁移到农作物可食部分,从而影响食用安全。比较典型的如大气氟化物污染,大型铝厂、钢铁厂、氟化工厂、磷肥厂等排放的氟化物，使在其影响范围内的农作物，如粮食、蔬菜、水果、茶叶等氟含量增加，甚至超过安全临界水平，导致人体氟中毒。

国内曾有报道，由于饮用高氟茶叶而导致氟中毒症状。受氟污染的农产品除本身食用安全性受影响之外，还可以通过畜禽的积累，进而影响畜禽产品的安全性。另外，重金属飘尘如铅、镉、铬、汞等，既可在农产品中积累，又可沉积在土壤表面，造成土壤污染。

2. 大气污染物沉积造成的间接影响

大气污染物在土壤上长时间沉积，可造成土壤污染，从而导致其上生长的农作物安全性受到影响，例如，重金属飘尘。一些冶炼厂周围农业土壤因冶炼厂烟囱排放烟尘中各类重金属成分沉降，较长时间的积累后土壤受重金属污染。有调查资料显示，某炼锌厂周围农田中土壤镉的本底值仅为 0.7 mg/kg，但炼锌厂废气污染后的土壤中镉的含量高达 6.2 mg/kg，而我国"土壤环境质量标准"规定，二级标准（土壤 pH 为 6.5~7.5）镉的限值为 0.30 mg/kg，上述土壤镉超标 20 多倍。镉能在粮食、蔬菜中积累，日本富山的"骨痛病"（又称"痛痛病"）元凶就是镉。

3. 酸雨的影响

酸雨是指 pH 小于 5.6 的酸性降水，也是一种大气污染。大气中的 SO_2 和 NO_x 是造成酸雨的主要来源，酸雨对陆生生态系统和水生生态系统都会产生影响，继而影响农产品安全。酸雨导致土壤酸化，土壤中锰、铜、铝、锌、汞、镉、锌等元素转化为可溶性化合物使土壤溶液中重金属浓度增高，并通过淋溶转入江、河、湖、海和地下水，引起水体中重金属元素浓度增高，从而导致重金属在粮食、蔬菜及水生生物中积累，对农产品安全带来影响。

瑞典、加拿大和美国的研究结果表明：酸雨地区鱼体内含汞量很大，鱼和淡水湖泊中含汞量增加，会通过食物链给人类健康带来不利影响。

5. 贮存、加工过程中的影响

农产品在贮存、加工过程中其安全性也可能受大气污染影响。曾有报道，我国西南兴义等地农村一些小煤矿的煤中砷的含量比较高，甚至达到 1%，在燃烧过程中易产生含砷的烟气污染室内环境，致使贮存室内的辣椒、玉米、腊肉等受污染。据检测，辣椒的砷含量达 660 mg/kg、超标近 600 倍，致使数百人出现砷中毒症状。

（二）水体污染与农产品质量安全

水是农业的命脉，种植业和养殖业都离不开水。水体污染对农产品安全的影响主要有三个途径：通过灌溉对农作物安全性产生影响；对水产品安全性的直接影响；农产品加工过程中的影响。

对农产品安全性有影响的水污染物主要有以下三类。

① 无机毒物（如各类重金属、氰化物、氟化物）。

② 有机毒物（如苯酚、多环芳烃、多氯联苯等）。

③ 病原体（主要来自生活污水、医疗污水、畜禽废水中病毒、病菌和寄生虫等）。

1. 水体污染对农作物质量安全的影响

污染水体对农作物安全性的影响主要是通过灌溉途径。受污染的水灌溉农田，特别是污水灌溉，水质如果达不到农田灌溉水质标准，污染物超标就影响可食农作物的安全性。

许多污灌区农民发现应用污水灌溉的粮、果、菜品质不好，马铃薯畸形，蔬菜不耐贮存，更严重的是食用后对健康产生危害。北方某污灌区用含高浓度石油废水灌溉水稻后，引起芳香烃在稻米中积累，不仅米饭有异味，居民食用后健康也受到极大的影响。石油废水中还含有苯并芘，这种物质在灌溉的土壤中积累并能通过根系进入植物体内积累。污灌中重金属也是引起农产品安全性问题的原因之一。日本富山县的"痛痛病"就是铅、锌冶炼厂等排放的含镉废水污染神通川水体，两岸居民用河水灌溉农田，使稻米中含镉高达 1~2 mg/kg，在食用此类稻米后导致镉中毒。

2. 水体污染对水产品安全的影响

水产品是重要的农产品之一，随着经济社会和生活水平的提高，人们对水产品的需求越来越多。水产品生产的基础就是地表水体，水体污染直接对水产品等食用安全产生影响。其中，水俣病就是一个比较典型的例子。日本熊本县水俣湾由于含汞的工业废水污染，导致水俣湾汞污染，汞主要通过食物链在鱼类等体内积累，居住在这里的人长期食用高汞的鱼类和贝类，导致汞在人体内大量累积，出现中枢神经性疾病症状。另外，1987 年我国上海及其附近地区的甲肝大暴发，就是由当地人食用受甲肝病毒污染的水体中的毛蚶所致。

3. 加工过程中水体污染的影响

农产品加工过程中经常要用到水。如果和农产品直接接触的加工用水受到污染，那么就对加工后的农产品的安全性产生长远的影响。

（三）土壤污染与农产品质量安全

土壤是最重要、最基本的农业资源，是农作物的生长介质，土壤的污染必然会引起其中生长的农作物受到污染，对农产品安全产生威胁。以重金属为例，土壤中重金属离子向植物根部移动并被吸收的途径和其他营养离子相似，即通过根部截流、质体流动、扩散等被植物吸收，吸收后的重金属可在植物体内向其他部位输送、积累，造成农产品的污染。农作物受重金属影响和体内重金属含量主要受重金属元素在土壤中的形态影响，在土壤中处于可溶态、可交换态重金属元素则比较容易被植物吸收（重金属元素的生物有效性）。土壤污染的发生主要有三个途径：施肥、施药和灌溉。另外，大气污染和土地的废物处理也可造成土壤污染。

土壤污染的特点是进入土壤的许多污染物质降解缓慢，污染到一定程度后，即使切断污染源，土壤也很难复原，继续对农产品安全产生影响。

（四）农用化学品与农产品质量安全

农用化学品主要指农药、化肥和兽药。这里主要讨论农药残留和兽药残留对农产品安全的影响。

1. 农药残留

农药污染农产品的途径主要有以下几种。

(1) 直接污染。

农药施用后作用在农作物上致使农产品受到直接污染。在作物收获前较短时间内使用残效期较长的农药,会造成粮食、蔬菜、水果污染,特别是蔬菜、水果因农药残留造成中毒的情况时有发生。

(2) 间接污染。

农药施用过程中或施用后,造成大气、水和土壤的农药污染,从而造成农产品的农药残留。与农产品的农药直接污染相比,可以说是一种间接污染,间接污染的主要形式是土壤污染。

(3) 食物链和生物富集。

受农药污染的饲料被家畜、家禽食用后在体内残留,造成畜禽产品(肉、乳、蛋)农药残留是一种食物链污染途径。在农药污染的水体内,农药在生物体内通过食物链富集达到较高浓度。

美国长岛河口水中 DDT 浓度仅为 3×10^{-6} μL/L。然而经检测,按食物链顺序,该区浮游生物 DDT 的含量为 6.04 μL/L、小鱼为 0.5 μL/L、大鱼为 2 μL/L、食鱼的海鸟为 25 μL/L,海鸟体内 DDT 残留约是水中 DDT 浓度的 830 万倍。

(4) 其他。

畜舍、禽舍中施用农药消毒也可能导致蛋、奶、肉中农药残留。农产品在贮存、运输中不当使用农药防虫、防霉、保鲜等也会造成农产品的农药污染危害。

2. 化肥污染

化肥使用对农产品质量安全的影响主要有以下几种。

(1) 硝酸盐的积累问题。

作物可通过根系吸收土壤中硝酸盐,经体内硝酸酶作用后转化维持正常生理作用,大量的硝酸盐积累在作物的根、茎、叶中,虽然对作物本身并无害,但作为农产品被人群食用后会对健康造成伤害。

(2) 重金属污染。

以磷肥为例,磷矿往往还附有镉、铬、铜、锌等重金属元素,在磷肥生产过程中这些元素随之进入产品中。据全国 20 个化工厂的磷肥产品调查,平均含镉 0.6 mg/kg、含锌 298 mg/kg、含铬 18.4 mg/kg,这些重金属元素随磷肥施用也进入土壤,被作物吸收而导致农产品污染。

(3) 其他污染物影响。

有些肥料中还含有一些有机污染物,如氨水中往往含有大量酚,而磷矿石和过磷酸钙含氟高达 2%~4%。这样,肥料施用后,肥料中的酚、氟等污染物进入土壤导致农产品污染。

3. 兽药残留

目前,农产品中残留的兽药主要包括抗生素、磺胺药类、抗球虫药、激素药类、驱虫药类等。兽药进入动物性农产品的主要途径有三条：一是预防和治疗畜禽疾病用药；二是饲料添加剂中兽药的应用；三是农产品保鲜中加入的药物。

为了预防和治疗畜禽、鱼类等疾病使用抗生素、磺胺类等化学药物，由于抗生素的使用越来越广泛，用量越来越大，动物食品的抗生素残留问题比较严重，各国均有检出。近年来，磺胺类药物的使用超标现象时有发生，特别是猪肉及其制品发生频率最高，在鸡蛋中的残留问题也引起人们的关注。另外，违禁使用兽药是一个严重的问题。1998年，某些地区养殖企业在饲养中使用违禁药品"盐酸克仑特罗"（亦称"瘦肉精"）导致畜产品被污染、残留量严重超标。此外，饲养业中激素的使用情况也很严重。

人类长期摄入兽药残留的农产品后，药物在体内积累达到一定量后，就会对人体产生毒性作用。世界卫生组织已将兽药残留列入今后食品安全问题中的重要问题之一。

第二节 我国农产品质量安全现状与保障

一、农产品质量安全现状与问题

近年来，我国农产品安全工作取得很大进展。至2003年6月，我国已制定195项无公害农产品行业标准，8项国家标准，各地根据需要补充制定了许多地方标准，大多数省市建立了农产品质检中心，三分之一的地市和五分之一的县建立了检测机构，农业农村部成立了农产品质量安全中心，开展全国统一标识的无公害农产品认证和产地认证工作。

自2002年以来，农业农村部还开展了解决蔬菜有机磷超标，畜产品滥用违禁药和氯霉素污染为重点的专项整治，各地加大了对农产品投入的市场监管力度，对提高农产品安全合格率起了很大作用。虽然，我们的农产品安全工作已经有了良好开端，但还存在许多问题，因农产品污染而引起的事故还时有发生。当前主要存在以下几点问题。

（1）农药污染状况逐步好转、违规使用农药的情况仍需关注。
（2）蔬菜硝酸盐污染得到一定程度控制。
（3）农产品的重金属污染情况正引起人们的关注。
（4）存在其他形式的农产品污染问题（生物污染、激素、添加剂）。

生物污染物是指包括细菌、霉菌、病毒等直接对人体有害或产生毒素的微生物。真菌毒素污染主要是由于农产品贮存不当引起的。比如黄曲霉，毒性大、致癌力强，尤其是发霉花生；另外还有引起水稻稻曲病、赤霉病的真菌，也有生物毒性。

在养殖业上，乱用激素的现象尤为严重。例如，饲养黄鳝添饲避孕药、饲养生猪添饲激素等现象，给人体健康安全带来隐患。

在农产品加工、处理和包装贮运过程中，为了保持营养、防止腐败变质、改善感官性状与质量，人为添加各种天然或人工合成添加剂。常用的有：防腐剂、发色剂、甜味剂、食用色素以及调味品等。2001年，我国个别生产企业的酱油因添加不合格调味品，出口欧盟时三氯丙醇超过欧盟标准被退回。

二、我国农产品安全保障体系

根据发达国家经济发展的经验和规律，人均国民收入超过800美元开始，市场对农产品的需求，就开始由追求数量的增长转向追求质量效益的方向发展。随着农产品国际贸易的发展和中国加入世界贸易组织（World Trade Organization，WTO），我国农产品将全方位进入国际市场。因此，建立农产品安全保障体系成为外向型农业、效益农业、都市农业发展的重要手段，必须引起高度重视。

农产品安全保障体系是以农产品质量安全标准体系、农产品安全监督检测体系、农产品质量认证体系为基础的社会系统工程，同时涵盖农产品市场信息体系、农产品生产技术推广体系、农产品安全执法体系等。

（一）农产品质量安全标准体系

1. 国际农产品安全标准简介

随着农产品贸易的发展，农产品安全问题就成为国际社会共同关注的问题。对农产品安全来说，主要农产品安全标准有：

① 国际食品法典委员会关于食品的标准。
② 国际兽医组织关于动物健康的标准。
③ 国际植物保护联盟关于植物健康的标准。
④ 国际标准化组织制定的标准。
⑤ WTO 涉及农业领域的协定而制定的 5 000 多种农业国际标准。

国外农产品安全标准建设发展趋势：

① 农产品标准趋同与标准竞争。
② 农产品标准拓展与细化。
③ 农产品标准的系统化、法律化。
④ 强化农产品标准权威管理机构的职能。

2. 我国农产品安全标准体系

"无公害农产品"这个表述是舶来品，最初的无公害农产品是指没有受到工业"三废"污染的农产品，最早出现在我国20世纪80年代。2001年4月，当时的农业部正式启动"无公害食品行动计划"；2003年4月，农业部农产品质量安全中心成立，正式启动全国统一标志的无公害农产品认证与管理工作；2004年，农业部农产品质量安全中心集中将地方无公害农产品认证转换为全国统一的无公害农产品认证。自此多年来，我国农产品一直被划分为三个层次：无公害农产品、绿色食品和有机食品。关于这三个层次的安全农产品都已颁布了一些相关标准。但是，近年来为了有效落实农产品生产经营者主体责任，提升农产品质量安全治理能力，创新农产品质量安全管理制度，根据《中华人民共和国农产品质量安全法》规定，自2023年1月1日起正式施行食用农产品承诺达标合格证制度，在法律层面明确了承诺达标合格证（图9-1）为农产品的生产企业、农业专业合作社、从事农产品收购的单位或者个人的一项法律义务，从而进入"三品一标"新时代。

承诺达标合格证

我承诺对生产销售的食用农产品：

□不使用禁用农药兽药、停用兽药和非法添加物

□常规农药兽药残留不超标

□对承诺的真实性负责

承诺依据：

□委托检测　　□自我检测

□内部质量控制　□自我承诺

产品名称：　　　数量（重量）：

产地：

生产者盖章或签名：

联系方式：

开具日期：　　　年　月　日

图 9-1　新版承诺达标合格证参考样式

（1）无公害农产品标准。

无公害农产品是国家农业行政主管部门针对我国农产品污染和食品安全在2001年提出的新概念。其是指产地环境、生产过程、产品质量符合无公害农产品标准和规范要求，并经过有资格认证机构认证，获得使用无公害农产品标识的农产品。国家质量技术监督局迅速开展相关标准的制定，当年（2001年）就颁布了8项无公害农产品（包括蔬菜、水果、畜禽肉和水产四类）国家标准，每一类均包括"安全要求"和"产地环境要求"。

从目前管理等级和效力来看，我国农产品安全标准体系由国家标准、行业标准、地方标准和企业标准组成。

（2）绿色食品标准。

绿色食品是1990年由农业部提出的，遵循可持续发展原则，按照特定的生产方式，经过专门机构认定，许可使用绿色食品商标标志的无污染的安全、优质、营养食品。绿色食品标准主要由农业部制定。

目前为止，食品标准主要有以下几种。

①"绿色食品产地环境质量标准"及产地环境质量评价纲要。

②生产技术标准，包括农药、肥料、食品添加剂使用准则和技术操作规程。

③产品标准、包装标签标准。

④AA级绿色食品认证准则。

（3）有机食品标准。

有机食品是由国际有机农业联盟提出的概念，是指根据有机食品生产、加工标准而生产出来的，经有机食品认证的食品。国家环保局于1995年曾制定有机（天然）食品生产和加工技术规范。规范中包括有机农业生产的大气环境、土壤、灌溉水、渔业水、畜禽饮

用水、有机食品加工水的质量标准，2001年颁布行业标准《有机食品技术规范》（HJ/T 800 – 2001）。

生态环境部有机食品发展中心（Organic Food Development and Certification of China，OFDC）2001年颁布《OFDC有机认证标准》，该标准是根据国际有机农业运动联合会（International Federal of Organic Agriculture Movement，IFOAM）有机生产和加工的基本标准，参照欧盟有机农业生产规定（EEC NO. 2092/91），以及德国、瑞典、美国、澳大利亚、新西兰等国有机农业协会和组织的标准和规定，结合我国农业生产和食品行业的有关标准制定。

以上三者都是安全食品，但在标准限制、严格程度上不一致。

无公害农产品标准是有毒有害物质控制在允许限量范围之内，强调"安全性"，是最基本的市场准入标准；绿色食品标准比无公害农产品要求严，同时又分为A级和AA级，AA级基本上等同于纯天然的有机食品。总之，从结构层次上看，正如有人形象地用"金字塔"来形容这个安全食品层次那样，从塔底到塔尖依次为无公害农产品、绿色食品、有机食品。从标准内容上看，农产品安全标准应包括以下内容。

（1）产地环境质量标准。

一是强调农产品必须产自良好的生态环境地域，以保证最终产品的无污染和安全性；二是促进对产地环境的保护和改善。

（2）生产技术标准。

生产技术标准是农产品标准体系的核心，它包括农产品生产资料使用准则和农产品生产技术操作规程两部分。

（3）产品质量标准。

（4）包装储运标准。

（5）其他相关标准，含生产资料认证标准、生产基地认定标准等控制管理的辅助标准。

以上5项标准对农产品的产前、产中和产后全过程质量控制技术和指标做了全面的规定，构成了一个科学、完整的标准体系。另外，农产品安全标准还可分为强制性标准和推荐性标准，无公害农产品标准是强制性标准，是必须执行的标准，而绿色食品标准是推荐性标准。

（二）农产品安全监督检测体系

监督管理体系是指由法律和行政法规等授权的行政执法主体分工负责建立的国家、省、市、县四级农产品安全执法监控管理机构。目前，农产品市场准入尚无强力的质量安全监管机构对农产品实行"从田头到餐桌"的全面质量监督。

按照农业农村部规划，检验检测体系主要分为三级：部级专业性质检中心、省级综合性质检中心和县级综合性检测站。这些机构是公益性、非营利性的技术机构。

（三）农产品质量认证

产品质量认证是一种提供产品信誉的标志制度，关于农产品安全方面的认证，目前国际上流行的主要有两种认证方式：绿色食品标志认证和有机食品标志认证。此外，我国还建立了无公害农产品标志认证。

质量认证特征包括以下几点。

① 自愿申请，鼓励竞争，体现市场性本质。

② 坚持第三方地位，强调技术中介行为，保证公正性评价。

③ 以产品为中心，事实为依据，认证内容标准化。

④ 资格认可，规范化运作。

认证的意义包括以下几点。

① 建立国内外大市场。

② 采取激励引导措施。

③ 强化生产企业的质量管理工作。

④ 有利于指导消费，提高产品信誉。

⑤ 增强产品的市场竞争力。

⑥ 减少重复检验和（或）检查评定，节约大量社会费用。

1. 无公害农产品认证程序

我国无公害农产品管理工作由政府推动，实行产地认证和产品认证的工作模式，在适当时候，国家将推行强制性无公害农产品认证制度。无公害农产品认证机构为农业农村部农产品质量安全中心。无公害农产品申请认证程序如下。

（1）申请人直接或通过省级无公害农产品认证归口单位向申请认证产品所属行业分中心提交申请材料，包括《无公害农产品认证申请书》、《无公害农产品产地认定证书》（复印件）、产地《环境检验报告》和《环境现状评价报告》（2年内）、《产地区域范围和生产规模》《无公害农产品生产计划》《无公害农产品质量控制措施》《无公害农产品生产操作规程》《专业技术人员资质证明》《保证执行无公害农产品标准和规范声明》《无公害农产品有关培训情况计划》，以及申请认证产品上个生产周期生产过程记录档案（投入品的使用记录和病虫、草、鼠害防治记录）。"公司加农户"形式的申请人应当提供公司和农户签订的购销合同范本、农户名单以及管理措施。要求提供的其他材料。

（2）分中心收到申请材料，在规定的时间内完成申请材料审核；申请材料不规范的，分中心通知申请人在规定时间内完成补充材料并报分中心审查。

（3）申请材料符合要求但需要对产地进行现场检查的，分中心组织检查员和专家组成检查组进行现场检查。

（4）申请材料符合要求（不需要对申请认证产品的产地进行现场检查的）或者申请材料和产地现场检查符合要求的，分中心书面通知申请人委托有资质的检测机构对其申请认证产品进行抽样检查。

（5）中心在规定的时间内完成对材料审查、现场检查（需要时）和产品检验的审核工作。组织评审委员会专家进行全面评审，在规定的时间内做出认证结论。同意颁证的，由中心主任签发《无公害农产品认证证书》。

（6）中心根据申请人生产规模、包装规格核发无公害农产品认证标志。

2. 绿色食品认证

绿色食品实行的是质量认证和商标管理的结合。绿色食品标志属证明商标，已经在国家工商行政管理局（现国家市场监督管理总局）注册，对符合绿色食品标准的产品给予绿色食品标志的使用权。根据农业、食品加工生产及管理水平，绿色食品分为 A 级和 AA 级两个产品等级，其中 AA 级绿色食品与国际上有机农产品接近、类似。

（1）绿色食品标志与一般商标区别。

绿色食品标志是由中国绿色食品发展中心（即注册人）在国家工商行政管理局商标局正式注册的质量证明商标。绿色食品标志是质量证明标志，有一般商标不具备的特定含义。

① 特定的标准——绿色食品标准，准许使用标志的产品必须满足绿色食品标准。

② 有专门的质量保证机构和工商行政管理机构之外的标志管理机构。

③ 标志商品的注册人（即中国绿色食品发展中心）在产品上只有该标志商标转让权、授予权而无使用权。

（2）绿色食品标志产品条件。

凡具有绿色食品生产条件的单位和个人，均可以作为绿色标志使用权的申请人，由农业部审核批准其使用权。获得绿色食品标志使用权的产品必须同时符合下列条件：

① 产品或产品原料的产地必须符合绿色食品生态环境标准。

② 农作物种植、畜禽饲养、水产养殖及食品加工必须符合绿色食品的生产操作规程。

③ 产品必须符合绿色食品质量和卫生标准。

④ 产品的标签必须符合"绿色食品标志设计标准手册"中有关规定。

（3）绿色食品标志申请程序。

标志使用申请程序根据农业部"绿色食品标志管理"办法，按如下程序进行。

① 申请人向中国绿色食品发展中心或省级绿色食品管理部门领取"绿色食品标志使用申请书"及相关资料，填写后，申请书包括附报资料一式两份报所在的省（自治区、直辖市、计划单列市）绿色食品管理部门。附报材料包括生产操作规程、企业标准、产品注册商标文本复印件及省级以上质监部门出具的当年产品质量检验报告。

② 省级绿色食品管理部门派员赴申报单位及原产地调查核实产品生产质量控制情况，委托通过省级以上计量认证的环境监测机构对产品或产品原料的产地进行环境评价。

③ 省级绿色食品管理部门对申请材料进行初审，并将初审合格的材料报中国绿色食品发展中心审核。

④ 中国绿色食品发展中心会同权威的环境保护机构，对上述材料进行审核。合格的由中国绿色食品发展中心指定的食品监测机构对其申报产品抽样、依据绿色食品质量和卫生标准进行检测。

⑤ 对质量和卫生检测合格的产品进行综合审查，并与符合条件的申请人签订"绿色食品标志使用协议"，由农业部颁发绿色食品标志使用证书及编号，报国家工商行政管理

局商标局备案，同时公告于众。

3. 有机食品认证

1995年，国家环保局制定"有机（天然）食品标志管理章程（试行）"，经过6年试行，国家环保总局2001年颁布"有机食品认证管理办法"，国家环保总局有机食品发展中心（OFDC）发布"OFDC有机认证标准"，申请OFDC有机认证者，须与OFDC签订协议，保证执行该标准，并接受OFDC检查员的认证检查。2004年5月，根据建立认证认可制度的总体框架和国际有机食品的发展，有机食品认证认可管理工作交由国家认证认可监督管理委员会（Certification and Accreditation Administration of the P. R. C., CNCA）管理。

（1）认证机构。

国家对有机食品认证机构实行资格审查制度，从事有机食品认证的单位必须按有关规定向CNCA申请，办理审批，取得有机食品认证机构资格证书。有机食品认证机构在从事有机食品认证工作中应遵循以下原则。

① 公正、公平、独立。

② 认证标准、程序和结果公开。

③ 保守客户的技术和业务秘密。

（2）认证程序。

有机食品认证分为有机食品基地生产认证、有机食品加工认证、有机食品贸易认证，申请者应根据自己拟从事的有机食品生产、经营活动的种类申请相应种类的认证，取得相应的有机食品认证证书。有机食品的认证程序如下。

① 申请有机食品认证的单位或个人应向认证机构提出书面认证申请，并提供资质证明；申请有机食品基地生产认证的还必须提供基地环境状况报告和其他相关文件；申请有机食品加工认证的还必须提供加工原料为有机食品的证明、产品执行标准、加工工艺、地市级以上环保行政主管部门出具的企业污染物排放和达标情况等；申请有机食品贸易认证的还必须提供贸易产品为有机食品的证明等。

② 有机食品认证机构在接到申请10日内决定是否受理。在同意受理之日起90日内组织完成认证。经认证合格者颁发有机食品基地生产证书、有机食品加工认证证书或有机食品贸易证书。

③ 有机食品认证证书有效期为2年。持证人在有效期届满后需要继续使用证书的，必须在期满前1个月内向原发证机构重新提出申请。

④ 有机食品生产经营者应遵守规定、接受认证机构的监督检查。

⑤ 取得有机食品基地生产证书者应划定地域范围，标注地理位置，设立保护标志、及时予公告。

（3）标志使用。

取得有机食品认证证书者可以在证书规定的产品标签、包装、广告、说明书上使用有机食品标志。

有机食品标志可根据需要等比例放大、缩小，但不得变形、变色。使用标志时应在标志图形的下方同时标印该产品的有机认证证书号码。

（四）我国的安全农产品

农产品的安全性是农产品质量最基本要素，我国自20世纪80年代起，相继出现了放心菜（肉）、安全食品、无公害食品、绿色食品、有机食品、生态产品等一系列名词。目前，在我国使用最广泛、得到社会认可的、有章可循的就是无公害农产品、绿色食品和有机食品。

1. 无公害农产品

（1）定义。

根据"无公害产品管理方法"，所谓无公害产品是指产地环境、生产过程和产品质量符合国家有关标准和规范要求，经认证合格获得认证证书并允许使用无公害产品标志的未经加工或者初加工的食用农产品。这个定义又包含以下几个方面的条件。

① 产地环境符合国家有关标准。

② 生产过程符合国家有关规范。

③ 产品质量符合国家有关标准。

④ 产品经认证合格取得认证证书并允许使用无公害产品标志。

⑤ 主要涵盖范围是未经加工的或者初加工的食用农产品，如粮、菜、果、肉、蛋、奶等。

（2）标准。

自2001年提出"无公害产品行动计划"以来，无公害农产品的标准的制定迅速展开、已颁布200余个无公害农产品的产地环境、产地质量、生产技术、包装贮运等。

① 产地环境标准。

国家质量监督检验检疫颁发的3个标准中，有涉及蔬菜、水果、禽肉和水产品四类农产品产地环境要求。农业农村部发布的行业标准中包括农产品产地环境要求。产地环境标准中一般包括产地选择要求、环境空气、养殖水质、土壤环境质量要求和采样、试验方法等内容。

② 产品质量标准。

国家质量技术监督检验检疫总局颁发的标准中，包括蔬菜、水果、禽肉和水产品四大类农产品安全要求。农业部发布的行业标准中，则指出具体农产品，比如白菜类、茄果类、菠菜、韭菜等蔬菜，西瓜、梨、草莓、猕猴桃等水果，猪肉、鸡肉、牛肉、生鲜牛奶及皮蛋、咸鸭蛋等禽畜产品，大黄鱼等水产品的质量标准。

这些标准一般包括产品规格要求，包括感观和卫生指标要求。拍样、检验方法和判定规则。包装、标志、运输和贮存要求。

③ 生产技术标准。

目前，生产技术要求主要来自行业标准，包括种植业生产技术标准和养殖业生产技术标准。

a. 种植业生产技术标准，比如大白菜生产技术规程、香菇生产技术规程、梨生产技术规程、水稻生产技术规程等，在这些生产技术标准中一般包括基地建设、栽培技术、有害生物防治、采摘要求等。

b. 养殖业生产技术标准，包括畜禽养殖和水产养殖。养殖业生产技术标准涵盖包装寄养和繁殖技术、饲料、用药、消毒、废弃物处理等内容。例如，生猪饲养管理准则、养鸡饲养管理准则、大黄鱼养殖技术规范等。

养殖业生产技术标准中还包括饲料、用药、防疫准则，具体如下。

- 饲料使用准则，如生猪饲养兽药使用准则、蛋鸡饲养饲料使用准则等。这类准则提出各类饲料、饲料添加剂的技术要求，饲料加工过程技术要求，饲料的试验方法，检验规则、饲料标签包装基本准则等。
- 兽药使用准则，如奶牛饲养使用准则、鱼药使用基本准则等。这类标准中规定了允许使用兽（鱼）药及其使用准则、禁用药物。
- 防疫准则：一些农产品要经过初加工后进入市场。行业标准中也包括无公害农产品加工的生产技术标准，例如，牛奶加工技术规范、茶叶加工技术规范等。以无公害茶叶加工技术规范为例，其标准内容包括加工厂的环境卫生和设备要求、生产人员技术水平和健康要求、加工技术包括加工过程中卫生要求、包装材料卫生及其他要求。

2. 绿色食品

（1）定义。

绿色食品是遵循可持续发展原则下按照特定生产方式，经专门机构认定，许可使用绿色食品商标标志的无污染的安全、优质、营养食品。绿色食品必须具备的条件：

① 产品或原料的生产必须符合农业部制定的绿色食品生态环境标准。

② 农作物种植、畜禽饲养、水产养殖及食品加工必须符合农业部规定的绿色生产操作规程。

③ 产品必须符合农业部规定的绿色食品质量和卫生标准。

④ 产品外包装必须符合国家标签通用标准，符合绿色食品特定的包装装潢和标签规定。

AA级绿色食品：生产产地的环境质量符合NY/T 391（绿色食品产地环境质量标准），生产过程中不使用化学合成的农药、肥料、兽药、食品添加剂、饲料添加剂及其他有害环境和身体健康的物质。按有机生产方式生产。产品质量符合绿色产品标准，是专门机构认定、许可使用AA级绿色食品标志的产品。

A级绿色食品：生产场地的环境质量符合NY/T 391（绿色食品产地环境质量标准），生产过程中严格按照绿色生产资料使用准则和生产操作规程要求，限量使用限定的化学合成生产资料。产品质量符合绿色食品产品标准，经专门机构认定、许可使用A级绿色食品标志的产品。

两者的区别在于以下三点。

a. AA级绿色食品标准已达甚至超过国际有机农业运动联盟的有机食品基本标准的要

求，AA级绿色食品已具备了走向世界的条件，这是AA级与A级的根本区别。

b. 在AA级绿色食品生产操作规程上禁止使用任何化学合成物质，而在A级绿色食品生产过程中允许限量使用限定的化学合成物质。

c. A级绿色食品产品包装印底白色标志，其底防伪标志是绿色，产品包装上绿底印白色标志；而AA级绿色食品包装上以白底印绿色标注，防伪标志的底色为蓝色。

（2）标准介绍。

绿色食品标准以全程质量为核心，由产地环境质量标准、生产技术标准、产品质量标准、包装标准、贮运标准等4个部分组成。由11项通用标准、若干项产品标准和生产技术规程构成绿色食品标准体系。

① 产地环境标准。

环境标准可分为空气、水、土壤三部分。绿色食品产地环境质量标准在全国调查了大气、水、土壤中的污染因子对农业生产的影响情况及科学地结合绿色食品安全、优质、营养的特点，奠定了环境空气质量标准、农田灌溉水质标准、畜禽养殖用水标准和土壤环境质量的各项指标和浓度限值、监测和评价方法。产地和上风口没有污染对该区域构成污染威胁，使产地区域内的大气、土壤及水体（灌溉用水、养殖用水质量）等生态因子符合绿色食品产地生产环境质量标准。

② 生产技术标准。

绿色食品生产技术过程的控制是绿色食品质量控制的关键环节，绿色食品生产技术标准是绿色食品标准体系的核心。它包括绿色食品生产资料使用标准和绿色食品生产技术操作规程两大部分。

第一，绿色食品生产资料使用规则是对绿色食品生产过程中物质投入的一个原则性规定。它包括农药、肥料、兽药、渔业用药、食品添加剂、饲料和饲料添加剂使用规则。在这些规则中，对允许、限制和禁止使用的物质及其使用方法、剂量次数、用药期做出明确的规定。绿色食品生产资料使用准则包括农药使用准则、配料使用准则以及兽药、渔业用药、饲料和饲料添加剂和动物卫生准则等。

第二，绿色食品生产技术操作规程是以准则为依据，按作物种类、畜禽种类和不同农业区域的生产特性分别制定的，用于指导绿色食品生产活动，规范绿色食品生产的技术规定。它包括农产品种植、畜禽饲养、水产养殖和食品加工技术操作规程等方面。

a. 种植业的操作规程系指农作物的整地播种、施肥、浇水、喷药及收获等五个环节必须遵守的规定。

b. 畜牧业生产技术操作规程是包括畜禽育种、饲养、防止疫病等环节。

c. 水产养殖技术操作规程包括养殖用水、饵料和人工配合饲料、添加剂等。

食品加工的生产操作规程要求包括加工区环境卫生、加工用水水质、加工原料来源、食品添加剂的使用等。

③ 绿色食品产品标准。

产品标准是衡量绿色食品最终产品质量的指标尺度，是树立绿色食品形象的主要指标,也反映出绿色食品生产、管理及质量控制的水平。它规定了食品的外观品质、营养品质和卫生品质等内容,表现在以下几个方面的要求。

a. 原料:绿色食品的主要原料必须是来自绿色食品产地,按绿色食品生产操作规程生产出的产品。

b. 感观:包括外形、色泽、口感、质地等,绿色食品标准中感观要求有定性、半定量、定量指标,其要求严于同类非绿色食品。

c. 理化特征:绿色食品的内容要求,包括应有的成分指标。

d. 微生物学:产品的微生物学的特性必须保证。

(3) 绿色食品包装、标签和贮运标准。

① 产品包装标准。

食品包装是指为了在食品流通过程中保护产品、方便贮运、促进销售,按照一定的技术方法而采用的容器、材料及辅助物的总称。

绿色食品产品包装指包装材料选用的范围、种类、包装上的标识内容等。《中国绿色食品商标设计使用规范手册》对绿色食品的标准图形、标志字形、图形和字体的规范组合、标准色、编号、广告用语等规范应用作了具体规定。

② 产品标签标准。

第一,食品标签是指包装食品容器上的文字、图形、符号以及一切说明物。国家《食品标签通用标准》(GB7718-1994)规定产品必须标注以下几个方面的内容:食品名称、产品类型、配料表、净含量及固形物含量、制造者和经销者的名称及地址、日期标志(生产日期、保质期和保存期)和贮藏方法、质量(品质)等级、产品标准号、特殊标注内容。

第二,绿色食品包装标签应符合国家《食品标签通用标准》,同时还要遵守下列原则:一是食品标签的所有内容不得以错误的、引起误解的或欺骗性方式描述或介绍食品;二是其所有内容不得以直接或间接或暗示性语言、图形、符号,导致消费者将食品或食品的某一性质与另一产品混淆。

第三,其内容必须符合国家法律及其法规的规定,并符合相应产品标准的规定。

第四,其内容必须通俗易懂、准确、科学。

③ 贮运标准:该标准对绿色食品贮运条件、方法、时间做出规定,以保证绿色食品在贮运过程中不遭受污染、不改变品质,并有利于环保、节能。

以上三项标准仅对绿色食品产前、产中和产后过程中质量控制技术和指标做了全面的规定,随着理论与实践不断的深入发展,将逐步健全和完善成一个更科学、完善的可执行标准体系。

3. 有机食品

(1) 定义。

有机食品是指来自有机农业生产体系,根据有机农业生产的规范生产加工,并经独立的认证机构认证的农产品及其加工产品。根据我国"有机食品认证管理方法"界定的有机食品是指符合下列条件的农产品及其加工产品：

① 符合国家食品卫生标准和有机食品技术规范的要求。

② 原料生产和产品加工过程中不使用农药、化肥、生长激素、化学添加剂、化学色素和防腐剂等化学物质，不使用基因工程技术。

③ 通过有关有机食品认证机构认证并使用有机食品标志。

目前，全球有机食品形成大约11亿美元国际市场，我国目前有机食品年出口额约800万美元，仅占世界市场份额的千分之一不到，按预测今后十年全球有机食品可能发展至每年1 000亿美元规模，如果我国占到市场份额的1%，即为10亿美元。可见有机食品出口的潜力是很大的。

（2）标准。

目前，与有机食品相关的标准主要有两个：环境保护行业标准的HJ/T 80-2001有机食品技术规范和国家环境保护总局有机食品发展中心的"OFDC有机认证标准"。

OFDC有机认证标准是HJ/T 80-2001有机食品技术规范在认证过程中的体现，内容丰富而具体，这里分类扼要地概括如下。

① 原产地。

由常规生产向有机生产需要转换，转换后播种或出生的动植物才可以作为有机产品，生产者在转换期间必须完全按有机生产要求操作，经一年有机转换后田块中生长作物可以作为有机转换物，一年生作物转换期一般不少于24个月。多年生作物转换期一般不少于36个月，新开荒或撂荒多年的土地也要经过至少12个月转换期。

有机地块可能受到邻近常规地块污染影响时，则在两块地之间必须设置缓冲带或物理障碍，收集土壤、水和作物分析禁用物质和污染物残留，邻近工业区的还应检测大气样品。污染物浓度必须符合相应国家环境质量标准和食品卫生标准。灌溉用水必须符合"农田灌溉水质标准"。

② 生产过程。

生产过程中不使用任何化学合成的农药、化肥、饲料、除草剂和生长激素等。

作物生产提倡使用轮作、空闲和绿肥。这些肥料应以来自有机农场体系为主。病虫害防治采用综合防治，提倡生物防治，禁止使用化学合成的杀菌剂、杀虫剂、除草剂和基因工程产品。允许使用软皂、植物制剂。允许有限制地使用微生物制剂、鱼藤酮、植物来源的除草菌、乳化植物油、硅藻土等。叶菜、块根、块茎类作物不得直接施用未经处理的粪便。

畜禽生产应以认证的有机饲料和草料饲养，禁止使用尿素和粪便做畜禽饲料。禁止使用人工合成的生长促进剂（包括用于促进生长的抗生素、激素和微量元素）。禁止使用基因工程产品用作饲料添加剂。允许预防接种、采用自然疗法，如使用植物制剂、针灸和顺势疗法医治畜禽疾病；限制使用常规兽药，禁止为提高群体生产力而采用抗生素、抗球虫药和其他生长促进剂。禁止使用激素控制畜禽生殖行为。水产养殖用水必须符合"渔业水质标准"。

③ 加工过程。

加工过程中不使用任何化学合成的防腐剂、添加剂、人工色素等。加工原料必须是 OFDC 等认证的有机原料作为天然色素、香料和添加剂，但禁止使用人工合成的色素、香料和添加剂以及来自基因工程的配料、添加剂和加工助剂。允许使用二氧化碳和氮作包装填充剂，禁止使用在食品加工和贮藏中采用离子辐射处理。

④ 贮藏运输。

在贮藏运输过程中不受化学物质（除菌剂、除虫剂）等的污染。

OFDC 认证产品在贮藏和运输过程中应避免受到污染。仓库必须干净、无虫害、无有害物质残留，最近一周内未使用任何禁用物质。有机产品应单独存放，不得使用机械类、信息素类、气味类、黏着类型的捕捉工具、物理障碍、硅藻土、声光电器具作为防治害虫的设施或材料。为使用贮藏加工场所不受害虫严重侵袭，提倡使用中草药进行喷雾、熏蒸、限制使用硫酸。

⑤ 其他。

OFDC 有机认证标准还有若干附录，列出允许和限制使用的物质名录。包括：允许和限制使用的土壤培肥和改良物质，作物病虫害防治中允许和限制使用的物质方法，允许和限制使用的畜禽饲料添加剂，允许在畜禽场所使用的清洁剂和消毒剂，食品加工中允许使用的非农业的要求和相关行业标准。

（五）无公害农产品、绿色食品、有机食品三者的关系

我国的无公害农产品、绿色食品和有机农产品正在逐步成为百姓消费的热点。国家标准委员会已将无公害农产品、绿色农产品和有机农产品同时列入《全国农业标准2003—2005年发展计划》中，将制定出一系列无公害农产品、绿色农产品和有机农产品的国家标准。这里我们从若干方面比较三者之间的差异。

1. 背景

国际上有机食品起步于 20 世纪 70 年代，以 1972 年国际有机农业运动联盟的成立为标志。1994 年，我国国家环保总局在南京成立有机食品中心，标志着有机农产品在我国迈出了实质性的步伐。它产生的背景是当时发达国家农产品生产过剩并造成生态环境恶化引起的环保主义者反对。

我国绿色食品在 1990 年年初由农业部发起。1992 年，成立中国绿色食品发展中心。1993 年，发布了"绿色食品标志管理办法"，它产生的背景是当时我国基本解决了农产品的供需矛盾。但农产品的农药残留问题引起社会广泛关注，食物中毒事件频频发生，"绿色"成为社会的强烈期盼。

无公害农产品产生于 20 世纪 80 年代后期，我国部分省、市开始推出无公害农产品。2001 年，农业部提出"无公害食品行动计划"并在北京、上海、天津、深圳 4 个城市进行试点，2002 年，"无公害食品行动计划"在全国范围内展开。无公害农产品产生的背景与绿色食品产生的背景大致相同，侧重于解决农产品中农药残留和有毒有害物质等"公害"问题。

2. 概念

有机农产品是根据有机农业原则和有机产品生产方式及标准生产、加工出来的，并通过有机食品认证机构认证的农产品。

有机农业的原则是在农业能量的封闭循环状态下生产，全部过程都利用农业资源，而不是利用农业以外的能源（如化肥、农业、生产调节剂和添加剂等）影响和改变农业的能量循环。有机产品是纯天然、无污染、安全营养的食品，也可称为"生态食品"。

绿色食品循环可持续发展选择按照特定生产方式生产经专门机构认定、许可使用绿色食品标志的无污染农产品。可持续发展的要求是生产的投入量和产出量保持平衡，既要满足当代人的需要，又要满足后代人同等发展的需要。绿色农产品在生产方式上对农业以外的能源采取适当的限制，以更多地发挥生态功能的作用。

我国绿色食品分为 A 级和 AA 级两种，按照农业部发布的行业标准，AA 级绿色食品等同于有机食品。

无公害农产品的产地环境、生产过程和产品质量均符合国家有关标准和规范的要求，经认证合格后获得认证证书并允许使用无公害农产品标志。

3. 主要差别

（1）生产管理。

有机农产品与其他农产品的区别主要有以下三个方面。

① 有机农产品在生产加工过程中禁止使用农药、化肥、激素等人工合成物质，并禁止使用基因工程技术。其他农产品则允许有限使用这些物质，并且不禁止使用基因工程技术。

② 有机农产品在土地生产转型方面有严格规定，考虑到某些物质在环境中会残留相当一段时间，土地从生产其他农产品到生产有机农产品需要 2~3 年的转换期，而生产绿色农产品到无公害农产品则没有土地转换期的要求。

③ 有机产品在数量上必须进行严格控制要求，定地块，定产量，其他农产品没有如此严格的要求。

绿色农产品与一般农产品相比有以下显著特点：利用生态学的原理，强调产品出自良好的生态环境；对产品实行"从土地到餐桌"全程质量控制。

无公害农产品是对农产品的基本要求，严格地说，一般农产品都应达到这一要求。

（2）涵盖范围。

绿色食品 70% 为加工产品，30% 为初级产品，有机农产品和无公害农产品都以初级农产品为主。

（3）执行标准。

有机农产品基本上参照的是 IFOAM 的"有机农业和产品加工基本标准，"由于有机农产品在我国尚未形成消费群体，产品主要用于出口。虽然我国也发布了一些有机农产品的行业标准，但我国有机农产品执行的标准主要参照出口国要求的标准，有机农产品的标准集中在生产加工和贮运技术条件方面，无环境和质量标准。

绿色农产品执行的是农业农村部推荐的行业标准，绿色产品标准包括环境质量、生产技术产品质量和包装贮运等全程质量控制标准。目前，农业农村部发布了52项绿色农产品行业标准，其中包括7项通用性标准，45项产品质量标准。

无公害农产品执行的是国家质量监督检验检疫总局（现国家市场监督管理总局）发布的强制性标准及农业农村部发布的行业标准，环境标准和生产资料使用准则。生产操作规程为推荐性行业标准。目前，国家质量监督检验检疫总局和国家标准委员会已发布了4类农产品的8个强制性国家性标准，农业农村部发布了近200项行业标准。

（4）认证和标识。

无公害农产品认证组织是农业部农业质量安全中心，证书有效期为3年，使用全国统一标志，认证过程只收检测费。

绿色食品有统一的绿色食品名称和标志，其标志为工商注册的证明商标，在内地和香港注册使用。绿色食品认证要收取检测费、标志管理费、标志使用费。

有机食品认证机构是国际有机食品认证委员会及其委托的中国国家环保局有机食品认可委员会。证书有效期为2年，有机食品使用全国统一标志的工商注册证明商标。有机食品认证需要收取申请费、检测费、检查员差旅费、颁证费、标志管理费等。

 课后思考题

1. 什么是农产品质量安全？农产品质量安全与食品安全有何区别？
2. 环境污染对农产品安全性的影响主要包括哪些方面？
3. 简述我国农产品质量安全管理的组织体系。
4. 什么是绿色食品？如何申请、使用绿色食品标志？
5. 什么是有机食品？如何申请、使用有机食品标志？
6. 简述新、旧"三品一标"的区别与联系。

第十章 农业环境规划与管理

> **本章简述**
>
> 本章阐明了农业环境保护规划与管理的内涵及其目的与意义；详述了农业环境规划的指导思想、基本原则及任务与要求，以及编制农业环境规划的程序、基本内容与方法；介绍了农业区划的定义、基本原则与方法，以及如何确立农业区划目标、拟定农业规划方案，及方案的优化或筛选；简要介绍了农业环境管理的概念及其作用，详细阐述了农业环境管理的基本职能、类型与内容。此外，还介绍了我国农业环境管理的组织机构体系和农业环境保护的基本制度体系。

农业作为一个最大限度地依赖自然而又受到人工强力控制的特殊生产部门，既是生态环境的受害者，也是最主要的"贡献者"之一。

由于对现代农业发展的资源环境代价与社会代价认识上的滞后，许多农业资源环境问题形成多年积重难返的局面。进入 20 世纪 90 年代，农业环境问题日益突出，但以资源保护、利用和生态环境改善为基础的可持续发展战略仍没有占据农业发展的主导战略地位，常规农业发展战略由于巨大惯性依然发挥着决定作用。

农业环境规划与管理正是为了有计划地合理安排和调整农业经济活动，协调农业生产与环境保护的关系，强化对农业环境的宏观控制和管理，解决好农业生产过程中的环境污染和生态破坏等问题，促进农业持续、高效、稳定地发展。因此，农业环境规划与管理是控制农业生产过程中环境污染与生态破坏问题的重要途径。

广义上农业环境保护管理包括农业环境监测、农业环境质量评价及农业环境规划与管理。这三个方面是相互联系、相辅相成的，其中农业环境规划与管理是核心内容，农业环境监测和农业环境质量评价是农业环境规划与管理的基本前提，即农业环境规划与管理离不开农业环境监测和质量评价。由于农业环境监测和农业环境质量评价已经单独设置为一门课程（环境监测、环境评价），因此，本课程主要讲授农业环境规划与管理方面的内容。

第一节 农业环境保护规划

环境规划既是实施环境保护战略的重要手段，也是协调社会经济发展与环境保护的重要手段，还是体现环境保护以预防为主的最重要、最高层次的手段。《中华人民共和国环境保护法》第12条规定："县级以上人民政府的环境保护主管部门，应当会同有关部门对管辖区范围内的环境状况进行调查和评价，拟定环境保护规划，经计划部门综合平衡后，由同级人民政府批准实施。"环境规划作为政府行为，是在市场经济体制下各级政府对辖区环境保护工作实行宏观控制的主要手段。

农业环境保护规划是农业环境管理的重要职能，也是农业经济社会发展规划的重要组成部分，对实现农业社会经济与环境协调发展起着重要作用。

一、农业环境保护规划概述

农业环境保护规划是在农村工业化和城镇化过程中，为协调乡镇社会经济发展与农业环境保护的关系，而对农村社会经济活动及农业环境状况进行规定，以解决农业环境污染和生态破坏，保护农林牧副渔生态环境和自然生态环境，使自然资源得到合理开发和永续利用，实现农业环境效益和经济效益、社会效益的协调统一。

农业环境保护规划是一种克服农村经济社会活动和农业环境保护活动盲目性和主观随意性的科学决策活动。由于农业环境是一个开放型的动态系统，乡镇与田园交错，具有村野、乡居兼有的景观特色，是农村居民从事生产、生活、经商、娱乐的集中场所。农业环境中各因素相互交错，形成了一个复杂的社会—经济—环境系统。因此，农业环境保护规划必须强调掌握充分的信息，运用科学方法，以保证规划的科学性和合理性。农业环境保护规划的任务和要求主要有以下几个方面：

① 对农业环境和生态系统的现状进行全面的调查和评价，明确规划范围内农业环境资源的现状。

② 依据社会经济发展规划、国土规划、农村建设总体规划、农业发展规划等，对规划期内环境与生态系统发展的趋势，以及可能出现的环境问题做出分析和预测。

③ 根据具体的农业经济技术水平，确定规划期内所要达到的环境保护目标，以及为实现规划目标所应完成的环境保护任务。

④ 按照确立的环境保护目标和任务的要求，提出切实可行的对策、措施，以保证规划目标和任务的实现。

⑤ 掌握国家环境保护的战略方针、政策、法规、标准，以及地方性的环境保护法规、标准和政策规定，使所规定的环境保护目标、任务和提出的规划对策、措施，都必须符合国家和地方的环保方针、政策和法规、标准的要求。

二、农业环境保护规划的指导思想及基本原则

农业环境保护规划是以生态经济学理论作为指导思想，全面贯彻经济建设、城乡建设和环境建设同步规划、同步实施、同步发展的方针，实现经济、社会和环境三个效益的统一，使农业环境与农村社会经济持续、协调地发展。制定农业环境保护规划应遵循以下几点基本原则。

（1）生态平衡原则。

在人类环境的整个生物圈中，充满了物质循环与能量流动的运动过程。人类在农村生活和农业生产活动中，不断地由自然环境系统输入物质与能量，通过消耗和生产后，又将各种废弃物排放到环境中去，形成了人类—环境系统的生态循环。环境规划就是在调查、分析与研究农业生态系统中这种物质和能量的转化运动的基础上，制订出适宜的尺度，使其保持着相对稳定的平衡状态。

（2）各部分相互联系又相互制约的原则。

农业生态系统是一个多因素的复杂系统，包括生命物质和非生命物质，并涉及自然、社会、经济等许多方面的问题，系统中的各个因素彼此之间是相互联系、相互制约，并产生直接或间接的影响。农业环境保护规划必须对各因素之间的相互关系加以研究，并通过各种结构模型进行计算、分析和评价。

（3）极限性原则。

环境生态系统中的一切资源都是有限的，环境对污染和破坏的承载能力也是有一定限度的，如果超过这个限度，就会使自然生态系统失去平衡，引起质量上的衰退，并造成严重后果。农业生产活动与自然环境有着直接、紧密的联系，农业生产是一种以生物为主体而进行的一项生产活动，它直接涉及资源、环境、经济和社会。因此，在对环境资源进行开发利用的过程中，必须维持自然资源的再生功能和环境质量的恢复能力，以实现自然资源的永续利用。在制定环境规划时，应该根据事物的极限性原理，控制人类的开发利用程度，使其不超过生物圈的承载容量或容许极限。

（4）整体性原则。

社会—经济—环境系统中的各因素相互联系、相互制约，构成了一个有机的统一体，其中任何一个因素变化或不协调，都会影响到其他因素，甚至使整个系统失调。因此，农业环境保护规划必须从整体角度出发，将社会、经济、环境作为统一整体来考虑，才能做到三者的协调发展。

（5）预防为主的原则。

坚持以防为主，防治结合，全面规划，合理布局，突出重点，兼顾一般，把工作重点转向环境综合整治。

三、农业环境保护规划的编制程序

农业环境保护规划与其他环境规划一样，是在规划区内适应经济发展而对环境污染、生态破坏进行控制和综合整治做出时间和空间上的科学安排和规定，这是一个正确认识、把握人类—环境系统运动、变化与发展的过程，也是一个科学决策的过程。因此，必须按照一定程序来进行，具体见图 10-1。

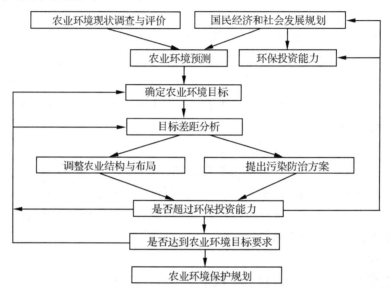

图 10-1　农业环境保护规划技术程序

四、农业环境保护规划的基本内容及方法

农业环境保护规划应该包括农业环境现状调查与评价、农业生态经济预测、农业环境区划、农业环境保护目标确定、环境保护规划方案的拟定与筛选等内容。（注意：请思考每一项调查项目及其包含内容与农业生产或生态环境保护之间的相关性，即在讲授时必须说清楚这些调查项目的必要性问题。最好联系具体问题进行说明，这样有助于学生理解。）

（一）农业环境现状调查与评价

农业环境现状调查与评价是编制环境规划的基础，它主要通过农业生产和农村生活的环境状况、环境污染与自然生态破坏的调研，找出主要问题，以便在规划中采取相对的对策。具体调查项目主要包括自然环境特征、社会环境特征、资源开发利用现状、污染源及环境质量、生态特征状况等方面内容。

1. **自然环境特征调查内容**

农业是以自然资源为基础的生产活动。自然资源优劣将对农业生产的效益产生极大的影响。因此，进行农业环境规划时，必须对农业环境资源现状进行充分的调查。调查内容具体如下。

（1）地质。

一般情况下，只需要根据现有资料概括说明调查范围内的地质状况，如地层概况、地壳构造的基本形式、物理与化学风化情况、已探明或已开采的矿产资源情况等。对一些规划区有特别危害的地质现象，如地面下沉（多数因为地下水过度开采、矿坑塌陷等因素引起）等应加以详细调查。调查资料应以文字为主，辅以图表说明。

（2）地形地貌。

地形地貌的调查包括应用适宜比例尺的地形图来展示规划区的地形起伏特征、地貌类型（如山地、平原、沟谷、丘陵、海岸等），以及岩溶地貌、冰川地貌、风成地貌等地貌特征。除此之外，对一些有危害的地貌现象，如崩塌、滑坡、泥石流等现象也应做好调查。

（3）气候与气象。

气候与气象资料主要描述一个地区的大气环境特征，它不仅与人们的居住生活密切相关，而且与各种生产活动密切相关。在进行农业环境规划时，必须对规划区域范围内气候气象资料进行充分调查。调查内容包括一般气候特征（如年平均风速、主导风向、风向风速频率分布、平均气温等）、污染气候特征（如混合层、大气稳定度、风向风速频率等）以及灾害性天气（如台风、沙尘暴、冰雹、干旱、洪水等）。

（4）水文。

河流的污染物输送能力、自净能力与其水文条件相关，同时水资源也是农业生产不可或缺的资源。因此，在进行农业环境规划时必须对规划区水文条件进行调查。水文数据一般包括不同水文期流量、流速、水位、水深、含沙量及水质成分等方面的资料。水文资料一般可从水利部门获取。

（5）土壤。

区域土壤类型、土壤发育和分布规律与环境规划区的自然条件密切相关，同时土壤是农业生产的基础，又是环境污染的受害者。调查了解土壤的各种特征，需要对土壤的化学特征（如pH、有机质、氮、磷、钾及微量元素等含量）、物理性质（如含水状况、土壤密度、土壤孔隙度、土壤质地等）等进行调查。根据需要，对土壤的污染特性进行调查，如重金属污染、PCP污染等。土壤性质的调查一般根据规划需要有针对性进行。

（6）生物。

生物方面调查主要包括对规划区动植物资源、种类、形态特征、生态习性、分布等进行调查，特别是重点保护物种及其分布。

2. 社会环境特征调查内容

（1）人口。

人是环境的主体，也是环境问题产生的根源，同时也是解决问题的力量来源。人口因素调查内容主要：人口数量（人口总量及其分布、人口密度及分布、人口自然增长率等）、人口结构（人口年龄结构、职业结构、文化结构）、人口文化素质等。

（2）乡镇工业与能源结构。

主要调查内容：乡镇工业总产值；主要产品产量；乡镇工业企业分布；乡镇工业结构（行业结构、产品结构、原料结构和规模结构）；能源结构；乡镇工业企业清洁生产状况等。

（3）农业生产。

主要调查内容：农业结构；经济指标（农业总产值、单位耕地面积粮食产量、单位山地面积林木产量、单位水面水产品产量）；农产品商品率、劳动生产率；农业从业人数；农业总收入、农业纯收入、人均主要农产品产量、农村人口人均年可支配收入、小城镇人均年可支配收入；农业机械化水平、人均用电量、耕地灌溉率；农田化肥施用强度、农田农药施用强度等（一般从政府统计年鉴中获得）。

（4）社会发展水平。

主要调查内容：人们的生活水平；科教文卫发展水平；城市基础设施状况；社会保险、社会保障水平；等等。

（5）其他。

主要调查内容：各类社会经济发展规划，包括农业发展规划、乡镇企业发展规划、人口发展规划、村镇建设规划等。

3. 资源开发利用现状调查

资源开发利用现状调查主要有：水资源、土地资源、生物资源、能源及矿产资源的开发利用现状及其存在的问题。

（1）水资源。

主要调查内容：规划区水资源总量、水资源可开采量及实际用水量。重点对规划区各类用水指标进行调查，包括人均用水量、万元产值用水量、农田灌溉用水量、农村人均生活用水量等。

（2）土地资源。

土地资源是指土地总量中，现在和可预见的将来（所以规划一般有时间、空间限定前提规定，如近期规划、中期规划和长期规划等划分）能为人们所利用，在一定条件下能够产生经济价值的土地。土地资源是农业生产的基本生产资料，也是社会经济发展的重要基础。重点对土地利用情况进行调查，包括不同土地利用类型（耕地、林地、草地、园地、建设用地、未利用土地等）所占比例、高产丰产产田面积、盐渍耕地面积、沙化耕地面积、不适宜农用耕地面积等。同时，对历年耕地地面变化、水土流失情况进行调查分析。

（3）生物资源。

生物资源的开发利用主要是对森林、草原及渔业资源的开发利用。

主要调查内容：森林的覆盖面积、林木蓄积量，草原退化、沙化、碱化面积，渔业养殖面积，等等。

（4）矿产资源。

主要对规划区矿产种类、分布和开采状况进行调查。同时，调查开采过程中出现的问题，如布局不合理、生态破坏等。

4. 污染源及环境质量调查与评价

（1）污染源调查。

污染源调查主要有：对乡镇工业污染源、农业污染源、农村生活污染源等进行调查。主要调查内容：各类污染源排放的污染物质的种类、数量、排放方式、途径及污染源的类型和位置，关系到其影响对象、范围和程度。通过污染源调查了解、掌握该地区主要污染源及主要污染物，为污染控制及环境质量的监控提供依据。

（2）环境质量调查。

环境质量调查一般是根据现有例行监测资料，分析规划区范围内各点各季节的主要污染物的浓度值、超标倍数、变化趋势等，确认规划区主要环境问题及影响因子。如果规划范围内没有例行监测资料或例行监测资料不完全满足要求时，还需要在规划范围内进行专门的环境质量现状监测。农业环境规划中环境质量调查的重点是：对影响农业环境的水资源质量、大气环境质量、土壤环境质量进行调查，分析其对农业生产的影响程度。

（3）农业环境质量评价。

农业环境质量评价主要按主要环境因素、地理单元、功能区或行政管辖范围来进行，以明确环境污染的时空界域。环境质量评价还要指出农业环境问题的原因、潜在的环境隐患等。环境质量评价的指标体系以国家环境规划指南所述的指标体系为基本要求，结合农业生产需要，增加其他评价指标。

在进行环境质量评价时，要选用评价参数、确定评价标准、选用适当的评价模式、进行环境质量分级、绘制环境质量评价图。

5. 生态特征调查

生态特征调查主要包括生态系统调查、区域特殊保护目标调查、区域生态环境历史变迁及主要生态问题调查等。

（1）生态系统调查。

生态系统调查主要调查：规划区域内生态系统的类型，每种类型的特点、结构等因素，例如，淡水生态系统主要调查水温、流速、鱼类洄游产卵繁殖的习性等；森林生态系统主要调查森林生态系统内动植物的种类、结构、数量，森林生态系统服务功能等；农业生态系统主要调查农产品、畜产品、水产品、林产品等的种类、数量、结构，以及化肥、农药、能源等的用量等。

生态系统调查的同时还要调查生态系统相关的其他环境因素，这些环境因素可促使生态系统的健康发展，也可导致其衰退。如对淡水生态系统，调查河流是否有筑坝、建闸、引水等情况；对草原生态系统，调查是否有超载放牧、过量采食而导致草原植被退化的现象；对农业生态系统，调查是否有频繁的自然灾害影响农业生态系统的现象；等等。

（2）区域特殊保护目标调查。

生态环境保护必须有重点地实施，或者说要重点关注一些必须重视的问题。因此须重点关注区域内特殊生态保护目标。规划区特殊生态保护目标一般从以下几个方面入手。

① 地方性敏感生态目标。包括自然景观与风景名胜；水源地、水源林与集水区等；各种特有的自然物，如温泉、火山口、溶洞、地质遗迹等；特殊生物保护地，如动物园、植物园、果园、农业特产地（如碧螺春茶叶原产地的保护）等。

② 脆弱生态系统。脆弱生态系统是指那些受到外力作用后恢复十分困难的生态系统。它的特点是生物生产力低、生态系统制约性外力强，或者存在敏感的生态因子并易受外力影响。这些生态系统有岛屿生态系统、荒漠生态系统、高寒生态系统等。

③ 生态安全区。生态安全区是指对区域有重要的生态安全防护作用，一旦受到破坏，常会招致区域性巨大的生态灾难。这些起着生态安全作用的生态系统主要有两类：江河源头区（如三江源）和对人口经济集中区有重要保护作用的地区（如三北防护林生态屏障、沿海防风林）。

(3) 区域生态环境历史变迁及主要生态问题调查。

一个地区的生态环境问题绝不是一成不变的，而是随着时间的推移，人类活动、生态环境在不断变化着。生态环境的历史变迁对于规划工作关系重大。因此，在规划前期必须对区域内生态环境历史变迁及主要生态问题做一调查，如水土流失、沙漠化及自然灾害。

随着现代农业的发展，特别是设施农业的发展，设施农业土壤盐渍化、酸化问题越发突出，随之带来的地下水污染问题也越来越严重。

（二）农业生态经济预测

农业生态经济预测是在环境现状调查评价和科学实验的基础上，结合经济社会发展情况，对环境的发展趋势进行的科学分析，它是科学决策的基础，也是整个规划工作的核心。其目的是了解环境的发展趋势，指出影响未来环境质量的主要因素，寻求改善环境与经济社会协调发展的途径。

1. 预测方法

目前，国内外提出的预测方法很多，由预测结果可将众多的预测方法分为定性预测技术和定量预测技术两类。

(1) 定性预测技术。

定性预测技术以逻辑推理为基础，依据预测者的经验、学识、专业特长、综合分析能力和获得的信息，对未来的状况定性描述，进行直观判断和交叉影响分析。这种方法主要是对未来状况做性质上的预断，而不着重于数量变化情况。

定性预测方法简便易行，较省费用，多用于没有或缺少历史统计资料，或预测因素错综复杂，难以进行数学概括和表达的情况。常用的预测方法有专家会议法、专家调查法、主观概率法、相互影响分析法等。

(2) 定量预测技术。

定量预测技术以运筹学、系统论、控制论和统计学为基础，通过建立各种模型，用数学或物理模拟来进行预测。该方法能够得出较准确具体的预测值，能充分发挥计算机的辅助决策作用。常用的方法有时间序列分析法、因果关系分析法、回归分析法和弹性系数法等。

在选择预测方法时,应考虑六个基本要素,即预测方法的应用范围(对象、时限、条件等)、预测资料的性质、模型的类型、预测方法的精确度、适用性及使用预测方法的费用。

2. 农业生态经济预测内容

(1) 社会经济发展预测。

社会经济发展预测主要预测规划区人口总数、密度、分布等的发展变化趋势,并对规划区内能源消耗、国内生产总值、工业总产值、农业总产值、经济结构及布局等进行预测。

(2) 环境污染预测。

环境污染预测主要对污染源发展和环境质量变化进行预测。污染源发展预测包括:乡镇企业"三废"排放量预测,主要污染物、主要行业、主要乡镇、重点污染源等的预测;乡镇生活污水、生活垃圾产生量预测;民用燃料结构及用量的预测;农药、化肥用量的预测;畜禽水产养殖污染预测。在此基础上,分别预测各类污染物在大气、水体、土壤等环境要素中的总量、浓度分布的变化,以及由于环境质量变化可能造成的各种社会和经济损失等。

(3) 生态环境预测。

生态环境预测包括农村乡镇土地利用状况预测,如耕地数和土地质量的变化情况;水资源开发利用状况预测,如水资源储存量、可用量、消耗量、循环水量等;农业环境预测,如水土流失面积、强度、分布及其危害,盐碱土和盐渍土的面积、分布和变化趋势;乡村能源结构及其发展方向等;森林环境预测,如森林覆盖率、蓄积量、消耗量、增长量,森林面积及分布,森林动物资源的消长情况及变化趋势,森林的综合功能(对温度、湿度、降水、洪涝、旱情的影响)等;珍稀濒危物种和自然保护区现状及发展趋势预测;古迹和风景区的现状及变化趋势预测等。

(4) 环境资源破坏和污染的经济损失预测。

环境资源破坏和污染的经济损失预测包括不合理开发利用资源造成的损失,环境问题引起的农业生产减产,工业加工成本的增加以及工业减产或停产,渔业减产,人体健康受损、建筑物受损等。

(三) 农业环境区划

农业环境区划是根据农业环境结构特征和区域分异规律,结合社会经济发展情况而划分的环境功能区域单元。农业环境区划的目的是对农业环境质量现状进行评价和功能分区,确定不同环境区域的功能、环境质量目标,反馈给经济开发和社会发展相关部门,以提出合理的产业结构和布局安排。

根据生态环境的区域性分布规律,针对不同功能的环境单元,实施因地制宜的环境管理,对实现农业环境管理现代化具有重要意义。

1. 农业环境区划基本原则

农业环境区划应考虑以下几个基本原则。

(1) 生态优先、经济主导、平衡发展原则。

依据生态学和生态经济学的基本原理，遵循自然规律，保持农业资源开发利用方式与农村生态环境保护方向一致。注重经济发展、适当人为调控，以保持区域生态经济系统结构和功能一致，使自然资源得以充分合理地开发利用和保护，整个生态环境处于良性循环之中，从而做到资源的永续利用和经济的可持续发展。

(2) 结构与功能一致性原则。

区域农业环境质量的相似性和差异性来自于自然环境的演变及其分异规律，同时叠加人类社会经济活动的影响。保持功能区内环境结构与功能一致性，可以有效地发挥其生态支持能力，保持经济活动与环境的协调性。

(3) 各生态单元功能关联性原则。

农业区域生态系统是一个开放性、延续性的生态系统，既有一个相对独立的生态结构和功能，又是大区域生态系统的一个组成部分。综合考虑各生态单元内部稳定的物流和能流，同时要考虑其与周边各生态单元生态流的关联性，以保持和激发区域生态活力，构建多样化的生态结构子系统。因此，农业生态区划要充分利用各生态单元关联功能，注重特色引领作用，发挥生态功能潜能。

2. 农业环境区划方法

农业环境功能区划一般从以下四个方面入手。

① 在规划范围内，根据各环境要素的结构和功能特征，合理确定不同功能区块，并根据社会经济发展状况进行必要的调整。

② 根据区域现实情况及整体环境保护要求，对不同功能区确立控制目标和控制导则。

③ 根据农村的社会经济发展目标及功能区控制要求，确立合理的生活和生产整体布局。

④ 建立环境信息库，对功能区社会经济活动及环境保护活动进行动态监控，及时掌握各功能区社会经济环境发展状况及趋势，并通过反馈做出合理的控制决策。

3. 农业环境功能区概况描述

根据农业环境功能区划结果，对各功能区的区域特征进行描述，并确定各功能区的发展方向和控制目标。具体包括以下内容：

① 各功能区自然地理条件和气候特征，典型的生态系统类型。

② 各功能区内存在的或潜在的主要生态环境问题，引起这些问题的原因。

③ 各功能区生态功能特征及其与周边功能区的联系。

④ 各功能区生态环境保护目标、农业结构发展方向及补充内容。

（四）环境保护目标的确定

农业环境保护目标是农业环境规划的核心，在确定环境保护目标时应充分考虑目标的代表性、先进性、可实施性以及与其他社会经济发展目标相协调。

1. 农业环境保护规划目标类型

农业环境保护规划目标主要包括以下几类。

（1）农业经济目标。

农业、林业、牧业、副业、渔业产值，主要农产品的生产规模、增长率等。

（2）农业资源利用目标。

人均耕地面积、用地结构、水热指数、耕地复种指数、农田旱涝保收面积、农田灌溉水平、农田化肥施用强度、森林覆盖率等。

（3）农业生态治理目标。

水土流失面积、水土流失治理率、土地退化修复率、秸秆综合利用率、农用塑料薄膜回收率、规模化畜禽养殖场粪便资源化率等。

（4）农业技术应用目标。

农业靠技术进步的增长量占总增长量的比例、农业机械化水平等。

（5）其他。

生态户、生态村个数及比例。

2. 农业环境保护目标的制定方法

农业环境保护目标的制定，可以采取以下步骤。

（1）掌握信息情报。

全面收集、调查、了解、掌握农业生态系统外部环境和内部条件的资料，作为确定目标的依据。

① 外部环境资料包括农村政治、经济、文化等方面的情况，以及区域总体环境保护的要求。

② 内部条件资料包括农村当地人、财、物、技术的状况，农业生产状况，以及以往目标的执行和完成情况。

（2）确定规划目标方案。

根据掌握的情况，以及区域环境保护的要求及社会经济发展趋势，确定规划目标。

（3）目标可行性分析。

对拟定的目标进行分析论证，主要应从以下几个方面进行：

① 限制因素分析，分析实现每一个目标方案的各项条件是否具备，包括时间、资源、技术及其他各种内外部因素。

② 综合效益分析，对每一个目标方案，要综合分析该方案所带来的种种效益，包括社会环境和经济效益。

③ 潜在问题分析，对实现每一个目标方案时可能发生的问题、困难和障碍，应做出预测，并确定问题发生概率的大小。

（4）目标的修正。

在目标可行性分析的基础上，全面权衡各方面的利弊得失，对目标进行修改补充或设置新的目标。

（五）农业环境保护规划方案的拟定与筛选

农业环境保护规划方案的设计一般包括环境规划草案的拟定、环境规划草案的优化和

形成环境规划方案。农业环境保护规划方案的设计依据主要是根据环境预测及评价的结果,为达到相应的规划目标,制定和设计出合理开发、利用环境资源和防治污染的具体措施。

农业环境保护规划涉及范围很广,包括土地资源开发及保护规划、生物多样性保护及自然保护区建设规划、农林牧渔果菜生产基地保护规划、生态农业建设规划、草原保护规划、林业建设规划、渔业保护规划、畜禽污染控制规划、乡镇污染防治规划等。

农业环境保护规划工作中的有些问题已在前面章节中论述,包括现状调查、成因分析、农业环境变化趋势预测等,在此重点对土地资源开发及保护、林业建设、生态农业等规划措施进行论述。

1. 农业环境保护规划方案的拟定

(1) 环境污染防治对策的制定。

根据环境预测和环境保护目标,按照环境保护的技术政策和技术路线,对解决规划区环境问题提出各种有效的防治措施,如调整经济结构与布局,提高能源利用率,加强污染源治理等,以及一些行政与经济措施等。

由于目前我国大部分乡镇企业存在规模小,总体技术水平低,污染防治技术跟不上等特点,给农村生态环境造成了极大的破坏,局部地区污染严重。因此,农村环境污染防治重点是乡镇工业的污染防治。当然,目前农业面源污染问题越发突出,贡献率上升。

乡镇工业的污染防治应从以下几个方面入手:

第一,污染的全过程控制,特别是加强源头控制。

第二,依靠科技进步大力发展清洁生产。

第三,遵循"4R"(减少使用、重复使用、循环使用、回收再用)原则,合理利用资源,减少污染物排放。

第四,点源治理与集中控制相结合,以集中控制优先,如工业园区建设。

农业环境污染防治规划的另一个重点是农业生产本身。由于目前我国农业生产是化学农业,大量化肥、农药的使用也给生态环境带来了极大的破坏。此外,农村畜禽养殖、水产养殖业引起的污染也是不可忽视的方面,近年来贡献率呈现持续上升趋势。因此,农业面源污染控制应从减少化肥、农药(含兽药、渔药等)使用量、合理利用农业废弃物、大力发展生态农业入手。

(2) 农业环境保护措施。

土地资源开发及保护。土地是农业的基本生产资料,合理利用土地,提高土地利用率,保护土地资源质量是农业可持续发展的重要保证。在农业环境保护规划中,土地资源的开发与保护主要有两个方面:一是合理开发利用土地资源,严禁浪费,重点保护耕地;二是强化土地质量管理。

① 合理开发利用土地资源。

合理利用土地资源,保护相当的土地特别是耕地数量,是保证农业生产正常进行的基础,在规划措施设计中,主要可从以下几个方面进行。

a. 严格按照土地利用总体规划，实行土地用途管制制度。土地利用总体规划是农业环境保护规划的依据，按照土地利用总体规划，提高土地利用率，保护和改善生态环境，实现土地资源可持续利用。

b. 进行农业环境区划。运用生态学理论和方法进行农业环境区划，寻求农业用地的最佳土地利用方式，制定退耕还林、退耕还草规划，保护生态环境。

c. 切实保护耕地资源。耕地是农业环境规划中的重点保护对象，因此严格实行基本农田保护制度，实行耕地占补平衡制度，并采取相应的措施，提高耕地质量。

② 强化土地质量管理。

a. 控制水土流失。针对不同成因、不同区域的水土流失分别制定规划，采用生物措施与工程措施相结合的方法，实现水土流失控制与治理目标。同时，制定有关法规及有关水土保持措施，预防和控制新的水土流失。

b. 控制土壤污染。对污水灌溉、农药、化肥的使用要加强监督管理。污染灌溉、农药使用等严格按照《农田灌溉水质标准》《农药安全使用标准》等标准执行；科学合理地施用化肥；采用化学改良剂、生物改良等措施防治土壤重金属污染。

根据农业环境保护规划目标和环境适宜性预测评价的结果，制定各种可供选择的方案，提出合理开发利用和污染防治保护的途径和具体措施。为了实现规划措施三效益统一，须对规划方案进行可行性分析，主要包括以下三个方面。

① 规划方案的环保投资分析。根据规划方案，核算规划方案工程的投资总额，估算出总的环保投资，然后与同期的国内生产总值进行比较，并留有余地。另外，还要结合具体的经济结构，进行可行性分析。

② 根据环境管理技术和污染防治技术的提高对规划方案的实施进行可行性分析。

③ 分析规划方案的各类效益（如社会效益、经济效益、环境效益等），分析其是否能达到规划目标。

2. 农业环境保护规划的实施管理

农业环境保护规划按照法定程序审批下达之后，在农业部门和环境保护部门的监督管理下，各级政府和有关部门应根据规划中对本单位提出的任务要求，组织各方面的力量，促使规划付诸实施。实施农业环境保护规划具体要求和关键环节如下。

（1）将农业环境规划纳入国民经济和社会发展计划。

发展经济和保护环境作为既对立又统一的整体，要充分发挥其相互促进的一面，限制其对立的一面。多年来，我国农村环境问题尽管在局部有所改善，但整体上依然存在恶化的势头，这与经济发展中没有注意保护环境有很大关系，尤其是近年来农业农村环境污染贡献率已超过工业环境污染。因此，各级政府在制订国民经济和社会发展计划时，必须将农业环境保护规划中提出的具体目标作为重要内容进行综合平衡。此外，还要将农业环境保护规划作为重要内容纳入农业发展规划中，以确保生产过程中保护其所依赖的资源环境。

（2）落实环境保护的资金渠道，提高投资效益。

落实环境保护资金渠道是保证农业环境规划有效实施的关键。农业环境保护的资金渠道除常规的融资渠道之外（图 10-2），还应建立多元化的融资机制，如银行贷款、资本运作（如独资、合资、承包、租赁、拍卖等）、BOT 运作方式的融资等，吸引各项资金转向农业环境保护。

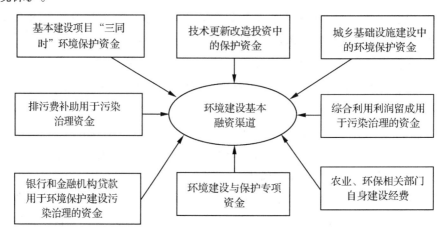

图 10-2　生态环境保护融资渠道

（3）编制农业环境保护年度计划。

农业环境保护年度计划是农业环境保护规划的继续和具体化，它以农业环境保护规划为依据，将规划中所确定的环境保护任务、目标进行层层分解、落实，使之成为可实施的年度计划，具体地提出每年要完成的各项环境计划指标。通过实施年度计划，可以发现中长期环境规划存在的一些问题，以便对规划进行修改和补充，经过调整和综合平衡，使之编制得更科学、合理和切实可行。

（4）实行环境保护的目标管理。

为实现农业环境保护规划的目标和任务，仅依靠行政手段实行一般化的环境管理模式，已不能适应当前农业环境保护工作的需要，必须将农业环境保护规划目标与政府、部门领导人、乡镇企业主、农业经营户的责任制紧密结合起来，采取签订责任书的形式，具体规定出各方在任期内或经营范围内保护环境的基本控制指标和任务，从而理顺各地区、各部门和各单位在环境保护方面的关系，使农业环境保护规划目标得到层层落实。实践证明，这种实行责任制的做法是规划实施的根本和前提。

（5）环境规划的检查和总结。

在实施农业环境保护规划的过程中，检查总结是一个不可缺少的环节。在规划的实施中，应及时了解规划目标和任务的落实情况及存在的问题，加强对规划实施情况的监督检查，保证规划按时保质保量完成。检查方法主要是通过环境监测、环境统计和跟踪调查等全面了解规划的执行情况，采用考核、评比、打分方法，定期公布规划目标和任务执行及完成的进度，总结实施规划较好单位的经验，加以推广。

第二节 农业环境管理基本职能与手段

一、环境管理概述

(一) 环境管理的概念及作用

环境管理 (environmental management) 是在环境保护实践中产生, 又在环境保护实践中发展起来的。在实践过程中, 环境管理既是一个工作领域, 也是环境科学的一个重要分支学科。环境管理是环境保护工作的一个重要组成部分, 是政府环境保护行政主管部门的一项最重要的职能。同时也要把环境管理当成一门学科看待, 它是环境科学与现代管理科学交叉的一门新兴科学。概括起来说, 环境管理的含义就是: 通过全面规划, 协调发展与环境的关系; 运用经济、法律、技术、行政、教育等手段, 限制人类损害环境质量的活动; 达到既要发展经济满足人类的基本需要, 又不超出环境的容许极限。

全面理解环境管理的概念, 应该把握以下几个基本问题。

① 环境管理的核心是实现经济社会与环境的协调发展。

② 环境管理需要用各种手段限制人类损害环境质量的行为。

③ 环境管理要适应科学技术、社会经济的发展, 及时调整管理对策和方法, 使人类的经济活动不超过环境的承载力。

环境管理的作用包括环境管理的核心是实现经济社会与环境协调发展; 环境管理的手段就是限制人类损害环境质量的行为; 环境管理的对策与方法就是使人类经济活动不超过环境的承载力。

类似地, 农业环境管理是实现农业可持续发展战略的重要措施。农业环境管理的重要作用在于: 协调农业生产发展与农业环境保护的关系; 控制工农、城乡交叉污染; 建立法律、经济、行政、教育、技术等手段综合使用的管理体系; 保持农业生态平衡, 保障农业持续发展。

(二) 环境管理的基本职能、类型与内容

1. 环境管理的基本职能

环境管理工作的领域非常广阔, 包括自然资源的管理、区域环境管理和部门环境管理, 涉及各行各业和各个部门, 故环境管理是一个大概念。它的管理对象是人——在环境系统中, 通过预测和决策、组织和指挥、规划和协调、监督和控制、教育和鼓励, 保证在推进经济建设的同时, 控制污染, 促进生态良性循环, 不断改善环境质量。环境管理的基本职能通常指的是各级人民政府的环境保护行政主管部门的基本职能, 概括起来主要有以下几个方面。

(1) 计划职能。

计划职能是环境管理的首要职能。所谓计划职能，是指对未来的环境管理目标、对策和措施进行规划和安排，也就是在开展环境管理工作或行动之前，预先拟订出具体内容和步骤，它包括确立短期和长期的管理目标，以及选定实现管理目标的对策和措施。

(2) 协调职能。

协调职能是指在实现管理目标的过程中协调各种横向和纵向关系及联系的职能。从宏观上讲，环境管理就是要协调环境保护与经济建设和社会发展的关系，实现国家的可持续发展；从微观上讲，环境管理就是要协调社会各个领域、各个部门、不同层次人们的各种需求和经济利益关系，以适应环境准则。环境管理涉及范围广，综合性强，需要各部门分工协作，各尽其责。不论是环境机构组织的内部管理，还是环境机构组织的外部管理，都需要协调。

(3) 监督职能。

监督职能是环境管理活动中的一个最基本、最主要的职能。所谓环境监督，是指对环境质量的监测和对一切影响环境质量行为的监察。对环境质量的监测主要由各环境监测机构实施。因此，我们这里强调的是后者，即对危害环境行为的监察和保护环境行为的督促。

按照监督职能的功能划分，环境监督包括内部管理监督和外部管理监督。内部管理监督主要指环境管理部门从执法水平和执法规范两方面开展的系统内部的监督，通过内部监督来加强环保执法人员的政策水平。外部监督是环境保护部门开展环境管理的主要监督内容和形式，主要指环境管理部门依据国家的环境法律、法规和标准以及行政执法规范对一切经济行为主体开展的环境监督。通过这种监督落实各种经济行为主体的环境责任和环境保护措施，确保遵守国家环境法律、法规和标准，做好污染预防和治理工作，改善区域环境质量。

(4) 指导。

指导是指环境管理者在实现管理目标过程中对有关部门具有的业务指导职能。它包括纵向指导和横向指导两个方面：上级环境管理部门对下级环境管理部门的业务指导；同一级政府领导下的环境管理部门对同级相关部门开展环境保护工作的业务指导。

在以上四个基本职能中，计划是组织开展环境保护的依据，是一个起指导作用的因素。协调在于减少相互脱节和相互矛盾，避免重复，建立一种上下左右的正常关系，以便沟通联系，分工合作，统一步调，朝着环境保护的目标共同努力。监督是环境管理的最重要的职能，要将环境保护的方针、政策、计划等变成实际行动，必须要进行有效的监督，没有这个职能，就谈不上健全的、强有力的环境管理。指导是环境管理的一项服务性职能，行之有效的指导可以促进监督职能的发挥。加强监督管理，服务必须到位，这是新形势下对环境管理提出的新要求。

从广义上讲，"管理就是服务"，环境管理工作要服务于经济建设的大局；从狭义上讲，环境管理中有许多需要为经济部门和企业提供服务的内容，包括污染防治技术咨询服务，环境法律、政策咨询服务，清洁生产咨询服务，ISO14000环境管理标准体系咨询服务等。

2. 环境管理的类型

（1）从环境管理的范围划分。

① 流域环境管理。

流域环境管理是以特定流域为管理对象，以解决流域环境问题为内容的一种环境管理。根据流域的大小不同，流域环境管理可分为跨省域、跨市域、跨县域、跨乡域的流域环境管理。例如，中国针对淮河流域、太湖流域、辽河流域、长江流域、黄河流域、珠江流域和松花江流域开展的环境管理就是典型的跨省域的流域环境管理，而滇池流域和巢湖流域的环境管理就是省域内的跨市域、跨县域的流域环境管理。近期，为保护长江流域环境生态平衡，促进渔业资源可持续发展，2019年在"长江大保护"的总体战略下，国家决定对长江流域重点水域实行全面禁渔，从2020年1月1日开始禁渔十年，就是一种流域环境管理。

② 区域环境管理。

区域环境管理是以行政区划为归属边界，以特定区域为管理对象，以解决该区域内环境问题为内容的一种环境管理。根据行政区划的范围大小，可分为省域环境管理、市域环境管理、县域环境管理等。同时，还可分为城市环境管理、农村环境管理、乡镇环境管理、经济开发区环境管理、自然保护区环境管理等。

③ 行业环境管理。

行业环境管理是一种以特定行业为管理对象，以解决该行业内环境问题为内容的环境管理。由于行业不同，行业环境管理可分为几十种类型，如钢铁行业环境管理、电力行业环境管理、冶金工业环境管理、化工行业环境管理、建材行业环境管理、医药行业环境管理、造纸行业环境管理、酿造行业环境管理、印染行业环境管理、交通部门环境管理、服务行业环境管理等。

④ 部门环境管理。

部门环境管理是以具体的单位和部门为管理对象，以解决该单位或部门内的环境问题为内容的一种环境管理。例如，企业环境管理就是一种部门环境管理。

类似地，农业环境管理是指农业环境管理机关，为了使农业经济与农业环境保护协调发展，依据农业环境科学理论和规范，运用经济、法律、行政、教育等手段，对农业环境保护工作进行决策、计划、组织、指导和控制等一系列活动的总称。

（2）从环境管理的属性划分。

① 资源环境管理。

资源环境管理是指依据国家资源政策，以资源的合理开发和持续利用为目的，以实现可再生资源的恢复与扩大再生产、不可再生资源的节约使用和替代资源的开发为内容的环境管理。例如，流域环境管理就是一种典型的资源环境管理。这是因为可以把一个流域的水环境容量根据发展的公平性原则看成是面对整个流域可以重新进行优化分配的一种"资源"。同样，污染物总量控制也是一种资源环境管理。这是由于一个区域的污染物总量控制目标可看成是一种"资源"——可以根据国家产业政策和企业的技术优势在该区域内通过排污交易市场进行再分配的"资源"。对总量目标分解的实质就是对这种"资源"的再分配。

② 质量环境管理。

质量环境管理是一种以环境质量标准为依据，以改善环境质量为目标，以环境质量评价和环境监测为内容的环境管理。这种管理是一种标准化的环境管理。开展质量环境管理，意味着不考虑经济行为主体的生产技术水平和污染防治技术水平，也不考虑资源开发技术能力，管理者只关心环境质量问题。达到区域环境质量标准就允许继续保持生产行为或资源开发行为，达不到区域环境质量标准，就要依法终止生产行为或资源开发行为。所以，开展这种类型的环境管理在完全法治化治理下容易实施，而在发展中国家由于受到经济发展水平和科技发展水平等因素的制约和影响，实践性较差。

③ 技术环境管理。

技术环境管理是一种通过制定环境技术政策、技术标准和技术规程，以调整产业结构、规范企业的生产行为、促进企业的技术改革与创新为内容，以协调技术经济发展与环境保护关系为目的的环境管理。

从广义上讲，环境保护技术可分为环境工程技术（具体包括污染治理技术、生态保护技术）、清洁生产技术、环境预测与评价技术、环境决策技术、环境监测技术等方面。技术环境管理要求有比较强的程序性、规范性、严谨性和可操作性。

(3) 从环保部门的工作领域划分

① 规划环境管理。

规划环境管理是依据规划或计划而开展的环境管理。这是一种超前的主动管理，也称为环境规划管理。其主要内容有：制定环境规划；将环境规划分解为环境保护年度计划；对环境规划的实施情况进行检查和监督；根据实际情况修正和调整环境保护年度计划方案；改进环境管理对策和措施。

② 建设项目环境管理。

建设项目环境管理是一种依据国家的环保产业政策、行业政策、技术政策、规划布局和清洁生产工艺要求，以管理制度为实施载体，以建设项目为管理内容的一类环境管理。

建设项目包括新建、扩建、改建和技术改造项目四类。

③ 环境监督管理。

环境监督管理是从环境管理的基本职能出发，依据国家和地方政府的环境政策、法律、法规、标准及有关规定对一切生态破坏和环境污染行为以及对依法负有环境保护责任和义务的其他行业和领域的行政主管部门的环境保护行为依法实施的监督管理。

3. 环境管理的内容

环境管理的基本任务就是转变人类社会的一系列基本观念和调整人类社会的行为，促使人类自身行为与自然环境达到一种和谐的境界。人是各种行为的实施主体，是产生各种环境问题的根源。因此，环境管理的实质是影响人的行为，只有解决人的问题，从自然、经济、社会三种基本行为入手开展环境管理，环境问题才能得到有效解决。环境管理涉及的内容广泛，其基本内容通常从两方面划分。

（1）根据管理的范围划分。

① 区域环境管理指某一地区的环境管理，如城市环境管理、海域环境管理、河口地区环境管理、水系环境管理等。

② 部门环境管理包括工业环境管理、农业环境管理、交通运输环境管理、能源环境管理、商业和医疗等部门的环境管理。

③ 资源环境管理包括资源的保护和资源的最佳利用。如土地利用规划、水资源管理、矿产资源管理、生物资源管理等。

从管理范围上看，农业环境管理主要管理由生产和生活活动引起的农业环境问题和由建设和开发活动引起的农业环境破坏问题以及管理有特殊价值的农业自然资源。

由生产和生活活动引起的农业环境问题主要包括：工业和乡镇企业生产排放污染物、农业生产过程中不合理地或过量施用农用化学品、交通运输过程中有毒有害物质的逸散而引起的污染、城镇和乡村居民生活排放的污染物、畜牧业和水产业生产过程中造成的污染。

建设和开发活动引起的农业生态破坏问题包括：大型水利工程建设、大型工业和交通建设项目对农业环境的影响；开山造田、围湖造田、开垦草原、海岸带和沼泽地开发、森林和草原资源的开发、矿藏资源的开发等农业环境的影响和破坏；新城镇、新工业区、农村居民点的设置和建设对农业环境的影响和破坏等。

管理有特殊价值的农业自然资源主要指管理草原、草地资源和水生、野生动物资源；名特优稀新的农作物品种及其生境；农业商品基地和农产品出口创汇基地；城市副食品基地等。通过合理利用与开发，确保农业生产资源的可持续发展。

（2）根据管理的性质划分。

① 环境质量管理包括环境标准的制定，环境质量及污染源的监控，环境质量变化过程、现状和发展趋势的分析评价，以及编写环境质量报告书等。

② 环境技术管理包括两方面的内容：一是制定恰当的技术标准、技术规范和技术政策；二是限制生产过程中采用损害环境质量的生产工艺，限制某些产品的使用，限制资源不合理地开发使用。通过这些措施，使生产单位采用对环境危害最小的技术，促进清洁生产的推广。

③ 环境规划与计划管理包括国家的环境规划、区域或水系的环境规划、能源基地的环境规划、城市环境规划等。

上述对环境管理内容划分，只是为了便于研究，事实上它们是相互交叉的。例如，城市环境管理是区域环境管理的组成部分，但是城市环境管理中又包括环境质量管理、环境技术管理及环境计划管理。

类似地，农业环境管理的内容也可分为：农业环境计划管理、农业环境质量管理和农

业环境技术管理。

农业环境计划管理是指通过制定农业环境保护规划或计划，将农业环境保护目标和任务纳入农业发展规划或计划，以计划来指导农业环境保护工作，并根据实施情况对规划或计划进行评价和调整。

农业环境质量管理的内容是为了保证农业环境质量以适应农业生物生长繁育的需要而进行的各项活动。主要包括：农业环境质量标准的制订，开展农业环境质量的调查、监测及变化趋势预测，定期编报农业环境质量报告，开展农业环境影响评价等。

农业环境技术管理主要是通过制定技术政策、技术规程和技术标准等，对农业环境保护技术发展方向、技术路线、技术政策以及污染防治技术进行农业环境经济技术的评价；管理农业生产和农业环境污染、生态破坏预防和治理技术，以协调技术经济发展与农业环境保护的关系，并将农业环境管理渗透到农业科学技术和农业系统各行业的技术管理之中去。

（三）环境管理的手段

环境管理的手段包括：法律手段、行政手段、经济手段、科学技术手段、宣传教育手段等方式。

1. 法律手段

法律手段是指为保护环境，管理主体代表国家和政府，依据国家环境法律法规所赋予的、并受国家强制力保证实施的对人们的行为进行管理的手段。

常见措施：行政制裁、民事制裁和刑事制裁。

主要特征：强制性、权威性、规范性、共同性和持续性法律规范的构成。

2. 行政手段

行政手段是指行政机构以命令、指示、规定等形式作用于直接管理对象的一种手段。

主要特征：权威性；强制性；规范性；具体性；无偿性。

3. 经济手段

环境管理经济手段的核心作用是把各种经济行为的外部不经济性内化到生产成本中。

主要优势：技术和管理上的灵活性；持续的刺激作用。

主要特征：利益性；有偿性；间接性。

4. 科学技术手段

科学技术手段是指国家建立合理的制度，制定有关的政策和法律，提高环境保护的科学和技术水平。技术手段具有规范性特征。环境管理的技术手段有以下两种。

① 宏观管理技术手段，是指管理者为开展宏观管理所采用的各种定量化、半定量化以及程序化的分析技术。其属于决策技术的范畴，是一类"软技术"。包括环境预测技术、环境评价技术和环境决策技术等。

② 微观管理技术手段，是指管理者运用各种具体的环境保护技术来规范各类经济行为主体的生产与开发活动，对企业生产和资源开发过程中的污染防治和生态保护活动实施全过程控制和监督管理的手段。其属于应用技术的范畴，是一类"硬技术"，包括污染防

治技术、生态保护技术和环境监测技术三类。

5. 宣传教育手段

宣传教育手段是指运用各种形式开展环境保护的宣传教育以增强人们的环境意识和环境保护专业知识的手段。

主要手段：专业环境教育、公众环境教育、成人环境教育和基础环境教育等形式。各种形式的环境教育在不同的国家和地区有不同的优先顺序。

主要特征：广泛性；后效性；非程序化。

二、我国农业环境管理的组织机构

（一）我国环境管理组织机构的演变

1974年12月，国务院环境保护领导小组正式成立。该小组负责制定环境保护的方针政策，审定国家环境保护规划，组织协调和监督检查环境保护工作。这标志着我国环境保护机构建设的起步。1982年国务院机构改革，成立城乡建设环境保护部，并将国务院原环境保护领导小组撤销，其办公室并入城乡建设环境保护部，称环境保护局，成为城乡建设环境保护部内设的司局级机构，形成"城乡建设与环境保护一体化"的管理模式。1988年，国务院机构改革，将国家环境保护局从原城乡建设环境保护部独立出来，成为国务院直属机构，原城乡建设环境保护部改为住房和城乡建设部。国家环保局的成立标志着我国的环境管理机构建设进入了一个新的阶段。1998年6月，国务院办公厅发布了《国家环境保护总局职能配置、内设机构和人员编制规定》，设置正部级的国家环境保护总局。2003年10月，根据《关于环保总局调整机构编制的批复》（中央编办复字［2003］139号文件），国家环境保护总局调整了内部机构设置，撤销监督管理司，设置环境影响评价管理司、环境监察局。

（二）现行环境管理的组织体系

1. 环境管理行政机构

我国环境管理组织机构体系主要分为两个大的系统：生态环境部和部门环境管理体系。

目前，我国的环境管理行政机构体系包括国家、省、市、县、镇（乡）五级。生态环境部是国家一级环境管理行政机构。各省、自治区、直辖市环境保护厅（局）的机构设置与生态环境部内设机构基本对应，地、市级和县级环境保护行政主管部门的内设机构相对简化，乡、镇级常委下设的环保办公室。其他国家机关也会就各自的业务范围设置相应的环境与资源保护部门。

2. 环境管理立法机构

我国现行的环境管理立法机构是全国人民代表大会环境与资源保护委员会（以下简称"全国人大环资委"）。该委员会是全国人大在环境和资源保护方面行使职权的常设工作机构，受全国人民代表大会领导。全国人大环资委负责提出、拟定和审议环境资源方面的法律草案和有关的其他议案，并协助全国人大常委会进行资源与环境方面法律执行的监督等。该委员会的设立，使环境与资源保护在国家的最高权力机关有了专门的负责机构，对我国的环境与资源保护有着重要意义。各省、直辖市的地方人民代表大会也设置了相应的委员会。

农业环境管理的主体是国家或地方政府授予其农业环境监督管理职能的部门，客体是农业环境要素和对农业环境产生影响的组织、个人及其行为。

农业环境管理的任务是以农业环境要素及其影响因素为管理对象的专业管理，其主要任务包括以下几个方面。

（1）保护和合理开发利用农业自然资源，防止农业环境污染和破坏，维护农业生态平衡，促进农业持续、稳定、协调发展。

（2）遵循自然和生态规律，不断改善和提高农业环境质量，促进农业生态系统良性循环和自然资源正常增长，保障农产品环境卫生质量和人体健康。

（3）研究制定有关农业环境保护的方针、政策和法规，正确处理农业经济发展与农业环境保护的关系。

（4）开展农业环境科学研究和宣传教育，为农业环境保护提供人才和先进技术，不断提高广大人民群众对农业环境保护的认识水平。

农业环境管理的核心是协调农业发展与环境保护的关系，以改善和保护农业环境，防治农业环境污染和其他公害。通过合理的农业生产结构和生产方式，减少对农业生产所依存的生态环境的破坏；同时，保护和改善农业环境，为农业生产的高效、稳定发展创造条件。因此，农业环境管理是实现农业可持续发展的主要手段。

第三节 农业环境保护的基本政策与制度

一、农业资源法与农业环境法概述

（一）农业资源法的概念与原则

1. 概念

农业资源法是调整在管理、保护、开发、利用农业资源过程中所发生的经济关系的规范的总称。

2. 原则

（1）坚持重要农业自然资源属于国家所有的原则。

（2）坚持统一规划、多目标开发的综合利用原则。

（3）坚持既利用农业资源又保护农业生态平衡的原则。

（4）坚持"开源与节流"的原则。

(二) 农业环境法的概念、特征及基本原则

1. 概念

农业环境法是国家制定或认可,并由国家强制保证实施的保护农业环境和自然资源、防治污染和其他公害的法律规范的总称。

2. 特征

主要特征有:综合性、技术性、社会性和共同性。

3. 基本原则

农业环境法是指为我国农业环境法所确认的,体现农业环境保护工作的基本方针、政策,并为国家农业环境管理所遵循的基本准则。主要包括以下几个方面。

(1) 农业环境保护与经济建设、社会发展相协调的原则。

(2) 预防为主、防治结合的原则,采取各种预防措施与手段,从源头上防治环境问题产生,同时将环境污染和生态破坏控制在允许的范围之内。

(3) 奖励综合利用的原则。

(4) 开发者养护、污染者治理的原则。

(5) 农业环境保护的民主原则。

二、我国农业资源与农业环境保护的原则和政府职责

(一) 原则

(1) 合理利用和保护农业资源。

(2) 合理开发和利用农业可再生能源和清洁能源。

(3) 发展生态农业,保护和改善农业环境。

(二) 政府职责

(1) 制定区域规划。

(2) 建立监测制度。

三、农业可持续发展的政策与法规

(一) 内涵

首先,农业可持续发展不仅要重视增长数量,更要追求改善质量,提高效益,节约能源,减少废弃物,改变传统的生产和消费方式,实施清洁生产和文明消费。其次,农业可持续发展要以保护自然为基础,与资源和环境的承载力相协调。此外,农业的可持续发展要以改善和提高生活质量为目的,与社会进步相适应。

(二) 基本思想

(1) 既要追求现代农业的高产、高效的目标,又要重视保护环境的各种技术措施。

(2) 既不认同投入大量化石能源的使用农业生产方式,又不认可一味排斥化石能源使

用的西方生态农业模式。

（三）要素

主要要素：生态、经济、社会三个方面。

（四）模式

模式：减耗型、环保型、减负型三种类型。

（五）我国的目标

目标：生态可持续性、经济可持续性和社会可持续性三个方面。

（六）我国的政策与法规

1. 制定依据

一是主要农产品持续增长，达到保障供给、满足全国实现小康生活水平的需要；二是农村经济持续增长，农民收入大幅度提高，消灭贫困；三是建立起使农村经济有效运转、良性发展的生产经营机制；四是资源得到保护、永续利用，生态环境良好，实现生产、经济、社会和生态环境的协调发展。

2. 目标

农业可持续发展是一个多目标决策问题，其目标往往同时包括生态、经济与社会三个方面。然而，由于各国在农业自然资源与环境条件、经济社会发展水平等多方面的差异，其所强调的重点不尽相同。一般而言，发达国家如美国等往往强调环境，注重营养、公平与低投入；而发展中国家则更强调发展，注重增产与消除贫困。后一种观念也体现于联合国粮食及农业组织所提出的可持续农业与农村发展三大战略目标之中。

中国是世界上最大的发展中国家之一，其特殊的国情决定了农业在中国具有远比世界上其他国家更为重要的地位。在当今世界中，没有哪一个国家的农业像中国这样长期困扰着整个经济的发展，成为左右经济、社会的持久因素。《中国 21 世纪议程——中国 21 世纪的环境与发展白皮书》明确指出了中国农业与农村经济可持续发展的战略目标：保持农业生产率稳定增长，提高食物生产和保障粮食安全，发展农村经济，增加农民收入，改变农村贫穷落后状况，以满足国民经济发展和人民生活的需要，即确保食物安全、发展农村经济和合理利用保护资源。

3. 内容

（1）因地制宜、分类指导，保护农业资源。

（2）通过优化农业生产要素组合，并以资源优势为基础农业生产主导功能分区。

（3）通过实施科教兴农战略，落实增加科技投入，充实科技队伍，提高全民科技素质。

（4）合理调整产业结构。

4. 措施

（1）树立可持续发展的战略思想。

（2）建立支撑农业持续发展的投入体系。

(3) 依靠科技进步，促进可持续农业的发展。
(4) 加强农业基础设施建设，增强提高产出率的后劲。
(5) 建立农业可持续发展的法律保障体系。

四、农业环境保护的政策与法规

（一）我国农业环境保护目标

(1) 全国农业环境污染要得到基本控制，农业生态恶化的趋势要得到制止，重点农业区的环境质量要有所提高，农业环境总体状况要有所改善。

(2) 农产品质量要基本符合国家和国际上关于食品卫生标准的要求，要基本达到"安全食品"或"绿色食品"的要求。

(3) 农业自然资源的综合开发利用要更为合理，可再生能源和资源的开发利用与新型适用技术的推广应得到加强，生态农业的水平要有进一步的提高。

(4) 农业生态系统要基本进入良性循环，农业生产要基本走上持续、稳定、协调发展的轨道。

(5) 农村生产、生活环境要清洁、优美、安静，整个农村环境水平要有进一步的提高，与国民经济的发展和人民生活水平的提高相适应。

（二）农业环境保护措施与规定

一方面，遵循"以防为主，防重于治"的基本原则；另一方面，重视农业生产过程中的环境保护问题，强化农业环境保护的立法与执法力度。具体措施如下。

1. **制定与实施农业环境标准**

环境标准就是为了保护人体健康，防止环境污染，促使生态良性循环，合理利用资源，促进经济发展，依据环境保护法和有关政策，对有关环境的各项工作（例如，有害成分含量及其排放源规定的限量阈值和技术规范）所做的规定。

环境标准的作用。

① 环境标准是环境保护的工作目标。
② 环境标准是判断环境质量和衡量环境工作优劣的准绳。
③ 环境标准是执法的依据。
④ 环境标准是组织现代化生产的重要手段和条件。

2. **预防为主、防治结合**

采取各种预防措施与手段，从源头上防治环境问题产生，同时将环境污染和生态破坏控制在允许的范围之内，并将环境保护纳入国民经济和社会发展的规划和计划；实行"三同时"制度；实行环境影响评价制度；加快构建农业农村生态环境保护制度体系。具体内容包括：构建农业绿色发展制度体系，建立农业产业准入负面清单、耕地休耕轮作、畜禽粪污资源化利用等制度；构建农业农村污染防治制度体系，推动建立工业和城镇污染向农业转移防控机制，加强农村环境整治和农业环境突出问题治理，加快补齐农业农村生态环

境保护的突出短板。

3. 谁污染、谁治理

凡是造成环境污染与生态破坏的单位与个人，都负有治理或补偿环境污染与生态损失的责任。

4. 强化环境管理

目的是通过强化政府和企业的环境管理，控制和减少管理不善带来的环境污染和生态破坏行为。逐步建立和完善环境保护法规与标准体系，建立健全各级政府的环境保护机构及完整的国家和地方环境监测网络，建立健全环境管理制度，并加大执法力度。

此外，根据我国农村特有的环境特征，我国的农业环境保护政策体系中需要包括生态补偿政策、政府引导政策和技术推动政策等。

（三）农业环境保护的基本制度

（1）农业土地利用规划制度。

该制度是指国家根据各地区的自然条件、资源状况和经济发展需要，通过制定农业土地利用的全面规划，对城镇设计、工农业布局、交通设施等进行总体安排，以保证国家经济发展，防止农业环境污染和生态破坏。

（2）农业环境评价制度。

该制度是指对于影响农业环境的工程建设、开发活动和各种规划，预先进行调查、预测和评价，提出农业环境影响及防治方案的报告，经主管部门批准才能进行建设或者实施的制度。

① 基本内容：建设项目的基本情况；建设项目周围地区的环境状况调查；建设项目对周围地区的环境影响的分析与预测；环境监测制度建设；环境影响经济损益分析；结论。

② 实施程序。

a. 由建设单位或主管部门通过签订合同委托评价单位进行环境影响评价。

b. 评价单位通过调查和评价编制环境影响报告书，评价工作要在项目的可行性研究阶段完成。

c. 在设计任务书下达之前提交环境影响报告。

d. 在建设项目的主管部门负责下对建设项目的环境影响报告进行预审，提交设计给施工单位。

（3）"三同时"制度。

"三同时"制度是指一切建设、改建和扩建的基本项目（新建、改建、扩建项目，技术改造项目，区域开发项目或自然资源开发项目），以及需要配套建设的环境保护设施，必须与主体工程同时设计、同时施工、同时投产的制度。

（4）许可证制度。

许可证制度是指凡是对环境有不良影响的各种规划、资源开发、建设项目、排污设施或经营活动，其建设或经营者需要先提出申请，经主管部门审查批准，颁发许可证后才能从事该项活动的制度。其主要程序包括：申请、审查、决定、监督和处理。

（5）征收排污费制度。

（6）秸秆禁烧和综合利用制度。

（7）兽药管理制度。

（8）饲料和饲料添加剂管理制度。

（9）农药管理制度。

此外，围绕农业环境保护还有一系列的法律法规保驾护航。环境保护法律法规是由国家制定或认可，涉及保护与改善环境合理开发利用与保护自然资源、防止污染和其他公害的法律规范的总称。其直接目的是协调人类与环境之间的关系，保护和改善生活环境和生态环境，防止污染和其他公害，最终目的在于保护人民健康和保护经济社会持续发展。在已颁布实施的各项管理制度与法律法规中均有明确的惩戒规定。

① 经营假、劣兽药，或无证经营兽药，或者经营人用药品的法律责任。违反《兽药管理条例》规定，无兽药生产许可证、兽药经营许可证生产、经营兽药的，或者虽有兽药生产许可证、兽药经营许可证，生产、经营假、劣兽药的，或者兽药经营企业经营人用药品的，责令其停止生产、经营，没收用于违法生产的原料、辅料、包装材料及生产、经营的兽药和违法所得，并处违法生产、经营的兽药（包括已出售的和未出售的兽药）货值金额 2 倍以上 5 倍以下罚款，货值金额无法查证核实的，处 10 万元以上 20 万元以下罚款。无兽药生产许可证生产兽药，情节严重的，没收其生产设备；生产、经营假、劣兽药，情节严重的，吊销兽药生产许可证、兽药经营许可证。

② 违反《兽药管理条例》规定，未按照国家有关兽药安全使用规定使用兽药的、未建立用药记录或者记录不完整真实的，或者使用禁止使用的药品和其他化合物的，或者将人用药品用于动物的，责令其立即改正，并对饲喂了违禁药物及其他化合物的动物及其产品进行无害化处理；对违法单位处 1 万元以上 5 万元以下罚款；给他人造成损失的，依法承担赔偿责任。

③ 违反《兽药管理条例》规定，销售尚在用药期、休药期内的动物及其产品用于食品消费的，或者销售含有违禁药物和兽药残留超标的动物产品用于食品消费的，责令其对含有违禁药物和兽药残留超标的动物产品进行无害化处理，没收违法所得，并处 3 万元以上 10 万元以下罚款；构成犯罪的，依法追究刑事责任；给他人造成损失的，依法承担赔偿责任。

课后思考题

1. 农业环境规划与管理的内涵及目标与意义是什么？
2. 简述我国农业环境保护规划的任务和要求。
3. 简述我国农业环境保护规划的指导思想及基本原则。
4. 简述农业环境保护规划的编制程序、基本内容与方法。

5. 什么是环境管理？环境管理的作用有哪些？
6. 简述环境管理的基本职能、类型与内容。
7. 查阅文献资料，了解我国农业环境管理组织体系的演变过程。
8. 查阅文献资料，详细了解我国现行农业环境保护的基本政策制度体系和相关的法律法规。

第十一章 农业环境监测与评价

本章简述

本章阐明了农业环境监测的定义及其意义,以及农业环境检测的任务与方法,并分别以农业环境中的水、大气、土壤、生物和生态检测为例,详述了样品采集方法及其相关指标的检测方法;简述了农业环境质量的含义及其评价的目的与意义,阐述了农业环境质量评价的基本程序、内容与方法,并以农业大气环境、水环境、土壤环境为例,详述了各环境因子的质量评价方法。

第一节 农业环境检测

一、农业环境检测概述

(一)农业环境检测的含义

农业环境检测实际上是对农村环境质量的检测,特别是对水污染、大气污染、土壤污染和生物污染的检测。对农业环境的检测,如水土流失、沙漠化、森林覆盖率变化和生物多样性变化等,也越来越受到人们的重视。农业环境检测是环境检测的重要组成部分。

(二)农业环境检测的目的和意义

(1)评价农业环境质量,预测农村环境质量的发展趋势。

(2)为制定环境法规与标准,农村环境规划与管理,农村环境污染综合防治提供科学依据。

(3)发现污染问题,探明污染原因,确定污染物质,为保护农村环境和居民身体健康服务。

(三)农业环境检测分类

(1)监视性检测,又称常规检测或例行检测,通常指定时、定点对污染源和环境中的主要污染指标进行的检测。

（2）应急检测，常指对污染事故的检测和仲裁检测等。

（3）特种目的检测，指根据不同目的进行的检测，如资源检测、健康检测、生态检测等。

（四）农业环境检测的方法和内容

1. 农业环境检测的方法

环境检测所采用的主要方法和技术有：采样技术、样品前处理技术、理化分析测试技术、生物检测技术、自动检测与遥感技术、数据处理技术、质量保证与质量控制技术等。

2. 农业环境检测的内容

农业环境检测的主要对象和内容有：水污染检测、大气污染检测、土壤污染检测、生物体污染检测、固体废弃物污染检测、放射性污染检测、噪声污染检测等。

二、农业环境检测的方法

（一）调查

为了使检测方案制订得合理，必须进行实地污染调查。检测目的不同，调查的范围及内容也不一样。例如，为了制定区域性污染控制措施，就要对该区域的污染状况进行全面的调查，若为了某一项工程设计取得原始资料，则应按设计规范或卫生标准的要求，调查该项工程及其范围内的污染状况。

农田土壤采样

（二）样品的采集与保存

环境检测样品的采集和保存是保证环境检测数据准确、可靠的最关键的环节之一。由于环境体系的构成和组成非常复杂，样品的代表性和有效性非常重要，为了使检测数据能够确切地反映当时当地的环境状况，在工作中应该遵循以下原则。

1. 统一规范的原则

统一规范的原则就是由权威部门（如中华人民共和国生态环境部）对各类环境体系的采样方案颁布一系列规范性条例，并要求职能部门（如检测站）在制订和执行采样方案时按规范行事。

2. 因地制宜的原则

因地制宜的原则就是采样法案制订者还要考虑到具体对象在当时、当地的特殊性，就规范中未涉及的方面做出具体分析，而后做出符合实际的采样部署。

（三）样品的预处理

样品的预处理包括过滤、灰化处理、提取等环节。

（四）样品预处理新技术

环境中污染物特别是有机污染物（包括环境激素）的分析大都涉及纳克级的痕量检测，又必须适应不同基体和大量共存物等复杂因素，是一项复杂系统的痕量分析课题。利用经典的样品前处理方法远远不能达到要求,近年来发展起来许多样品前处理方法,如超临界流体萃取、固相萃取、固相微萃取、顶空及微波萃取等技术。下面对几种较新的环境样品前处理方法做简单的介绍。

1. **超临界流体萃取法**

超临界流体萃取法是利用超临界流体(温度和压力略超过或靠近临界温度T0和压力P0,介于气体和液体之间的流体)作为萃取剂,从固体或液体中萃取出某种高沸点或热敏性成分,以达到分离和提纯的目的。作为一个分离过程,超临界流体萃取过程介于蒸馏和液—液萃取过程之间,即此过程同时利用了蒸馏和萃取的原理——蒸汽压和相分离均起作用。

2. **固相萃取法**

固相萃取法是以液相色谱分离机制建立起来的分离和纯化方法。固相萃取法预处理样品有许多引人注目的优点:一是安全,可以避免使用毒性较强或易燃的溶剂;二是不会发生液—液萃取中经常出现的乳化问题,萃取回收率高,重现性好;三是固相萃取操作简便、快速,可同时进行批量样品的预处理;四是由于可选择的固相萃取填料种类很多,因此其应用范围很广,可用于复杂的环境样品预处理。

3. **固相微萃取法**

固相微萃取法是以固相萃取为基础发展起来的新方法。它用一个类似气相色谱的微量进样器的萃取装置在样品中萃取出待测物后直接与气相色谱(CG)或高效液相色谱(HPLC)联用,在进样口将萃取的组分解析后进行色谱分离和分析检测。

4. **顶空法**

顶空法是取样品基质(液体和固体)上方的气相部分进行色谱分析的方法。顶空技术分为静态顶空技术和动态顶空技术(吹扫捕集)。用于分析聚合物材料中的残留溶剂或单体及工业废水中的挥发性有机物、食品的气味等。

5. **微波萃取法**

微波萃取法用于样品制备是近年发展起来的,它是指利用微波作为能量,进行样品处理的各种方法。它可以用于样品溶解、干燥、灰化及浸取等方面。以往微波制备样品主要用于无机分析,现在已逐步扩展到有机分析。由于设备简单、高效、快速,可以同时处理多种样品,因而是一种极有发展前途的样品制备与前处理技术。

(五) 理化分析

1. **化学分析法**

化学分析法是以特定的化学反应为基础的分析方法,分为质量分析法和容量分析法。

(1) 质量分析法是将待测物质以沉淀的形式析出,经过过滤、烘干、用天平称其质量,通过计算得出待测物质含量的方法。

(2) 容量分析法通常也称为滴定分析法,其基本原理是用一种已知准确浓度的溶液(标准溶液),滴加到含有被测物质的溶液中,根据反应完全时消耗标准溶液的量、体积和浓度,计算出被测物质的含量。容量分析法的特点是操作简便、迅速,结果准确,费用低,在环境检测中应用较多。例如,测定水中的酸碱度、化学需氧量、溶解氧、挥发性酚、总氮、硫化物和氰化物等。根据化学反应类型的不同,滴定分析法可分为酸碱滴定法、络合滴定法、沉淀滴定法和氧化还原滴定法等。

2. 仪器分析

仪器分析是利用被测物质的物理性质或化学性质来进行分析的方法。根据分析原理和仪器的不同,环境检测中常用如下几类。

(1) 色谱分析法,包括气相色谱法(GC)、高效液相色谱法(HPLC)、薄层色谱法(TLC)、离子色谱法(IC)等。

色谱分析法具有分离效率高、分析速度快、灵敏度高、样品用量少、价格较为低廉、易于普及、可用于定量和定性分析等优点,已广泛应用在环境、化工、医药卫生、农业、食品、空间研究等多个领域。在环境检测领域,色谱法占有越来越重要的地位。

(2) 电化学分析法,包括电导分析法、电位分析法、库仑分析法、极谱法和溶出伏安法等。

电化学分析法是依据物质的电学及电化学性质测定其含量的分析方法,通常是使待分析的样品试液构成化学电池,根据电池的某些物理量与化学量之间的内在联系进行定量分析。电化学分析法具有快速、灵敏、简便等优点,在环境检测中占有重要地位。

(3) 光学分析法。光学分析法是根据物质发射、吸收辐射能或物质与辐射能相互作用建立的分析方法。其种类很多,以分子光谱法和原子光谱法应用较多。

① 分子光谱法。分子光谱法包括红外吸收、紫外可见吸收、分子荧光等方法。

② 原子光谱法。原子光谱法包括原子发射、原子吸收和原子荧光光谱法。目前,我国应用最多的是原子吸收光谱法。

三、农业环境污染检测技术

农田土壤监测

(一) 水体的污染检测

水样采集包括地表水、废水、地下水、雨水等样品的采集。

单项分析水样量为 0.5~1.0 L,全分析水样量不少于 3.0 L。底质样品采集量视检测项目和检测目的而定,一般为 1~2 kg,如样品不易采集或测定项目比较少时,酌情减少。

水样采得后应立即在盛水器(水样瓶)上贴上标签或在水样说明书上做好详细记录。水样说明书内容应包括水样的采集地点、日期、时间、水源种类、水体外观、水位高度、水源周围及排出口的情况,采样时的水温、气温、气候情况,分析目的和项目,采样者姓名,等等。

水样采集后,应尽快进行分析检验,以免在存放过程中引起水质变化,但是限于条件,往往只有少数测定项目可在现场进行(如温度、电导率、pH等),大多数项目仍需送往实验室进行测定。因此,从采样到分析检验之间的这段时间里,需要保存水样。

1. **物理指标的测定**

水质的物理指标诸如温度、颜色、气味、浊度、透明度等属于感官性状指标。

(1) 温度。温度是水质的一项重要的物理指标。表层水温观测可采用普通水银温度计,将其插入水中读取水温,也可采用专用水银温度计和热敏电阻温度计。深水温度观测可采用颠倒温度计或热敏电阻温度计。

(2) 颜色。水中悬浮物质完全除去后呈现的颜色称为"真色";没有除去悬浮物时所呈现的颜色称为"表色"。

(3) 气味。气味的检验,主要靠检验员的嗅觉。由于人们对气味的感觉灵敏度不同,测定时可请数人同时测定,取其平均值。

(4) 浊度。浊度通常采用1 L蒸馏水含有1 mg二氧化硅为一个浊度单位。有时也采用每升水中悬浮物的毫克数来表示。我国水质标准规定饮用水浊度不超过3 mg/L。

水的浊度可以用浊度计进行测定。当水中的颗粒物受到光的折射后,发生散射作用,散射光强度与单位体积内的粒子数成正比。

(5) 透明度。透明度是指水样的澄清程度。测定透明度可采用塞氏盘等方法。塞氏盘法是一种现场测定透明度的方法。

测定时将盘在船的背光处平放在水中,待其逐渐下沉到恰恰不能看见盘面的白色时,记取其尺度,就是透明度数(以厘米为单位)。观察时须反复2~3次。

2. **化学指标的测定**

(1) 水pH。pH的测定方法有比色法和pH计法。比色法简便易行,但准确度比较差。且受到水体颜色、浊度及其他物质(如氧化剂和还原剂等)干扰。

pH计法以饱和甘汞电极为参比电极,以pH玻璃电极为指示电极,与待测溶液(如水样)组成电池,测定时以标准pH缓冲溶液对仪器校正定位。

(2) 总溶解固体。总溶解固体的英文缩写为TDS,它与含盐量和过滤性残渣是相类同的指标,以mg/L表示水中溶解物质的浓度。测定方法常采用质量法,水样经过滤后,将溶液在一定温度下蒸发干燥后,称重。由于水的电导率与水中的含盐量呈正相关,因此也可以通过测定水样的电导率来估计水中总溶解固体的含量。

(3) 悬浮物。悬浮物的英文缩写为SS,即非过性残渣,指残留在滤纸上的并于103~105 ℃烘至恒重的固体。将一定体积的水样过滤,将固体残留物及滤纸烘干并称重。减去滤纸重量,即为非过滤性残渣。

(4) 碱度。水的碱度是指水中氢离子能力的量度,该指标与水的缓冲能力有关。测定方法采用中和法,以强酸(如HCl)滴定水样,甲基橙为指示剂,根据滴定到达终点时所消耗一定浓度的盐酸体积,计算水样的碱度,单位为mol/L,若以$CaCO_3$的mg/L表示碱度,则:

$$1 \text{ mg/L}(\text{以 } CaCO_3 \text{ 计}) = 50 \text{ mmol/L}(\text{式中 } 50 \text{ 为 } 1/2CaCO_3 \text{ 分子量})$$

(5) 硬度。水的硬度是水中钙、镁离子浓度的量度,测定方法常采用络合滴定法,以乙二胺四乙酸(EDTA)作为滴定剂,铬黑T为指示剂,滴定到水样溶液的颜色由红变蓝为终点，根据消耗一定浓度 EDTA 的体积，计算水样的硬度，以每升水样消耗的 EDTA 摩尔数（水样钙、镁离子的物质的量浓度）表示硬度，工业上也常以相当于 $CaCO_3$ 的 mg/L 表示硬度。

硬度的测定也可采用原子吸收分光光度，通过分别测定钙、镁离子浓度求得。

3. 溶解氧和有机污染物综合指标的测定

水体污染在很大程度上是由有机污染物造成的。水体中的有机物种类繁多，它们在微生物的降解过程中，会消耗大量溶解氧，因此，水体中溶解氧含量能在一定程度上反映水体受有机物污染的程度。其他常用的有机污染综合指标有化学需氧量、生化需氧量和总有机碳等。

（1）溶解氧（DO）。溶解于水中的氧称为溶解氧，常用英文缩写 DO 表示。水体中溶解氧量的多少，在一定程度上，能够反映出水体受污染的程度。测定溶解氧的方法有化学法（碘量法）和膜电极溶解氧仪法。

（2）生化需氧量（BOD_5）。生化需氧量是指在好氧条件下，微生物分解水中有机物质的生物化学过程中所需溶解氧的量，生化需氧量的测定方法就是溶解氧的测定方法。在培养前和培养后各测定 1 次溶解氧，两者之差为生化需氧量。

生化需氧量的测定方法还有库仑法和生物膜法等。

（3）化学需氧量（COD）。化学需氧量是在一定条件下，用强氧化剂处理水样时所消耗氧化剂的量，以氧的 mg/L 表示结果。所用的氧化剂主要是高锰酸钾和重铬酸钾，分别称为锰法（COD_{Mn}）和铬法（COD_{Cr}）。为了便于区分，现在把 COD_{Mn} 称作高锰酸盐指数，而仅把 COD_{Cr} 称作化学需氧量（COD）。

（4）总有机碳（TOC）。总有机碳是采用碳的含量来表示水中有机污染物的指标。其测定原理如下：先在水样中加酸，并引入压缩空气进行酸化曝气，以除去水中的无机碳酸盐；然后将水样定量地注入有铂作为催化剂的燃烧管，在空气中，于 680 ℃下进行燃烧；最后有机物在燃烧过程中产生的二氧化碳，经过红外气体分析仪测定，通过自动记录仪记录，得到水样中的总有机碳量，一般以有机碳的 mg/L 表示。用这种方法测定一个水样仅需几分钟的时间，但仪器价格较昂贵。

4. 含氮污染物的测定

环境水体中存在着各种形态的含氮化合物，含氮化合物包括有机氮化合物和无机氮化合物，在水体中变化的总趋势是经过降解、分解、氧化等复杂过程，最后变为硝酸盐。

（1）氨氮。氨氮测定方法常用的有分光光度法和氨气敏电极法。分光光度法干扰因素较多，对污染较重的水样，通常需要预蒸馏分离。

（2）亚硝酸盐氮。亚硝酸盐氮的测定通常用重氮耦合分光光度法。水中的亚硝酸盐，在 pH 为 2.0~2.5 时，与对氨基苯磺酸生成重氮盐，再与萘乙二胺耦联生成红色染料。该反应具有高灵敏度和选择性，最低检出浓度可达 0.005 mg/L。

测定亚硝酸盐氮的便捷方法是采用离子色谱法。

（3）硝酸盐氮。硝酸盐进入人体后可能被还原为亚硝酸盐，进而生成其他危害更加严重的物质。硝酸盐测定的主要方法是分光光度法和离子色谱法。

（4）凯氏氮。凯氏氮是采用特定的凯氏氮法测得的氨氮量，包括游离氨、铵盐和有机氮化合物的总和。

5. 金属污染物的测定

金属污染物主要有汞、镉、铅、铬、铍、铊、镍等。根据金属在水中存在的状态，分别测定溶解的、悬浮的、总金属以及酸可提取的金属成分等。溶解的金属是指能通过 0.45 μm 滤膜的金属；悬浮的金属指被 0.45 μm 滤膜阻留的金属；总金属指未过滤水样，经消解处理后所测得的金属含量。目前，在环境标准中，如无特别指明，一般指总金属含量。

水体中金属化合物的含量一般较低，对其进行测定须采用高灵敏的方法。目前主要采用原子吸收分光光度法，其他测定金属的方法有电感耦合等离子体发射光谱法、分光光度法、原子荧光法和阳极溶出伏安法等。

6. 金属无机污染物的测定

水中需要检测的非金属无机污染物，除了三氮盐外常包括砷化物、氰化物、氟化物、硫化物、磷酸盐等，这些化合物一般以阴离子形态存在于水中，它们容易被生物吸收或不甚稳定。在一定条件下它们能转化为挥发性化合物，这一性质可用来作为预分离的依据。

对于这些化合物的测定，最普遍应用的方法是分光光度法，应用离子选择电极法的比较多，近年来离子色谱法在测定阴离子方面已取得较大进展。表 11-1 归纳了这些非金属化合物常用的测定方法。

表 11-1　非金属化合物常用的测定方法

非金属无机污染物	前处理手段	预定方法	基本原理
砷化物	使成为砷化氢气体挥发分离	二乙基二硫代氨基甲酸银（DDCAg）分光光度法	砷化氢将 DDCAg 还原为棕红色胶态，银水中 CN^- 被氧化生成 CNCl，氯化氢与异烟酸作用经水解生成戊烯二醛，再与吡唑啉酮进行缩合反应，生成蓝色染料，在波长 638 nm 下测定
氰化物	在酸性介质中以 HCN 形式蒸馏分离	异烟酸—吡唑啉酮分光光度法	
氟化物	以 HF 形式蒸馏分离（清洁水无须预处理）	氟离子选择电极法	通过测量电位得氟离子浓度；硫离子在酸性介质中，在高铁离子存在下，与对氨基二甲苯胺反应生成亚甲基蓝；在酸性介质中，正磷酸盐与钼酸铵反应生成磷钼杂多酸，再用氯化亚锡将其还原为磷钼蓝
硫化物	通入氮气或二氧化碳将硫化氢吹出	对氨基二甲苯胺分光光度法	
磷酸盐	在测定总磷时须对水样作消解处理，使成为正磷酸盐	钼蓝法	

7. 有机污染物的测定

水体中一些重要的有机污染物，在水质标准中列为单独检测项目，如油分、酚类、有机农药等。对于有机物的成分分析，气相色谱和高效液相色谱是有效的手段。

(二) 大气污染的检测

制订大气污染检测方案,先要根据检测目的进行调查研究,收集必要的基础资料;然后经过综合分析,确定检测项目,设计布点网络,选定采样频率、采样方法和检测技术,建立质量保证程序和措施,提出检测结果报告要求及进度计划。

1. 大气污染检测采样

由于大气污染的时空分布,受工业布局、气象条件、地形地貌、人口密度等多种因素的影响,因此,在大气污染检测中,需要根据影响污染物分布的因素,合理布置采样点的位置和数目,基本原则如下。

第一,采样点应设置在整个检测区域内高、中、低三种不同污染物的地方。

第二,采样点应疏密有别。在污染源较集中、主导风向较明显的地域,应在污染源的下风向布置较多的采样点,上风向布设少量采样点作为对照;工业较密集的区域、人口密集区及污染物超标地区,要适当增设采样点;城市郊区和农村,人口密度小及污染物浓度低的地区,可酌情少设采样点。

第三,采样点的周围应开阔,周围无局部污染源。采样口水平线与周围建筑物高度的夹角应不大于30°,并应避开树木及吸附能力较强的建筑物。交通密集区的采样点应设在距人行道边缘至少1.5 m远处。

第四,各采样点的设置条件要尽可能一致或标准化,使获得的检测数据具有可比性。

第五,采样高度应相应于检测目的。研究大气污染对人体的危害,采样口应在离地面1.5~2 m处;研究大气污染对植物或器物的影响,采样口高度应与植物或器物高度相近。连续采样例行检测采样口高度应距地面3~15 m;若置于屋顶采样,采样口应与基础面有1.5 m以上的相对高度,以减小扬尘的影响。特殊地形地区可视实际情况选择采样高度。

2. 大气降水检测

大气降水检测的目的是了解在降雨(雪)过程中从大气中沉降到地球表面的沉降物的主要组成、性质及有关组分的含量,为分析大气污染状况和提出控制污染途径、方法,同时提供基础资料和依据。

3. 气态污染物的测定

(1) 二氧化硫的测定。二氧化硫是大气主要污染物之一,为大气环境污染例行检测的必测项目。测定二氧化硫常用的方法有分光光度法、紫外荧光法、电导法、库仑滴定法、火焰光度法等。

(2) 氮氧化物 (NO_x) 的测定。大气中含氮化合物有一氧化氮、二氧化氮、三氧化二氮、四氧化三氮和五氧化二氮等。大气中的氮氧化物主要以一氧化氮和二氧化氮形式存在。它们主要来源于化石燃料高温燃烧和硝酸、化肥等生产排放的废气,以及汽车尾气。常用的测定方法有盐酸萘乙二胺分光光度法、化学分光光度法及恒电流库仑滴定法等。其中,盐酸萘乙二胺分光光度法采样和显色同时进行,操作简便,灵敏度高,是国内外普遍采用的方法。

(3) 一氧化碳的测定。一氧化碳是大气中主要污染物之一,它主要来自石油、煤炭的不充分燃烧和汽车尾气；一些自然灾害，如火山爆发、森林火灾等也是来源之一，另外还有北方农村一些旧式取暖方式排放的一氧化碳。

测定大气中一氧化碳的方法有非分散红外吸收法、气相色谱法、定电位电解法、间接冷原子吸收法等。其中，非分散红外吸收法和定电位电解法，方法简便，能连续自动检测，也能测定塑料袋中的气样。置换汞法具有灵敏度高、响应时间快及操作简便等优点，适用于空气中低浓度一氧化碳的测定和本底调查。

（4）硫酸盐化速率的测定。大气中含硫污染物，如二氧化硫、硫化氢、次硫酸等经过一系列氧化最终形成危害更大的酸雾和硫酸盐雾。硫酸盐化速率是指大气中含硫污染物演变为硫酸雾和硫酸盐雾的速度。测定方法有二氧化铅—重量法、碱片—重量法、碱片—铬酸钡分光光度法、碱片—离子色谱法。

（5）总挥发性有机物。测定总挥发性有机物通常采用气相色谱法。选择合适的吸附剂（Tenax GC 或 Tenax TA），用吸附管采集一定体积的空气样品，空气流中的挥发性有机物保留在吸附管中。采样后，将吸附管加热，解析挥发性有机物，待测样品进行色谱分析、测定。采样管和吸附剂采样前进行处理或活化，使干扰减少到最小；选择合适的色谱柱和分析条件，本法能将多种挥发性有机物分离，使共存物干扰问题得到解决。

（6）甲醛的测定。

① 酚试剂比色法。甲醛与酚试剂反应生成嗪，在高铁离子存在下，嗪与酚试剂的氧化产物反应生成蓝绿色化合物，根据颜色深浅，用分光光度法测定。该方法检出限为 0.15 μg/5 mL（按与吸光度 0.02 相对应的甲醛含量计），当采样体积为 10 mL 时，最低检出浓度为 0.01 mg/L。

② 乙酰丙酮分光光度法。甲醛吸收于水中，在铵盐存在下，与乙酰丙酮作用生成黄色的 3，5-二乙酰基-1，4-二氢吡啶，根据颜色深浅，用分光光度法测定。该方法在酚大于甲醛 1 500 倍，乙醛大于甲醛 300 倍时不干扰。方法检出限为 0.25 μg/5 mL，当采样体积为 30 L 时，最低检出浓度为 0.008 mg/m^3。

③ 气体检测管法。气体检测管是一种填充显色指示粉的玻璃管，管外印有刻度，管内的指示粉用吸附了显色剂的载体制成。当被测空气通过检测管时，被检测物质与指示粉反应产生颜色及长度变化从而对有害物质进行快速的定性和定量分析。

（三）土壤污染的检测

污染物进入土壤后造成的危害可以分为两种情况：一是直接危害农作物生长，造成减产；二是被农作物吸收累积，通过食物链影响整个生态系统，或者污染物由土壤转入水体或大气，使土壤成为二次污染源。所以，土壤污染检测是非常必要且重要的。可以利用检测数据判断污染现状，预估污染发展进程和趋势，并加以防治。

土壤中的污染物种类是多种多样的，有重金属、非金属（包括剧毒性非金属元素砷、氰以及过量的营养元素等）、有机污染物（如酚、农药等）、病原微生物等。

1. **土壤样品的采集**

（1）调查。为了使所采集的样品具有代表性，使检测结果能表征土壤污染的实际情况，检测前首先应进行污染源及其传播污染物的方法途径、作物生长情况、自然条件等调查研究，搞清污染土壤范围、面积，为采样点的合理布局打基础。

（2）样品的采集。样品的采集要保证样品具有代表性。由于土壤具有不均一特性，所以采样时很易产生误差，通常我们取若干点，组成混合样品，混合样品组成的点越多，其代表性就越强。同时，由于土壤污染具有时空特性，应注意采样时间、采样区域范围、采样深度。

① 布点方法。根据污染源分为以下几种情况。

a. 大气点源对土壤产生的污染。当主导风向明显时采用扇形布点法，以点源在地面射影为圆点向下风向画扇形，射线与弧交点作为采样点。

b. 如果主导风向不明显，则用同心圆布点法。以排放源在地面射影为圆心作同心圆，射线与弧交点作为采样点。

② 采样深度。采样深度依检测目的确定，如果只是一般了解土壤的污染状况，只需采集表层 0~20 cm 即可。但是如果掌握土壤污染深度，或者想研究污染物在土壤中的垂直分布与淋失迁移情况，则须分层采样。如 0~20 cm，20~40 cm，40~60 cm 分别取样。

③ 采样时间。为了了解土壤污染状况，可随时采集样品进行测定。但有些时候须根据检测目的与实际情况而定。

若污染源为大气，则污染情况易受空气湿度、降水等影响，其危害有显著的季节性，所以应考虑季节采样。

如果污染源为施肥、农药，则应于施肥与撒药前后选择适当的时间采样。

如果污染源为灌溉，则应在灌溉前后采样。

④ 采样量。采样量一般 1~2 kg 即可，对多点采集的样品，可反复按四分法弃取，最后装入塑料袋或布袋内带回实验室。

2. 土壤样品的预处理

取回的土壤样品需要预处理。由于分析的成分和适用的方法不同，所需求的预处理方法也不同。一些核技术分析方法如 X 射线荧光分析法、中子活化法、同位素示踪法、发射光谱法等可用制备的固体样品直接测定。常用的原子吸收法、极谱法、普通的分光光度法、滴定法等需要将固体样品转化为溶液进行分析。土壤中成分的测定，通常包括全量成分及有效成分或不同形态（水溶态、交换态、酸酐溶液态）的测定。

（1）样品的消解。采用熔融法、酸消解法等。

（2）样品的提取。

① 水浸提法（水溶态的提取）。如测定土壤中水溶性有机质、CO_3^{2-}、Ca^{2+}、Mg^{2+}、pH 等采用此预处理方法。定期检测水浸提液可掌握土壤 pH、含盐量等动态，以判断土壤质量及其对农作物的适应情况及危害等。具体操作：称 50.00 g 土样至三角瓶，加 250 mL 无二氧化碳水，振荡提取，过滤，滤液备用。

② 土壤中有效态污染物的提取。所谓"有效态"是指植物能直接吸收利用的部分，一般指水溶性、可交换性的形态。为了制定指定性指标值，建立起相互比较的统一标准基

础，对样品的粒径、提取剂成分和 pH、提取剂和样品的数量、提取时间、提取温度须特别注意。

③ 土壤中有机农药提取。土壤中的有机污染物要用有机溶剂来提取，如丙酮、氯仿、石油醚、乙醇、乙醚等。根据污染物的极性选择有机溶剂，如有机氯农药选择非极性溶剂（正乙烷、苯等），有机磷农药选择强极性有机溶剂（如氯仿、丙酮等）。一般通过长时间的振荡浸提或用索氏抽提来提取。

污染物的分离与浓缩：此操作是为了消除干扰，以及使测定成分的浓度达到测定方法的灵敏度范围。

土壤含水量测定及分析结果的表示：不论是新鲜样，还是风干样，都必须测定其含水量。因为土壤中污染物含量的表示是以干土计的，即 mg/kg 烘干土。

3. 土壤典型污染物的测定方法

（1）重金属镉、锌、铜、铅、锰、镍等。

① 总量测定。HNO_3-H_2SO_4、HCl-HNO_3-$HClO_4$、HNO_3-HCl 等消化，原子吸收分光光度法测定。

② 有效态。碱性、石灰性土壤用 DTPA 提取，酸性土壤用 0.1 mol/L 氯化氢提取，原子吸收分光光度法测定。

（2）非金属。以砷（As）为例。

① 总砷：用 HNO_3-H_2SO_4 消化，用 DDG-Ag 分光光度法测定。

② 有效砷：用 pH 为 8.5 的 0.25 mol/L 碳酸氢钠于 25 ℃下振荡提取 30 min，过滤后用 DDC-Ag 分光光度法测定。

（3）有机污染物。

① 挥发酚。

加酸蒸馏法：鲜土样加酸（pH 为 4）加热蒸馏出挥发酚，用四氨基安替比林比色法测定。

水提取法：鲜土样加无酚水振荡提取 20 min，过滤，滤液加热蒸馏出挥发酚，用四氨基安替比林比色法测定。

② 六六六、DDT。鲜土样用石油醚—丙酮提取（索氏提取器），用气相色谱电子捕获检测器测定。

4. 几种主要有毒有机农药的测定方法

农药按功能类型划分，主要可分为杀虫剂、杀菌剂和除草剂。下面将对几种主要有毒有机农药的测定做具体介绍。

（1）有机磷农药。作为除草剂、杀真菌剂、杀虫剂，有机磷农药具有广谱、高效、量小以及作用方式多、使用方便、半衰期短等优点，广泛应用于农业、工业、医药等领域。有机磷是目前应用量最大，应用面最广的农药。与此同时产生的环境问题也日益严重。有机磷农药对人与动物的毒性作用比较大，绝大多数有机磷农药是剧毒的。

近年来，用于检测有机磷农药的方法有很多，主要有光谱法、色谱法、试纸法、免疫法、生物传感技术和生物芯片技术等。其中应用最广泛的是光谱法和色谱法。

① 光谱法。光谱法是根据有机磷农药中的某些官能团的水解、还原产物与特殊的显色剂在特定的环境下发生氧化、磺酸化、酯化、络合等化学反应，产生特定波长的颜色反应来进行定性或定量（限量）测定。检出限在微克级。如盐酸萘乙二胺比色法测定乐果，2，4-二硝基苯肼比色法测定敌敌畏，等等。

② 色谱法。目前应用于检测有机磷的色谱法主要有薄层色谱法、气相色谱法和高压液相色谱法。其中，气相色谱法是检测有机磷的国家标准方法。气相色谱法根据样品性质不同，采用合适的有机溶剂将样品中有机磷农药萃取，经过适当的净化和浓缩后，注入色谱仪。有机磷农药与其他一些干扰物质在惰性气体的推动下，在色谱柱中固定液上进行反复分配，最终使得各组得以分离而先后馏出色谱柱，然后用 FPD 检测。磷在检测器中的富氢焰上能发出 526 nm 波长的特征光谱。根据出峰时间和峰面积进行定性和定量。检出限为 1 ng。

（2）有机氯农药和多氯联苯。有机氯农药和多氯联苯由于半衰期长、在环境中稳定性高、易积累于生物体内，广泛存在于环境中。一些有机氯农药和多氯联苯已被确认为对哺乳动物具有致癌性作用和对人体健康有危害。因此，测定大气中有机氯农药和多氯联苯对保护人体健康和研究污染物的迁移、转化规律有重要意义。

气相色谱法是测定有机氯农药和多氯联苯的主要方法。它采用聚氨基酯泡沫塑料（PUF）作为吸附剂，用中流量（流速为 0.225 m^3/min）的采样泵采样，使有机氯农药和多氯联苯吸附在 PUF 吸附剂上，用含 10% 乙醚的正乙烷进行萃取，萃取液通过适当的处理后用气相色谱（FID 检测器）进行测定。

有机氯农药和多氯联苯选用的替代品为四氯间二甲苯和十氯联苯，另外八氯萘也可以作为替代品。

（3）除草醚。除草醚（又名 2，4-二氯苯基-4-硝基苯基醚）是农业生产中广泛使用的除草剂，主要施用于大田作物。由于使用广泛，土壤、水及农产品中，均有不同程度的残留。除草醚具有较高毒性，生态环境部已将其列入水中 68 种重点控制污染物名单。环境试样中除草醚的测定目前国内尚无统一的分析方法，这里主要介绍一下萘基乙胺比色法测定除草醚。

在酸性条件下，使硝基还原成氨基，接着与亚硝酸产生重氮化反应，再与萘基乙胺耦联生成偶氮染料，比色。按取气样量为 50 L 计算，本法的检出浓度为 10 mg/m^3。

（四）生物体污染的检测

生物体受污染后会通过食物链影响人体健康。为保护生物的生存条件、维持生态平衡、保护人体健康，就要进行生物体污染检测。其内容包括植物、动物和人体组织中各种有害物质的检测。本节重点介绍植物中有害物质的检测。

1. 植物样品的采集和制备

植物体中的污染物浓度，一般来说极微量，为了使分析结果能正确反映大量研究对象所含污染物的实际，除全部分析工作要求精密、准确之外，正确地采集具有代表性的样品，选择适宜的样品处理方法也是极为重要的环节。

(1) 植物样品的采集。

① 调查。对污染情况、污染物及环境因素进行调查研究、收集有关资料，确定采样区及代表性小区。

② 采集。

用具：如剪刀、铲、锄、布袋或聚乙烯袋、标签、记录本等。

方法：对角线五点采样（图11-1）或平行间隔采样（图11-2），多点混合成一个代表样品。

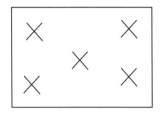 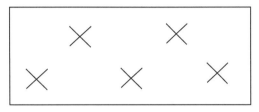

图11-1 对角线五点采样　　　图11-2 平行间隔采样

注意： 不采要保护行；不同部位不要混合（典型性）；不同生长期采样（生长期不同，抗性、含量不同）；采量保证样品制备后至少有50 g的干样品，新鲜样品应比干样品多10倍左右。

③ 不同样品处理。

根：尽量不损伤根毛，将土去掉，冲洗干净（蒸去离子水），不能浸泡，吸水纸要干。

果实：注意树龄、树形、果实着生率及着生方向、方位、生长势，加以记录。

蔬菜：一般整样采集，湿纱布包好，放入塑料袋中。

水生植物：如浮萍整株采，记录水质、生长面积。

(2) 植物样品的制备。测易变项目（农药、氰化物、亚硝酸等），植物的营养成分或品质（维生素、氨基酸、植物碱等）须采用新鲜样品进行分析。

鲜样：洗净→擦干→切碎→混匀→称重→捣碎杯或研钵（石英砂）+蒸馏水或试剂→制成匀浆。

干样：洗净→剪碎→风干（鼓风烘干低温真空干燥箱）60%~70%，<80 ℃→粉碎过筛（1 mm，0.25 mm）→保存。

注意： 如若测定重金属，应避免相应金属器械的使用和玻璃研钵的破碎，用聚乙烯瓶保存。

2. 植物样品的预处理

植物样品要经过灰化、提取、浓缩、净化几道工序进行预处理，之后进行全面检测。

(五) 生态检测

随着人们对环境问题认识的不断深入，生态检测也逐渐受到重视，并成为环境检测的重要组成部分。

生态检测是观察与评价生态系统对自然变化及人为变化所作出的反应，是对各类生态系统结构和功能的时空格局的度量。检测结果则用于评价和预测人类活动对生态系统的影响，为合理利用资源、改善生态环境和保护自然提供决策依据。

我国需要优先开展的生态检测项目有以下几项：

第一，全球气候变暖所引起的生态系统或动植物区系位移的检测。

第二，珍稀濒危动植物物种的分布及栖息地检测。

第三，水土流失的面积及其时空分布和环境影响的检测。

第四，沙漠化的面积及其时空分布和环境影响的检测。

第五，草场沙化退化面积及其时空分布和环境影响的检测。

第六，人类活动对陆地生态系统包括森林、草原、农田和荒漠等结构和功能的影响检测。

第七，水环境污染对水体生态系统包括湖泊（含水库）、河流和海洋等结构和功能的影响检测。

第八，主要环境污染物包括农药、化肥、有机污染物和重金属在土壤—植物—水体系统中的迁移和转化的检测。

第九，水土流失地、沙漠化地及草原退化地优化治理模式的生态平衡检测。

第十，各生态系统中微量气体的释放通量与吸收的检测。

生态检测可根据不同类型的生态系统设置相应的指标体系。表 11-2 是农业生态检测指标体系。

表 11-2　农业生态检测指标体系

指标类	指标组	指标种类
生境资源类	气候	温度、日照时数、无霜期、气候灾害、风力与风向、蒸发量
	土地	机种、土地利用类型、地形、坡度、土地侵蚀状况、地面景观
	土壤	土壤类型、土层厚度、土壤营养、土壤营养障碍、土壤质地、土壤湿度、土壤元素背景值
	水文	年径流量、地面水储量、水深、水湿、透明度、含盐量、地下水位和变幅、地下水流向、水质背景值
	非主体生物	生物种类、生物数量、与主体生物间的关系、植被状况、植被结构、特种多度、生物多样性指数、作为天敌的生物种类数量和活动强度、土壤生物种类和数量、环境指示生物状况
主体生物类	农作物	种类与品种、产量与生产率、光能利用率
	家畜家禽	种类与品种、产量与生产率、饲料转化率
	鱼类	种类与品种、产量与生产率、饲料转化率

续表

指标类	指标组	指标种类
人类社会影响类	人口	人口总数、人口密度、人口素质、人口从业状况
	经济与技术	工业产值、农业产量与产值、区域经济类型、城市化程度、人均产值、人均收入、经济产投比、单位面积投入物质量、单位面积投入能源量、土地耕作与经营方式
	生态破坏	水土流失量、土地沙化或盐渍化程度与数量、土地肥力减退情况、病虫害猖獗程度、植被破坏情况、生物多样性变化、气候状况变化
	化学污染	土壤污染、水源污染、大气污染、农牧渔业品污染、野生生物生境污染、污染对生物及其生境的影响

第二节 农业环境质量评价

一、农业环境质量评价概述

（一）环境质量

环境质量是环境系统客观存在的一种本质属性，并能用定性和定量的方法加以描述的环境系统所处的状态。具体而言，环境质量是指环境对人类社会生存和发展的适宜性，即在一个具体的环境内，环境的总体或环境的某些要素，对人群的生存、繁衍及社会经济发展的适宜程度，是反映人类具体要求而形成的一种概念。环境质量是环境科学的核心问题。

环境质量由自然环境质量和社会环境质量两部分组成。自然环境质量包括物理的、化学的和生物的三个部分；社会环境质量包括经济的、文化的及美学的等部分。

农业环境质量则是指环境对农业生物的适宜性。

（二）环境质量评价

环境质量评价是人们认识和研究环境问题的一种科学方法，是指按照一定的评价标准的评价方法，对环境要素和优劣进行定性或定量的描述和评定，以确定一个区域范围内的环境质量状况，并预测环境质量变化发展趋势和评价人类行动对环境影响的一门学科。农业环境质量评价的内涵基本相同，是针对农业这一特定环境功能区的环境质量评价。环境质量评价一般分为：回顾性评价、现状评价和影响评价（又称预断评价）三种。也有按评价涉及的环境要素和区域功能类型来分的，如环境空气质量评价、水环境质量评价、城镇环境质量评价、乡村环境质量评价、区域环境质量综合评价等。

（三）农业环境质量评价的作用和意义

（1）农业环境质量评价是环境管理工作的重要手段。相对于城市环境，农业环境管理往往较为薄弱。通过农业环境质量评价，可了解和掌握农业环境质量状况及其变化，为农业环境管理及相应的环境规划、环境立法等提供科学依据。

（2）农业环境质量评价是农业环境综合整治的基础。通过农业环境质量评价，可确定区域内的主要污染源和主要污染物，弄清区域的主要环境问题，从而为制定农业环境综合整治规划、确定重点污染治理方案等提供科学依据。

（3）农业环境质量评价是协调农业经济发展和环境保护的重要手段。在农业经济的发展过程中，尤其是乡镇工业的发展，对环境带来了较大影响。而环境质量评价（主要是环境影响评价）可将环境保护工作做在污染出现之前，为农业经济和环境保护之间的协调发展提供了良好的途径，是农业社会经济可持续发展的一种重要手段。

（4）农业环境标准。国内外均制定有以保护农作物为主的农业环境标准。如在水质方面，我国制定有《农田灌溉水质标准》（GB 5084-92）；在环境空气方面，我国制定有《保护农作物的大气污染物最高允许浓度》（GB 9137-88）；在《环境空气质量标准》（GB 3095-1996）中对氟化物也有适用于农、牧（蚕桑）区的植物生长季平均浓度限值；在固废农用污染控制方面，我国制定有《农用污泥污染物控制标准》（GB 4284-2018）、《城镇垃圾农用控制标准》（GB 8172-87）等。

二、农业环境质量现状评价

（一）农业污染源调查

1. 调查目的

弄清污染源的类型、位置及所排放污染物的种类、数量、方式等，以便判断、确定主要污染源和主要污染物。

2. 调查内容

（1）工矿企业污染源。

① 企业概况。名称、位置、性质、面积、职工人数、生产规模、生产班制、产品种类、产量、产值、管理机构等。

② 生产工艺。工艺原理、流程、设备、污染产生环节。

原材料及能源消耗：燃料种类、产地、成分、消耗量、单耗量、单耗资源利用率，电耗、供水量、供水类型、水的循环利用率和重复利用率等。

③ 生产布局。车间厂房、行政办公室、生活区、原料堆场、排污口等位置，企业总平面布置图。

④ 管理状况。管理体制、编制、管理制度、管理水平。

⑤ 污染物排放。种类、数量、浓度、性质、排放方式、控制方法、事故排放情况、危害影响等。

⑥ 污染治理。污染处理（处置）方法、投资、运行费用、运行效果等。

（2）农业生活污染源。

① 人口调查研究。总人口、总户数、人口流动情况、年龄结构、劳动力结构等。

② 村民用水排水状况。用水来源、方式、人均生活用水量、排水量、排水方式及去向。

③ 生活垃圾。数量、种类、堆放、收集及清运方式。

④ 民用燃料。燃料构成、消耗量及使用方式等。

（3）农业污染源。

① 农药使用。农药品种、数量、使用方法、施用时期、有效成分含量、农作物品种使用年限。

② 化肥使用。施用化肥的品种、数量、使用方式及施用时期等。

③ 养殖情况。畜禽饲养种类、数量、饲养方式、饲料种类及数量。

④ 农业废弃物。作物秸秆，畜禽粪便的产量及其处理和处置方式及综合利用情况。

⑤ 水土流失情况。耕作方式、土壤侵蚀强度等。

3. 调查方法

（1）普查。对区域内所有污染源进行概略性的调查。如可以根据乡镇行政管理部门的统计资料，对评价区域内所有企事业单位的性质、规模、排污情况等进行一次排查，对区域内的村落分布、人口及农业生产中农药、化肥的使用情况等进行初步调查。通过上述概略性的调查，再筛选确定重点污染源调查对象，以备进一步调查。

（2）详查。对经普查确定的重点污染源进行深入细致的调查和分析。对工业企业第一步污染源的调查主要是通过对生产工艺流程、原辅材料消耗等的调查分析和检测。

① 污染物排放方式、排放规律。

② 污染物物理、化学及生物学特性。

③ 主要污染物流失及发生部位。

④ 主要污染物流失及发生原因分析。

⑤ 污染物排放量、排放强度的计算确定。

对农业污染源的详查，可采用定点观察和检测的方法。一般选择典型小区域、小田（地）块，进行定期的跟踪调查，以确定单位面积化肥、农药的施用量及其在田间土壤和作物中的残留量、流失量；对污染物的扩散、迁移规律及水土流失情况等，则往往需要进行长期定点的观察和检测才能得到正确的数据。

（二）污染源评价

污染源评价是污染源调查的继续和深入，实际上是对污染源调查结果进行处理的一种方式。其主要目的就是将各种不同的污染物和污染源经一定的数学方法处理转变成可比较的相对值，以便确定其对环境影响的大小顺序，即确定主要污染物和主要污染源。污染源评价方法主要有以下几点。

1. 类别评价

类别评价主要针对单一污染物进行评价，采用污染物的相对含量（浓度）、绝对含量（体积和重量）、统计指标（检出率、超标率、超标倍数、概率加权值）等评价污染物和污染源污染程度。

2. 综合评价法

综合评价不仅考虑了各种污染物的浓度、绝对排放量和累积排放量，而且还考虑了排放途径、排放场所的环境功能。综合评价法按选取的评价标准不同又分为三类。

（1）等标指数。采用污染物排放标准或环境质量标准作为评价标准。

（2）排毒指数。采用毒理学标准作为评价标准。

（3）耗量指数。采用经济学标准作为评价标准。

采用等标指数法处理易造成一些毒性大、在环境中易积累但排放量较小的污染物列不到主要污染物中去，而对这些污染物的排放控制又是必要的。因此，通过计算后，还应作综合考虑分析，最后确定出主要污染源和主要污染物。

（三）农业环境质量现状评价

农业环境质量现状评价是指利用近期和当前的环境质量检测资料，按照一定的评价标准和评价方法，对农业环境质量的优劣进行定性或定量的描述，对农业环境现状进行客观的评述和研究，为农业环境综合整治提供基础资料。

1. 农业环境质量现状评价的基本程序和内容

（1）农业环境质量现状评价的基本程序。农业环境质量现状评价程序如图 11-3 所示。

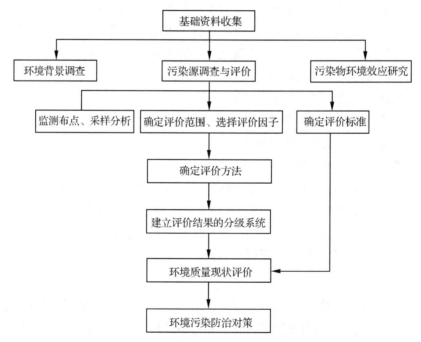

图 11-3 农业环境质量现状评价程序示意图

（2）农业环境质量现状评价的主要内容。农业环境质量现状评价一般可分为 4 个阶段，即调查准备阶段、环境检测阶段、评价分析阶段和成果应用阶段。各阶段主要内容分述如下。

① 调查准备阶段。该阶段包括基础资料的收集、农业自然资源及社会经济结构调查、工农业和生活污染调查与评价等，初步确定主要污染源和主要污染物。

② 环境检测阶段。根据确定的评价范围和评价因子，进行环境质量检测布点，经采样分析后，获取必要的数据和资料。

③ 评价分析阶段。根据确定的评价标准、评价方法及评价分级系统，对检测数据和资料进行计算处理，对农业环境质量进行定量的评定和描述。

④ 成果应用阶段。根据评价结果，提出改善农业环境质量的对策和建议，为农业环境污染综合整治提供基础资料和决策依据。

2. 农业环境质量现状评价方法

农业环境质量现状评价方法较多，大致可分为数学评价法和生物学评价法两大类（图11-4）。

图 11-4　农业环境质量现状评价方法

3. 大气环境影响评价

（1）评价工作等级。《环境影响评价技术导则——大气环境》（HJ 2.2-2018 代替 HJ 2.2-2008）中规定，根据评价项目主要污染物排放量、周围地形的复杂程度以及当地应执行的大气环境质量标准等因素，将大气环境影响评价工作划分为一级、二级、三级。

（2）大气环境影响评价。根据污染物预测值与环境背景值的叠加值，与相应环境目标值（标准）进行比较分析，计算质量指数（一般采用单因子超标法，也可采用综合质量指数）和污染分担率，做出大气环境影响评价的结论并提出改善环境的建议。

大气环境影响评价的结论应包括以下几个方面的内容。

① 环境目标值及污染物允许排放量。

② 拟建项目选址、总图布置及生产工艺合理性、先进性的评价。

③ 避免、消除和减轻环境负面影响的对策和措施（包括污染物消减措施和环境保护管理措施）。

4. 水环境影响评价

（1）评价工作等级。按《环境影响评价技术导则——地面水环境》（HJ 2.3-2018 代替 HJ/T 2.3-93）要求，地表水环境影响评价工作管理费用根据拟建项目的污水排放量、污水水质量复杂程度、受纳水域规模及其水质功能类别进行综合考虑，划分为三级。

此外，也可以水域功能或水质要求为基础，结合污水排放量，污水水质复杂程度以及受纳水域规模等特征，用经验或类比法确定工作等级。

（2）水环境影响评价。水质评价原则上采用单因子评价法，也可用综合指数法。当水环境现状已经超标，则可将拟建项目时预测数据计算得到的指数单元或综合评价指数值与现状值（基线值）求得的指数单元或综合指数值进行比较。根据比值大小，采用专家咨询和征求公众与管理部门意见确定影响的重大性。

水环境影响评价结论主要应包括以下几方面内容。

① 环境目标值及污染物允许排放量。
② 水质影响预测及评价结果。
③ 拟建项目选址、生产工艺及废水处置方案合理性、先进性的评价。
④ 避免、消除和减轻环境负面影响的对策和措施（包括清洁生产、污染物消减措施和环境保护管理措施等）。

5. 土壤环境影响评价

（1）土壤环境影响类型。

① 土壤污染。开发建设项目在建设过程和生产过程排出有毒有害物质，对土壤产生化学性、物理性或生物性污染危害，一般工业建设项目大多属于这种类型。

② 土壤退化和破坏。因开发建设项目固有特征和对环境条件（如地质、地貌、水文、气候和生物等）的改变，而引发土壤的退化、破坏。一般水利工程、交通工程、农业工程及森林开采、矿产资源开发等多属于这种类型。

（2）农业工程建设项目的土壤环境影响识别。

① 农业机械化工程建设项目对土壤环境的影响。农业机械化需要大面积的农田，为此必须除去灌丛、林带、田埂草皮等隔离物而将小块土地连成大片的农田，从而造成农田大面积直接暴露，使土壤水蚀、风蚀的概率增加。另外，大型农业机械压实了土壤，使土壤的渗透能力下降，从而形成较大的径流，加速土壤的侵蚀。

② 农业排灌工程对土壤环境的影响。良好的土壤排水系统可减轻农田内涝的危险，但如果排水系统排水强度过高，则会加快地表径流。此外，土壤长期排水也会使土壤的质量下降，使土壤中地下水位下降而造成有机养分和泥炭的减少甚至消失。灌溉可使水渠两侧的地下水位抬高而引起土壤返盐（盐渍化）。

③ 农业垦殖工程对土壤环境的影响。现代农业垦殖工程中大量化肥、农药的使用，将逐渐改变土壤的组成和化学性质，也可因流失而引起环境污染的问题。为开辟新的耕地须焚烧草被灌丛，会促进土壤腐殖质的损失，引发严重的水蚀和风蚀等。

（3）土壤环境影响预测。土壤资源破坏和损失的预测，一般以类比调查为主，即在土地利用类型现状调查的基础上，对开发建设项目造成的土地利用类型变化及土壤破坏和损失进行预测。预测内容包括：

① 占用、淹没、破坏土地资源的面积，包括项目基建占用、配套设施（如公路、铁路等）占地、水库淹没、移民搬迁占地等。

② 因表层土壤过度侵蚀造成的土地废弃面积。

③ 地貌改变而损失和破坏的土地面积，包括地表塌陷、沟谷堆填、坡度变化等。

④ 因严重污染而废弃或改为他用的耕地面积。

（4）土壤环境影响评价。土壤环境影响评价一般采用单因子评价法，但也可采用综合质量指数，比如尼梅罗指数等。

评价结论主要应包括以下几个方面内容。

① 土壤环境背景值及土壤环境容量。

② 土壤污染、土壤退化的预测和评价结论。
③ 项目对土地利用类型的变化及土壤资源的破坏情况。
④ 项目选址、布局及水土保持措施合理性、可行性分析。
⑤ 防止土壤污染、退化和破坏的对策和措施（包括工程技术措施和环境保护管理措施）。

6. 建设项目农业环境影响评价的基本内容

（1）开发活动环境影响预测与评价。在分析现有区域开发活动的基础上，预测与评价开发活动对区内外大气、噪声、社会及生态等环境要素的影响，为制定区域开发活动的环境保护措施，防治环境污染提供依据。

（2）项目区的选址合理性分析。从项目区的性质或发展方向出发，分析其与所在地区或与农村总体发展规划的要求是否一致，确定其选址的合理性与否。

（3）项目区的总体布局合理性分析。从项目区的各种功能对环境的影响及其对环境的不同质量要求出发，结合项目区的社会、经济和自然环境，分析项目区的各种功能分区的合理性。

（4）项目规模与区域环境承载力分析。通过分析项目区的经济、社会和自然环境特征，特别是分析项目区自然、社会环境因素中的限制因子，研究确定区域环境容量，进而分析项目区环境对建设活动强度和规模的可承受能力。

（5）区域开发土地利用与生态适宜度分析。根据区域土地的不同生态、社会和自然环境因素对不同土地利用的固有适宜性，分析开发区内各类土地利用安排的合理性。

（6）拟定项目区环境管理体系规划。项目区环境管理体系规划是项目区环境保护工作的制度保证，其内容包括以下几个方面内容。

① 项目区环境管理方针。
② 项目区环境管理机构的设置。
③ 项目区环境管理规划方案。
④ 项目区环境监控系统的规划等。

课后思考题

1. 什么是农业环境检测？农业环境检测的目的与意义是什么？
2. 简述农业环境检测的内容和方法。
3. 简述农业水环境污染物的检测内容与方法。
4. 简述农业大气环境污染物的检测内容与方法。
5. 简述农业土壤环境污染物的检测内容与方法。
6. 简述农业生物污染物的检测内容与方法。
7. 什么是生态检测？它包括哪些项目？
8. 农业环境质量评价的目的与意义是什么？
9. 简述农业环境质量评价的基本程序和内容。

第十二章 农业环境保护产业

本章简述

本章简要介绍了农业环境保护产业（简称农业环保产业）的概念及其常见分类方法，对当前我国农业环保产业现状进行了剖析，在资源环境节约、化学投入品减量、废弃物资源化利用、绿色低碳化等关键环节提出了一系列有效对策与措施，并对未来农业环保产业发展前景进行了预测与展望。

第一节　农业环境保护产业概念与分类

一、农业环保产业概念

农业与环保产业结合形成了农业环保产业，也就是说农业环保产业是农业产业的延伸，旨在提高农业绿色发展水平，它是针对农业环境存在的问题而产生、发展的。因此，它既有服务于农业，保护农业生产环境的任务，也有改善并创造良好的农业环境，保护和充分利用农业环境资源，并为农业环境资源的利用提供实用技术的任务。农业生态工程技术与环保技术产业的结合形成了农业环保的新技术产业。开发和生产无污染、少污染的优质安全食品又是农业环保产业的一个重要领域。

农业环保产业的概念主要内容有：农业环保产业化是指遵循发展农村经济与农业环境保护相协调；自然资源保护开发与实现可持续利用相协调的原则；基于生态系统承载能力的前提下，充分发挥当地生态优势；在农业生产与生态良性循环基础上，开发优质、安全、无害的农产品和经济、环境效益高的现代化农业产业。

农业环保产业化的基本内涵包含以下几个方面。

① 必须寻求发展经济与保护环境、资源开发与可持续利用相协调的切入点，开发相应的主导产业。

② 生产过程必须建立在良性循环的基础上。

③ 要通过控制与改善生态环境，严格生产工艺，开发无污染或少污染的有机、绿色食品，实现对环境及人类健康无害化、高附加值的农产品生产。

二、农业环保产业的分类

根据产业内涵及其特点，农业环保产业可划分为以下四类。

（1）科技开发型农业环保产业。

该类产业的基本任务是研制和开发农业环保产品，并通过企业运作、科工贸一体化模式或者产学研等合作方式，不断向社会提供创新的高科技农业环保技术或产品。例如，生态肥料产品、生物农药产品、污水和粪便处理技术或设备等。该类产业多由农业高新技术产业组成，其特征是利用先进的农业环保科技成果或产品优势向农业生产领域及环保部门转移与转化。此外，农业环保科学技术咨询和信息服务也是该类产业的重要组成部分。科研、信息和管理人员利用已掌握的知识和收集到的信息为农业的生产、管理、工程设计提供环境保护咨询和信息服务。

（2）产品生产型农业环保产业。

该类产业是以商品输出为主要生产经营目的，形成一条包括产、加、储、运、销等环节在内的完整产业链。在这一链条中，绿色加工企业是带动链条运转的基本动力，扩大了农产品利用途径，促进了产品增值。环保农产品生产企业在产业链条中起着基础支撑作用，根据农业环保商品生产对环境的要求，改善农业生产条件和经济社会环境，最终达到农业生态经济系统的良性循环，形成优质、高产、高效，并具有系列化、专业化、地域化特色的农业生产系统。该类产业通常包括绿色食品、有机食品、无公害食品生产企业。

① 绿色食品。

1990年5月15日，我国政府正式宣布发展绿色食品，其概念是借鉴国际上有机食品的概念并结合我国具体国情而提出的。主要内涵是在特定的环境条件下，按照严格的生产、加工方式组织生产，经专门机构认定，许可使用绿色食品标志商标的安全无污染、优质、营养类食品。绿色食品的发展主要是基于我国改革开放以后，农副产品由紧缺到相对过剩，人们开始关注健康和品质，特别是突出的环境污染、食品安全问题以及我国加入WTO和经济全球化，使绿色食品遇到了前所未有的机遇。

② 有机食品。

有机食品是指在生产和加工中不使用任何人工合成的化学物质，如化肥、化学农药、化学生长调节剂和添加剂及转基因技术，依靠纯天然物质生产的食品。在整个生产、加工、包装过程中，都要严格执行国际通行的技术规范和质量标准。食品质量还须通过"有机农业运动国际联盟"认证，而且对产地土壤、水、空气质量都有严格指标要求。有机食品也就是在纯净自然的条件下生产的食品。

③ 无公害食品。

无公害食品是指在无污染的生态环境条件下，按无公害生产技术操作规程生产，产品中有害物质含量不超标的一类安全食品。其产品经主管部门认定，使用无公害农产品标志，面向大众消费。

无公害农产品的提出是基于农产品质量安全和环境污染备受关注的背景下，20世纪80年代初由江苏省政府首次提出生产无公害蔬菜。到80年代中期以后，无公害农产品开发在全国各地启动。但是，随着社会经济的快速发展，无公害认证已经无法满足新时代需求，按照《中华人民共和国农产品质量安全法》的要求，从2023年1月1日开始，无公害农产品认证正式退出历史舞台，将以食用农产品承诺达标合格证制度替代无公害认证，从而开启"三品一标"新局面。

（3）污染治理型农业环保产业。

污染治理型农业环保产业主要以农业面源污染治理、畜禽粪便的无害化处理与资源化利用、农村生活垃圾处理、水土流失控制与工程边坡治理、农业退化土地的生态恢（修）复与土地整理、农业灾害的预防与治理、水体富营养化的生态控制等为主要目标，并提供相关的技术服务及实施相关的建设工程。随着农业环境问题的日益突出，这类产业将显示出广阔的发展前景，并会日益发展壮大。

（4）旅游观光型农业环保产业。

现代农业不仅具有常规的生产功能，还兼有重要的生态服务和生活服务功能。因此，可以大力发展农业生态旅游产业。近年来，农业与农村旅游观光与休闲度假活动逐步凸显出产业化的特征，也日益受到人们的青睐。生态农业和循环农业通常既是绿色农产品的种植、养殖基地及其加工基地，也是农业生态旅游和休闲度假的良好载体。因此，嫁接于农业生产之上，适度且因地制宜地开发和发展旅游观光型农业项目，也是当前农业环保产业的一个重要发展方向。通过开展农业与农村生态旅游，可以提升农业与农村的经济价值、社会价值和生态服务价值，从而更好地服务乡村振兴。

第二节 我国农业环境保护产业现状与问题分析

一、农业环保产业现状与主要技术

农业环保产业是自20世纪60年代兴起的并伴随工业化进程而发展起来的一项新兴产业，它以改善生态环境、保护自然资源、防治环境污染、实现经济良性循环、社会经济可持续发展为目标，也可以把这样的农业称为生态农业、特色农业。农业环保产业是国民经济中具有发展前途的产业，它以科技开发、产品生产、流通经营、资源利用、信息服务及工程设计、投资、承包等为内容，展开一系列的活动，促进经济持续、高效、优质、健康地发展。近年来，我国加快农业环境建设，取得显著成效。三大粮食作物的化肥、农药使用量连续5年保持下降趋势，畜禽粪污综合利用率达到76%，农作物秸秆综合利用率超过88%，农用塑料膜回收率稳定在80%以上。其中，以下几种技术方法或模式在农业环保护产业中运用较为频繁，影响也相对广泛。

1. 污染/退化土壤修复技术

目前，随着我国人口增加，农产品的市场需求量变大，常常出现供不应求的状况。为了增加农产品产量以及让农产品早熟、品相好，生产者大量使用化肥、农药、杀虫剂等化学投入品，导致土壤退化、蔬菜质量安全性下降。如果长期食用这种农产品，极有可能导致各种疾病的发生，严重危害人体健康。而且农田长期大量使用农用化学品也会导致土壤退化，并对农田周边生态环境造成污染，破坏当地的水质、土质等资源。近年来，随着人们环保意识和食品安全意识的增强，国家及各级政府部门开始重视农产品生产中农用化学品对消费者和环境的负面影响，也陆续出台了一系列关于保障农产品质量安全的制度，使农业生产与环境保护密不可分，"生产中保护，保护中生产"的理念也逐渐深入人心。

2. 人工湿地技术

人工湿地技术是为处理污水而人为地在有一定长宽比和底面坡度的洼地上用土壤和填料（如砾石、第三代活性生物滤料等）混合组成填料床，使污水在床体的填料缝隙中流动或在床体表面流动，同时在床体表面种植具有性能好、成活率高、抗水性强、生长周期长、美观及具有经济价值的水生植物（如芦苇、蒲草等），从而形成一个独特的动植物生态体系。

人工湿地去除的污染物范围广泛，包括 N、P、SS、有机物、微量元素、病原体等。有关研究结果表明，在进水浓度较低的条件下，人工湿地对 BOD_5 的去除率可达 85% ~ 95%，COD 去除率可达 80% 以上，处理出水中 BOD_5 的浓度在 10 mg/L 左右，SS 小于 20 mg/L，废水中大部分有机物作为异样微生物的有机养分，最终被转化为微生物体及 CO_2 和 H_2O。人工湿地污水处理系统是一个综合的生态系统，具有如下优点。

① 建造和运行费用便宜。

② 易于维护，技术含量低。

③ 可进行有效可靠的废水处理。

④ 可缓冲对水力和污染负荷的冲击。

⑤ 可提供或间接提供效益，如水产、畜产、造纸原料、建材、绿化、野生动物栖息地、娱乐和教育功能。

人工湿地污水处理系统是一种较好的废水处理方式，特别是它充分发挥资源的生产潜力，防止环境的再污染，获得污水处理与资源化的最佳效益，因此具有较高的环境效益、经济效益及社会效益，比较适合于处理水量不大、水质变化不大、管理水平不高的城镇居民生活污水和农业生产废（尾）水。当然，人工湿地作为一种处理污水的新技术还有待于进一步探索，以便提供更合理的参数。

3. 沼气池等厌氧发酵技术

沼气池是利用人和牲畜所产生的粪便，经过较长时间发酵变成沼气，并将沼气收集起来加以利用，变废为宝的技术。随着广大农村居民生产、生活方式的变化，传统的人畜粪污资源化利用方式已不合时宜。若随意置放，不仅污染环境，而且也是一种资源的浪费。

经过国家有关部门对农村进行长时间的调研与论证，迄今已在全国多地农村相继推出了沼气池、三格化粪池建设项目，收效明显。

4. 循环农业技术

循环农业是相对于传统农业发展提出的一种新的发展模式，是运用可持续发展思想和循环经济理论与生态工程学方法，结合生态学、生态经济学、生态技术学原理及其基本规律，在保护农业环境和充分利用高新技术的基础上，调整和优化农业生态系统内部结构及产业结构，提高农业生态系统物质和能量的多级循环利用，严格控制外部有害物质的投入和农业废弃物的产生，最大限度地减轻环境污染。

发展循环农业是实施实现农业可持续发展战略的重要途径。循环型农业是运用可持续发展思想和循环经济理论与生态工程学的方法，在保护农业环境和充分利用高新技术的基础上，调整和优化农业生态系统内部结构及产业结构，提高农业系统物质能量的多级循环利用，严格控制外部有害物质的投入和农业废弃物的产生，最大限度地减轻环境污染，使农业生产经济活动真正纳入到农业生态系统循环中，实现生态的良性循环与农业的可持续发展。现实生活中，循环农业技术能充分利用农作物秸秆、畜禽粪污等农业废弃物，化害为利，变废为宝，既能提供能源与肥料，也可改善农村生态环境，是解决农业废弃物环境污染的最佳处置方式，具有广阔的发展前景。

农业环境建设既是国家生态文明建设的重要内容，也是农业高质量发展的重要支撑。近年来，我国农业环境建设制度框架初步建立，科技支撑更加有力，推动了农业环境持续改善。据了解，各地各部门认真落实中央决策部署，推进农业环境建设，生态环境持续改善：化肥农药持续减量增效，农业废弃物利用水平稳步提升，耕地资源保护利用水平不断提升，高标准农田面积达到9亿亩，黑土地保护工程深入实施，农业生物多样性保护成效显著，种质资源保护深入推进，长江"十年禁渔"稳步实施，草地贪夜蛾等重大危害的外来入侵物种得到有效防控。

二、农业环保产业存在的一般问题

就目前来看，我国农业为了提高农作物的产量，曾使用了较多的化学肥料、农药、农用塑料地膜等农用化学品，历史欠账较多。长期使用化学肥料、农药、农用塑料地膜等人工合成化学品导致环境污染严重。从当前形势来看，农业环境污染及生态环境破坏仍比较严重，国家及各级政府有关农业环保方面的政策及一些监管机构还不完善或者根本就没有重视，导致农业产品质量安全问题的事故频频发生。

1. 农民环保意识薄弱

在现实生活中，一般大多数农民很少关注国家环保政策，环保意识薄弱，而且环保职能部门执法宣传力度也不够。

2. 农业绿色生产积极性不高

由于优质优价难以有效体现，导致大多数农民仍然希望通过增加产量来提高农业经济效益，因而乱用化肥、农药的现象难以杜绝。

3. 农业环保执法难度大

农业生产面广、量大，化肥、农药等农资销售、使用过程难以被有效监控，增加了政府职能管理部门的执法难度。

三、保护农业环境的一般措施

1. 培养农民的环保意识

针对农民整体缺乏环保意识问题，政府相关职能部门应加大宣传力度，并尽可能发挥各种环保专业团体在科普宣传中的优势。

2. 完善农业环境保护法律法规，并加大执法力度。

实现农业环保生产，必须有强有力的法律保证，因此，要加强农业环保的立法工作，完善有关法律制度。特别是各地要根据当前农业环保存在的问题，立足自身实际情况，有针对性地完善和修订相应的农业和环境法规，建立健全农业环保生产法律体系，同时组织专业的行政执法队伍，按照法律法规，严格依法执行，工作落实到位。加强执法监督，切实保证可持续发展的各项法律制度得以实施，促进农业环保生产。

3. 建设与农业环保相关的环保运营机制

落实农业环保法律法规及各项措施，首先就要建设一个健全的农业环保执法运行及监督机制。逐步推广化肥、农药等农用化学品的销售与使用的台账、登记与可溯源的管理制度。同时，要定期检查农业土地的各项重点监测指标。若超标，要及时给予警告，并及时采取措施消除不良后果。

4. 增加对农业的投入

根据当前农业比较效益仍然偏低的现状，对农业实行保护和扶持政策，加大对农业的投入力度。特别是国家要发挥农业投入的主导作用，加大对农业的投入，引导和促进社会多渠道增加对农业的投入，建设高标准农田。另外，还要加大农业的科技投入，通过科技对农业的投入，提高农业生产的物质转化效率，提高劳动生产率，增加农业物质投入的经济效益。

5. 积极防治农用化学品对农业环境的污染

倡导农业清洁生产，合理减少化肥、农药的使用量，采取有效措施减少农用化学品对农业环境的破坏和环境的污染。鼓励使用天然的有机肥料部分替代高污染性的农药、化肥，增施有机肥。例如，利用秸秆还田技术，大力发展农村沼气，利用牲畜粪便和杂落叶进行堆肥，改善土壤理化性状，提高土壤肥力。农药使用时要严格按照安全使用农药的规程，科学、合理用药，严禁生产、使用高毒、高残留农药。同时，尽可能减少农药的使用，采取生物防治，减少农作物病虫害发生。

农业环境保护

第三节 农业环保产业发展前景与展望

农业环保产业是按照农业标准和产业要求,以防止农业环境污染、改善生态环境、提升农产品绿色品质、保护自然资源为目的所进行的技术研发、产品生产、流通、资源利用、信息服务、工程建设等一系列活动的总称。它是体现和反映生态农业和农产品质量的重要标志之一。在经济发达国家,农业环保产业化不仅从根本上保证了农产品的质量,而且大幅增加了产品附加值。例如,美国、日本等发达国家农产品绿色环保附加值占到产品总价值的35%~45%,而我国由于农业标准化起步较晚,农产品绿色环保附加值远远落后。

进入新发展阶段,农业环境建设工作要按照全面推进乡村振兴、加快农业农村现代化的部署要求来推进,处理好环境治理与粮食安全、保护环境与农民增收、激励引导与监督约束、顶层设计与基层探索等四大关系。要狠抓耕地资源保护、生物安全治理、面源污染防治、重点区域生态建设、农业农村减排固碳、政策和科技支撑等工作任务落实。据了解,未来一段时间,我国农业环境保护将从五个方面发力。

(1)加快构建农业、农村环境保护制度体系,包括建立农业产业准入负面清单、耕地休耕轮作、畜禽粪污资源化利用等制度,推动建立工业和城镇污染向农业转移防控机制,建立健全以绿色生态为导向的农业补贴制度等。

(2)着力实施农业绿色发展重大行动。养殖业主要是优化畜禽养殖区域布局,推动形成畜禽粪污资源化利用可持续运行机制;种植业主要是继续实施果菜茶有机肥替代化肥、化肥、农药使用量零增长行动,加大农作物病虫害绿色防控力度。

(3)稳步推进农村人居环境改善,加强优化村庄规划管理,加大农村垃圾污水治理力度,推进厕所革命,提升村容村貌,打造一批美丽休闲乡村和精品旅游景点,把农村建设成为农民幸福生活的美好家园。

(4)大力推动农业资源养护,包括加快发展节水农业、加强耕地质量保护与提升、强化农业生物资源保护等方面。

(5)显著提升科技支撑能力,依托畜禽养殖废弃物等国家科技创新联盟开展产学研企联合攻关,推进现代农业产业技术体系与农业农村生态环境保护重点任务和技术需求对接,促进产业与环境科技问题一体化解决。

综上,发展我国农业环保产业,需要从我国国情出发建立和完善与农业标准化相配套的农业环保产业体系,制定和推行促进环保产业发展的政策和措施。具体如下。

第一,树立全新理念,积极推进传统型农业向农业环保产业化转变。这就要树立以下几个理念。

① 由劳动密集型向劳动技术密集型转变的理念。

② 由单纯环境保护不断向环境保护与经济相融合的方向转变的理念。

③ 由依靠政府不断向用市场化手段实现农业环保产业化目标转变的理念。

第二，制定和推行促进环保产业发展的行政措施、优惠政策，大力鼓励和扶持农业环保产业的发展。相关措施如下。

① 通过融资渠道引导资金向农业环保产业流动。在市场经济条件下发展农业环保产业，完全依靠各级政府来投资的投资方式既不利于吸引政府外的资金，也不利于农业环保项目的管理和监督，造成效率和效益低下。因此，必须树立"社会化融资"的新思路，按照"谁污染谁付费，谁投资谁受益"的原则，建立与市场机制相适应的农业环保新机制，吸收社会投资，形成政府、国内外企业和个人多元化的投资局面。

② 政府的计划、经济、科技、财政、金融、税务、工商等部门，应在农业环保新产品的开发、技术改造、税收、投入等方面给予积极优惠政策扶持，以保障农业环保产业获得较为合理的投资回报率。

③ 探索建立农业环保产业发展专项基金，集中用于新兴环境友好型材料与生产技术的研制、开发、示范和推广应用。

第三，与国际标准接轨，将农业环保产业融入经济全球化过程之中。要求按照国际标准加强农业环保产业的规范化和产业化建设，这些国际标准包括以下几点。

① 农业环保产业发展的相关标准，如《WTO农业协议》《ISO14000环境质量管理体系标准》等。

② 农业环保产业化建设规范。按照国际通用建设规则，引入和借鉴BOT、TOT、ABS模式，将农业环保产业建设推向正规化和规范化的发展轨道。

③ 农业环保产业化运作规则。依据国际环保产业化运作规则和规律，有针对性地与相关的国际标准相配套，以便使农业环保产业与国际化运作接轨。

第四，按经济规律办事，建立与农业标准化相协调的市场运行机制。农业环保产业的发展是一种经济行为，在市场经济中企业是市场的主体，应遵从农业标准化和国际化的发展要求，遵从客观经济规律，通过市场运行机制，本着环境效益与经济利益协调统一、全面发展的原则，对市场进行合理、有序、高效的调控和运作，不断增强农业环保产业的自身优势和市场竞争能力。农业环保产业要获得持续发展的动力就必须遵循市场经济规律，树立商品经济意识，以绿色消费为动力拉动农业环保产业的全面发展，同时加快农业环保产业龙头企业化进程。

第五，实施科技创新，加强农业环保产业科技服务体系建设。农业环保产业具有多学科、跨行业、技术密集的特点，需要有系统的理论指导和成熟的配套技术支持，使科技进步和技术创新为特点的高新技术在农业环保产业发展中起主导作用。环保技术服务体系主要包括农业环保咨询、农业环保设施运营、专业化服务等活动，它是带动农业环保产品生产市场及环保资本和投资市场发展的关键因素。主要有以下几点。

① 不间断地推进技术进步，适应不断发展着的农业标准化和国际化的需要。

② 注意学习、引进、消化、吸收国外的先进技术。

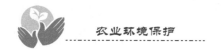

③ 充分发挥科研院所、大专院校的人才优势，通过产、学、研合作，集中力量实施技术攻关。尤其是要加强产业技术体系建设，促进产业与环境科技问题一体化解决，集成推广典型技术模式，发布重大引领性农业农村资源节约与环境保护技术，推介一批优质安全、节本增效、绿色环保的主推技术。

④ 采用多种途径，加大农业环保科技创新成果转化力度，尽快推出符合新型农业环保要求的新品种、新技术，发展一批技术创新型的高科技企业。

 课后思考题

1. 简述农业环保产业的含义，并说明农业环保产业的基本内涵。
2. 农业环保产业可划分为哪几种类型？
3. 查阅文献资料，了解国内外农业环保产业发展概况。
4. 预测我国农业环保产业未来发展方向。

参考文献

[1] 陈彬.欧盟共同农业政策对环境保护问题的关注[J].德国研究,2008(2):41-46.

[2] 程波,闫铁柱,袁志华.论环境影响评价在我国农业环境保护中的作用[J].农业环境科学学报,2007(A2):715-719.

[3] 陈传群.同位素示踪法在农业环境保护研究中的应用[J].原子能农业应用,1983(4):57-60.

[4] 陈大夫.美国的农业生产与资源、环境保护[J].中国农村经济,2002(4):77-80.

[5] 陈建华.农业环境保护市场调控机制初探[J].农业环境保护,1996,15(2):91-93.

[6] 陈秋红,蔡玉秋.美国农业生态环境保护的经验及启示[J].农业经济,2010(1):12-14.

[7] 陈维新.农业环境保护[M].北京:农业出版社,1993.

[8] 陈潇.利益集团与美国农业资源环境保护政策演变(1933—1996年)[J].沈阳师范大学学报(社会科学版),2019,43(6):71-75.

[9] 段佐亮,张永祥,周健.农业环境保护战略目标研究的程序和方法[J].国外农业环境保护,1993(3):5-9.

[10] 樊卓思,凡兰兴.农业环境保护:国外的经验及其对中国的启示[J].湖北经济学院学报(人文社会科学版),2014,11(3):23-25.

[11] 冯明祥,刘爱娜.农药废弃物管理与农业环境保护[J].农药科学与管理,2008(5):39-41,12.

[12] 傅柳松.农业环境学[M].北京:中国林业出版社,2000.

[13] 韩冬梅,刘静,金书秦.中国农业农村环境保护政策四十年回顾与展望[J].环境与可持续发展,2019,44(2):16-21.

[14] 何明,王国忠,陆峥嵘,等.日本环境保护型设施农业土肥管理技术的研究动态(综述)[J].上海农业学报,2002,18(4):92-96.

[15] 胡习斌,翁伯琦,程惠香.试论农业循环经济与社会主义新农村环境保护[J].江西农业大学学报(社会科学版),2006,5(4):55-57.

[16] 胡亦琴. 建立我国农业资源环境保护体系探析[J]. 生态经济,2001(12):83-85.

[17] 黄国勤. 中国农业发展研究Ⅰ——成就与代价[J]. 安徽农业科学,2008,36(22):9806-9807.

[18] 黄国勤. 中国农业发展研究Ⅱ——现状与问题[J]. 安徽农业科学,2008,36(23):10277-10280.

[19] 黄益宗,冯宗炜,张福珠. 硝化抑制剂硝基吡啶在农业和环境保护中的应用[J]. 土壤与环境,2001(4):323-326.

[20] 姜达炳. 农业生态环境保护导论[M]. 北京:中国农业科技出版社,2002.

[21] 阿尔布雷希特,柯炳生. 农业与环境[M]. 北京:农业出版社,1992.

[22] 李长健,卞晓伟. 我国农业资源环境保护问题研究:以发展农业循环经济为立足点[J]. 中国农业信息,2009(5):18-22.

[23] 李昊. 新中国70年:农业环境保护研究进展与展望[J]. 干旱区资源与环境,2020,34(7):46-53.

[24] 李靖,孙晓明,毛翔飞. 美国农业资源和环境保护项目运行机制及对我国的借鉴[J]. 农业现代化研究,2017,38(1):138-144.

[25] 李松,李云,刘晨峰. "十四五"农业农村生态环境保护:突出短板与应对策略[J]. 中华环境,2021(1):37-39.

[26] 李文秀,李丽丽,栾胜基. 欧盟现代农业转型对中国农业环境保护的启示[J]. 安徽农业科学,2014,42(10):3003-3005.

[27] 李志涛,刘伟江,陈盛,等. "关于"十四五"土壤、地下水与农业农村生态环境保护的思考[J]. 中国环境管理,2020,12(4):45-50.

[28] 林卿. 中国多功能农业发展与生态环境保护之思考[J]. 福建师范大学学报(哲学社会科学版),2012(6):19-23.

[29] 蔺旭东,周军锋,刘佳. 资源关联性大数据分析在农业生态环境保护中的应用[J]. 中国农业资源与区划,2016,37(2):62-65.

[30] 刘传营,马丽卿. 生态农业旅游中的环境保护问题探究[J]. 湖北经济学院学报(人文社会科学版),2015,12(5):36-37.

[31] 刘侃,栾胜基. 主动保育:农业环境保护的生态文明出路[J]. 生态经济,2010(12):148-150,184.

[32] 刘逸浓,杨居荣,马太和. 农业与环境[M]. 北京:化学工业出版社,1988.

[33] 龙习才. 世界农业发展与环境保护战略[J]. 农业环境与发展,1994,11(1):14-18.

[34] 卢大鹏. 基因工程技术在农业环境保护中的应用[J]. 现代农业科学,2009(5):186,190.

[35] 卢艳. 我国农业产业化进程中的环境保护问题的哲学思考[D]. 武汉:武汉科技

大学,2006.

[36] 卢宗凡,苏敏,张兴昌,等.黄土高原生态农业建设与环境保护[J].西北大学学报(自然科学版),1994,24(4):289-294.

[37] 鲁继平.地方农业环境保护立法若干问题研究[J].农业环境与发展,1999(2):4-7.

[38] 买永彬,顾方乔,陶战.农业环境学[M].北京:中国农业出版社,1994.

[39] 毛兴文,刘兆辉.南澳大利亚州的农业环境保护[J].世界农业,1998(8):39,11.

[40] 冒乃和,刘波,陈夏冠.欧盟有机农业动物养殖中的环境保护措施[J].环境保护,2003(12):58-59.

[41] 牟海省,陈建.丘陵地区水环境保护的生态农业规划方法——以山东省文登市为例[J].中国生态农业学报,1993(2):46-50.

[42] 江苏农业生态环境保护与治理研究课题组.江苏农业生态环境保护与治理的实践探索[J].江苏农村经济,2017(3):28-31.

[43] 潘佑找.中国传统生态思想对农业环境保护的影响[D].北京:中国农业大学,2004.

[44] 沈波,范建荣,潘庆宾,等.东北黑土区水土流失综合防治试点工程项目概况[J].中国水土保持,2003(11):7-9.

[45] 史肖肖,王有强.美国农业环境保护法律制度对中国的启示[J].淮阴工学院学报,2015(2):26-29.